中 外 物 理 学 精 品 书 系

本 书 出 版 得 到 " 国 家 出 版 基 金 " 资 助

国家出版基金项目
NATIONAL PUBLICATION FOUNDATION

中外物理学精品书系

前沿系列 · 14

光频标

沈乃澂 编著

北京大学出版社
PEKING UNIVERSITY PRESS

图书在版编目(CIP)数据

光频标/沈乃澂编著. —北京：北京大学出版社,2012.9
(中外物理学精品书系·前沿系列)
ISBN 978-7-301-20031-5

Ⅰ.①光… Ⅱ.①沈… Ⅲ.①激光频率标准－研究 Ⅳ.①TM935.113-49

中国版本图书馆 CIP 数据核字(2011)第 281265 号

书　　　　名：光频标
著作责任者：沈乃澂　编著
责 任 编 辑：顾卫宇
标 准 书 号：ISBN 978-7-301-20031-5/O・0857
出 版 发 行：北京大学出版社
地　　　　址：北京市海淀区成府路 205 号　100871
网　　　　址：http://www.pup.cn　电子信箱：zpup@pup.pku.edu.cn
电　　　　话：邮购部 62752015　发行部 62750672　编辑部 62752038　出版部 62754962
印　　刷　者：北京中科印刷有限公司
经　　销　者：新华书店
　　　　　　　650 毫米×980 毫米　16 开本　26.5 印张　460 千字
　　　　　　　2012 年 9 月第 1 版　2012 年 9 月第 1 次印刷
定　　　　价：70.00 元

未经许可,不得以任何方式复制或抄袭本书之部分或全部内容。
版权所有,侵权必究
举报电话：(010)62752024　电子信箱：fd@pup.pku.edu.cn

《中外物理学精品书系》
编 委 会

主　任：王恩哥

副主任：夏建白

编　委：(按姓氏笔画排序,标 * 号者为执行编委)

王力军	王孝群	王 牧	王鼎盛	石 兢
田光善	冯世平	邢定钰	朱邦芬	朱 星
向 涛	刘 川*	许宁生	许京军	张 醉*
张富春	陈志坚*	林海清	欧阳钟灿	周月梅*
郑春开*	赵光达	聂玉昕	徐仁新*	郭 卫*
资 剑	龚旗煌	崔 田	阎守胜	谢心澄
解士杰	解思深	潘建伟		

秘　书：陈小红

序　言

　　物理学是研究物质、能量以及它们之间相互作用的科学。她不仅是化学、生命、材料、信息、能源和环境等相关学科的基础，同时还是许多新兴学科和交叉学科的前沿。在科技发展日新月异和国际竞争日趋激烈的今天，物理学不仅囿于基础科学和技术应用研究的范畴，而且在社会发展与人类进步的历史进程中发挥着越来越关键的作用。

　　我们欣喜地看到，改革开放三十多年来，随着中国政治、经济、教育、文化等领域各项事业的持续稳定发展，我国物理学取得了跨越式的进步，做出了很多为世界瞩目的研究成果。今日的中国物理正在经历一个历史上少有的黄金时代。

　　在我国物理学科快速发展的背景下，近年来物理学相关书籍也呈现百花齐放的良好态势，在知识传承、学术交流、人才培养等方面发挥着无可替代的作用。从另一方面看，尽管国内各出版社相继推出了一些质量很高的物理教材和图书，但系统总结物理学各门类知识和发展，深入浅出地介绍其与现代科学技术之间的渊源，并针对不同层次的读者提供有价值的教材和研究参考，仍是我国科学传播与出版界面临的一个极富挑战性的课题。

　　为有力推动我国物理学研究、加快相关学科的建设与发展，特别是展现近年来中国物理学者的研究水平和成果，北京大学出版社在国家出版基金的支持下推出了《中外物理学精品书系》，试图对以上难题进行大胆的尝试和探索。该书系编委会集结了数十位来自内地和香港顶尖高校及科研院所的知名专家学者。他们都是目前该领域十分活跃的专家，确保了整套丛书的权威性和前瞻性。

　　这套书系内容丰富，涵盖面广，可读性强，其中既有对我国传统物理学发展的梳理和总结，也有对正在蓬勃发展的物理学前沿的全面展示；既引进和介绍了世界物理学研究的发展动态，也面向国际主流领域传播中国物理的优秀专著。可以说，《中外物理学精品书系》力图完整呈现近现代世界和中国物理科学发展的全貌，是一部目前国内为数不多的兼具学术价值和阅读乐趣的经典物理丛书。

　　《中外物理学精品书系》另一个突出特点是,在把西方物理的精华要义"请进来"的同时,也将我国近现代物理的优秀成果"送出去"。物理学科在世界范围内的重要性不言而喻,引进和翻译世界物理的经典著作和前沿动态,可以满足当前国内物理教学和科研工作的迫切需求。另一方面,改革开放几十年来,我国的物理学研究取得了长足发展,一大批具有较高学术价值的著作相继问世。这套丛书首次将一些中国物理学者的优秀论著以英文版的形式直接推向国际相关研究的主流领域,使世界对中国物理学的过去和现状有更多的深入了解,不仅充分展示出中国物理学研究和积累的"硬实力",也向世界主动传播我国科技文化领域不断创新的"软实力",对全面提升中国科学、教育和文化领域的国际形象起到重要的促进作用。

　　值得一提的是,《中外物理学精品书系》还对中国近现代物理学科的经典著作进行了全面收录。20世纪以来,中国物理界诞生了很多经典作品,但当时大都分散出版,如今很多代表性的作品已经淹没在浩瀚的图书海洋中,读者们对这些论著也都是"只闻其声,未见其真"。该书系的编者们在这方面下了很大工夫,对中国物理学科不同时期、不同分支的经典著作进行了系统地整理和收录。这项工作具有非常重要的学术意义和社会价值,不仅可以很好地保护和传承我国物理学的经典文献,充分发挥其应有的传世育人的作用,更能使广大物理学人和青年学子切身体会我国物理学研究的发展脉络和优良传统,真正领悟到老一辈科学家严谨求实、追求卓越、博大精深的治学之美。

　　温家宝总理在 2006 年中国科学技术大会上指出,"加强基础研究是提升国家创新能力、积累智力资本的重要途径,是我国跻身世界科技强国的必要条件"。中国的发展在于创新,而基础研究正是一切创新的根本和源泉。我相信,这套《中外物理学精品书系》的出版,不仅可以使所有热爱和研究物理学的人们从中获取思维的启迪、智力的挑战和阅读的乐趣,也将进一步推动其它相关基础科学更好更快地发展,为我国今后的科技创新和社会进步做出应有的贡献。

《中外物理学精品书系》编委会　主任

中国科学院院士,北京大学教授

王恩哥

2010 年 5 月于燕园

内 容 提 要

　　光频标即激光频标,始于 20 世纪 70 年代,是光学波段的频率标准.本书对光频标的产生、发展和激光频率测量的历史、现状和未来发展趋势作了详尽的介绍和描述,可以分为四个部分:第一、二章叙述了微波频标与光频标建立的实验基础和历史概况,以及与精密测量基本物理常数的关系.第三、四章介绍了光频标建立所使用的各种激光器及与激光谱线相符合而作为参考的各类吸收谱线.第五、六章介绍了获得非线性窄谐振以及采用囚禁离子或原子研制的光频标准的原理和实验方法,包括获得窄谐振吸收信号的条件及具体的实验方法.第七、八章是本书的核心内容,介绍建立光频标必须有的测量方法及其测量不确定度.第七章是 20 世纪 70 年代至 90 年代三十年间采用的传统光频链方法;第八章介绍 1999 年实现的新的突破:用光梳来测量光频标的频率,首创这项方法的科学家获得了 2005 年诺贝尔物理学奖.

　　本书包含丰富的数据和测量方法,以及国际比对的资料,对于当前光钟的研究和前景也进行了介绍,包括了作者与合作者多年来的部分成果.可供本科生、研究生和教师以及从事研制激光频标的企业参考.

序

　　物理学是自然科学的基础,是探讨物质结构和运动规律的基础科学.由于物理学本质上是一门以实验为主体的科学,物理规律必须经过严格的实验检验,其中包括一些物理量的精密测量.在物理量的精密测量中,一般均采用国际单位制所推荐的基本单位和导出单位.其中,基本单位的定义和复现方法是计量学研究的主要内容,它与现代物理学有着极其密切的关系.两者联系的纽带就是基本物理常数.

　　本书书名"光频标"是"激光频率标准"的简称.顾名思义,激光频率标准是激光各个波段的频率标准,包括远红外、中红外、近红外和可见光,直至紫外波段.这些从长波到短波的激光频率值的溯源是微波频标.为了精密测量各个波段的激光频率,计量学家和物理学家经历了多年的努力,建立了从微波频段至可见光波段的激光频率测量链.1983年,由真空中光速值 299 792 458 米/秒的国际推荐值而确定的新的米定义正式采用.这个定义使由微波频标铯原子钟定义的时间秒的定义,与用真空中光速确定的米的定义直接统一起来.在世纪交替前夕的 1999 年,激光频率测量技术出现了突破,德国 MPQ 的 T. W. Hansch 博士率先用飞秒激光频率梳在实验上建立了从微波频标到激光频标的直接联系,美国 JILA 的 J. Hall 博士紧随其后,用上述方法完成了一系列激光频标频率的精密测量.2005 年,他们获得了诺贝尔物理奖.这是物理学的最新成果用于计量学精密测量的范例之一.

　　2005 年,计量学家提出了一项前瞻性的建议:除上述时间(频率)和长度之外的现有的五个基本单位全部用基本物理常数来重新定义.此后,这项研究已取得了一系列重要成果.几年后可望陆续实现既定的目标.由此可见,计量学的前沿研究离不开物理学的最新成就,物理学家对基本物理常数精益求精的研究和测量,也离不开计量学家坚持不懈的努力,其实许多计量学者也都是物理学家.

　　本书作者沈乃澂先生自 1962 年毕业于北京大学物理系,到上世纪末一直在中国计量科学研究院从事光频标方面的研究工作.进入新世纪以来他先后在中国科学院物理所和国家纳米科学中心继续进行光频标等相关领域的工作.飞秒激光频率梳出现以后,他以极大的热情了解、参与研究和宣传其在光频精密测量上的应用.正是飞秒光频梳的出现,延伸了作者对本书的写作计划,增加了现在第八章的内容,即用飞秒的光频梳直接进行光频的绝对频率测量.本书的内容也包括了作者在不同阶段的部分研究成果.

聂玉昕

2012 年 8 月

作者前言

字面上看来,微波频标和激光频标似乎是一对孪生兄弟,实际上两者并不是同时诞生的.现在这两类频标已成为定义或复现时间和长度这两个基本单位的主要标准,同时它们也是基础物理学关注的热点之一,因此备受物理学家和计量学家的重视.

1967 年的第十三届国际计量大会上,铯原子钟的跃迁频率被用于重新定义时间单位秒,这是国际上第一次用原子的跃迁频率来定义和复现秒.当时长度单位米是用氪 86 同位素的橙黄谱线定义的,因此也是采用氪 86 原子的跃迁频率定义的;但秒和米两个单位的定义之间并无内在的联系.

20 世纪 70 年代初,出现了用饱和吸收谱线稳定的氦氖激光器,如甲烷稳定或碘稳定的氦氖激光器,前者的波长在红外范围,后者的波长在可见光范围.1973年,由甲烷稳定的氦氖激光的频率和真空波长值得出真空中光速值,与 1958 年的微波测量值相比不确定度降低到 1958 年的近百分之一,70 年代中期国际上采用了这个新的真空中光速值.第五届国际米定义咨询委员会(CCDM)推荐使用甲烷和碘稳定的氦氖激光作为波长标准.这两类氦氖激光器因而可视为早期的第一代激光频标.

1983 年,第十七届国际计量大会作出了一个重要决定,即采用一个全新的米定义取代 1960 年氪 86 同位素橙黄谱线的米定义.新定义中,真空中光速值为一约定值,而长度单位米是由时间单位秒和真空中光速值得出的.这个定义的主要复现方法是从微波频标出发,通过光频测量的方法测得激光频标的频率值,根据新的米定义可导出激光频标的真空波长值,由此来复现米单位.由此可见,这个定义和复现方法将微波频标和激光频标紧密联系在一起,使这对孪生兄弟亲密无间,形影不离.

1999 年,光频测量技术出现了重大突破,飞秒光频梳代替传统庞大而复杂的光频测量链取得成功,两位在此领域作出重大贡献的科学家美国 JILA 的 J. Hall 和德国 MPQ 的 T. W. Hansch 获得了 2005 年诺贝尔物理奖.这对光频标和光频测量技术具有里程碑的意义.

作者的研究工作正经历了这三十余年的历程.在此历程中,作者有幸参加

633 nm 碘稳定氦氖激光的两次国际比对:第一次是 1980 年,地点在巴黎的国际计量局;第二次是 1998 年,地点在芬兰的赫尔辛基,两次比对的主持人都是国际计量局的 J.-M.Chartier 博士.第二次比对的时间正是飞秒光频梳出现的前夕,飞秒光频梳的出现因而可谓为 633 nm 激光频标的国际比对画上了句号.

本书经历了较长的写作与修改过程,得到了很多单位和研究人员的帮助,在此对中国科学院物理研究所、北京大学信息学院、北京大学物理学院、中国计量科学研究院的有关研究人员致以衷心的感谢.本人的前期研究工作是 20 世纪在中国计量科学研究院完成的,早在 1980 年前后,北京大学的王楚老师就是密切的合作者,我们一起参加了 1980 年赴巴黎的 633 nm 碘稳定激光的国际比对,并取得了很大的成功,王楚老师为此付出了很多心血,使我终生难忘;计量院很多同事们也做出了很多贡献.也要感谢后期合作者李成阳研究员,他和我一起参加了 1998 年赴芬兰的由国际计量局主持的多国 633 nm 碘稳定激光的比对,比对的成功为此类激光的国际比对画上了句号.

1999 年,出现了崭新的光梳技术,这是全新的光频测量方法.不但提高了准确度,而且使原来庞大的测量设备简化为一台光梳系统.这时我已从计量院退休来到物理所工作,当时魏志义研究员正在国外参加光梳技术的研究.聂玉昕研究员、北京大学的董太乾教授和我开始了光梳技术研究课题的准备工作.后来,由魏志义研究员主持了这项研究,在国内首先研制成了用光梳技术测量激光频率的装置.这项成果为本书的写作提供了丰富的资料.在此,对上述诸位及魏志义团队的诸多同事表示由衷的感谢.

本人从计量院退休后,由臧二军研究员主持团队的研究工作.他们完成了"半非平面单块固体环形激光器研究",申请了 1998 年的《中国专利》,为我国自主开展 532 nm 碘稳定固体激光创造了条件.2005 年前后,他们用单块环形外腔激光器获得稳定的 532 nm 激光,这是我国的新一代高精度的激光频标,此设计成为光频测量中的关键设备,技术指标达到了国际先进水平.他们为本书提供了详尽的技术资料,在此表示衷心的感谢.

北京大学信息学院的郑乐民教授为本书前期写作提出了重要的修改意见,物理所的聂玉昕研究员长期关心本书的出版,并审阅了全部书稿,在此表示衷心的感谢.本书的编辑顾卫宇在本书成稿期间,多次提出极其细致深入的问题,为本书的改正和补充付出了辛勤劳动,也深表感谢.

沈乃澂
2012 年 8 月

目　　录

第一章　微波频标及其应用

§1.1　频率标准的历史

频标是频率标准的简称,国际单位制中,频率单位赫[兹](Hz)是时间单位秒(s)的倒数.时间单位是物理学和计量学中七个基本单位之一,也是物理学最早的厘米、克、秒制(CGS 制)的三个基本单位之一.从物理学的观点来看,时间和空间是事物之间的一种次序,时间用于描述事件之间的顺序,空间则用于描述物体的位形.在经典力学中,时间和空间的本性视为与任何物体及运动无关,即存在着绝对时间和绝对空间.而在狭义相对论中,不同惯性系的时间和空间之间遵从洛伦兹变换,同时性不再如经典物理学中所述是绝对的,而是相对的.时间间隔是相对量,运动的钟相对于静止的钟变慢.量子论的发展,对时间的物理概念又提出了最根本的问题,其结论之一是,对于一个体系在过去可能存在于什么状态的判断结果,要决定于在现在的测量中做怎样的选择.

建立频率标准的思想具有很长的历史.早在 1873 年,著名物理学家麦克斯韦曾写道[1]:"一个普适的时间单位可以用某类光振动的周期性时间来确定,而其波长就是长度单位."鉴于当时的条件所限,无法实现这样美好的思想.因为,光振动的周期的时间实在太短,当时几乎无法进行测量.但从 1937 年开始,美国物理学家 Rabi[2] 开始了与原子频标有关的研究,使麦克斯韦的伟大理想有了实现的可能.1950 年,美国物理学家 Ramsey[3] 首先建议用分离振荡场方法激发 Cs 原子束.1955 年,Essen 和 Parry[4] 首次用 Cs 原子束制成原子频率标准.2005 年正逢 50 周年,*Metrologia* 期刊约请诸多专家撰文,发表专刊[5]以纪念这项历史性的创举.微波频标的奠基人 Rabi[2,6,8] 和 Ramsey[3] 分别获得 1944 年和 1989 年的诺贝尔物理学奖.

§1.2　时间和频率单位定义的发展

我们来回顾一下,在物理学中是怎样为时间作定义的.几千年前,人们曾用日晷来计时,这类古老的钟是把地球的旋转作为振荡器,人作为计数器.13 世纪末,欧洲制出了世界上第一台机械钟,以小时为刻度,最多能辨认到 1/4 小时.
1656 年,荷兰物理学家惠更斯首次制成了摆钟,摆钟作为振荡器,摆动一次的周
期为 1 秒,用自动机械计数器显示时间.1676 年,丹麦天文学家罗默在巴黎天文
台首次用摆钟测量了光速.他以观测木星食的周期变化来确定光速值,当时观
测周期为 6 个月,时间误差约 1 至 2 分.但要更准确地测量和定义时间,需要运
动周期具有很高的稳定度和重复性.物理学家和天文学家在长期的实验观测
中,选择了地球自转的周期来作为秒的定义.在 1820 年至 1960 年的一个多世
纪内,采用了平太阳秒的定义.

人们观测地球的自转是以太阳为参照物进行测量的,但由于地球自转的同
时还在绕太阳公转,因此,一个"真太阳日"比地球自转周期更长,即

$$1\ 真太阳日 = 地球自转周期 + \Delta T(\alpha), \tag{1.2.1}$$

式中 $\Delta T(\alpha)$ 为公转旋转过 α 角所需的时间, α 为地球自转一周时绕太阳公转的
角度.一年内所有真太阳日的平均值称为平太阳日,用它作为平太阳秒的定义,

$$1\ 平太阳秒 = 1\ 平太阳日\ /86\ 400, \tag{1.2.2}$$

这是国际上对秒的第一次定义.在平太阳秒定义后的一个世纪内,并未能发现
地球自转的不稳定度.

直至 1930 年,出现了高稳定石英晶体振荡器(简称晶振),它最初的典型振
荡频率为 1 秒钟振动 10 000 次,即 10 kHz;后来可以达到 1~10 MHz 量级.由
于它的振荡周期十分稳定,因此发现了平太阳秒的不稳定性约为 1×10^{-8} 量级,
即不同日期的一昼夜约有 1 ms 的变化.虽然晶振有很高的频率稳定度,但不
同尺寸的晶振之间的复现性仅为 10^{-7} 量级,因此它不能成为秒定义的取代
者.

1937 年,Rabi[2] 提出用分子束磁共振方法研制原子钟.在这种方法中,分子
束是由非均匀磁场反射的,并用第二个磁场重新聚焦,将中间区域作为振荡磁
场,其振荡频率等于原子的玻尔频率

$$\nu_0 = (E_1 - E_2)/h, \tag{1.2.3}$$

式中 E_1 和 E_2 是原子相应能级的初态和终态, h 为普朗克常数.1938 年,Rabi
等人[6] 观测到了第一个磁谐振,但所测到的谐振频率主要与外磁场的核磁矩的
相互作用有关,对一台精密的原子钟而言是很不稳定的.1939 年,由 Kollog,
Rabi,Ramsey 和 Zacharias 等人[7] 作了第一次分子内能量的磁谐振观测;1940
年,由 Kusch,Millman 和 Rabi 等人[8] 首次观测了原子超精细结构(HFS)的跃
迁,包括后来在原子钟中所用的铯的超精细结构的跃迁.

1945 年,虽然已能制作原子钟,但当时的准确度指标仅为 1.4×10^{-8},还不

能优于最佳的摆钟或晶体振荡器,因而尚未建立原子钟系统.1949 年,Ramsey攻克了作为准确原子时间标准的最后科学壁垒,他发明了分离和连续振荡场的方法.在分离振荡场方法中,振荡场仅当原子进入和离开场区域时,与原子是相干的.因为只要求在比半波长短的每个分离振荡场区域内具有相干性,而两个分离振荡场区域的间距决定了谐振的锐度,这样可以有许多波长间隔.因此,可以观测到许多更窄的谐振,可以应用许多更高的频率.1950 年,Ramsey 等人[3]在分子束波谱中成功地应用了这种方法.

1955 年开始,Ramsey 发表了一系列理论文章,分析原子钟的可能误差以及可能避免和减小这些误差的方法.同时,英国国家物理研究所(NPL)的Essen和 Parry[4]制成并运行了第一台原子钟(图 1.1),作为国家时间和频率标准,这是基于 Cs 及分离振荡场方法的.他们首次测量了 1 秒内 Cs 的超精细结构振荡数,当时,还是用天文观测定义时间.美国物理学家 Ramsey 因发展原子精密光谱学和发明了分离振荡场方法并将其用于氢微波频标和铯原子钟,而获得 1989 年诺贝尔物理学奖.

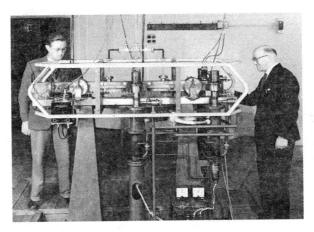

图 1.1 NPL 制造的世界上第一台铯原子钟的照片

1960 年至 1967 年间,为了提高时间单位的准确度,出现了秒的第二次定义,即用历书秒代替平太阳秒作为秒的定义.历书秒是以地球公转为基础的,因为地球公转的周期比自转周期更加稳定.地球绕太阳一周为一年,时间单位的定义则用地球两次经过春分点的时间间隔,称为 1 回归年.1 回归年的时间相当于 365 个平太阳日又 5 小时 48 分 45.974 7 平太阳秒,即

$$1 \text{ 回归年} = 31\,556\,925.974\,7 \text{ 平太阳秒}. \tag{1.2.4}$$

由于每回归年平太阳秒长不完全相同,历书秒是用 1900 年的回归年进行定义的,即历书秒用 1899 年 12 月 31 日 12 时开始的一个回归年作为定义中所用的回归年.

第二次秒定义比第一次定义的准确度提高了一个量级,达到了 1×10^{-9} 的量级.但测量时要用 3 年的观测来进行平均,这些繁复的手段使它在使用上极不方便,不久,就被第三次秒定义所代替.

§1.3　微波频标作为秒的定义

第三次秒定义使用了量子跃迁的频率,从此进入了采用量子力学原理来定义时间单位的新时代,时间成为测量准确度最高的物理量,因而是一切基本单位和重要导出单位的基础.秒定义也称为 SI 秒,SI 是国际单位制的简写.

1967 年,第十三届国际计量大会通过了秒的新定义为:"秒是铯 133 原子基态的两个超精细能级之间跃迁所对应的辐射的 9 192 631 770 个周期的持续时间."[9]

由上述定义制作的微波频标通常称为铯原子钟,第一台铯原子钟的跃迁频率是 NPL 在 1960 年前后以历书秒为依据进行测量的,其结果为

$$\nu = 9\ 192\ 631\ 770 \pm 20\ \text{Hz}. \tag{1.3.1}$$

式(1.3.1)的测量值已用于定义中,沿用至今.当时的测量不确定度 20 Hz 是由历书秒引起的,其相应的相对不确定度为 2×10^{-9}.在采用铯跃迁频率定义秒以后,当时的准确度可达 1×10^{-10},比历书秒定义又提高了一个量级.

原子秒的复现选用了铯原子的基态超精细能级之间的受激跃迁,因为在基态时的粒子数最多,其跃迁频率位于微波的厘米波段,微波频标由此定名.

微波频标除铯原子频标外,最常用的还有铷原子频标和氢原子频标,三者的振荡频率分别约为 9.192 GHz,6.835 GHz 和 1.420 GHz.铯原子钟是其中准确度最高的频标,但铷频标和氢频标也各有特色,因而也得到了广泛的应用.

上述几类微波频标有其共同的特性,下面我们先来描述它们的共性,然后再分别叙述它们的特性.

§1.4　原子频标的原理

　　以原子的吸收或发射谱线为参考、频率稳定的信号源,可作为测量频率的标准,简称原子频标.

　　物理学中通常假设,原子能级之间的能量差 ΔE 和原子跃迁频率 f 都是恒定值,它们之间的关系为

$$f = \Delta E/h, \tag{1.4.1}$$

式中 h 是普朗克常数. 图 1.2 示出了被动式原子频标的工作原理,所选用的原子跃迁及有关性能应满足以下的要求:

　　(1) 跃迁的自然线宽很小;

　　(2) 原子与辐射的相互作用时间应尽量长;

　　(3) 探测辐射的谱线很窄,观测的原子谐振曲线无工艺性的加宽;

　　(4) 观测到的原子谐振有很高的信噪比,因此要求用于控制本机振荡器的信号的统计扰动很小;

　　(5) 来自无扰原子本征态的能量所复现的输出频率的系统频移很小;

　　(6) 探测原子的速度很小.

　　上述前三个要求是获得窄原子谐振的必要条件,后三个要求是使谐振的信噪比较高而频移很小,从而具有很高的频率稳定度和准确度.

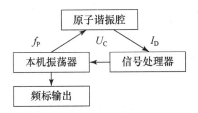

图 1.2　工作在微波区域的被动频标的运行原理

　　图 1.2 中 f_P 为探测频率,I_D 将 f_P 处理为与原子谐振腔振荡频率 f_r 相符合的检测信号. 即通过反馈,将信号 U_C 控制到本机振荡器输出的标准频率(5 MHz 或 10 MHz)上,使频率 f_P 接近 f_r. 设复现的频率与其名义值(在时间 τ 内参考频率的平均值)之差为 $y(\tau)$,频差取样之间的偏差是 1966 年由阿仑(Allan)[10] 首先引入的,它的计算按下式进行:

$$\sigma_y(\tau) = \left\{ \sum_{i=1}^{K-1} \left[y_{i+1}(\tau) - y_i(\tau) \right]^2 / (2K-2) \right\}^{1/2}, \tag{1.4.2}$$

$\sigma_y(\tau)$ 称为阿仑偏差(过去曾译为阿仑方差,指 $\sigma_y^2(\tau)$),式中 τ 为取样时间,$K\tau$ 为总的测量时间.只要 $K \geqslant 10$,上式就能付诸实用.在 $\sigma_y(\tau)$ 对 τ 的对数坐标中,通过阿仑偏差随 τ 变化的斜率,可以鉴别钟信号不稳定的某些原因.例如,如果检测原子的闪烁噪声是主要噪声源,则频率噪声称为白噪声,$\sigma_y(\tau)$ 随 τ 以 $\tau^{-1/2}$ 衰减.

准确度这一术语通常用于表示原子频标的输出频率偏离无扰原子跃迁频率的定量程度.商品钟的制造者在用 SI 秒定义表示平均钟频率的技术指标中,使用的准确度概念往往并不包含产生潜在频率偏差的原因;在各国作时间基准用的基准钟才列出了这些原因,采用由各种效应引起的不确定度来进行估算,符合 ISO 导则①中所包含的严格规则.

§1.5　铯原子钟的发展过程

早在 20 世纪 50 年代,元素铯已被确认为是满足上节中所列要求的非常合适的候选者,即采用同位素^{133}Cs 的 $F_g = 4$ 和 $F_g = 3$ 两超精细基态能级之间的参考跃迁.下标 g 用来表示基态(或激发态)的子能级.基态超精细跃迁可在全部傅里叶极限下观测,并满足上节中的所述条件(1)至(3).在适当的温度 T 下(例如约 400 K),由于相当高的蒸气压,很易产生很强的原子束.为了满足上节第(4)点要求,平均热速度 $(T_i/M)^{1/2}$ 仅约 200 m·s^{-1},其中 M 是原子质量,由于铯的 M 很大,在小型钟结构内相互作用时间 T_i 只是几毫秒的量级.

我们简述铯原子钟的三个发展阶段:

1.5.1　初期发展阶段——磁选态

在 20 世纪 60 年代至 80 年代的约 30 年间,铯原子钟通常采用磁选态的方案,图 1.3 中示出了磁选态铯原子钟的原理[11].在这类经典的铯钟内,从炉中喷射出的铯束通过选态磁铁(偏转器)的非均匀强磁场.偏转与原子的有效磁矩有关,偏转器使不同磁矩的原子以不同方向偏转,某些原子相继通过微波腔,原子就可以分布在 $F_g = 3, m_F = -3, -2, \cdots, +3$ 的能级上,或分布在 $F_g = 4, m_F = -4, -3, \cdots, +4$ 的能级上.在用 U 形波导制成的 Ramsey 腔内,频率为 f_p 的驻波微波探测场两次照射原子.提出这种方案的诺贝尔物理学奖得主

---

① ISO 是国际标准化组织的简称,它是世界上最大的国际标准化机构,由该组织确认的制定各类国际标准所应遵守的方法性的基本规则,称为 ISO 导则.

Ramsey[8]曾指出,上述过程的相互作用时间 T_i 等于腔的两臂之间的飞行时间.跃迁的选择定则为 $\Delta F=\pm1,\Delta m_F=0$. 作为分析器的第二个选态磁铁鉴别已跃迁的原子与还保留在初态中的原子,并引导选态原子进入热丝检测器中.

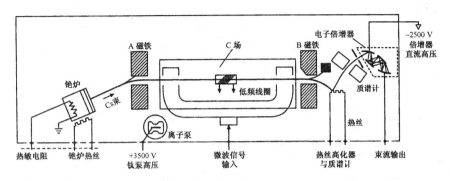

图 1.3　用磁选态的铯原子频标的结构示意图.图中 A,B 磁铁具有很强的恒定磁场,用于选态,使 Cs 束分成两束;C 场内经微波信号的照射,大部分原子跃迁到 $F_g=3,m_F=0$ 的低能级

　　根据量子力学的选态规则,在存在的七个微波跃迁中,各个跃迁与静磁场有不同的频率关系.

　　NPL 在 1960 年前后,用他们研制的铯原子钟,参考历书秒测量,得到钟频率为 $f_0=9\,192\,631\,770\,Hz$,这个频率值成为 1967 年 SI 单位的秒定义的基础.当时,NPL 装置测量的不确定度为 1×10^{-10},已满足历书秒时期天文测量的要求.

　　后来,各国研制的铯原子钟的准确度相继提高了约 3 个量级,使磁选态铯原子钟的准确度达到 1×10^{-13} 量级.

1.5.2　商品铯钟

　　商品铯钟俗称小铯钟,它的重量约为 25 kg,机箱宽约半米.用交流和直流电源供电的功率通常为 50 W.国际上有 5 家制造小铯钟的公司,其中两家的产品有广泛的应用范围,这两家公司的名称为 Agilent Technologies(简称 A)和 Datum-Timing,Test and Measurement(简称 D),表 1.1[12]中列出了这两类产品的技术指标,供读者参考.

　　图 1.4 中记录了 A-H 型钟的短期频率稳定度,图中两组数据分别取数于运行早期及铯束管的铯寿命终止前几个月.早期的新管具有更稳定的信号,但寿命期内的数据都满足预期的技术指标.图 1.5 中用一年内的数据说明了两台钟的长期运行指标.在很长的平均时间内,频率稳定度都是由白噪声($\approx\tau^{-1/2}$)支配的.

表 1.1　两家公司 A 和 D 的铯原子频标的技术参数

钟型号	A5071 标准 (A-S)	A5071 高性能 (A-H)	D-4065 标准	D-4065 高性能	D-4040B 标准	D-4040B 高性能	D-CS III 标准	D-CS III 高性能
准确度/10^{-12}	1	0.5	1	0.5	<2	<1	2	5
$\sigma_y(\tau=100\text{ s})/10^{-12}$	<2.7	<0.85	<2.7	<0.85	<5	<0.85	<2.7	<0.85
最小的 σ_y (确保)/10^{-14}	<5	<1	<5	<1	<8	<2	<5	<2
典型结果/10^{-14}	<1.5	<0.5						
特点	(见仪器说明)	(见仪器说明)	9 个射频输出	9 个射频输出	4 个射频输出	4 个射频输出	(见仪器说明) 小型化 (13.5 kg)	(见仪器说明) 小型化 (13.5 kg)
保用期	电器:1 年 束管:10 年	电器:1 年 束管:5 年	电器:2 年 束管:12 年	电器:2 年 束管:12 年	无规定	无规定	无规定	无规定

环境条件要求:磁通密度直至 0.2 mT,温度:0~50℃,相对湿度 0~80%.

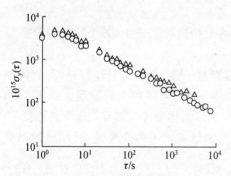

图 1.4　A-H 型铯钟的相对频率稳定度."△"数据取自铯束管运行的第 5 年,"○"数据取自一台新的铯束管装入后不久[12]

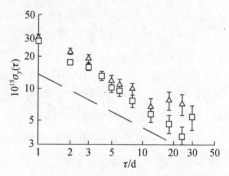

图 1.5　两台 A-H 型铯钟的相对频率稳定度,系列数 128(△)和 415(□);数据采集的日期在直至 2002 年 4 月 30 日的 360 天之内[12]

1.5.3　中期发展阶段——光抽运选态[13]

20 世纪 80 年代后期,开展了用半导体激光的光抽运选态来代替非均匀磁场的选态.其原理如图 1.6 所示,图中示出了 ^{133}Cs 原子的部分能级图.D_2 线的基态到激发态的跃迁波长为 852.1 nm.跃迁 $F_g=3$ 或 $4 \to F_e=3$ 或 4 将原子抽运到超精细子能级 m_F 的多个能级之一.循环跃迁 $F_g=4 \to F_e=5$ 造成每个原子有较大数量的荧光光子,因为量子力学选择定则允许从激发态衰变返回到最初的基态,因此,通常在抽运过程中采用这个跃迁.

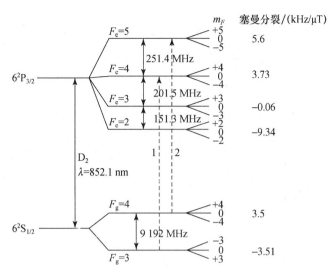

图 1.6 ^{133}Cs 原子的部分能级图. 在高分辨时, 两个精细能级具有超精细结构(子能级的分离未标出). 在小磁场(磁通密度 B)内, 超精细能级具有线性塞曼位移, 它与 m_F 成正比

1.5.4 基准铯原子钟

在 2002 年中期, 德国联邦技术物理研究院(PTB)的两台"经典"基准钟 CS1 和 CS2 连续运行, 并作为复现国际原子时的长期参考与其他国家的基准钟一起工作. 装置中用四极和六极磁铁(磁透镜)作为选态和选速. 因此, 平均原子速度比在从同样源中喷射热原子束要低两个量级, 原子速度是在平均速度附近的窄间隔内. 因为这个明显的优点而获得了很小的不确定度. 图 1.7 示出了 CS2 的设计结构, 图 1.8(a) 示出了 CS2 的"钟信号", 在贡献给信号的平均速度约 95 m·s^{-1} 的热原子束中约有 1.3×10^7 个原子. CS2 的相互作用时间约为

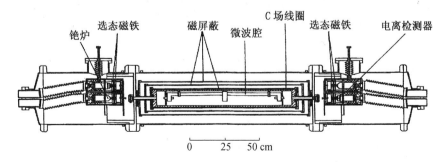

图 1.7 PTB 的基准钟 CS2 的真空室的垂直截面图[14]

10 ms,谐振曲线的线宽为 60 Hz,在 1 Hz 带宽中的信噪比(SNR)为 1000. 相互作用区域中由于磁场存在而产生的最大频移为 2.92 Hz(相对频移≈3×10^{-10}),但这种频移如其他全部频移一样可以很好地确定,在 20 世纪 80 年代不确定度已估算为 $1.5×10^{-14}$.

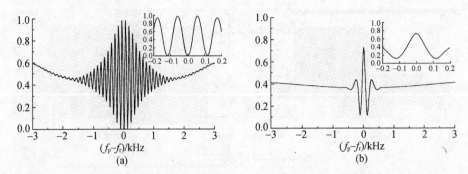

图 1.8 铯原子钟跃迁的记录(插图:在更高分辨时的中心条纹). 信号表示了在 $m_F=0$ 超精细基态能级之间系综的速度平均. (a) PTB 基准钟 CS2 的记录;(b) 用光抽运的法国基准钟 JPO 的记录. 图中的纵坐标均为归一化的钟跃迁信号[14]

表 1.2[14] 中所列的五台钟分别是法国时间频率基准实验室(LPTF)的 JPO,美国国家标准技术研究院(NIST)的 NIST-7(CRI-0I 实际上是 NIST 的复制品,是这两个研究所合作研制的)、日本国家计量研究所(NRLM,更名后的英文缩写为 NMIJ)的 NRLM-4 及德国 PTB 的两台基准钟 CS1 和 CS2. 表 1.2 和表 1.3(见下一小节)中分别列出了表征钟性能的参数和不确定度估算. Q 值几乎相同的 $\sigma_y(\tau)$ 值明显不同,其部分原因在于采用了光学态制备,而不是磁选态. 另一方面,信噪比 SNR 也由公认的铯消耗量所控制. 例如在两个 CS2 炉中,每个炉的 5 g 铯料,就足以使它从 1986 年起在 10 余年内工作,中断工作时间不超过 10 小时. 由此可见,基准钟的相对不确定度可达 $1×10^{-14}$ 量级.

表 1.2 具有热原子束的五台铯频率基准的
谱线品质因子 Q 和相对频率稳定度 $\sigma_y(\tau=1\,s)$

表征性能的量	JPO	NIST-7 (CRI-01)	NRLM-4	CS1	CS2
谱线品质因子 $Q/10^8$	1	1.6	1.2	1.6	1.6
相对频率稳定度 $10^{13}\sigma_y(\tau=1\,s)$	2.9	7	8	55	36

1.5.5 铯频标发展的第三阶段——原子喷泉钟

在铯频标发展的前两个阶段中,由腔相位频移引起的不确定度是总不确定度中的主要成分.它起因于铯原子前后两次通过微波谐振腔的两个作用区,而这两个作用区的相位不可能保持相同.由此引起的频移与原子运动速度成正比.铯原子束从铯炉中射出时,其原子平均速度与炉温有关,降低炉温可使原子平均速度变小,但同时会使束中的原子密度减小,从而使跃迁的信噪比大幅度降低,由此严重影响频标的频率稳定度.

为了解决这个问题,早在 20 世纪 50 年代中期,美国麻省理工学院(MIT)的 J. Zacharias 等人[8]曾提出过原子喷泉的设想.设想中将铯原子垂直上抛,期间首次通过微波谐振腔,然后让慢速原子到达上抛顶点后自由下落,再次通过同一个谐振腔,产生 Ramsey 共振.这种方法原则上应是可行的,但在实验中必须有速度较低的原子才能在上抛不很高的位置上自由下落.由于炉温不能降得太低,低速原子在碰撞中大量损失,则无法选出低速原子来与谐振腔发生两次作用,因此当时无法实现上述设想.

20 世纪 90 年代,在实现了激光冷却技术后,上述设想就得以实现,制成了以铯原子喷泉为核心的新一代铯频标.

图 1.9 是喷泉频标运行原理的说明[12].图中按从左至右的时序进行解释,激光光束用黑色箭头表示,白色箭头表示关闭.图中(a)表示制备了冷原子云(称为光学黏团);(b)表示由于垂直激光的失谐,原子云开始抛射;(c)表示初始小体积和高密度的原子云在抛射飞行期间膨胀,并首次通过微波腔;(d)表示原子二次通过微波腔后,用激光辐照和荧光检测来探测态粒子数.

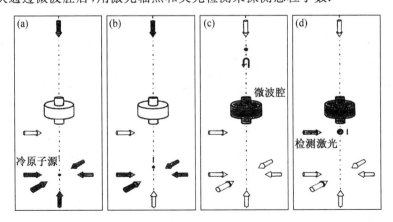

图 1.9 喷泉频标的运行序列,时序为从左至右,激光束用黑色箭头表示[12]

黏团中的无规原子运动可得到的动能以温度来表示.一些类型的原子可以达到几 μK 的低温,铯原子可达 2 μK,相应的随机速度约为 11 mm/s.光学黏团并不是一个阱,其中的回复力吸引原子趋于空间的一个点.然而,若在光学黏团上叠加一个非均匀磁场,由此产生的塞曼效应的原子能级移动与原子位置有关.如果适当选择激光光束的偏振,所建立的回复力使原子趋于零场,择优位置在黏团中心处.这类磁光阱(MOT)有时用于喷泉中,这样易于从背景蒸气中很快得到大量原子,完成纯黏团冷却步骤,达到上述提到的低温.

实现低温是最重要的.原子的囚禁和冷却受超精细能态中的强频移影响,使精密光谱术不可能实现.因此,冷原子必须释放能量,即冷原子云扩散到它相应的温度.原子在重力场中下落,再向上抛射并在抛射飞行期间完成微波激励.

图 1.10 示出了铯原子喷泉的实验装置示意图[12],原子的激光冷却是利用了激光对原子的作用.由于光子具有动量,铯原子吸收共振频率相同而运动方向相反的光子后,将损失动量,然后速度降低.虽然每次吸收的速度变化仅为 0.35 cm/s,但大量吸收后就能大幅度降低速度.而原子在自发衰变时辐射光子是各向同性的,不改变动量.这个过程实现了原子的激光冷却.如图 1.10 中所示,在冷却光束作用下,形成了冷原子云,其相应温度可达 1～2 μK.在磁光阱

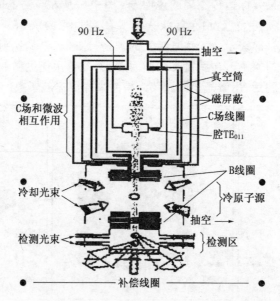

图 1.10　铯原子喷泉实验装置示意图

(MOT)的作用区内,形成了一个光学黏团.利用垂直方向的上下两束激光,分别正负调偏谐振点,使整个光学黏团向上抛射,达到顶点后自由下落,实现两次通过同一个微波腔.实现了 $m_F = 0 \to m_F = 0$ 的跃迁,获得了 Ramsey 条纹,线宽可达 0.7 Hz,图 1.11 示出了 Ramsey 花样[12].

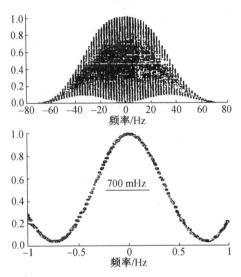

图 1.11　原了喷泉的 Ramsey 花样单次扫描,每步间隔为 0.1 Hz

我们可以简明地叙述铯原子喷泉钟的原理:用激光和磁场技术来囚禁铯原子云,使其冷却到 1 mK 以下的温度.在喷泉中,铯的冷原子发射到约 1 m 高,然后在重力作用下返回.原子在上抛和下落时两次通过微波腔,与铯的热原子相比,冷原子以更慢的速度在更长的时间内与微波场发生相互作用.在用时间分离的"Ramsey 脉冲"探测原子的微波吸收时,其分辨率可达 1 Hz 量级,远小于铯原子钟中的热原子的 100 Hz 的分辨率.用这样窄的线宽,喷泉钟可以稳定到 1×10^{-15} 量级,这相当于一天内平均的钟的频率扰动.换言之,它所测量的时间精度为每 1 天优于 100 ps(即 10^{-10} s).表 1.3 中列出了近年来八台铯喷泉基准钟的特性及频率稳定度和准确度[15];表 1.4 中列出了法、美、德三台喷泉频标的不确定度贡献[14].中国计量科学研究院于 1996 年立题研制铯原子喷泉频率基准,2003 年研制成功,经过半年的测量和评估,表明装置运行可靠,性能稳定,频率不确定度达 10^{-15} 量级,相当于几百万年不差 1 秒,是我国第一台冷原子钟[16].

表 1.3　2001 年前后八台 Cs 喷泉基准钟的特性及频率稳定度和准确度[15]

	SYRTE （法国） JPO	NIST （美国） NIST-7	NRLM （日本） NRLM-4	NICT （日本） CRL-01	PTB （德国） CS1	PTB CS2	PTB CS3
Ramsey 腔之间的距离/m	1.03	1.53	0.96	1.53	0.8	0.8	0.77
微波-磁场方向	⊥（垂直）	＝（平行）	⊥	＝	＝	＝	＝
态选择器-分析器	光抽运选态	光抽运选态	光抽运选态	光抽运选态	六极＋四极	六极＋四极	六极
平均原子速度/(m·s^{-1})	215	230		250	93	93	72
线宽/Hz	100	77	100	62	59	60	44
相对频率稳定度 $\sigma_y(\tau)\tau^{1/2}$	3.5×10^{-13}	1×10^{-12}	(7~9)×10^{-13}	3×10^{-12}	5×10^{-12}	4×10^{-12}	9×10^{-12}
准确度/10^{-15}	6.4	5	29	6.8	7	12	14
作者	Makdissi 等	Shirley 等	Hagimoto 等	Hasegawa 等	Bauch 等		
年份	2001	2001	1999	2004	1998	2003	1996
文献	[16]	[17]	[18]	[19]	[20,21]	[20]	[22]

表 1.4　法、美、德三台喷泉频标的不确定度贡献（×10^{-15}）[14]

频移原因	法 LPTF FO1	美 NIST-F1	德 PTB-CSF1
二阶塞曼效应	<0.1	<0.1	<0.1
二阶多普勒效应	<0.1	<0.1	<0.1
由热辐射产生的交流斯塔克效应	0.5	0.3	0.2
腔相差（分布）	0.5	<0.1	0.5
微波腔的失谐	0.1	<0.1	<0.1
由荧光辐射产生的交流斯塔克效应	<0.1	0.2	0.2
塞曼子能级的不对称粒子数	0.4	<0.1	<0.1
冷原子碰撞	0.5	0.48	0.7
电子学	0.3	0.2	0.2

　　铯原子喷泉钟准确度已非常高,但进一步的提高还受到限制.首先,在喷泉中,铯的冷原子之间的碰撞将使原子跃迁的频率产生移动.其次,频率稳定度要达到 1×10^{-15} 量级,必须对信号作约 1 天周期内的平均,难以在守时中用喷泉钟达到这个准确度量级.而正在研制的光钟,可以更好地满足守时上的要求.因为光钟的频率比铯原子喷泉钟 9.2 GHz 的频率约高 100 000 倍,它在几秒内的

平均频率稳定度就能达到 1×10^{-15} 量级,用更长的平均时间,可以优于 1×10^{-17}. 光钟的原理将在本书的第六章中表述.

§1.6 铯钟在复现国际原子时(TAI)中的作用[12]

1.6.1 时标

时间单位秒作为国际单位制的基本单位是指时间间隔,而在科学技术和生活中还有另一概念是时刻,它是记录时间流逝的标尺,简称时标,它是由时间间隔连续累加而得到的. 时标中的一个重要时刻是时标的原点.

由于应用中的不同需要,时标分为下列几类:

(1) 世界时(UT)

世界时(简写作 UT)以地球自转运动为基础. 在天文学中,为了便于计算和处理跨越年、月的长期数据,将日期按十进制编号,称为儒略日,符号是 JD,起点是公元前 4713 年 1 月 1 日 UT12 时. 例如,1987 年 1 月 1 日 UT12 时可表示为 JD 2 446 796.5. 将数字的前两位(24)和小数点后的 5 略去,就简化为 MJD 46 796,称为约化 JD(或改进 JD),其起点为 MJD,即 JD 2 400 000.5,是 1858 年 11 月 17 日 UT12 时. 严格地说,UT 的刻度是不均匀的,但它准确地反映了地球自转的角位置,因此仍广泛地用于大地测量、导航和生活等方面.

(2) 历书时(ET)

历书时(ET)的时间单位是历书秒,它的起点是 1900 年 1 月 0 日 UT12 时正. ET 的秒是以地球绕太阳公转运动周期为基础的,由于公转比自转更为稳定,因此 ET 比 UT 均匀. 由于地球自转在逐渐减速,自 1900 年至 2000 年的一个世纪内,UT 比 ET 约落后 1 分钟,今后还将继续增大差距.

(3) 国际原子时(TAI)

1970 年,国际计量大会对国际原子时(TAI)的定义为:"以秒定义为根据,以世界各地运转的原子钟读数为依据,由国际时间局(BIH)建立的时间参考." 1988 年,由国际计量局(BIPM)执行这项任务. 国际原子时的时间单位是原子秒,其起点是 1958 年 1 月 1 日 UT12 时,TAI 与 UT 之差的每年约 1 秒的速度差在继续扩大,从起点至 2003 年,UT 比 TAI 已落后了约 32 秒.

(4) 协调世界时(UTC)

天文学、大地测量和导航等领域需要准确地知道地球自转的角位置,即不均匀的 UT 时刻,而科学研究和通信部分需要准确的 TAI,为了满足这两方面

应用需要,标准频率和时码发播台发播了协调世界时(UTC),其起点是 1960 年
1 月 1 日 UT12 时,并从 1972 年起,改为它的秒与 TAI 的秒保持严格一致,而
时刻与 UT 之差控制在不超过 ±0.95 s. 当有可能超过时,就通过增减一整秒
(闰秒)的方法进行协调. UTC 与 TAI 之间的关系可表示为

$$UTC = TAI - N_s, \tag{1.6.1}$$

式中 N_s 为整数秒.

1974 年后,UTC 已成为国际的法定时间.

1.6.2　铯钟在复现 TAI 中的作用

在国际计量委员会(CIPM)的授权下,TAI 的复现已是国际计量局(BIPM)
的职责. BIPM 时间部(1981 年 1 月前称国际时间局)收集并处理从世界范围内
约 50 个时间中心来的用不同技术获得的时间比对数据. 它们代表了在时间中
心运行的 200 多台原子钟的互相比较. 其中多数是商品铯钟,此外是几台氢钟
和很少几台基准钟,由此形成了钟系统. 第一步用累积算法产生自由原子时标
(EAL),设计这种算法使所得的平均原子时具有最佳的长期稳定度和可行性.
每台有贡献的钟所赋予的统计权重与测量的钟的稳定度的方差成反比. 为了确
保可靠性,权重不能在一个确定的最大值之上. 图 1.12 中列出了 2001 年的统
计权的分布和时间.

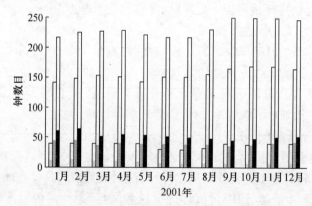

图 1.12　2001 年贡献给复现 EAL 的钟的数目. 每个月的三个柱表示氢微波激射器
的数目(左),A-H 型钟的数目(中)和总数(右). 灰色阴影表示具有最大统计权重的钟的比例[12]

EAL 的标度单位是用以某个不确定度复现 SI 秒的基准钟为参考而确定的.
近年来,数据是对钟和喷泉收集的. 图 1.13 所示为 2001 年 5 月至 2002 年 4 月的
12 个月的结果. 图 1.13(a)示出了 A-H 型的 109 台钟的平均年变化率,图 1.13(b)

中给出了其他 25 台商品钟的数据. 原则上,国际计量局要求报道未停止的钟,如从制造商交货的钟. 另一个感兴趣的量是 12 个月内钟组的频率稳定度,它是由每月变化率与平均值的标准偏差所表示的. 图 1.14 描绘了两个钟组的标准偏差.

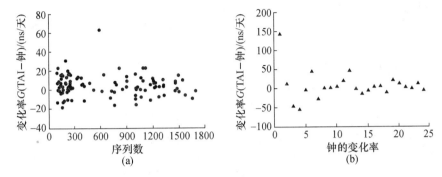

图 1.13 在 2001 年 5 月至 2002 年 4 月的 12 个月内,贡献给复现 EAL 的 109 台钟的平均年变化率[12]. 以 ns/天表示(0.86 ns/天的变化率相应于相对频率偏差为 1×10^{-14})(a) A-H 型钟(见表 1.1)不同序列数的变化率;(b) 其他 25 台商品钟的变化率

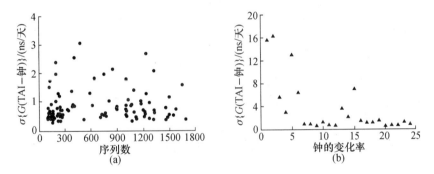

图 1.14 相对于图 1.13 钟的年平均值,12 个月的变化率的标准偏差 σ[12]

最终就获得 TAI 时标单位与 SI 秒的平均相对偏差,例如在 2002 年前 5 个月的偏差为 8.8×10^{-15} s. 图 1.15 反映了统计意义的偏差,其中包括最后 12 个月的基准钟数据. 由于喷泉钟给了 TAI 以控制,估算的不确定度减小到约为 2.5×10^{-15} s. 在将来具有更多的喷泉钟数据时,TAI 的准确度可以进一步提高. 但在目前,全部钟组的准确度和稳定度(包括氢钟和基准钟)已有效地传递给 TAI,使它成为在科学应用中的时间和频率的极好的参考. TAI 是协调世界时(UTC)的基础,它也是在世界范围内所用民用和法定时标的参考. UTC 与 TAI 之差仅是秒的整数. 2003 年中期为 32 秒. 这个差数的增加是 UTC 引起的.

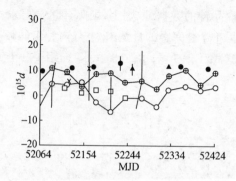

图 1.15　用各个基准钟复现的 TAI 时标与 SI 秒的相对偏差 d，图中钟的符号为：德国 PTB 的
CSF1(●)，CS1(○)，CS2(⊕)；美国的 NIST-F1(▲)；日本的 CRL-01(×)；法国的 JPO(□)．
MJD 即约化的 JD；MJD52424 相应于 2002 年 5 月 30 日．PTB 的 CS1 和 CS2 的数据点与标志的
连续运行相连接．对于其他的钟，符号是画在 15 和 35 天之间的测量间隔的端部．误差棒表示
1σ，即在 d 的测定中的标准不确定度

TAI 实际上是一个纸面钟，由 BIPM 计算出来后，以月报和年报形式公布
时差数据，包括 UTC-TAI，UTC(k)-UTC，TA(k)-TAI，取样平均时间日报为
五天，年报为一个月．参与 TAI 合作，为之提供数据的守时实验室可直接用这些
数据进行时刻与频率的校准，但这种校准滞后了一个月，是一种非实时的校准．
至上世纪末，我国共有六个实验室建立了自己的地方原子时：中国计量科学研
究院的 TA(NIM)、中国科学院国家授时中心的 TA(NTSC)、上海天文台的
TA(SO)、香港标准和校准实验室的 TA(SCL)和台湾电信实验室的 TA(TL)．

§1.7　铯原子频标发展趋势

自 20 世纪 50 年代中叶第一台铯原子钟开始运转以来，无扰铯原子的超精
细分裂频率的复现性已提高了约 5 个量级．我们可以预期，还可以进一步提高，
其中也包括用其他元素的跃迁作为微波频标．目前，在国际空间站(ISS)的微重
力环境下，两台冷铯频标的校准正在运行中．

地面喷泉钟也有改进的余地，其中一项就是碰撞频移．在信噪比恒定时，减
小原子数密度可由喷泉中的原子云来实现．例如，在慢速铯原子的低密度原子
中，会检测到碰撞频移明显减小．通过制备超冷、低密度铯原子云并用拉曼冷却
减低横向速度扩展，也可减小冷碰撞频移．

现已发现，^{87}Rb 原子在主要的碰撞能量处的碰撞频移比铯原子小一个量

级,用^{87}Rb与超稳定的本机振荡器相结合,可以获得频率稳定度和复现性更高的频标.^{87}Rb的无扰超精细分裂频率的不确定度可以达到1×10^{-16},而这是铯原子喷泉难以达到的.

§1.8 铷原子频标

1.8.1 铷原子能级

铷原子的序数为37,它有两种天然同位素^{85}Rb和^{87}Rb,其丰度比为72.2: 27.8,它们的核自旋量子数分别为$I=5/2$和$I=3/2$.图1.16示出了它们的能级图,其基态均有两个超精细能级,对应的总角动量量子数分别为$F=3,2$和$F=2,1$.

由图1.16可见,^{85}Rb和^{87}Rb原子的基态超精细能级的分裂频率分别为3.036 GHz和6.835 GHz.在实用频标中,通常采用高频的^{87}Rb作为铷原子频标的工作物质.

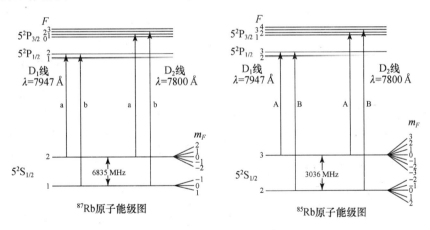

图1.16　^{87}Rb和^{85}Rb原子能级图($1\text{Å}=10^{-10}$m)

1.8.2 铷原子频标的结构和原理

图1.17示出了铷原子频标的结构原理图[13].图中左侧放置^{87}Rb的无极放电光谱灯,它发射如图1.16所示的D_1和D_2两条光谱线,波长分别为794.7 nm和780.0 nm,是能级$5^2P_{1/2}$和$5^2P_{3/2}$的自发发射谱线.两条光谱线中均含有两个超精细结构分量a和b,相应于$F=2$和1的能级.这两条发射光线通过透镜后

经过[85]Rb 滤光吸收泡,如图 1.17 所示.[85]Rb 有 A 和 B 两条超精细谱线,分别与[87]Rb 的 a 和 b 线的频率相近,而对发射线产生滤光作用.因 A 线与 a 线的频率更近,因此大部分被吸收,而 B 线离 b 线稍远,吸收较小,因此,经过滤光吸收泡后光线将主要被处于 $F=1$ 的能级上的原子所吸收.在 Rb 原子吸收室中,当原子从激发态再跃迁到基态时,由于气室内充有缓冲气体,原子间的碰撞使跃迁回到 $F=2$ 和$F=1$能级的概率相同,因此 $F=1$ 能级上的原子也可被抽运到$F=2$ 能级上,其中 5 个塞曼子能级上的分布是均匀的,各占 1/5.

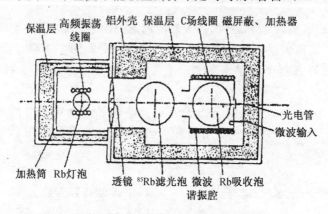

图 1.17 铷频标量子物理部分结构图

经过上述的光抽运作用,[87]Rb 原子大部分处于 $F=2$ 态,这时在微波谐振腔内加上满足钟跃迁的微波磁场,可以检测到具有较高信噪比的钟跃迁信号,将晶振的频率锁定在跃迁谱线的中心,从而形成铷原子频标的正常运行.

1.8.3 铷原子喷泉钟的发展

喷泉钟从铯钟扩展到铷钟有其优势,我们可以在相同条件下来比较两者的性能.铷可作为喷泉钟的候选元素是因为它的原子物理性能与铯有相似之处,进行激光冷却和控制可能也很方便.铷喷泉钟与铯喷泉钟的装置基本上是类似的,而其优点是,在[87]Rb 冷原子之间改变相位的碰撞截面远小于铯冷原子的相应截面,理论上的预言前者为后者的 1/15[24].实际上,[87]Rb 冷原子的碰撞截面小到难以测量.

通过精密和重复测量铷喷泉钟与铯喷泉钟的频率比,可得[87]Rb 的超精细频率 ν(Rb)=6 834 682 610.904 324 Hz.,其相对不确定度为 3×10^{-15},已作为秒的次级标准[25].

1.8.4 铷原子频标的性能

铷原子频标存在一系列由物理因素引起的频移,例如由于气室内原子间碰撞引起的碰撞频移,抽运光引起的光频移以及谐振腔内的 C 场频移等,使其频率准确度很难超过 1×10^{-11} 量级,因此它只能作为二级频标使用.但由于它结构简单,便于批量生产和小型化,且价格低廉,可以在各个领域内推广应用,成为使用最多的实用微波频标.

由于泡壁碰撞是铷频标老化漂移的一个主要原因,选择吸收泡的泡壁材料是一个关键问题.我国北京大学经过 10 余年的不懈努力,已制成小型高精度铷频标装置,其老化漂移率可小于 1×10^{-12}/月,使频率准确度达到或优于 1×10^{-11} 的水平[26].近年来,研制成电视铷频标(简称 TV-Rb),这是利用我国中央电视台发布的商品铯钟标准信号,将铷频标的输出信号锁定在中央台的标准信号上.这样,它的射频输出既具有铷频标优良的短期稳定度,又具有商品铯钟的长期频率稳定度,集两者的优点于一体.在下一小节中,我们列出了在中国科学院计量测试高技术联合实验室安装的一台 TV-Rb 频标的实际测量性能参数(表 1.5,表 1.6).

1.8.5 TV-Rb 钟的性能

TV-Rb 钟堪称是一种具有特色的锁定方式.它利用了铷钟的短稳和铯钟长稳各具优势的特点,将两者结合应用.其原理和性能简介如下:

将两台 TV-Rb 钟锁在同一电视信号(中央电视台 1 套)上,利用比相器(SR620)进行比相测量.实验原理如图 1.18 所示,电视信号经天线接收送到选台器,从选台器输出 4.43 MHz 的彩色副载波信号,利用此信号锁定 TV-Rb钟,再将两台 TV-Rb 钟的 10 MHz 输出信号输入到比相器,进行比相测量.

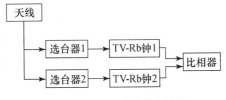

图 1.18 TV-Rb 钟的锁定原理

可根据下式计算阿仑偏差

$$\sigma_y = \frac{1}{360 f_0 \tau}\sqrt{\frac{1}{2(m-2)}\sum_{i=1}^{m-2}(\Delta\varphi_{i+2} - 2\Delta\varphi_{i+1} + \Delta\varphi_i)^2},\quad (1.8.1)$$

式中,f_0 为标准频率,τ 为取样时间,m 为取样数目,$\Delta\varphi$ 为测量得到的相位差.频率稳定度的测量结果如表 1.5 所示.

表 1.5　TV-Rb 的频率稳定度测量结果[27]

（测量地点：中国科学院物理研究所 C 楼 120 室，时间：2003 年 7 月）

取样时间/s	取样个数	阿仑偏差	测量时间	比相曲线
1	3608	$\sigma_y = 3.39 \times 10^{-11}$	22:28:09～23:28:16	（见图 1.19）
10	742	$\sigma_y = 1.69 \times 10^{-11}$	20:23:40～22:27:10	（见图 1.20）
100	125	$\sigma_y = 7.05 \times 10^{-12}$	9:40:52～12:47:32	（见图 1.21）
1000	56	$\sigma_y = 3.43 \times 10^{-12}$	8:30:06～23:46:45	（见图 1.22）

表 1.5 中的测量是在测量取样时间为 1000 s 时，连续测量了两天半的时间，比相曲线如图 1.23 所示. 周二下午中央电视台设备检修，电视信号质量不好，不能锁定 TV-Rb 铷钟；在凌晨 1:00 左右到早上 6:00 中央台无电视信号，因而也不能锁定铷钟. 因此在计算稳定度的时候，只利用了周三锁定时的数据，对图 1.22 中比相曲线进行拟合（最小二乘法），函数关系为

$$y = -3.6 + 0.084x. \tag{1.8.2}$$

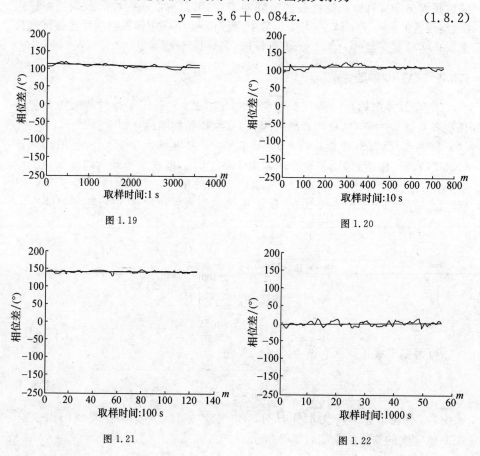

图 1.19　　　　　　　　　　　　　　图 1.20

图 1.21　　　　　　　　　　　　　　图 1.22

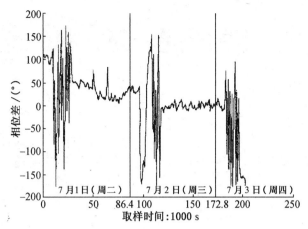

图 1.23 2003 年 7 月的实测相位差

准确度(两台 TV-Rb 铷钟比较)可估计如下:

$$\frac{\bar{f_0}-f_0}{f_0}=\frac{0.084}{1000\times10^7\times360}\approx2.3\times10^{-14}. \tag{1.8.3}$$

另一次测量结果如表 1.6 所示.

表 1.6 TV-Rb 的频率稳定度测量结果[28]

（测量地点：中国科学院物理研究所计量测试高技术联合实验室）

取样时间/s	取样个数	阿仑偏差	测量时间	比相曲线
1	1290	$\sigma_y=3.31\times10^{-11}$	10:30:10~10:51:40	(见图 1.24)
10	206	$\sigma_y=1.83\times10^{-11}$	15:21:49~15:56:00	(见图 1.25)
100	156	$\sigma_y=8.31\times10^{-12}$	10:57:10~15:15:30	(见图 1.26)
1000	45	$\sigma_y=1.32\times10^{-12}$	10:23:00~22:36:18	(见图 1.27)

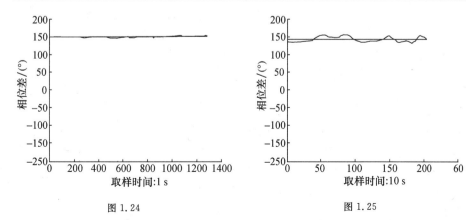

图 1.24　　　　　　　　　　　　　　　　图 1.25

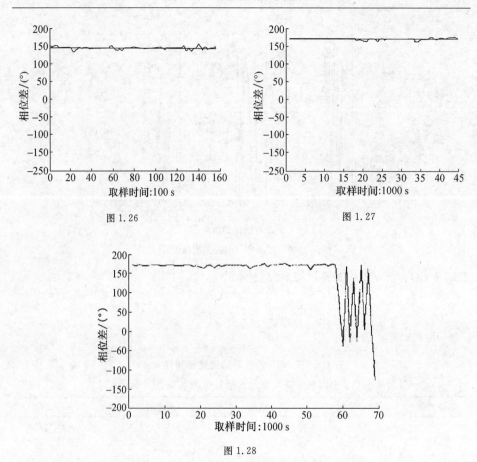

图 1.26　　　　　　　　　　　图 1.27

图 1.28

对图 1.28 中比相曲线进行拟合(最小二乘法),函数关系式为
$$y = 170.703 - 0.0432x. \tag{1.8.4}$$
可得准确度(两台 TV-Rb 铷钟比较):
$$\frac{\overline{f_0} - f_0}{f_0} = \frac{0.0432}{1000 \times 10^7 \times 360} \approx 1.2 \times 10^{-14}. \tag{1.8.5}$$

在表 1.6 所列的测量中,所用的两台 TV-Rb 钟与表 1.5 中相同,测量时间是在表 1.5 所列的测量时间后一周,地点在中国科学院物理研究所计量测试高技术联合实验室.由此可见,TV-Rb 钟的性能是稳定可靠的.式(1.8.3)和(1.8.5)表示的最终结果只相差 1 倍,这可能是由于计量测试高技术联合实验室处于一楼的超净室内,条件更为稳定所致.

§1.9 氢原子频标

氢原子是最简单的原子,它由一个质子和一个电子组成,其原子核的自旋 $I=1/2$,与电子自旋结合,形成基态的两个超精细能级 $F=1$ 和 $F=0$. 在磁场中,$F=1$ 的能级分裂成三个塞曼子能级 $m_F=1,0,-1$,如图 1.29 所示[13]. 图中的 $F=1,m_F=0$ 与 $F=0,m_F=0$ 之间的跃迁即为钟跃迁,其跃迁频率为

$$f = f_0 + 2\,766 \times 10^8\, H_0^2, \qquad (1.9.1)$$

式中 $f_0=1\,420\,405\,751\,768$ Hz,H_0 为外加磁场.

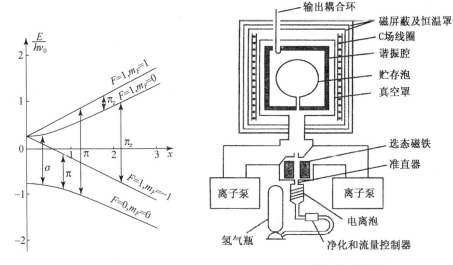

图 1.29 氢原子基态超精细能级图　　　　图 1.30 氢原子频标结构图

氢原子频标的结构如图 1.30 所示[13]. 图中的氢气瓶提供氢原子,经过净化后并控制其流量进入电离泡,在泡内电离氢原子,泡口再经准直器形成氢原子束通过小孔泻流出来,进入选态磁场. 磁场强度 H_0 约为 0.5~1 T. 经选态后的大部分上能级原子聚焦入贮存泡端口,未被选态的原子及下能级原子在偏离后由离子泵抽走.

贮存泡置于谐振腔中央,腔的射频磁场与腔轴平行,在腔中央达到磁场极大值,谐振的模式为 TE_{011} 模. 在腔内的微波谐振频率调谐到与原子跃迁频率相等并锁定的跃迁频率上,就形成了氢原子频标.

　　由于诸多的物理因素,例如,泡壁频移、二阶多普勒频移、腔牵引频移、自旋交换碰撞频移以及塞曼频移等,氢原子频标很难获得很高的准确度,通常为 10^{-13} 量级.但它的优点是具有很好的频率稳定度,图 1.31 中示出了氢原子频标的频率稳定度曲线.由图可见,其长期频率稳定度可高达 10^{-15} 至 10^{-16} 量级,是目前微波频标最好的稳定度指标,因此在高稳定度测量中具有广泛的用途.目前它正在向小型化和可搬运的方向发展,在光频标的频率稳定度测量中,也经常应用氢原子频标.

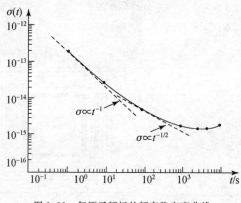

图 1.31　氢原子频标的频率稳定度曲线

§1.10　离子贮存微波频标的发展概况

　　离子贮存技术是用电磁场将离子囚禁在空间一个小区域内,既可以避免它与器壁的碰撞,还可以延长它与微波场的相互作用时间.

　　离子贮存分为两类,一类称为彭宁阱(Penning trap),它是利用静电场和磁场囚禁离子;一类称为泡尔阱(Paul trap),它是利用射频不均匀磁场囚禁离子,因此也称为射频阱.在彭宁阱内,在静电场作用下,离子趋于 Z 轴中心,但在 XY 平面内则被推斥向外;而在磁场作用下,又使离子趋于平面中心处.最终,离子沿 Z 轴作简谐振动,其角频率为 ω_z,在 XY 平面内,一方面作频率为 ω_c 的高频回旋运动,同时作 ω_m 的低频运动.这三种频率的关系为 $\omega_c \gg \omega_z \gg \omega_m$.在射频阱内,仅用射频电压囚禁离子.离子一方面以射频频率 Ω 作微小运动,另一方面以低频 ω_z 作较大幅度的振动,$\Omega \gg \omega_z$.

离子频标现在尚处于研究阶段. 采用射频阱的离子有 $^{199}Hg^+$, $^{137}Ba^+$, $^{135}Ba^+$, $^{171}Yb^+$ 和 $^{173}Yb^+$, 采用彭宁阱的离子有 $^{19}Be^+$, $^{25}Mg^+$, $^{201}Hg^+$ 等, 其频率范围在 300 MHz 至 40 GHz 之间, 谱线 Q 值在 10^9 至 10^{12} 之间.

作为微波频标的铯原子钟和铷原子钟也在改进和提高中, 如铯原子喷泉钟的最高精度已达 3.5×10^{-16} 量级[28—31], 如果采用一些新方案后, 有可能进入 10^{-17} 量级, 就能与第二章中介绍的新型光频标竞相争艳.

§1.11 钟和频率标准的重要应用

在科学和工程的广泛领域内, 通常应用钟来进行更有效的通信、导航和定位. 在当前测量中时间和频率测量是具有最高精度的物理量, 基本物理学规律的检验也必须采用振荡器和钟.

现代社会中准确钟的使用极其广泛, 最典型的例子是在长途旅行时需要设计火车时刻表. 后来, 在导航中采用钟同步和守时的技术, 打开了陆运、海运直至空运的窗口. 当代, 钟的同步已在交通、航运、通信、网络等先进技术中起到必不可少的核心作用. 时至 21 世纪, 数据的瞬间处理、高速通信已成为日常工作, 多路电话和无线网络等诸多数据信息的需求日增, 要求同步钟的水平也越来越高, 因此需要发展各类高性能的钟和频率标准以及时间和频率的传播系统, 以满足广泛应用的需求.

在以下几小节中, 将介绍钟和频率标准的某些重要应用[32,33].

1.11.1 全球定位系统

1.11.1.1 概论

全球定位系统简称 GPS, 即英文 Global Positioning System 的缩写. GPS 最初的设计是为军事支持系统服务的, 可以进行时间、速度以及在地球上任何地点定位的精密测量的传递[34]. GPS 作为民用设备应用, 只是该系统的次要功能. 现在 GPS 应用范围从运载工具自动定位, 例如它在新型汽车中的应用, 扩展到航行中紧急事故的处理, 应用于地球科学和大气模型等基础科学的研究等. 许多 17 世纪欧洲城市的中心广场上, 塔楼上的钟为公民提供时间, 为他们获得信息和商务的机会提供方便; 当今, GPS 卫星上的原子钟可谓就是那些钟楼的现代形式.

GPS 是基于三边测量定位的原理, 延伸了光速测距和恒定的概念[35]. 通过测量从远距离源发射信号的传输时间, 观察者可以确定他与发射体的距离. 如果知道在已知位置处三个发射体的距离,观察者可以准确计算出他所在的位置.这就是 GPS 无线电导航的原理.

GPS 由 24 颗卫星的星座组成,其中每颗卫星上均装有多台原子钟.卫星在地球轨道上方约 20 000 km 处,以约 4 km/s 的速度运动,每天绕地球几圈.在每次通过某地的几小时内,都能进行观测.由于卫星的位置估计的准确度可以到米的量级,它们就代表了"已知位置的发射体".用户测量通过从卫星来的信号的传播时间,就能计算出他们与卫星之间的距离.为了能精密测量传播时间,应发射具有由同步钟产生的精密计时标识的信号.

1.11.1.2　测量方法

信号传播时间的准确测量要求星载钟和用户的钟精密同步.例如在测量时,接收钟的偏置将同等影响所有的传播时间,引起距离测量与准确时间的相同偏置.实际测量的传播时间则参考赝距离,并通过估计钟的偏置作出修正.通过观测第四颗卫星易于解决三个测距者和钟偏置的问题.这类观测是用时空簇上点的四维坐标(三维空间和一维时间)定义的事件的明显例子.

用 GPS 可定义用纸面钟保持的复合时标,称之为 GPS 时标(GPST)[35].这个时标是用装在卫星上和观测站上的原子钟定义的.作为连续时标,GPST 是用实时定义的,并在确定的整秒数加上协调世界时(UTC)的分数微秒内运行.这时,GPS 对用户起到守时的作用.

GPS 的卫星载有多台铷和铯原子钟.由于首次发射的 Block I 卫星上有些铯钟失常,Block II 和 IIA 卫星上均载有四台原子钟,包括二台铷钟和二台铯钟.所有星载钟的性能用主控站(MCS)上的原子钟系列监测.作为导航信息,MCS 对用户作广播,即向用户提供 MCS 估计的一组参数作卫星钟偏置的模型.在给定的时刻 t,用下列表达式计算 GPST 中星载钟偏置[35]

$$\Delta t = a_{f0} + a_{f1}(t - t_{0c}) + a_{f2}(t - t_{0c})^2 + \Delta t_r, \qquad (1.11.1)$$

式中 t_{0c} 是参考时间,a_{f0} 是以单位 s 表示的钟偏置,a_{f1} 是以 s/s 表示的分数频率偏置,a_{f2} 是以 s/s² 表示的分数频率漂移.三个 a_f 参数分别表示钟的偏置、漂移和老化.

在 (1.11.1)式中,Δt_r 表示相对论性修正,包括星载钟相对于观测者的速度引起的相对论性时间膨胀,以及由于轨道的地平纬度引起的引力红移.在 26 560 km 圆轨道上的星载钟,每天将增加 38.4 μs 的偏离.这是一项很大的偏置,因而必须考虑进行修正.而基于圆轨道的考虑,还必须结合实际的 GPS 轨道进行修正,因为 GPS 卫星轨道具有非零的偏心率.因此,卫星的速度和轨道的地平纬度相对于椭圆轨道的运动将与时间有关,应为接收者提供修正.当卫星在其轨道上改变位置时,修正量在 0～45 ns 之间[36].

除钟偏置误差外,还存在与 GPS 有关的其他各类误差源,这将限制定位和定时的准确度.最大的误差是由卫星的星历表,信号通过的介质以及校准的不确定度引起的误差.这些误差将提供给接近 300 个 GPS 观测站进行计算,在国际 GPS 服务中心(IGS)的支持下连续修正数据[37].IGS 将从这些站收集来的数据汇总,与复杂的模型一起生产出一系列产品,允许取出在接近实时内具有小于 100 mm 的定位.其他用户利用 GPS 传播信号双频的优点,来导出基于数据相位而无需直接采用时间编码数据的高品质数据.

GPS 并不是唯一的运行中的全球卫星导航系统,类似的系统 GLONASS[38]是由前苏联为军方应用而建立的,部分信号为民用服务.由于苏联解体,GLO-NASS 的运行由俄罗斯接管.GLONASS 最初的设计是一个含 24 颗卫星的星系,与 GPS 类似,每颗卫星载有多台铯钟.然而,由于众多卫星失灵,GLONASS减少为 10 颗卫星.因而它的信号要与 GPS 联合才能改进结果.IGS 也监测GLONASS 系统,并提供在与 GPS 结合时,基于这个系统的数据处理.

还存在发展中的第三个全球卫星导航系统:欧洲伽利略系统(Galileo)[39].Galileo 正在设计成为民用控制下的服务系统,它将提供保证服务.Galileo 将与GPS 和 GLONASS 合作运行,并将增长世界范围内卫星导航服务的商业和科学应用.这个系统的第一颗实验卫星在 2005 年下半年发射.系统将由 30 颗卫星组成,将在 23 616 km 的地平纬度绕地球运动.Galileo 可望成为给予商业和科学研究以广泛应用和支持的强大系统.

1.11.1.3 频率、时间和空间跟踪应用

在任何复合的通信系统中,频率和时间起到关键性的作用.通信系统中每个接收或传播的信号,都是由参考频率标准导出的稳定频率而综合得到的.信号传播和接收的速率是由钟管理的,钟的稳定度和准确度确定了系统的效率和通道容量.

在空间应用的早期历史中,钟的主要应用是在导航方面,而频率标准只是支持航天器的导航和跟踪功能.20 世纪 60 年代初,石英振荡器用来测定飞行器的距离和速度.由于弹道和轨道的要求,动力学变得格外重要.包括多普勒跟踪和甚长基线干涉仪(VLBI)的新技术,都需要更稳定的频率标准.70 年代后期,开始使用铷原子钟和氢钟.无线电科学、VLBI 和其他跟踪功能的要求,现已逐步要求优于氢钟的稳定度性能.在长期稳定度方面,汞离子标准能满足要求,而短期稳定度(<1000 s)方面,低温振荡器能满足要求.线性离子阱标准[40]和低温振荡器[41]的发展均适合这类需求.

　　在航天器跟踪最简单的形式中,从基地到航天器信号的飞行往返时间的测量提供了距离的信息.即使是低性能的钟,这类信息通常是很准确的.但当需要角度定位时,要求由原子钟服务,因为可利用空间的无线电地图,用 VLBI 测定航天器的角度位置;这与导航需要高稳定钟类似.例如,如果钟的稳定度是 1×10^{-13},在木星上的航天器的定位不确定度约为 300 km.用多普勒跟踪时航天器的速度测定通常也需要高稳定度频率标准(10^{-15} 量级),这与需要的准确度有关.如轨道测定要求行星的间距达到 1 m 的距离,钟的稳定度要求优于 10^{-15} 量级[42].

　　原子钟在深空中应用的一个实例,是 2005 年 1 月 14 日在 Cassini-惠更斯(Huygens)飞行到土星的任务中.两台小型铷频标用于测量,一台放在惠更斯探头上,另一台放在 Cassini 航天器上,在约两小时降落伞下降期间,测量在土星的卫星土卫六上的大气风.此前 1995 年 12 月 7 日已进行了一项类似的测量,即用伽利略航天器的探头测量了木星上的大气风,在这种情况下,使用了石英 USO 振荡器.

　　深空航行术由三部分组成:包括地球取向的太阳系图;轨道计划;飞行器位置和速度的航行测量.频率标准属于最后一项任务.测定飞行器位置和速度时,可采用两类方法:光学和无线电测量.光学测量是根据在飞行器上对行星照相得到星空角度位置的信息;但为了更精密的航行,还需要用到无线电测量速度和位置的方法.

1.11.1.4　用钟在空间进行基本物理学规律的检验

　　在确定物理学各种理论的边界方面,原子钟起到了重要的作用.在空间,高性能钟的优良环境与地球表面的重要的引力偏差的综合影响,提供了目前为止唯一的机遇,来检验当今物理学所面临的最重要问题,包括检验引力理论.

　　钟是检验广义相对论和其他度规引力理论的理想工具.对检验相对论而言,空间环境是理想的.尽管高性能、星载钟是合乎需要的,但现在还仅有这种类型的单个实验.知名的包括氢钟的引力探针-A(Gravity-Probe A,GPA)实验是在卫星上进行的[43].GPA 上的氢钟提供爱因斯坦相对论预言正确性的重要信息.

　　两项重大发展已指出轻便、小型而不太昂贵的星载原子频标的可行性.第一项发展是以国际空间站(ISS)作为空间实验的平台.ISS 的主要特征是它能支持具有大的质量和功率要求的大型实验.第二项发展是关于激光冷却、离子阱和光钟技术的进展,这两项技术允许在空间飞行实验中采用具有强大科学潜力的高性能钟.

基于星载原子频标的空间实验的思路具有很高的要求. 包括欧洲空间局 (ESA)的一些称为 ACES[44] 实验的任务、两个 NASA 任务 PARCS 和 RACE, 都是 ISS[45] 的计划内的. 第三个 NASA 任务基于低温腔振荡器 SUMO[46], 也是这组实验的一部分. 遗憾的是, 由于经费困难, 这类实验尚不能在 ISS 上进行. 然而, 未来在空间的飞行钟的机遇无疑将会增多. 某些建议, 尤其在欧洲的一些空间机构组织提议的, 包括德国基于光钟的实验, 均正在研究中.

GPA 是经典钟的广义相对论检验, 包括氢钟的竖直发射以及在 10 000 km 高度处观测由于引力红移产生的钟速率加快. 观测到的通过发射轨道的频率变化与预言值之间符合的不确定度为 70 ppm[①]. 两个物理效应影响了轨道钟的频率: 引力红移; 二阶多普勒频移或相对论性时间膨胀. 引力红移为 $-GM_e/Rc^2$, 其中 G 是引力常数, M_e 是地球质量, R 是轨道高度, c 是光速. 二阶多普勒频移等于 $-v^2/2c^2$, 其中 v 是航天器的速度.

这两个效应是相关的, 时间膨胀的最大量等于钟在自由下落时的最大红移. 通过轨道钟与地面钟的比对, 可以观测引力势和时间膨胀的综合结果. 如果钟的准确度为 10^{-17}, 例如 RACE 计划所定, 则在 ISS 的 400 km 高度上, 对红移的灵敏度将达到 0.24 ppm 量级. 对于接近圆的轨道, 时间膨胀 $-GM_e/2Rc^2$ 是红移之半. 这类测量比经典的广义相对论检验的最佳结果要提高 300 倍至 50 倍.

Mansouri 和 Saxl[47] 曾建议检验狭义相对论和光速不变原理. 在他们的框架中, 光速可能是各向异性的, 光速可能与相对于某个参考系的速度有关. 最自然的参考系是宇宙中心. 根据宇宙微波背景辐射的各向异性, 太阳系相对于宇宙中心的速度约为 377 km/s. 如果光速是各向异性的, 上述如此高的速度下, 任何频率测量将对本地速度的变化非常敏感.

对于绕地球轨道运行的航天器, 每半个轨道周期中沿着从尤方向的速度分量会有变化. 相对频率稳定度为 $1×10^{-16}$ 的一台原子钟, 在半个轨道周期中对检验理论的综合参量的测量, 与广义相对论预言值相比的探测偏差 ($\beta-\alpha-1$) 在 $8×10^{-10}$ 的量级. α 和 β 与预言值 1 的偏差成为违背广义相对论的预兆. 用这台钟的 60 天数据集合, 可以达到的探测偏差极限为 $4×10^{-11}$, 这比过去 Hils 和 Hall 的最佳测量[48] 提高了百万倍.

Mansouri 和 Saxl 的框架还提议光速与支配钟 (例如腔钟) 的方位的关系, 首次检验是迈克尔孙和莫雷完成的. 每 22 分钟, 地球轨道上的卫星旋转 1/4

---

① ppm 即 10^{-6}, 百万分之一.

圈,频率稳定度为 1×10^{-16} 的一台腔钟在此时间间隔内,对 $(1/2 - \beta + \delta)$ $(\beta, \delta$ 为参数)偏差的灵敏度为 2×10^{-10} 的量级. 在二个月内集成的数据,将产生 2×10^{-12} 的灵敏度数值,这比过去测量提高了 2500 倍.

爱因斯坦相对论的进一步检验还可以用基于不同物理过程的钟来进行. 钟轨道上的实验以及上述轨道参数使这类实验能有三个量级的改进,试验测量了局部位置不变性(LPI)[49]的效应.

最基本的一些问题限制了我们对物理世界的认识. 自然常数是否恒定不变? 自然常数也许在宇宙演变周期中发生变化? 如何协调引力与量子理论之间的关系? 如何来超越场和粒子的标准模型?

通过比较不同物理组成的钟之间的速率,用原子钟可以直接研究精细结构常数 α 随时间的变化[50]. 所有的原子钟都是基于由价电子的磁矩的相互作用所确定的超精细能级之间的跃迁. 对于碱金属原子,超精细能级间隔的表达式为

$$A_s = (8/3)\alpha^2 g_I Z(z^2/n^{*3})(1 - \mathrm{d}\Delta_n/\mathrm{d}n)F(\alpha Z)(1 - \delta)(1 - \varepsilon)m_e/m_p R_\infty c,$$

$$(1.11.2)$$

式中,z 是无价电子时离子的净电荷,n^* 是有效量子数,令 $D_n = n - n^*$,δ 和 ε 是对核的有限大小的修正. 如果精细结构常数随时间而变化,用不同 Z 原子制成的钟的灵敏度将显示各自的信号. 尤其,Casimir 修正因子 $F(\alpha Z)$ (对电子的相对论性波动方程的修正)将在碱金属原子的微波超精细钟中产生不同的灵敏度,其跃迁频率 f 由下式表示:

$$f = \alpha^4 (m_e/m_p)(m_e c^2/m_p(h/2\pi))F(\alpha Z).$$ (1.11.3)

由上式显见不同 Z 的不同原子系统通过(αZ)关系项显示的频率关系.α 随时间变化的直接检验则能通过具有不同 Z 的两台钟的比对来完成.

首次研究精细结构常数 α 随时间变化的钟试验,是用汞离子频标控制的氢钟的频率比对完成的[50]. 这项实验提供了 α 随时间逐年变化的上限约小于 4×10^{-14}/年. 此后,基于激光冷却的铯钟、铷钟以及光钟的频率比对,比首次测量已提高一个量级. 随着钟性能的不断改进,预期这个极限还能提高一个量级.

1.11.2 时间比对的相对论性理论

我们已介绍过各类时标的定义和关系. 国际原子时(TAI)基于分布在全世界的 250 多个原子钟来提供它的稳定度,而其中只有很少的基准钟才提供准确度. 协调世界时(UTC)是所有法定时标的基础,UTC 是从 TAI 导出的. 为了使各地的时间得到统一,必须对相隔千里之遥的钟进行比对和同步. 用 GPS 或卫星地面站的双向时间传递(TWTT)等无线电传输技术,可实现的不确定度为 1 ns.

1.11.2.1　时间比对的方法

通常,有两种方法比对远程钟:第一种方法是,将一台可搬运钟运至另一台钟处,在搬运期间对坐标时进行固定计数,坐标时与由搬运钟测量的固有时有所差异;第二种方法是,从一台钟发出电磁波至另一台钟处,对信号传播的坐标时进行固定计数.自原子钟建立以来,已执行了这类程序.

钟的搬运技术是很麻烦的,但搬运的方法也一直应用到 20 世纪 80 年代出现 GPS 之前.这种方法的不确定度为搬运钟的不稳定度所限,后来已广泛采用无线电信号传播的方法,其第一项重要技术是应用导航卫星上的信号,例如通过 GPS,俄罗斯的 GLONASS 和未来欧洲的 Galileo 系统,进行地面钟与星载钟的比对.在这类技术中,每一个地面站从多个卫星上接收信号.这类方法的细节可参考有关专著[51].第二项重要技术是 TWTT,信号发送是双程的.

1.11.2.2　相对论性的时间比对

对计量学而言,多数基本量是由特殊观察者测量的"静"时间和"静"长度.这也包括并非观测得到的物理结果,而原则上是相应于固定量的量,例如位于地心或离太阳系无限远的观察者的静时间.

坐标的确定与习惯选择有关,如时空坐标系的选择,同步方式的选择等.例如,两个事件的坐标之差(事件的时间坐标之差),或相对于某个时空参考系的坐标时间钟的速率,这些都与选择的参考系有关.

时间计量学的多数基本量是钟的静时间(一台理想钟的物理意义上的当地输出)以及传统的时空参考系的坐标时间,可用国际天文学联合会(IAU)的定义.例如,用铯基准频标在它当地产生的某个静时间.而 TAI 是 TT(地面时)的复现,时间坐标用 IAU 定义.

由于时空弯曲,时空坐标系的标度单位与固定量通常并无全球恒定关系.牛顿力学的框架中(用欧几里得几何),通常能以标度单位等于每个地点的固定量来定义坐标,因而不必要对每个地点作明显区分,而在广义相对论中这是不可能的,广义相对论中固定量与坐标标度单位之间的关系与测量观察者的时空位置有关.对计量学而言这意味着,坐标时间隔与测量的固有时间隔之间的关系与测量钟的位置有关.

(1) 同时性和同步

相对论中并无两个不同地点事件同时性的先天性定义,约定的选择称为约定同时性和同步.1905 年,爱因斯坦[52]首次提出这种约定,并且采用电磁信号的交换,称为"爱因斯坦同步约定".还有其他的约定,例如"钟传输同步",或称

"坐标同步". 在钟比对是为了复现坐标时间标度(例如 TAI 的构造)时,这种约定是自然选择. 坐标同步的定义如下[53]:

"假如相应于某个参考系的时间坐标值相等: $t_1 = t_2$, (那么)用这个参考系的坐标值 (t_1, x_1, y_1, z_1) 和 (t_2, x_2, y_2, z_2) 固定在此参考系中的两个事件, 考虑作为相对于这个参考系是同时的. 这个同时性的定义(以及相应的同步定义), 我们称为坐标同时性(和坐标同步)."

显然, 这样定义的同步完全依赖于所选择的时空坐标系, 它需要在相对论框架中有一致的定义. 1991 年[54]和 2000 年[55], IAU 提供了这类定义.

(2) 时空坐标系的相对论性定义

为了描述时间和频率的比对观测, 必须首先选择固定的相对论性参考系[56]. 重心天体参考系(BCRS)应能用于所有的实验, 而不限于地球附近, 而地心天体参考系(GCRS)在物理上适合于描述在地球附近发生的过程. 这首先是由 IAU 决议(Resolution)A4(1991) 定义的, 它包含九项推荐, 其中前四项推荐与目前的讨论有关.

第一项推荐中, 以质量系综的重心处为中心的时空坐标系 $(t, \boldsymbol{x})$ 的度规张量推荐为以下形式:

$$g_{00} = -1 + 2U(t, \boldsymbol{x})/c^2 + O(c^{-4}),$$
$$g_{0i} = O(c^{-3}),$$
$$g_{ij} = \delta_{ij}[1 + 2U(t, \boldsymbol{x})/c^2] + O(c^{-4}), \tag{1.11.4}$$

式中, c 是真空中光速, U 是牛顿引力势, 此处 U 是质量系综的引力势与由系综外的物体产生的外势之和, 后者在原点趋于零. 采用度规张量推荐形式, 不仅可以描述关于整个太阳系的重心参考系, 也能确定以地球质心为中心的地心参考系, 而 U 现在与地心坐标有关.

第二项推荐中, 以重心和地心参考系来确定空间坐标的原点和取向.

第三项推荐确定重心坐标时(TCB)和地心坐标时(TCG)分别作为重心天体参考系(BCRS)和地心天体参考系(GCRS)的时间坐标.

第四项推荐是用 GCRS 定义的另一个时间坐标, 称为地面时(TT).

在随后的几年中, 明显感到这组推荐还不够充分, 尤其是对于准确度要达到微弧度秒的计划内的天文测量任务(GAIA 和 SIM), 以及关于原子钟的预期改进和有关这类钟和改进的时间传播技术的计划空间任务(ACES). 因此, IAU "天文学相对论和天体力学"工作组和 BIPM-IAU 相对论联合委员会提出建立一个扩大的决议组. 2000 年, 这已被 IAU 采纳.

IAU 决议 B1.3 涉及 BCRS 和 GCRS 的定义. 决议对 BCRS 的度规张量的推荐形式为:

$$g_{00} = -1 + 2w/c^2 - 2w^2/c^4 + O(c^{-5}),$$
$$g_{0i} = -(4w^i/c^3) + O(c^{-5}),$$
$$g_{ij} = \delta_{ij}(1 + 2w/c^2) + O(c^{-4}), \qquad (1.11.5)$$

式中,w 是标量势,w^i 是矢量势. 这扩展了 IAU 1991 给出的度规张量(1.11.4)式的形式,其准确度已满足时下所有时间和频率的应用需求.

(3) 太阳系的时标

上述 TCB 和 TCG 分别是 BCRS 和 GCRS 的时间坐标. IAU 1991 年推荐 3 确定的 TCB 和 TCG 的标度单位是与 SI 单位秒一致的. 这表明,观测者以 SI 单位秒表示的固有时读数,用 IAU 决议的公式再计入 TCB 或 TCG 内,而不作任何附加定标时,能得到 TCB 和 TCG 的相应值. 也能用下列与 TAI 的关系来确定 TCB 和 TCG 的原点:

TCB(或 TCG)=TAI+32.184 s(1977 年 1 月 1 日),在地心处的 TAI 0 时.

TT 是 GCRS 的另一类坐标时间,它与 TCG 的差别由下式恒定速率表示:

$$d(TT)/d(TCG) = 1 - L_G, \qquad (1.11.6)$$

在原定义中(IAU 1991 年推荐 4),所选的速率使 TT 的标度单位在旋转的大地水准面上与 SI 秒一致,即 $L_G = U_g/c^2$,其中 U_g 是在大地水准面上的重力(引力加旋转的)势. 在 TT 的定义中出现的某些缺点,这时考虑的准确度低于 10^{-17},因为在大地水准面上复现的不确定度达要求的水平. 决议 B 1.9(2000)将 L_G 变为一个定义的常数,其值固定为 $6.969\,290\,134\times10^{-10}$. TT 的原点确定后,TCB 和 TCG 与 TT 在原点恰好重合,由下式表示

$$TT = TAI + 32.184 \text{ s}(1977 \text{ 年 } 1 \text{ 月 } 1 \text{ 日,TAI } 0 \text{ h}). \qquad (1.11.7)$$

TT 是个理论时标,它能通过记号 TT(复现)演变为不同的复现. TAI 能提供其中之一:

$$TT(TAI) = TAI + 32.184 \text{ s}, \qquad (1.11.8)$$

因为 TAI 是每个月用实时计算的,并有运算制约(例如,在发布后多日发现错误不作修正).

(4) 在地球附近作时间比对(GCRS)的相对论性理论

我们这里列出的公式或参考可以在地球附近完成时间传播和同步(典型的是与地球同步的轨道或稍有偏高). 在地心参考系的度规中估计更高量级的贡献(决议 B 1.3),可以发现,具有式(1.11.4)度规的 IAU 1991 框架,按现在和不

久的将来的钟准确度,就 GCRS 中的时间和频率的应用而言是足够的.然而,应用 IAU 1991 的公式,在估计钟位置处的地球势还不免有某些担心,尤其是要求准确度达 10^{-18} 量级的情况[53,57,58].

在这个框架中,设 GCRS 坐标位置 $\boldsymbol{x}_A(t)$,并以坐标速度 $\boldsymbol{v}_A = \mathrm{d}\boldsymbol{x}_A/\mathrm{d}t$ 运动,则有

$$\mathrm{d}\tau_A/\mathrm{d}t = 1 - (1/c^2)[(v_A^2/2) + U_E(\boldsymbol{x}_A) + V(\boldsymbol{\chi}_A) - V(\boldsymbol{\chi}_E) - x_A^i \partial_i V(\boldsymbol{\chi}_E)],$$
(1.11.9)

式中,U_E 表示在 GCRS 框架中钟在 $\boldsymbol{x}_A$ 处的地球上的牛顿引力势,V 表示在重心坐标中位置 $\boldsymbol{\chi}$ 处及在地球质心的位置 $\boldsymbol{\chi}_E$ 处或钟位置 $\boldsymbol{\chi}_A$ 处计算的其他物体(主要是太阳和月亮)的牛顿引力势之和.仅有频率传递要求的项需要保持 10^{-18} 的不确定度量级.在地球上或在地球低空轨道的卫星上,进行不确定度大于 5×10^{-17} 量级的任何实验时,在固有时 τ_A 和协调时 t 之间仅保留式(1.11.9)中的前三项:

$$\mathrm{d}\tau_A/\mathrm{d}t = 1 - (1/c^2)[(v_A^2/2) + U_E(\boldsymbol{x}_A)].$$
(1.11.10)

按照不同问题,时间传递和钟的同步的相对论性处理产生不同关系中的积分.要根据测量的固有时间隔计算协调时间隔(例如钟的搬运),必须对式(1.11.10)积分,而计算光信号传播的协调时,必须用 $\mathrm{d}s^2 = 0$ 解度规方程(1.11.4)或(1.11.5),并积分所得的解.以下将介绍有关内容.

① 钟的搬运

当用钟 C 从 A 搬运到 B 进行钟 A 和 B 同步时,我们需要计算在"钟 A 和 C 的比对"与"钟 B 和 C 的比对"这两个事件之间所消逝的协调时,沿着钟 C 的轨道对式(1.11.10)积分,测量钟 C 的固有时,得

$$\Delta t = \int_A^B [1 + (1/c^2)(U + v^2/2)]\mathrm{d}\tau.$$
(1.11.11)

注意积分是在不随地球旋转的 GCRS 中进行的,其中 t 是 TCG.我们通常在绕地球旋转的参考系中工作.用 TT 作为协调时.则可得

$$\Delta\mathrm{TT} = \int_A^B \{[1 + (1/c^2)(U + (\boldsymbol{\omega}\times\boldsymbol{r})^2/2 + v'^2/2)] - L_G\}\mathrm{d}\tau$$

$$+ (1/c^2)\int_A^B (\boldsymbol{\omega}\times\boldsymbol{r})v'\mathrm{d}\tau,$$
(1.11.12)

式中,$\boldsymbol{r}$ 和 v' 是在旋转参考系中钟的位置矢量和速度,$\boldsymbol{\omega}$ 是地球的旋转矢量.第一个积分是引力红移和时间膨胀项,第二个积分表示 Sagnac 效应.

作为实例,Davis 和 Steele[59]在航空机上载一台钟在伦敦和华盛顿之间航行.由飞行钟记录的固有时间隔用 $\Delta\tau$ 表示,而协调时 TT 的间隔用 Δt 表示.由

于红移,向西飞行的差值 $\Delta\tau-\Delta t$ 为 $+28.4\,\mathrm{ns}$,向东飞行为 $+24.6\,\mathrm{ns}$;由于时间膨胀造成的分别为 $-8.0\,\mathrm{ns}$(向西)和 $-8.1\,\mathrm{ns}$(向东). 对于向西飞行,Sagnac 效应为 $+19.8\,\mathrm{ns}$,因此,飞行钟相对于协调时增加了 $40.2\,\mathrm{ns}$. 另一方面,从华盛顿到伦敦向东飞行,Sagnac 效应为 $-17.1\,\mathrm{ns}$,飞行钟损失了 $0.6\,\mathrm{ns}$.

② 单程时间传播

以下内容基于 Blanchet 等人的研究[60]. 令 A 是发射站,它的 GCRS 位置为 $\boldsymbol{x}_{\mathrm{A}}(t)$,B 是接收站,位置为 $\boldsymbol{x}_{\mathrm{B}}(t)$. 我们以 $t=\mathrm{TCG}$,计算的坐标时间隔是在 TCG 中. 在 TT 中的相应的时间间隔是乘以 $(1-L_{\mathrm{G}})$ 得出的. 用 t_{A} 表示在光信号发射瞬间的坐标时,t_{B} 表示在光信号接收瞬间的坐标时;令 $r_{\mathrm{A}}=|\boldsymbol{x}_{\mathrm{A}}(t_{\mathrm{A}})|$,$r_{\mathrm{B}}=|\boldsymbol{x}_{\mathrm{B}}(t_{\mathrm{B}})|$ 和 $R_{\mathrm{AB}}=|\boldsymbol{x}_{\mathrm{B}}(t_{\mathrm{B}})-\boldsymbol{x}_{\mathrm{A}}(t_{\mathrm{A}})|$. 直至 $1/c^3$ 量级,信号传播的坐标时 $T_{\mathrm{AB}}\equiv t_{\mathrm{B}}-t_{\mathrm{A}}$ 由下式给出

$$T_{\mathrm{AB}}=R_{\mathrm{AB}}/c+(2GM_{\mathrm{E}}/c^3)\ln[(r_{\mathrm{A}}+r_{\mathrm{B}}+R_{\mathrm{AB}})/(r_{\mathrm{A}}+r_{\mathrm{B}}-R_{\mathrm{AB}})],$$

$$(1.11.13)$$

式中,GM_{E} 是地心的引力常数,对数项表示 Shapiro 时间延迟. 在低地球轨道卫星(LEO)和地面之间,Shapiro 时间延迟为几皮秒量级;对于 GPS 或相对地球静止的卫星,为几十皮秒量级.

在实际实验中,接收器 B 的位置在发射时间 t_{A} 而不是在接收时间 t_{B} 是已知的,即我们有 $\boldsymbol{x}_{\mathrm{B}}(t_{\mathrm{A}})$ 而不是 $\boldsymbol{x}_{\mathrm{B}}(t_{\mathrm{B}})$,式(1.11.13)用 Sagnac 改正项修正符合到 $1/c^3$ 量级. 在这种情况下,公式可写成

$$T_{\mathrm{AB}}=D_{\mathrm{AB}}/c+\boldsymbol{D}_{\mathrm{AB}}\cdot\boldsymbol{v}_{\mathrm{B}}(t_{\mathrm{A}})/c^2+(D_{\mathrm{AB}}/2c^3)[(v_{\mathrm{B}}^2+\boldsymbol{D}_{\mathrm{AB}}\cdot\boldsymbol{v}_{\mathrm{B}})^2/D_{\mathrm{AB}}^2+\boldsymbol{D}_{\mathrm{AB}}\cdot\boldsymbol{a}_{\mathrm{B}}]$$
$$+(2GM_{\mathrm{E}}/c^3)\ln[(r_{\mathrm{A}}+r_{\mathrm{B}}+D_{\mathrm{AB}})/(r_{\mathrm{A}}+r_{\mathrm{B}}-D_{\mathrm{AB}})]. \qquad (1.11.14)$$

式中 $\boldsymbol{D}_{\mathrm{AB}}=\boldsymbol{x}_{\mathrm{B}}(t_{\mathrm{A}})-\boldsymbol{x}_{\mathrm{A}}(t_{\mathrm{A}})$,$D_{\mathrm{AB}}=|\boldsymbol{D}_{\mathrm{AB}}|$,$\boldsymbol{v}_{\mathrm{B}}(t_{\mathrm{A}})$ 表示站 B 在那个瞬间的坐标速度,$\boldsymbol{a}_{\mathrm{B}}$ 是 B 的加速度. 式(1.11.14)中的第二项是 $1/c^2$ 量级的 Sagnac 项,对于 LEO 可计算到 200 ns,对于 GPS 可计算到 133 ns. 第三项,或 $1/c^3$ 量级的 Sagnac项是几皮秒(相对地球静止的卫星为 10 ps),第四项是 Shapiro 延迟,前面已作了讨论.

③ 用人造卫星的双程传播(TWTT)

我们应区分两类 TWTT. 在第一类中,相互比对的两台钟 A 和 B 之间进行信号传递,B 装载在人造卫星上. 这类情况由 Blanchet 等人[60]作了描述. 在瞬间 t_{A} 从 A 发射一信号,在瞬间 t_{B} 由 B 接收;在瞬间 t'_{B} 从 B 发射另一信号,并在瞬间 t'_{A} 由 A 接收. 在 A 和 B 发射和接收之间测量的时间间隔为 $t_{\mathrm{AA'}}=t'_{\mathrm{A}}-t_{\mathrm{A}}$ 和 $t_{\mathrm{B'B}}=t_{\mathrm{B}}-t'_{\mathrm{B}}$. 将单程时间传播的公式应用到包含双程信号传播,可以导出同步

所需要的量.

这项 TWTT 可在两个站 A 和 B 来完成,设 A 钟装在卫星上测量,在 B 和 C 之间也允许进行时间传播,此外,也能测量 A 传播到 B 和 C 之间的时间间隔.这类时间传播是在 LASSO 方法的特殊情况下应用,其中,附加 $t_A = t'_A$. Petit 和 Wolf[61]描述了 LASSO 钟同步的相对论性处理.

在第二类 TWTT 中,两台钟 A 和 B(通常在地面)通过人造卫星 S 进行比对.从 A 和 B 发射到 S 两个信号,而每一个信号立即重发到另一站.在 A 和 B 处的钟测量发射和接收之间的时间间隔.这是时间实验室例行作钟比对的 TWTT 技术. Petit 和 Wolf[61]描述了相对地球静止的卫星情况 A 的 TWTT 的相对论性处理; Klioner 和 Fukushima[62]对任意卫星作了处理.从单程时间传播公式到包含四个信号传播的应用,激发了同步的需求和发展.

(5) 在太阳系中作时间变换的相对论性理论(BCRS)

根据决议 B1.3(2000)和 B1.4(2000),BCRS 中的度规张量可表示为

$$g_{00} = -\left[1 - (2/c^2)\left[\omega_0(t,x) + \omega_L(t,x)\right]\right.$$
$$\left. + (2/c^4)\omega_0^2(t,x) + \Delta(t,x)\right],$$
$$g_{0i} = -(4/c^3)\omega^i(t,x),$$
$$g_{ij} = \left[1 + 2\omega_0(t,x)/c^2\right]\delta_{ij}, \qquad (1.11.15)$$

式中,$(t \equiv \text{TCB}, x)$ 为重心坐标,$\omega_0 = G\sum_A M_A/r_A$,其中求和是对太阳系的所有物体 A,$r_A = x - x_A$,$r_A = |r_A|$,式中 ω_L 包含多极矩项中的膨胀,如决议 B1.4(2000) 所确定的.

固有时和 TCB 之间的变换可由式(1.11.15)导出,可写成

$$d\tau/d\text{TCB} = 1 - (1/c^2)(\omega_0 + \omega_L + v^2/2)$$
$$+ (1/c^4)(-v^4/8 - 3v^2\omega_0/2 + 4v^i\omega^i + \omega_0^2/2 + \Delta). \quad (1.11.16)$$

对太阳系所有物体估计的 Δ_A 项,发现 $|\Delta_A(t,x)|/c^4$ 在木星附近最多可达 10^{-17} 量级,接近地球时约为 1×10^{-17}.对除地球外的所有行星,在行星附近的 $\Delta_A(t,x)/c^4$ 量值远小于由其质量或多极矩产生的不确定度,因此,实际上不需要考虑这些项.然而,当新的天体观测允许得出不确定度合适的质量和多极矩,就必须考虑.在任何情况下,在给定物体 A 附近,实际上对我们准确度的指标,只有 $\Delta_A(t,x)$ 的效应是需要的.对于在地球附近的钟与太阳系内的其他钟或 TCB 比对,需要考虑 $\Delta_E(t,x)/c^4$ 的量.

同样,在 TCB 和 TCG 之间的变换可写成:

$$\mathrm{TCB} = \mathrm{TCG} + c^{-2}\left[\int_{t_0}^{t} \left(v_E^2/2 + \omega_{0\mathrm{ext}}(x_E)\right) \, \mathrm{d}t + v_E^i r_E^i\right]$$

$$- c^{-4}\left\{\int_{t_0}^{t}\left[-v_E^4/8 + 3v_E^2\omega_{0\mathrm{ext}}(x_E)/2\right.\right.$$

$$+ 4v_E^i\omega_{0\mathrm{ext}}^i(x_E) + \omega_{0\mathrm{ext}}^2(x_E)/2\right]\mathrm{d}t$$

$$- \left[3\omega_{0\mathrm{ext}}(x_E) + v_E^2/2\right]v_E^i r_E^i\right\}, \tag{1.11.17}$$

式中, t 是 TCB, 下标"ext"指除地球外的所有物体. 这个方程包含在地心估计的项(两项积分)以及在 r_E 中与位置有关的项, 而 r_E 的高阶与位置有关的项可忽略不计. 式(1.11.17)中第二项积分是长期和准周期的. 它们相当于在速率(dTCB/dTCG)上约为 1.1×10^{-16}, 约达到 30 ps(相当于振幅的周期变化率约为 6×10^{-18}). 在地球附近使用这个公式时, 积分中出现的 $\Delta_{\mathrm{ext}}(t, x)$ 项可忽略不计. 除达到微秒量级的与位置有关的 c^{-2} 项外, 与位置有关的 c^{-4} 项(式(1.11.17)中的最后两项)不能忽略, 例如, 在相对地球静止的卫星轨道上, 将达到的振幅为 0.4 ps(速率约为 3×10^{-17}).

(6) 钟与地球物理学

要进行频率基准的比对, 用式(1.11.9)和(1.11.10), 将每台基准与协调时进行比对. 对于地球上的钟, 要估计在其位置上的重力(引力加转动)势. 据 Petit 和 Wolf[63] 的估计, 这将限制在地球上的钟的频率比对达 10^{-17} 的量级, 在美国科罗拉多州的玻尔德(Boulder)对铯的喷泉钟 NIST-F1 进行了比对测量[64].

当钟的准确度达到 10^{-17} 量级时, 它们能提供地球引力势的信息, 成为测量引力势的有效装置. 要克服这项极限, 应在太空放置一些超准确的钟, 以便提供与地球上的钟进行比对的参考. 这方面的第一步是几年内在 ISS 上实施放置空间钟的计划. 同时, 重力势的模型也有待改进.

1.11.3　钟和频标应用小结

由钟和振荡器提供的时间和频率信息是当代社会生活中的重要和普遍需要的一部分. 通过现代熟悉的经度导航, 开辟了钟在航天至航海领域极其广泛的应用, 已从陆地、天空, 扩展到太空航行. 如 GPS 的导航系统提供了各类民用和军用的时间和定位信息, 范围从空间的军事目标(对弹头的目标直接制导)到世界各地的民用设施. 另一方面, 原子钟以及钟和低温振荡器等其他技术的进展, 已成为检验物理模型的最基本假设的新的机遇. 钟和频标应用范围正在进一步扩大,包括细胞生物学中将研究细胞的同步作为了解基本生物过程的方法.因此,钟和振荡器的应用正方兴未艾,深入到科学的更多领域.

参 考 文 献

[1] Maxwell J C. Treatise on electricity and magnetism. Oxford: Claredon, 1873.

[2] Rabi I I. Phys. Rev. , 1937, 51:652.

[3] Ramsey N F. A molecular beam resonance method with separated oscillating field. Phys. Rev. , 1950, 78:695.

[4] Essen L, Parry J V L. Nature, 1955, 176:280.

[5] Metrologia. 2005, 42:S1—S137.

[6] Rabi I I, Zacharias J R, Millman S, Kusch P. Phys. Rev. , 1938, 53:318.

[7] Ramsey N F. Molecular beams. Oxford: Oxford University Press, 1956.

[8] Ramsey N F. History of atomic clocks. J. Res. NBS, 1983, 88:301.

[9] 沈乃澂编.第七章,基本计量单位.//施昌彦主编.现代计量学概论.北京:中国计量出版社,2003.

[10] Allan D W. Statistics of atomics frequency standards. Proc. IEEE, 1966, 54:221.

[11] 黄秉英主编,周渭,张荫柏,李成福,沈乃澂,倪伟清,李绍贵等编.计量测试技术手册.第11卷,时间频率. 北京:中国计量出版社,1996.

[12] Bauch A. Caesium atomic clock: function, performance and application. Measurement Science and Technology, 2003, 14:1159—1173.

[13] 张钟华,王义遒,沈乃澂等编.第一篇,量子计量技术及基准.//王大珩主编.现代仪器仪表技术与应用.北京:科学出版社,2003.

[14] Chu S, Cohen-Tannoudji C, Phillips W D. Rev. Mod. Phys. , 1998, 70:685. (Nobel Lecture)

[15] Vanier J, Audoin C. Metrologia, 2005, 42:S31—S42.

[16] 黄秉英.新一代原子钟.武汉:武汉大学出版社,2006.

[17] Makdissi A, de Clereq E. Metrologia, 2001, 38:409.

[18] Shirley J H, Lee W D, Drullinger R E. Metrologia, 2001, 38:427.

[19] Hagimoto K, Oshima S, Nakadan Y, Koga Y. IEEE Trans. Instrum. Meas. , 1999, 48:496.

[20] Hasegawa A, Fukuda K, Kajita M, Ito H, Kumagai M, Hosokawa M, Kotabe N, Morikawa T. Metrologia, 2004, 41:257.

[21] Bauch A, Schroder R, Weyers S. Proc. Joint Meeting 17th European Frequency and time Forum/ IEEE Int. Frequency Control Sypm. and PDA Exhibition (Tampa. FL), 1998: 191—199.

[22] Bauch A, Fischer B, Heindorf T, Schroder R. Metrologia, 1998, 35:829.

[23] Bauch A, Heindorf T, Schroder R, Fischer B. Metrologia, 1996, 33:249.

[24] Kokkelmans S, Verhaar B J, Gibble K, Heinzen D J. Phys. Rev. A, 1997, 56:R4389.

[25] CCTF Recommendation CCTF-1 2004 concerning secondary representations of the second. 2004: 38.

[26] 董太乾等. 内部资料, 2003.

[27] 韩海年, 王延辉, 魏志义, 沈乃澂, 李德华, 董太乾, 聂玉昕等. 飞秒钛宝石激光的载波包络相位测量和精密控制. 全国强场物理会议, 2004; 韩海年, 张炜, 佟娟娟, 王延辉, 王鹏, 魏志义, 李德华, 沈乃澂, 聂玉昕, 董太乾等. 利用锁相环和 TV-Rb 钟控制飞秒激光脉冲的载波包络相移. 物理学报, 2007, 56:291.

[28] Diddams S A, Bergquist J C, Jefferts S R, Oates C W. Science, 2004, 306:1318.

[29] Bize S, et al. Physique, 2004, 5:829.

[30] Heavner T P, et al. Metrologia, 2005, 42:411.

[31] Vian C, et al. IEEE Trans. Instrum. Meas., 2005, 54:833.

[32] Maleki L, Prestage J D. Applications of clocks and frequency standards: from the routine to tests of fundamental modes. Metrologia, 2005, 42:S145—S153.

[33] Petit G, Wolf P. Relativistic theory for time comparisons: a review. Metrologia, 2005, 42:S138—S144.

[34] Parkinson B W. Introduction and heritage of NAVSTAR, the global positioning system// Parkinson B W et al. Global positioning system: theory and application. New York: AIAA, 1996: 3—28.

[35] Misra P, Enge P. Global positioning system: signals measurements and performance. Lincoln: Ganga-Jamuna, 2001. chapter 1—3.

[36] Ashby N, Spilker J J. // Parkinson B W et al. Global positioning system: theory and application, Vol 1. New York: AIAA, 1996: 623—695.

[37] Kouba J, et al. GPS Solutions, 1998, 2:3—15.

[38] http://www.glonass-center.ru/.

[39] http://www.aatl.net/publications/galileo.htm.

[40] Prestage J D, Tjoelker R L, Maleki L. Recent development in microwave ion clocks.// Lutien A N. Frequency measurements and control. Berlin: Springer, 2001: 195—210.

[41] Prestage J D et al. IEEE Trans. Instrum. Meas., 1993, 42:200—205.

[42] Thornton C L, Border J S. Radiometric tracking techniques for deep space navigation. New York: Wiley, 2003: chapter 1, 3, 5.

[43] Vessot R F C et al. Phys. Rev. Lett., 1980, 45:2081.

[44] Salomon C C R et al. Acad. Sci., IV. Phys. Astrophys., 2001, 2:1313.

[45] Heavner T P et al. IEEE Trans. Instrum. Meas., 2001, 50:500—502.

[46] Lammerzahl C et al. Gen. Rel. Grav., 2004, 36:615.

[47] Mansouri R, Saxl R U. Gen. Rel. Grav. , 1977, 8:515.

[48] Hils D, Hall J L. Phys. Rev. Lett. , 1990, 64:1697.

[49] Will C M. Theory and experimental in gravitational physics. Cambridge: Cambridge Univercity Press, 1993: chapter 4.

[50] Prestage J D, Tjoelker R L, Maleki L. Phys. Rev. Lett. , 1995, 74:3511.

[51] 黄秉英,沈乃澂等. 计量测试技术手册. 第 11 卷,时间频率. 北京:中国计量出版社, 1996:第十章,利用卫星和其他方法的时频精确测量.

[52] Einstein A. Zur Elektrodynamik bewägter Körper. Ann. Phys. Lpz. , 1905, 17: 891—921.

[53] Kioner S A. Celest. Mech. Dyn. Astrom. ,1992, 53:81.

[54] IAU Information Bulletin, 1992, 57:7; McCarthy D. IERS Standards IERS TN 13 Paris Observatory. Paris,1992.

[55] IAU Information Bulletin, 2001, 88:21; McCarthy D, Petit G. IERS Conventions (2003), IERS TN 32. Verlag des BKG,2004.

[56] Soffel M et al. The IAU 2000 resolutions for astrometry celestial mechanics and metrology in the relativistic framework:explanatory supplement. Astron. J. , 2003, 126:2687—2706.

[57] Wolf P, Petit G. Relativistic theory for clock syntonization and the realization of coordinate times. Astron. Astrophysic, 1995, 304:653—661.

[58] Petit G, Wolf P. Computation of the relativistic rate shift of a frequency standard. IEEE Trans. Instrum. Meas. , 1997, 46:201—204.

[59] Davis J A, Steele J McA. A caesium flying clock experiment between NPL and USNO. Proc. 11th EFTF (Neuchatel). 1997: 306.

[60] Blanchet L et al. Relativistic theory for time and frequency transfer to order c^{-3}. Astron. Astrophysic, 2001, 370:320.

[61] Petit G, Wolf P. Relativistic theory for picosecond time transfer in the vicinity of the Earth. Astron. Astrophysic, 1994, 286:971.

[62] Kioner S A, Fukushima T. Relativistic effects in two-way time transfer via artificial satellites using laser techniques. Manuscripta Geodaetica, 1994, 19:294.

[63] Petit G, Wolf P. A new realization of terrestrial time. Proc. 35th PTTI Meeting, 2003.

[64] Pavlis N, Weiss M A. Metrologia, 2003, 40:66.

第二章 光频标准和基本物理常数概论

§2.1 光频信号的特点

电磁波的频谱中,光频段的频率范围为 4×10^{11} Hz 至 5×10^{16} Hz,其相应波长为 750 μm 至 5 nm. 按其频率和波长可细分为红外、可见及紫外波段,如表 2.1 所列.

表 2.1 光频段的各个光谱区的划分

光谱区	红外			可见	紫外
	远红外	中红外	近红外		
波长/μm	750~15	15~1.5	1.5~0.76	0.76~0.39	0.39~0.005
频率/Hz	4×10^{11}~2×10^{13}	$2\times(10^{13}$~$10^{14})$	$(2$~$4)\times10^{14}$	$(4$~$8)\times10^{14}$	8×10^{14}~5×10^{16}

光波信号按其发光机理可分为两类:普通光源和激光光源.前者是为数极多的原子或分子的自发辐射的光波合成.各个原子从能量较高状态,即激发态,跃迁到能量较低的状态时,将其能量差以辐射的形式释放出来,如图 2.1 所示.

普通光波近似可视为正弦波,实际上它并不是无限连续,而是由持续时间极短(原子激发态的寿命)的波列所组成的.即使它们的频率相同,彼此间的相位也是无关的,如图 2.2 所示.

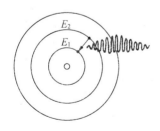

图 2.1 电子从能量 E_2 跃迁至 E_1 状态时,
发射频率 $\nu=(E_2-E_1)/h$ 的光子

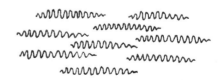

图 2.2 光源的各原子所发射的光波是持续时间
约 10^{-8} s 的近似正弦波,彼此间的相位无关

由激光器发射的光波称为激光.它是由原子或分子受激辐射的光波经放大而形成的,具有与普通光波明显不同的特点:

首先,它具有极好的单色性.谱线宽度很窄,Q 值很高,可达 10^{13} 量级.

其次,它具有极好的方向性.光波的发散角很小,通常在 10^{-6} 球面度的立体角内.

此外,它具有极好的相干性和亮度.在不同时刻、不同空间位置的光场均能产生干涉现象;它比普通光源的亮度高 10^6 倍以上,在单位面积、单位立体角内的功率密度很高.

图 2.3 示出了各种激光器的振荡谱线波长,这些激光器在光频标准及激光频率测量的研究中,得到了广泛的应用.

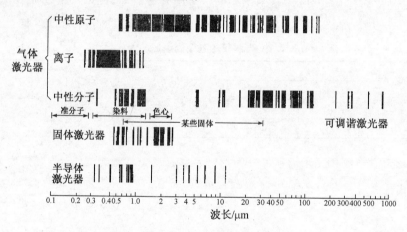

图 2.3   各种激光器的振荡谱线的波长范围

将激光作为载波传输信息时,由于其频率很高,频率范围甚宽,信息容量极大.如传输一路电话,语言带宽以 4×10^3 Hz 计,传输一路彩色电视,其音像带宽以 10 MHz 计,则光频段可传输 250 亿路电话,1000 万路彩色电视. 这是其他频段的电磁波不能相比的.

§2.2   光学频标的历史及其与微波频标的比较

2.2.1   光学频标的历史

早在一个世纪前,光频段的原子频率参考已在基础科学、精密测量以及一些技术应用领域中起到了重要的作用.1879 年,光学标准的波长与长度标准的米尺进行过比对[1];1887年,美国物理学家迈克尔孙曾用钠原子谱线的波长作为实际的长度标准[2].1907年,发明法布里-珀罗(Fabry-Perot, F-P)标准具的C. Fabry 和 A. Perot 等人再次将谱线的波长与标准米尺进行了比对[3];原子和分子的吸收谱对了解原子结构及其动力学提供了必要的信息,精密光谱学也成了发展量子力学和现代原子分子科学的基础.选择原子和分子跃迁方便和高准确地提供了长度计量在光学和红外的参考,后来又进而作为光频标准.然而,在20世纪的前六十几年内,这些参考谱线之间的比对是通过干涉测量进行的,由此得到谱线的准确波长值.它们与微波频率之间还不能进行直观的比较.

如第一章所述,微波段的量子频标于20世纪50年代初开始运转.1954年,氨分子振荡器的诞生[4],标志着量子频标时代的开始.量子频标从其运行机制可分为自激型和非自激型两大类.自激型量子频标借助原子(或分子)受激辐射振荡产生的信号作参考频率源;而非自激型量子频标则利用原子(或分子)的某一对能级的跃迁谱线作为参考谱线,对激励信号进行鉴频.两者均需经锁频环路将激励信号锁定于参考谱线的中心频率.氨分子振荡器及此后出现的氢激射器和光抽运铷激射器都属于自激型;而光频标准多数采用吸收物质的跃迁能级作为参考谱线,因而属于非自激型.在上述微波频标中,原子或分子系统主动产生受激发射的振荡信号,本身就具有很高的频率稳定度和复现性.其中,用铯原子跃迁原理研制成的微波频标,在1967年后已成为国际上确认的复现秒定义的时间基准.这类装置可统称为微波激射器,它的英文全称为 Microwave Amplification of Stimulated Emission of Radiation,可译为"辐射的受激发射的微波放大",用其每个词的词头字母,简写为 Maser,中文译为微波激射器.1960年,与上述原理相同,在光波段出现了类似器件,这种器件的英文名称是将上述全称中的 Microwave 用 Light 代替,其简称即 Laser,我国的译名采用激光或激光器,既具有科学含义,又便于理解普及.

激光问世后约十年,就出现了与微波频标相类似的光频标准.

2.2.2 光学频标与微波频标的比较

与微波频标相比,光频标准也具有很高的频率稳定度和复现性;由微波频标的频率值出发,采用一系列高技术的测量手段,可以准确测量光频标准的频率值.频率稳定度和复现性是作为频标所必须具备的基本要求,因此也是两者的相似之处.

从频率范围而言,微波频标的频率通常处在 $10^9 \sim 10^{10}$ Hz.如氢激射器频标的频率约为 1.4 GHz,铷频标的频率约为 6.8 GHz,铯频标的频率约为

9.1 GHz,三者均在 10^9 Hz 量级.而光频标准的频率范围约为 $10^{12}\sim10^{14}$ Hz.如甲烷稳定的氦氖光频标准的频率约为 88 THz,碘稳定的氦氖光频标准的频率约为 474 THz.由此可见,光频标准的频率值约比微波频标高 4 至 5 个量级.

　　从学科专业而言,微波频标属于微波波谱范畴,而光频标准属于光频段的光谱范畴.两者的物理原理虽然十分相似,但在技术实施上,前者主要使用微波器件,后者主要使用光学器件.在应用方面,前者主要用于微波测量领域,后者更多地可用于光学和长度(波长)测量领域.由于光频标准的发展,在计量上使时间(频率)和长度(波长)两个基本单位实现了统一.

　　从精密测量的角度而言,应用光频标准具有提高相对不确定度的潜力.在此,我们指的频率值的相对不确定度为 $\Delta f/f$,Δf 是频率测量的不确定度,f 是被测频率值.使用光频标准及光频测量技术,可使光频段的频率测量的相对不确定度比微波频标低几个量级,即 $\Delta f/f$ 可以小几个量级,相对不确定度大幅度降低,即准确度大幅度增高.这是光频标准比微波频标存在着更大潜力的根本原因.

　　光频标准较微波频标的频率更高,波长更短,在波长或长度测量中具有较高的准确度,约为 $10^{-9}\sim10^{-10}$ 量级.20 世纪 70 年代初,用光频标准的频率和真空波长值进行真空中光速测量时,达到了 4×10^{-9} 的不确定度,比以前的测量值的不确定度减小了近百倍,是真空中光速测量中的重大突破.

　　由于光频标准的频率值准确度的提高,实现了测量氢原子基态与第一激发态之间的跃迁频率(10^{15} Hz 量级),不确定度达到了 10^{-14} 量级,从而确定了里德伯常数的准确数值,不确定度可达 10^{-12} 量级.1997 年和 2001 年,在第九届国际米定义咨询委员会(CCDM)会议和国际长度咨询委员会议(CCL)上[5,6],均推荐上述氢原子的跃迁谱线的频率和波长值,作为复现米定义的第一条谱线,其频率和波长值的不确定度分别为 8×10^{-13} 和 1.8×10^{-14},其复现精度已位于复现米定义的榜首之列,并具有进一步提高的潜力.

　　自 1999 年以来,出现了飞秒锁模激光器测频技术的突破,使光频标准的发展进入了前所未有的飞速发展时期.全固化激光器、激光冷却的离子和原子的光频标准的出现和非线性光学的最新成就,以及小型化、低噪声、高稳定等一系列优点,使光频标准的研究进入了一个崭新的阶段.光频标准研究中的稳频、倍频、分频和测频等新技术的进展是一个十分诱人的研究领域,必将进一步推动光频标准向前发展,实现其取代微波频标的地位,进而成为频率单位的基准,并能得到更加广泛的应用.

§2.3 光频标准的基本要求

与微波频标类似,光频标准也具有三个基本要求:具有较高的短期频率稳定度的本机振荡器;具有很好的频率复现性的量子吸收器(最佳选择是冷原子或离子的钟跃迁);以及可以得到准确的绝对频率值的频率计数装置.对于光频标准而言,本机振荡器是一台高稳定激光器,通常将它的频率伺服控制到一个高精细度、低漂移及超低膨胀(ULE)的法布里-珀罗腔的窄谐振上,然后再锁定到原子或离子的跃迁上.上述最后一项要求是用精密测量频率的系统对光频标准进行准确测量来完成的.光频标准与光频测量的发展是相辅相成的,也是相互促进和不可分割的.三十多年来的实践表明,这两个方面的技术是交替上升的.例如,88 THz 的甲烷稳定的光频标准,其频率稳定度早已高达 10^{-14} 量级,其频率复现性的提高就是伴随着准确的频率测量而实现的.通过不同国家的频标之间的比对和频率测量数值的比较,进行反复校验,终于使其频率复现性和频率值的不确定度达到了 1×10^{-12} 的量级.可见光和紫外波段的光频标准也正在进行着这种比对和准确的频率测量,其不确定度已能达到 10^{-14} 的量级.

2.3.1 光频标准的频率稳定度

光频标准的第一个要求是频率稳定度,这是成为频标的必要条件.频率稳定度按词意可理解成频率稳定的程度,即频率起伏变化的量度.我们在第五章中将介绍使激光器频率稳定的各种伺服方法,以及标志频率稳定度的阿仑偏差及拍频测量方法.国际推荐的光频标准的频率稳定度均已达到 $10^{-11} \sim 10^{-14}$ 量级,近年来甚至达到 10^{-15} 量级.在长度或精密测量中的使用的次级光频标准可低于上述指标,约为 $10^{-8} \sim 10^{-10}$ 量级.

2.3.2 光频标准的频率复现性

作为光频标准的第二个要求是频率能够准确地复现,这是频标准确度的指标.频率稳定度只是表示频率的起伏变化的程度,但并不能反映它的频率的缓慢漂移及在不同时间或不同激光器之间的频率差异.频率复现性是指同一个光频标准在不同时间的频率变化及各台同类光频标准之间的频差,它是在频率稳定度的基础上的更高要求,通常,频率复现性的指标低于或略低于频率稳定度.在通常情况下,频率复现性比频率稳定度低一至二个量级.

2.3.3　光频标准的绝对频率值和真空波长值

对于频率稳定度和频率复现性已达到较高要求的光频标准,在精密测量中应用时还需要具有绝对频率值或真空波长值.我们在第七、八章中将介绍准确测量激光频率值的方法,利用真空中光速的约定值,由频率值就能推算出真空波长值.激光频率值和真空波长值的测量不确定度标志着光频标准的频率(或波长)值的准确程度.显然,频率复现性限制了光频标准的频率测量的不确定度的提高.由此可见,上述三个指标的前后排序是:频率稳定度,频率复现性和频率值的不确定度.

§2.4　光频标准、波长标准及米的重新定义

2.4.1　米的定义与光频标准的关系

作为长度基本单位米的历史可追溯到法国大革命的时代,其基本思想是:米是从地球的周长导出的,当时认为后者是恒定的,因此用地球子午线的四千万分之一定义为一米.根据这个定义用铂铱合金制成了一杆米尺,放置在国际计量局.1889 年,第一届计量大会通过了米的第一次国际定义为:"一米是国际计量局保存的铂铱米尺上所刻两条中间刻线的轴线在 0℃时的距离."[7] 这个定义使用了半个多世纪.

1960 年,第十一届计量大会通过了米的第二次国际定义为:"一米是氪 86 原子的 $2p_{10}$ 和 $5d_5$ 能级之间跃迁的辐射在真空中波长的 1 650 763.73 倍."[8] 这个定义开创了用原子跃迁的波长来作为基本单位定义的时代.

光频标准发展是从 20 世纪 70 年代初开始的,当时,各国相继研制了甲烷和碘稳定的氦氖激光器,其频率稳定度和复现性已分别达到 10^{-11} 和 10^{-10} 量级.这两项技术指标已超过了 1960 年 CCDM 推荐作为国际长度基准使用的 ^{86}Kr 光谱灯的水平,后者的波长不确定度为 4×10^{-9}.1972 年,美国标准局(NBS)发表了甲烷稳定的氦氖激光谱线的频率值 ν_{CH_4} 和真空波长值 λ_{CH_4}.前者的不确定度为 6×10^{-10},后者的不确定度达到了 4×10^{-9},进一步提高受到当时作为长度基准的 ^{86}Kr 光谱线不确定度的限制.两者的乘积得到的真空中光速为

$$c = \nu_{CH_4} \cdot \lambda_{CH_4} = 299\ 792\ 458\ \text{m/s}. \tag{2.4.1}$$

1973 年召开的第五届 CCDM 会议上,将甲烷和碘稳定的氦氖激光器推荐作为激光波长标准,并推荐了两者的真空波长值及甲烷谱线的频率值;更重要的是,推荐了式(2.4.1)中所示的真空中光速的数值.

激光波长标准较之[86]Kr长度基准有明显的优点：激光的干涉程长是[86]Kr长度基准的几百倍以上,频率稳定度和复现性均优于[86]Kr长度基准.两者波长不确定度相同,这是因为[86]Kr长度基准是法定的长度基准,激光的波长值是在与其比对中获得的.由此,第五届CCDM会议发表的文件中明确规定,在精密测量中如果使用激光波长标准与使用[86]Kr长度基准的结果发生差异时,可以激光波长标准为依据.因此,光频标准作为波长标准的地位,实际上已位于[86]Kr长度基准之上.

在1973年后的十年内,对光频标准的研究及其频率和波长值的精密测量上取得了一系列突出的成绩.在3.39 μm甲烷吸收稳定的氦氖光频标准研究方面,除进一步提高了频率稳定度和复现性外,英、苏、法三国在1980年前后将其频率值测量的不确定度减小到了3×10^{-11}量级.在可见光频标研究方面,除了对原先的633 nm碘稳定氦氖光频标准的研究和推广应用外,又研制成了612 nm碘稳定氦氖激光器、576 nm碘稳定染料激光器及515 nm碘稳定氩离子激光器,使可见光的光频标准的数量增加到四种.美国NBS于1982年发表了576 nm和633 nm碘稳定光频标准的频率值,其频率测量的不确定度达1.6×10^{-10}.此外,通过与[86]Kr长度基准或与633 nm碘稳定激光的波长之比的测量,得到了其他可见光频标的准确波长值,其不确定度均在10^{-9}量级.

2.4.2 米的重新定义

激光作为频率标准或波长标准,其准确度及其进一步提高的潜力均已超过了当时的[86]Kr长度基准的水平,因此曾酝酿着采用什么方式来取而代之.在长达十年的讨论中,主要有两种不同的意见:(1)选用一种准确度较高而又方便使用的激光波长标准代替[86]Kr光谱灯作为新的长度基准,更改米的定义.(2)时间和长度两个基本单位当时是分别独立定义的,前者用[133]Cs的跃迁频率作为秒单位的定义,后者用[86]Kr的橙黄谱线的波长作为米单位的定义.用激光频率ν(用秒单位进行测量)和激光真空波长λ(用米单位进行测量)得到的真空中光速$c(=\nu\lambda)$是一个导出单位(速度单位).多数科学家建议,由于真空中光速c是基本物理常数,物理学上认为它是一个恒定不变的量,可以通过约定,将它的值采用一个国际公认的约定值,由此可推算真空波长$\lambda=c/\nu$.光频标准频率值的不确定度可望逐步减小,直至到达或接近作为时间基准的铯频率基准的量级($10^{-13}\sim10^{-14}$量级),而真空波长测量由于受到光学元件等诸多条件的限制,很难超过10^{-10}量级.上述方式的定义,实质上是把长度单位通过以约定光速值从时间单位导出,使米定义的不确定度可进一步减小到10^{-10}量级以下.

1983 年第十七届国际计量大会正式通过米的重新定义："米是光在真空中 1/299 792 458 秒的时间间隔内行程的长度."[9]

米的重新定义与 1960 年的原定义相比,有着重大的变革. 首先,在这个新定义中,把真空中光速 c 的数值作为一个约定值 299 792 458 m·s^{-1},从而结束了物理学家们测量真空中光速长达三百年的历史. 这是从物理量(或计量)单位制的定义角度,给光速测量结果画了句号. 因为长度单位米和时间单位秒都是基本单位,原来两者是相互独立的,其间不存在依存关系. 由这两个单位得到的光速值 $c=l/t=\nu\lambda$,是一个导出的速度单位. 随着科学技术的不断发展,c 的测量不确定度可以不断减小,从而使 c 数值的位数也可以不断增加. 但是,在具体实施上,若采用 $c=l/t$ 的方法,由于光速是一切速度的极限,它是一个很大的数值,形象地说,光在 1 秒内的行程可环绕地球赤道 7 周半,在地球上用 $c=l/t$ 的方法,通过准确测量时间 t,很难得到准确的 c 值. 在 20 世纪,科学家们主要用 $c=\nu\lambda$ 的方法来准确地测量光速. 用光频标准的频率值 ν 乘以真空波长值 λ 所得到 c 值,其不确定度已达到了当时长度基准^{86}Kr 波长的极限 4×10^{-9},即使将来用激光波长来重新定义米,由于受到光学元件等的限制,波长测量不确定度的极限也不可能优于 1×10^{-10} 量级. 在天文学测距中,用光年来表示的距离,其不确定度直接受 c 值不确定度的影响. 1983 年的米定义,将光速确定为具有九位数字的约定值,其不确定度为零,即 c 值第九位后的数字均表示为零. 这在包括天文学及物理学其他领域的应用中,提供了极其准确的数值,也带来很大的便利. 此外,用 $\lambda=c/\nu$ 来复现米定义时,其不确定度完全由频率 ν 决定,由于光频标准频率测量的不确定度可望不断减小,米定义的复现精度就能逐步提高,同时,也可以增加更有前途的新的频标作为新的推荐标准. 综上所述,我们可以把这个更新后的定义视为一个开放性的定义. 自 1983 年米的重新定义以来的二十多年历史已充分表明,这种开放性定义具有明显的优点. 1983 年米的重新定义时推荐了五条谱线,其测频不确定度分别为 10^{-11},10^{-10} 和 10^{-9} 量级;1992 年第八届 CCDM 会议上,推荐谱线增至八类,其测频不确定度分别提高到 10^{-12},10^{-11} 和 10^{-10} 量级;1997 年第九届 CCDM 会议上,推荐谱线已增至十二类,其测频不确定度分别提高到 10^{-13},10^{-12} 和 10^{-11} 量级;2003 年 CIPM 推荐谱线增加到十三类(增加五类,删除四类),其测频的最小不确定度已达 2×10^{-14} 量级. 由此可见,近二十多年内,复现米定义的推荐谱线逐渐增多,推荐谱线频率值的不确定度不断减小,充分体现了上述新的米定义的明显优点.

由以上分析的优点中,也可以看出新米定义复现方法的特点:其一,用 $l=ct$ 的方法,可简称为测时法,即根据光行进的时间来测距,这种方法可在大地测量、军事测距或天文测量中应用;其二,在实验室内复现米定义主要采用 $\lambda = c/\nu$ 的方法,可简称为测频法,即通过测量光频标准的频率来得到激光波长值,从而复现米定义;第三种方法是使所研制的光频标准,在符合国际规范的条件下,采用国际计量委员会(CIPM)推荐的频率或波长值.最后一种方法是第二种方法的派生结果,没有第二种方法准确测量所得出的推荐值,第三种方法便是无源之水,无本之木.

§2.5　复现米定义所推荐的光频标准及其推荐值

如上节所述,最早推荐作为激光波长标准的稳定激光的谱线,是 1973 年第五届 CCDM 推荐的 3.39 μm 甲烷吸收稳定的氦氖激光和 633 nm 碘吸收稳定的氦氖激光的谱线;1979 年,第六届 CCDM 又推荐了 612 nm 碘吸收稳定的氦氖激光的谱线,使推荐的激光波长标准增加到三种,它们均为氦氖激光谱线;1982 年第七届 CCDM 又推荐了 576 nm 碘吸收稳定的染料激光的谱线和 515 nm碘吸收稳定的氩离子激光的谱线作为新的频率和波长标准,使激光频率和波长标准的数量增加到五类;1983 年,第十七届国际计量大会正式通过了长度单位米的重新定义,将上述五种光频标准推荐作为复现米定义的谱线;1992 年,第八届 CCDM 会议又增加推荐了三类光频标准,组成这三类光频标准的分别是 543 nm 和 640 nm 碘吸收稳定的氦氖激光的谱线及 657 nm 钙吸收稳定的染料激光谱线,使光频标准的数量增加到八类;1997 年 9 月,第九届 CCDM 会议又增加推荐了 532 nm 碘吸收稳定的 Nd:YAG 激光倍频的谱线,674 nm 锶吸收的染料激光谱线,778 nm 铷吸收的半导体激光谱线,10.3 μm OsO_4 吸收稳定的二氧化碳激光谱线组成的光频标准,使得复现米定义的光频标准数量增加到十二类之多.从 20 世纪 70 年代的三类谱线,80 年代五类谱线,发展到 90 年代的十二类谱线,本世纪更新为十三类谱线,可以看出光频标准不但数量增加,而且不确定度已逐渐趋近作为时间频率基准的铯原子钟的迅速发展趋势.

其次,可以看到,20 世纪 70 年代和 80 年代所研究的光频标准主要以氦氖激光和染料激光为主体,而 90 年代的研究以固体激光和半导体激光为主体,近年来则以激光冷却的囚禁离子等参考频率为主体.这三种形式中,最后一种在一系列性能上均优于前两种,使光频标准在频率稳定度和复现性等技术指标方面有很大的提高.起初尚受到激光频率测量方法及其不确定度的限制,有些频标的频率值的不确定度远大于其频率复现性的数值;而近来,由于飞秒锁模激光的光梳测频技术的发展,使光频标准充分展示了它的巨大潜力.

表 2.2 列出了 2003 年国际计量委员会(CIPM,表 2.2 中的 CCL 是 CIPM 下属的一个分支)推荐的十三类光频标准的有关参数,包括其频率值及其不确定度[1].表 2.2 中,576 nm 碘稳定的染料激光谱线,640 nm 和 543 nm 碘稳定的氦氖激光谱线,以及 515 nm 碘稳定的氩离子激光谱线,由于十多年来应用极少,已不再列入;而增加了$^{115}In^+$,$^{199}Hg^+$ 和$^{171}Yb^+$ 等离子频标,其频率测量的不确定度均达 2×10^{-14} 量级,充分显示了激光频标精度进一步提高的潜力.由此可见,CIPM 不仅可推荐稳定在新的谱线上的光频标准,也可以放弃一些实用性很小的光频标准,达到吐故纳新,以增强实用性的目的.

表 2.2　2001 年至 2003 年国际长度咨询委员会(CCL)最新推荐的十三类光频标的参数表

序号	吸收物/激光或离子	跃迁	频率/kHz	真空波长/fm	相对不确定度(1 σ)
1 *	$^{115}In^+$	$5s^2{}^1S_0$-$5s5p^3P_0$	1 267 402 452 899. 92	236 540 853. 549 76	3.6×10^{-13}
2	^1H	1S-2S(双光子跃迁)	1 233 030 706 593. 61	243 134 624. 626 03	1.8×10^{-14}
3 *	$^{199}Hg^+$	$5d^{10}6s^2S_{1/2}(F=0)$ -$5d^96s^2{}^2D_{5/2}(F=2)$ $\Delta m_F=0$	1 064 721 609 899. 143	281 568 867. 591 969	1.9×10^{-14}
4 *	$^{171}Yb^+$	$6s^2S_{1/2}(F=0,m_F=0)$ -$5d^2D_{3/2}(F=2,m_F=0)$	688 358 979 309. 312	435 517 610. 739 69	2.9×10^{-14}
5 *	$^{171}Yb^+$	$^2S_{1/2}(F=0,m_F=0)$ -$^2F_{7/2}(F=3, m_F=0)$	642 121 496 772. 6	466 878 090. 061	4.0×10^{-12}
6	$^{127}I_2/Nd:YAG$	R(56)32-0,a_{10}	563 260 223 514	532 245 036. 104	8.9×10^{-12}
7	$^{127}I_2/He$-Ne	R(127)11-5,a_{16}(或 f)	473 612 353 604	632 991 212. 58	2.1×10^{-11}
8	$^{40}Ca/LD$	$^1S_0$-$^3P_1$,$\Delta m_j=0$	455 986 240 494. 150	657 459 439. 291 67	1.1×10^{-13}
9	$^{88}Sr^+/LD$	$5\,^2S_{1/2}$-$4\,^2D_{5/2}$	444 779 044 095. 5	674 025 590. 863 1	7.9×10^{-13}
10	$^{85}Rb/LD$	$5S_{1/2}(F_g=3)$ -$5D_{5/2}(F_e=5)$双光子	385 285 142 375	778 105 421. 23	1.3×10^{-11}
11 *	$^{13}C_2H_2/LD$	P(16)$(\nu_1+\nu_3)$	194 369 569. 4 MHz	1 542 383 712	5.2×10^{-10}
12	CH_4/He-Ne	P(7) ν_3, $F_2^{(2)}$ 中心超精细结构分量	88 376 181 600. 18	3 392 231 397. 327	3×10^{-12}
13	$^{12}C^{16}O_2$	R(10)$(00^\circ1)$-$(10^\circ0)$激光谱线	29 054 057 446. 579	10 318 436 884. 460	1.4×10^{-13}

注:序号中带 * 者为 2001 年新推荐的 5 类光频标准.

除了表 2.2 中推荐的激光谱线外,CIPM 对早在 20 世纪 60 年代就采用的光谱灯及其他光源也作了如下规定:

(1) 相应于^{86}Kr 原子的 $2p^{10}$ 至 $5d^5$ 之间跃迁的辐射,其波长值为
$$\lambda = 605\ 780\ 210.3\ \text{fm},$$
估计的总不确定度为$\pm 4\times 10^{-9}$(相应于标准不确定度 1.3×10^{-9} 的 3 倍),它应工作在国际计量委员会(CIPM)推荐的条件下.

(2) CIPM 1963 年推荐的^{86}Kr,^{198}Hg 和^{114}Cd 原子的辐射,其波长和相应的不确定度数值如下节表 2.3 所示.

由于上述光谱灯不属于光频标准的范畴,本书中不作介绍.

§2.6　光频标准的某些规范条件

光频标准要求激光器辐射频率有严格的技术程序使其达到频率稳定,并具有能反复重现其频率值的性能.因此,作为光频标准使用的激光器,它的一些重要参量有一系列基本要求.

在表 2.2 所列的推荐频标,必须具备相应的规范条件,才能达到表中所列的不确定度.现对应于表 2.2 中所列的序号,将 CIPM 推荐时所附的规范条件和说明分列于下:

2:辐射稳定在冷氢束的双光子跃迁上,修正到零激光功率,并是对于一些有效静止的原子,即其频率值应对二阶多普勒频移进行修正.其他氢吸收跃迁也可作类似应用.

6:532 nm 倍频 Nd:YAG 激光的辐射频率用外碘室进行稳定,碘室的冷指温度为-15℃(详见第五章).

7:633 nm 氦氖激光的辐射频率用内碘室及三次谐波检测技术进行稳定,并附有下列条件:碘室外壁温度为(25 ± 5)℃;碘室的冷指温度为(15 ± 0.2)℃;频率调制宽度为峰-峰(6 ± 0.3)MHz;单程腔内功率为(10 ± 5)mW;功率位移系数的绝对值$\leqslant 1$ kHz/mW.即使满足上述条件,还不足以保证实现表中所列的不确定度.光学和电子系统在运行时应具有适宜的技术性能.碘室可工作在松弛的条件下,其中列出了导致较大不确定度的原因[3].

8:657 nm 辐射稳定在钙原子上,相应于两个有效静止的原子的两个反冲分裂分量的平均频率,即其频率值应对二阶多普勒频移进行修正.

9:674 nm 辐射稳定在用囚禁和冷却的锶离子观测的跃迁上.频率相应于塞曼多重线的谱线中心.

11:778 nm 激光辐射稳定在双光子跃迁中心.频率相应于温度在 100℃以下的^{85}Rb 室的吸收谱线,并修正到激光功率为零的值.其他铷吸收跃迁也可作

类似应用.

12：3.39 μm 氦氖激光的辐射频率稳定在可分辨的超精细结构三线[(7—6)跃迁]的中心分量,相应于有效静止分子的反冲分裂的平均值,即对二阶多普勒位移进行修正.

13：10.3 μm 的 CO_2 激光器,采用 OsO_4 的外吸收室,气压低于 0.2 Pa,与原来推荐采用的 R(12) 激光谱线相比,R(10) 谱线对压力位移和其他效应更不敏感.

上述这些规范条件及说明的物理解释将在第五章的有关内容中描述.

此外,CIPM 对光谱灯和其他光源的推荐值还作了如下规定；

(1) 光谱灯推荐值的不确定度均指相对的扩展不确定度,即通常的测量不确定度的三倍.

(2) ^{86}Kr 辐射是用热阴极放电灯获得的,^{86}Kr 的纯度应高于 99%,灯的毛细管内径在 2 mm 至 4 mm 范围内,灯的壁厚约为 1 mm.

(3) ^{86}Kr,^{199}Hg,^{114}Cd 辐射以及 $^{127}I_2$ 在 514,543,576,612,640 nm 处吸收线的推荐跃迁、波长、频率及其不确定度如表 2.3 所示.

表 2.3 2001 年 CIPM 对光谱灯和其他光源的推荐值

序号	名称	跃迁	波长/fm	频率/MHz	不确定度
1	^{86}Kr	$5d_5$-$2P_{10}$	605 780 210.3		3.9×10^{-9}
2	^{86}Kr	$2P_9$-$5d_1'$	645 807.20		2×10^{-8}
	^{86}Kr	$2P_8$-$5d_4$	642 280.06		2×10^{-8}
	^{86}Kr	$1S_3$-$3P_{10}$	565 112.86		2×10^{-8}
	^{86}Kr	$1S_4$-$3P_8$	450 361.62		2×10^{-8}
	^{199}Hg	6^1P_1-6^1D_2	579 226.83		5×10^{-8}
	^{199}Hg	6^1P_1-6^3D_2	577 119.83		5×10^{-8}
	^{199}Hg	6^3P_2-7^3S_1	546 227.05		5×10^{-8}
	^{199}Hg	6^3P_1-7^3S_1	435 956.24		5×10^{-8}
	^{114}Cd	5^1P_1-5^1D_2	644 024.80		7×10^{-8}
	^{114}Cd	5^3P_2-6^3S_1	508 723.79		7×10^{-8}
	^{114}Cd	5^3P_1-6^3S_1	480 125.21		7×10^{-8}
	^{114}Cd	5^3P_0-6^3S_1	467 945.81		7×10^{-8}
3	$^{127}I_2$	P(13)43-0,a_3	514 673 466.4	582 490 603.38	2.5×10^{-10}
4	$^{127}I_2$	R(12)26-0,a_9	543 516 333.1	551 579 482.97	2.5×10^{-10}
5	$^{127}I_2$	P(62)17-1,a_1	576 294 760.4	520 206 808.4	4×10^{-10}
6	$^{127}I_2$	R(47)9-2,a_7	611 970 770.0	489 880 354.9	3×10^{-10}
7	$^{127}I_2$	P(10)8-5,a_9	640 283 468.7	468 218 332.4	4.5×10^{-10}

图 2.4 示出了表 2.2 中所列的推荐谱线的波长在光谱领域内的分布. 其中黑线所示为 2003 年的推荐谱线, 点线所示为可能推荐或正在研究中的谱线.

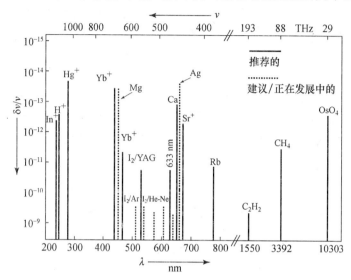

图 2.4 CIPM 推荐的参考谱线的波长分布图

§2.7 作为光频标准的激光器的基本性能

2.7.1 激光模式

光频标准要求激光模式在横向和纵向均为单模, 即其横模为 TEM_{00} 模, 其他高阶横模均已抑制, 横模的光强应符合高斯分布. 同时, 纵模只有一个模式获得振荡, 其他相邻纵模也均已抑制. 只有横模和纵模均为单模时, 激光输出的频率才是单一频率, 这是激光器作为光频标准的基本要求之一.

横模为 TEM_{00} 模的要求, 使激光输出的光斑不能很大, 因而总功率也相应受到限制. 纵模为单模的要求, 对于驻波腔而言, 只有在激光器腔长较短时才能实现, 否则必须经过各种的选模方式, 这使激光器结构庞大而复杂, 给使用带来诸多不便. 上述两方面的限制使单频激光的输出不易达到较高的功率.

2.7.2 激光线宽

光频标准要求其激光辐射具有较窄的线宽, 才能保持频率稳定度达到较高的水平. 通常, 工作物质气压较低的气体激光和某些固体激光可以达到 10^2 Hz

或更小的线宽量级.染料激光或半导体激光往往需要采取压窄线宽的技术措施才能满足上述要求,尤其是近年来研制的用激光冷却的离子和原子光频标,其半导体激光输出的线宽要求达到 Hz 的量级,这是通过将激光稳定到超低膨胀材料制作的 F-P 腔上来实现的,这项极为精细和高超的激光稳频技术使激光器达到频率稳定度最高量级光频标准要求.

2.7.3　激光谐振腔的机械和热稳定性要求

光频标准要求其激光谐振腔具有很高的机械稳定性和热稳定性.前者是指固定激光镜,包括激光物质在内的支架,应使之具有非常坚固的机械稳定性,以免受外界微小的振动或空气扰动的影响产生激光频率的抖动.后者是指固定激光谐振腔的支撑物应具有很低的热胀系数,使得外界温度发生变化时,腔长的变化保持在尽量小的程度.只有在这种情况下,才能通过伺服系统将腔长控制到变化极小或基本不变的状态.

2.7.4　激光噪声

激光噪声是表征激光稳定的信噪比变坏的主要原因之一.噪声的类别及分析是一个广泛而复杂的问题.降低激光噪声是光频标准对激光器的基本要求,也是制作激光器时值得重视的一个问题.

2.7.5　激光的单模输出功率

如前所述,在激光达到横模和纵模均为单模时,不易提高输出功率.而作为光频标准的激光器,在实现频率稳定、进行光频测量以及作为光频标准的使用中,都需要达到足够的输出功率.因此,足够的单模输出功率也是制作光频标准时的一项基本要求.

2.7.6　激光辐射与吸收谱线的频率符合

要作为高精度的光频标准,通常要将激光辐射的频率稳定在相应分子或原子吸收谱线的中心频率上,因此,必须选择能使两者频率相符的激光辐射.例如,氦氖激光的多种辐射在可见光区域内能与碘分子的吸收谱线相符合,在红外区域内能与甲烷分子的吸收谱线相符合.就激光辐射与吸收谱线的频率符合的研究工作而言,半导体激光器是一类易于入选的激光器,因为它可以做到精密调谐及线宽极窄,以满足新型光频标准的需要.这类技术尚在进一步探索和研究中,由此不断发展并建立新的更好的光频标准.

§2.8 光频标准及其测量近况

2.8.1 光频测量技术的发展和突破

时间是至今能以最高准确度测量的物理量,在需达到最高准确度时,往往是通过测量频率转换成时间,因为时间与频率是互为倒数的物理量.在准确的周期计数中,频率测量是在两个过零点之间的时间测量,因而频率测量与时间测量具有相同的地位.基于 1983 年用真空中光速的约定值进行了米的重新定义,真空中波长与频率之间也能进行转换,而不损失准确度.但是在测量光频时,由于被测频率值太高,不可能用任何计数器进行直接计数.从 20 世纪 70 年代开始的近 30 年内,人们用激光频率链方法,从微波频标出发,经过五级以上的谐波倍频,测量了从红外至紫外频的激光频标的频率,建立了各个频段的光频标准,测量准确度可达 10^{-14} 量级.

但是,由于上述测频方法需用庞大而复杂的装置,不可能在任何光谱段普遍推广应用,也不便于在各种应用领域内直接使用,因此这个方法和测量还停留在极少数的研究领域中.

20 世纪 80 年代末,德国马普量子光学研究所(MPQ)的 Hansch 博士以一个全新的思想来解决上述问题[10].这个思想的出发点是基于一个简单的关系,即光频 ω 与其自身倍频 2ω 之间的差频,恰好是光频本身的数值 ω.这个思想可以将光频相继地分频,直至它可以用射频计数器计数为止,这种分频的方法可称为光频间隔分频器(简称 OFID).如图 2.5 所示,OFID 接收激光频率 ω_1 和 ω_2 后,使第三个激光频率 ω_3 处于 ω_1 和 ω_2 的精密的中点.可以用激光在非线性晶体中的和频来获得 $\omega_1 + \omega_2$ 的值,然后使 ω_3 的倍频等于 $\omega_1 + \omega_2$ 的值,即 $\omega_3 = (\omega_1 + \omega_2)/2$.这个关系可以通过相位锁定回路来实现其相位控制.用上述方法,经 n 级分频的链,可以将给定的频率间隔除以 2^n.例如,用一个 12 级的 OFID 链,对于 300 THz 的光频,ω 与 2ω 之间的间隔的最终分频值可达 73 GHz,即达到了可测的微波频率范围.与传统的谐波倍频链相比,分频链的优点是,它的每一级装置都在光频区域,而所用的技术与传统方法是相同的.

OFID 链的另一个优点是,它允许所用的激光器有一些自由度.例如,在用频率 (ω_1, ω_2) 和 ω_3 组成第一级分频时,以及在选择第二级分频方案时,可以选用 ω_1, ω_3 或 ω_2, ω_3 之间的锁定.这种自由的选择,可使所选的频率与某个跃迁频率相符合.

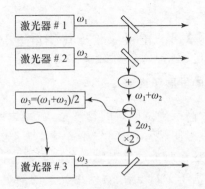

图 2.5 光频间隔分频器(OFID)的原理

在此同时,在精密间隔处产生频率的新技术得到了发展,其重要进展是增大了可测频率的间隔.通过有效的光电调制,可以制成在连续波激光器上包含很大边带的频梳.这类等间隔调制边带的梳可以成为在频率空间的精密尺子,用于测量很宽的光频间隔.现在最宽的频梳已超过 100 THz.

在氢光谱精密测量的研究中,要求有与连续波相关的高分辨率.如何实现在紫外波段的氢 1S-2S 跃迁上的光源,我们可以追溯到如在第一章中所述的 Ramsey 的思想,他用空间分离场和原子束获得了很高的分辨率.可以用相干脉冲的时间分离场观测 Ramsey 条纹,其分辨率由观测条纹时脉冲间的时间的倒数所决定,即由原子从一个场移到另一个场所需的时间所决定.

上述思想在相干光脉冲列-连续波锁模激光器进一步扩展而达到了顶峰.Chebotaev[11] 曾提出,用锁模激光器可以观测氢的 1S-2S 跃迁.虽然在 243 nm 并无锁模激光器运转,可以设想用 468 nm 的染料激光进行倍频来实现.德国 MPQ 的 Hansch 等人在 1978 年首次演示了用锁模激光器获得的窄谐振[12],当时是用于钠原子.这是全新的光谱技术,首次用脉冲列观测到 MHz 量级的线宽,采用的激光器是一台同步抽运的染料激光器.

克尔透镜锁模激光器和光子晶体光纤的发明起了革命性的作用,它使相干脉冲列用于频率测量的计量学领域,从而使这项技术成为当前量子计量学的主流.其成功的原因在于,产生的带宽可以大于一个倍频程,并保持着极高的重复性.目前,它已成为一个简单的光频梳.

技术发展到了 20 世纪末的 1999 年,终于实现脉冲激光用于精密光频的重大突破[13].在时域中的锁模激光输出包含了一系列短脉冲,脉冲有关的谱线宽度由脉冲周期的倒数所决定,例如,10 fs 的脉冲的谱宽为 100 THz.有用的宽度甚至会更大,因为可用的频宽并不受半极大值全宽所限制.在频域内,在激光腔内往返的脉冲仅在形状上可以是稳定的.

在脉冲激光器从皮秒(10^{-12} s)进入飞秒(10^{-15} s)区域后,上述光梳技术真正应用到频率计量学中.这还得益于英国 Bath 大学研制成的光子晶体光纤(PCF).这种单模光纤是由单一材料制作的.在光纤包层中的气孔产生了低折射率,气孔是平行的并靠近光纤中心.与固定的光纤装置相比,制作上述光纤并不需要特殊装置.由于定向模场充满气孔,这类光纤的色散性质可以发生扩展,即将群速色散的零点移至掺钛蓝宝石激光的中心发射波长 800 nm 处.因此,由这类激光产生的脉冲进入光纤后保持空间和时间内的聚焦,从而增强了非线性效应,可以将频率扩展到一个倍频程的区域.通过个效应,光纤的程长随脉冲强度的变化而很快地变化,在所有的模上产生了附加边带,这些附加边带具有相同间隔,因此在激光频率的扩展上有效地加上了一系列新的模,从而实现了用脉冲锁模激光器进行光频测量的突破.

这项突破使科学家们研制光钟的长期梦想可以得以实现.光频标准的理论极限可以达到 10^{-18} 量级,这是由于它的频率比微波频标要高 4 至 5 个量级,而频率不确定度大致与钟的频率成反比.但是,为了建立一台光钟,必须具有可靠运行的光频计数器.传统的频率链很难达到可以日常运行的程度,而飞秒频率综合器由于它简易轻便,完全可以成为长期使用的运行装置.例如,在美国 NIST 研制的 1064 THz 的囚禁汞离子的跃迁[14]已接近相当于"光钟"的系统;德国 PTB 采用的是囚禁的 Yb$^+$ 离子[15],加拿大 NRC 和英国 NPL 采用的是 Sr$^+$ 离子[16],还可望成为候选者的是铟离子[17],它们的频率值读者可以在表 2.2 中查阅.此外,新一代的光晶格原子光频标准的研究也显示了它更突出的优点[18].这些钟跃迁都已证明非常有用,例如在卫星通信和网络同步中发挥了很好的作用.在基础研究中,它们可以是探索基本物理常数随时间的慢漂移的重要的实验手段,也能有助于进一步检验相对论的一些预言[19].

2.8.2 光频标准的发展

2.5 节的表 2.2 中列出了 2003 年 CIPM 推荐的 13 种光频标准,按光频标所采用的物理方法及其应用领域,大致分为以下几个类别,读者研究和使用时可作为参考.

(1) 用于长度计量和干涉测量的光学波长/频率标准

这类标准与第一章的图 1.1 中所示的微波频标类似,图 2.6 中示出了光频标的三个基本要素.图中,与微波频标中的本机振荡器对应的是激光器,与原子谐振腔对应的是原子、分子或离子,与信号处理相对应的是电子伺服控制,它是通过将吸收信号作为误差信号来控制激光频率的.

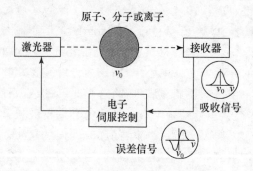

图 2.6　光频标准的三个基本要素

　　以 633 nm He-Ne/I_2,532 nm YAG 倍频/I_2 及 778 nm LD/Rb 这三种典型的稳频激光系统为例,这三类激光器的第一个特点是,它们的波长分别为 633 nm(红光)、532 nm(绿光)和 778 nm(近红外),均在可见和近红外波段,很适合于作为长度计量或干涉测量的稳频光源.第二个特点是三者均采用饱和吸收或双光子吸收方法来消除一阶多普勒效应,例如,633 nm He-Ne 激光采用碘的腔内饱和吸收方案,如图 2.7 所示.532 nm YAG 倍频激光采用碘的腔外饱和吸收方案,而 778 nm 半导体激光的铷吸收则采用双光子吸收方案.第三个特点是它们的频率值已达到的不确定度均约在 $10^{-11} \sim 10^{-12}$ 量级,如 633 nm 为 2×10^{-11},532 nm 为 8.9×10^{-12},778 nm 为 1.3×10^{-11},这些不确定度已完全能满足长度计量和干涉测量中的基本要求.

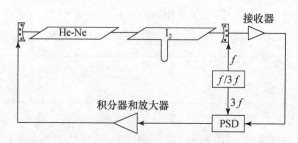

图 2.7　碘稳定 He-Ne 激光的具体方案

　　例如,633 nm 的氦氖激光频标主要应用碘吸收谱线的 7 个超精细分量,如图 2.8 所示.当激光频率调谐到这些分量的中心并实现锁定后,就形成了一台实用的光学波长/频率标准.与微波频标类似,其频率稳定度可用两台稳频激光

器之间拍频的阿仑偏差表示,如图 2.9 所示.如图可见,在取样时间分别为 1 s,
10 s 和 100 s 时,相应的阿仑偏差约为 7×10^{-12},1.5×10^{-12} 和 8×10^{-13}.

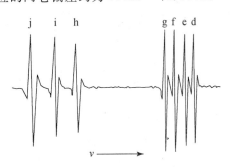

图 2.8　633 nm 碘吸收谱线的 7 个超精细分量

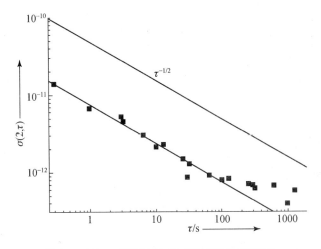

图 2.9　633 nm 碘稳定 He-Ne 激光的阿仑标准偏差

(2) 用于光通信和光频测量的红外激光频标

这类激光频标的波长为红外波段,即 1.54 μm,3.39 μm 和 10.3 μm.

1.54 μm 的半导体激光的波长正处于光通信波段,可以成为光通信使用激
光的波长或频率标准,它采用乙炔分子 $^{13}C_2H_2$ 的吸收谱线作为参考频率.其频
率值的不确定度为 5×10^{-10},是推荐的频率值不确定度最大的光频标,但它作
为光通信中的波长标准,已完全满足要求.3.39 μm 的 He-Ne 激光采用甲烷分子
CH_4 的 P(7),$F_2^{(2)}$ 线中心的超精细结构分量.由于甲烷分子的超精细分量的谱线
很窄,激光的频率稳定度和复现性可以达到 10^{-13},甚至 10^{-14} 的量级,因此成为传

统光频测量链中红外波段的重要光频标之一. 10.3 μm CO_2 激光有丰富的光谱线, 在红外波段应用很广. 由于其频率值的准确度已达 1×10^{-13} 的量级, 它与 3.39 μm He-Ne 激光类似, 是传统光频测量链中的红外光频标的起点之一.

这类激光的频率值至今还不能用锁模飞秒激光来直接测量, 因为它们所在的波段尚未为飞秒梳所覆盖. 因此, 这类激光在红外波段中仍然是具有重要意义的光频标准.

(3) 囚禁的离子或原子光频标准

囚禁的离子光频标准是现代光频标的主要发展方向之一. 离子阱的出现可以使单个带电的离子囚禁于阱内, 由此可以消除它们彼此之间及与器壁之间的碰撞, 因此具有极窄的线宽和很高的 Q 值, 成为可以与微波波段铯钟相竞争的最佳候选者. 表 2.4 和表 2.5 分别列出冷却的离子和原子频标的工作物质、跃迁能级、跃迁波长、理论和实验的线宽, 以及测量频率的不确定度.

表 2.4　离子光频标的主要参数[20]

	跃迁	波长/nm	理论线宽/Hz	实验线宽/Hz	不确定度/Hz
$^{199}Hg^+$	$^2S_{1/2}$-$^2D_{5/2}$	282	1.7	6.7	10
$^{171}Hg^+$	$^2S_{1/2}$-$^2D_{3/2}$	435	3.1	30	6
$^{88}Sr^+$	$^2S_{1/2}$-$^2D_{3/2}$	674	0.4	70	100
$^{115}In^+$	$^1S_0$-$^3P_0$	236	0.8	170	230
$^{171}Yb^+$	$^2S_{1/2}$-$^2F_{7/2}$	467	$\sim10^{-9}$	180	230
$^{40}Ca^+$	$^2S_{1/2}$-$^2D_{5/2}$	729	0.2	1000	—
$^{27}Al^+$	$^1S_0$-$^3P_0$	267	0.5×10^{-3}	—	—

注: $^{40}Ca^+$ 和 $^{27}Al^+$ 的频率值在 2003 年的推荐表中尚未推荐.

表 2.5　冷原子钟跃迁、线宽及频率不确定度[20]

原子	钟跃迁	波长 λ/nm	理论线宽/Hz	实验线宽/Hz	绝对频率不确定度/Hz
H	1S-2S 双光子	243	1.3	—	46
Mg	$^1S_0$-$^3P_1$	457	30	—	—
^{40}Ca	$^1S_0$-$^3P_1$	657	400	700	6
^{88}Sr	$^2S_{1/2}$-$^2D_{5/2}$	689	7.6×10^3	14.5×10^3	39
^{87}Sr	$^2S_{1/2}$-$^2D_{5/2}$	698	10^{-3}	27	15
Yb	$^2S_{1/2}$-$^2F_{7/2}$	551	—	—	—
Ag	$^1S_0$-$^3P_0$	661	~0.8	1000	—

此外, 新一代的光晶格原子光频标也是很有希望的候选者, 我们将在第六章中详尽介绍.

(4) 氢原子基态双光子跃迁的光频标准

氢原子在 20 世纪物理学的历史上居于中心地位,因为它是最简单的原子,在检验物理学的基本理论中起到关键的作用,对了解原子结构,氢的光谱也有着不可取代的优点.

氢原子 1S-2S 跃迁的双光子光谱学的研究受到了极大的重视,因为它的自然宽度仅为 1.3 Hz;由于跃迁的波长在紫外波段的 243 nm,且不存在中间态,跃迁几率也相当低,因此也很难检测.

1975 年,Hansch 在美国斯坦福大学首先用脉冲染料激光检测到氢原子的跃迁谱线,其检验线宽为 800 MHz,检测线宽已降到 2 kHz. 在 20 世纪 90 年代,Hansch 等人用 3.39 μm 甲烷稳定的氦氖激光频标为出发点,首次完成了从 88 THz 至 2466 THz 的 1S-2S 的频率测量,测量不确定度可达 10^{-13} 量级. 1999 年,在首次采用飞秒激光器的频梳进行测量后,不确定度可减小到 10^{-14} 量级.

由于氢原子的光谱在物理学中的重要地位,科学家不但对 1S-2S 跃迁的光谱,而且对 2S-nS/D 跃迁的光谱也很感兴趣,其中 n 可以是 8,10 和 12. 除了氢之外,还可以测量氢的同位素氘的光谱,由此可以获得氢或氘的比较完整的光谱表. 根据这些测量,可以得到目前最准确的基本物理常数——里德伯常数的数值,这是当前物理学家十分关注的常数之一.

由于以上成果,可以使量子电动力学理论的实验检验在 $10^{-12} \sim 10^{-13}$ 量级上进行,并有可能进一步提高,这是其他精密实验所望尘莫及的.

至今,这项测量是在低压氢的气室内进行的. 近年内,科学家成功地进行了囚禁氢的 1S-2S 跃迁的双光子光谱学实验. 研究表明,囚禁的亚稳态 2S 原子的高密度非常适合进行光谱研究. 因此可以开展超冷氢的高分辨光谱学研究:其一是精密测量 1S-2S 跃迁频率;其二是通过激发亚稳的超冷 2S 原子到更高的激发态,进行高激发态之间跃迁的研究. 这对于精密确定兰姆移位和原子核形状修正均有重要作用.

光钟的理论极限准确度,估计可达 1×10^{-18},这要求短期稳定度达到毫赫或亚毫赫的量级,无疑这是一项十分严峻的挑战. 然而,如果光频标本身是有源的而不是无源的,即标准本身是一台激光器,这项挑战可以应对,在微波领域中的氢钟的连续可用性证明了有源装置的优点.

因此,运行在 1S-2S 跃迁上的双光子激光器可以研制作为一个光频标准,其自然线宽可以非常窄. 使 2S 态的密度大于 1S 态,而形成在此跃迁上的粒子数反转的条件,在理论上是可成立的. 因此研制光学氢钟的前途是光明的,预期它的频率复现性可望达到 10^{-18} 量级.

利用飞秒锁模激光的频梳,可以实现光学频率与微波频率之间的转换,其精度也可望达到光频标复现性的相同量级.这项研究集中了物理学、计量学及精密测频技术的许多内涵,物理学的理论与实验达到了如此高精度的一个完美结合是足可赞叹的[21].

在上述展望的基础上,可望建立高精度的时间基准,使高精度的全球定位系统在目前基础上进一步提高三至四个量级.

§2.9　基本物理常数概述

纵观一部物理学史,许多著名的物理学家相继创立了物理学中的一些理论或定律,包括从经典的牛顿三定律、牛顿引力定律、法拉第定律,到近代的量子理论和相对论等.在这些理论及定律建立的过程中,伴随着一系列基本物理常数.这些常数犹如由上述理论及定律所建立起的大厦中许多瑰丽的立柱,坚挺地支撑着物理大厦.由于这些常数的准确数值从理论上说与测量地点、测量时间及所用的测量仪器及材料均无关联,因此称为基本物理常数.

例如,在经典理论或定律中的基本物理常数有:牛顿引力常数、法拉第常数、阿伏伽德罗常数等,它们与经典宏观理论密切相关;当物理学从宏观世界的研究步入微观世界的探索时,仍然离不开基本物理常数.量子理论的建立开辟了微观物理的新纪元,普朗克常数伴随问世.随着对原子和分子光谱的研究,出现了精细结构常数和里德伯常数.爱因斯坦相对论的出现,伴随着一个十分重要的基本物理常数,即真空中的光速.光速不变原理是狭义相对论的基本原理之一.

量子理论和相对论建立的过程中所确立的基本物理常数的数目,已远多于原来经典物理中出现的常数.这充分说明,在微观和近代物理学中,基本物理常数具有更加重要的作用.

物理学是一门实验科学,它的理论和定律是建立在实验测量的基础上的.物理定律表现为各个物理量之间的关系,需要对每个物理量进行准确的测量.为此,物理学建立了严密的单位制体系,其中包括基本单位和导出单位.基本单位有严格的定义、科学的复现方法,并且在国际上可以进行彼此间的国际比对.上述物理量单位的定义、研究、保持、复现和比对均由各国的计量研究机构承担,以保证物理量的精密测量在国际范围内的统一[1].基本物理常数与微观粒子有密切的关系.例如,基本电荷(e)、电子、质子的质量(m_e,m_p)、里德伯常数(R_∞)和精细结构常数(α)等,它们在基本物理常数的有关方程中是相互关联的.

从 1875 年米制公约的建立到 1960 年采用国际单位制前的近一个世纪的发展中,基本单位的定义和复现是以经典物理学为基础的.一杆铂铱合金米尺和一个铂铱合金砝码定义了长度单位米和质量单位千克;用地球绕太阳的公转周期定义了时间单位秒;用通电导线之间的作用力定义电流单位安培;等等.这个时期是以宏观实物或宏观物理现象为"不变量"来定义基本单位的.

在研究原子物理学和量子力学的规律时,发现量子效应比宏观现象具有更好的不变性.例如,电子在原子中运动,当它受到外界作用时,其能量发生的变化是不连续的,只能在允许的能级之间跃迁.跃迁的能量变化 $\Delta E = h\nu$,其中 h 是一个恒定不变的量,称为普朗克常数.人们发现,在特定条件下的许多跃迁,其辐射频率是非常稳定并具有很高复现性的不变量,十分适合用来定义计量单位和作为基准使用.激光频标就是利用非常稳定的离子(或原子和分子)的跃迁频率来复现长度单位米,并作为实用的长度基准或光频标准.铯 133 原子的超精细结构分量之间的跃迁的频率用于定义时间单位秒,其频率复现性已达 10^{-15} 量级;激光频率测量的准确度也已达到 10^{-14} 量级.因此,科学家普遍认为,频率是当今人类测量中最准确的物理量.

此外,长期的理论和实验研究表明,可与频率媲美的不变量就是基本物理常数.由于它们的数值不随地点和时间而异,即在世界各地及宇宙空间内可以普遍适用.例如,真空中光速 c 是一个基本物埋常数,无论是普照大地的太阳之光,来自遥远银河系的恒星之光,或是万家灯火的电光,若隐若现的萤火之光,其光速是同样的数值.基本物理常数的不变性反映了自然界的一种规律性.许多物理理论和定律中都含有重要的基本物理常数,如相对论的公式中含有真空中光速 c,量子力学的许多公式中含有普朗克常数 h,引力定律中含有引力常数 G,不一一列举.

基本物理常数有很好的恒定性使其可以用于定义基本单位.早在 20 世纪初,著名物理学家普朗克就提出过这种设想,但限于当时的科学研究水平和测量精度,几乎无法实现他的设想.20 世纪 60 年代开始,普朗克的设想正在逐步变成现实.长度和电学单位已采用基本物理常数来重新定义或复现:1983 年通过米的重新定义及 1990 年采用的约瑟夫森效应和量子霍尔效应为基础复现电学单位,就是明显的例证.随着科学技术的迅速发展,将来会有更多的基本单位采用这种方法来重新定义或复现,即用相应的确定频率和基本物理常数作为不变量来定义和复现基本单位.

物理学家和计量学家的目标是不断探索新的更完善的不变量作为基本单位的定义.

§2.10　真空中光速的精密测量

2.10.1　用激光频标测量光速之前的历史概况

在物理学中,人们认识到真空中电磁波的传播速度是一个重要的物理量,最初通过测量可见光的传播速度得到它的数值,因此称为真空中光速.国际公认的真空中光速 c 的数值为

$$c = 299\ 792\ 458\ \text{m/s}. \tag{2.10.1}$$

在准确的激光频标出现以前,真空中光速经历了长期的测量历史.17 世纪前,天文学家和物理学家以为光速是无限大的,宇宙中的恒星的光都是瞬时到达地球的.意大利物理学家伽利略对上述论点提出怀疑,为了确认光速的有限性,他约于 1600 年在地面上做过测量光速的粗糙实验,但未获得成功.

1676 年,丹麦天文学家罗默曾利用观测木星第一个卫星的星蚀到达时间的变化,首次测量了光速,误差约为 30%.但他对光速有限测量的结果和解释并未为当时的科学家们所接受.1727 年,英国天文学家布拉德雷观测到光行差现象,即星的表观位置在地球轨道速度方向上存在位移.根据光行差的测量可计算光速值.这项独立的观测,使科学家确认了光速的有限性.并认为罗默对木星卫星蚀的观测也是光速有限的有力论据.

1849 年,法国物理学家斐索用齿轮法首次在地面实验室中成功地进行了光速测量.这种方法的原理是采用机械斩波器来遮断光束,并测量光脉冲越过被测距离的时间.他用有 720 个齿的齿轮作为斩波器,转速为 25 转/s 时达到最大光强,相当于光脉冲往返所需时间为 1/18 000 s,往返距离为 17.34 m,由此得到的光速值为 $c = 312\ 000\ \text{km/s}$,误差约为万分之二.

1926 年,美国物理学家迈克尔孙用旋转镜法改进了斐索实验,他用一个八面体的转镜,光程长度增加到 35 km.在作了空气折射率和色散修正后,测量的光速平均值为 $c = 299\ 796 \pm 4\ \text{km/s}$.1929 年,他又在真空中重复了上述实验,平均值为 $c = 299\ 774\ \text{km/s}$.后来,有人用光电开关进行类似实验,测量精度达到 10^{-7} 量级.

上述实验都是测量光的群速度.1940 年后,开始测量光的相速度.其原理是测量某一振荡器的频率和真空波长,用两者的乘积得到真空中光速.这种方法与后来用激光频标测量光速的原理是相同的,但它必须满足一定的条件:振荡器的辐射应是自由空间的无限尺寸的平面波.有限尺寸孔径所引入的误差仅在

其尺度远大于辐射波长时才能忽略不计.否则,应进行衍射修正,修正量与波长平方成正比.由此可见,用波长短的辐射测量更为有利,但必须以辐射频率可以准确测量为其前提.

1950年,英国实验物理学家弗罗姆用微波的双光束干涉议,测量了频率为72 GHz微波辐射的相速度,波长测量是用当时的镉红线标准进行的,得到的数值为

$$c = 299\ 792.50 \pm 0.10\ \text{km/s}, \tag{2.10.2}$$

这项测量的不确定度主要来自波长测量、潮湿空气的折射率修正及光波的衍射修正.

1957年,国际无线电科学协会(URSI)、国际大地测量和地球物理学协会(IUGG)分别推荐上述结果作为国际推荐值,不确定度为3×10^{-7},这个数值一直沿用到用激光频标测量光速值为止.

2.10.2 用激光频标测量真空中光速

激光问世后,尤其是激光频标的建立及其频率稳定度和复现性的进展,使光速测量的不确定度进一步降低成为可能.推动更精密测量光速的需求来自下列三个方面:

(1)地球外距离的测量.例如瞄准月球的实验,激光脉冲通过阿波罗飞船放置在月球上的反射器返回地球,测量地月之间距离的精度可达1×10^{-9}.如能采用足够精密的光速值,地月距离的测量不确定度能提高到厘米量级;此外也能对卫星定位的精密测量发挥类似的作用.

(2)大地测量.采用调制光源可以准确测量地面上的长距离,其中光速数值需要更准确的值.

(3)计量标准研究.在基本单位和基本物理常数测量中,真空中光速是一个重要物理量.它的准确数值可能推动基本单位定义的改进.

与前述用微波干涉方法类似,在实验室利用激光频标测量真空中光速c的最简捷方法是通过下列关系进行的

$$c = \lambda\nu, \tag{2.10.3}$$

式中λ和ν分别是激光频标的真空波长和频率.要使这两个量的测量不确定度达到很小的程度,必须通过其基本单位的基准来加以实现.激光频标的λ和ν应分别通过长度基准和时间频率基准进行精密测量.1970年前后,长度基准是用^{86}Kr的橙黄谱线定义的:"米的长度等于^{86}Kr原子的$2p_{10}$和$5d_5$能级之间跃迁的辐射在真空中波长的1 650 763.73倍."这个定义是1960年确定的,其极

限不确定度为 4×10^{-9}，因此是当时长度测量不确定度的极限. 时间频率基准是用铯原子的跃迁能级定义的："秒是 ^{133}Cs 原子基态的两个超精细能级之间跃迁的辐射周期的 9 192 631 770 倍的持续时间."这个定义是 1967 年确定的，当时的不确定度在 1×10^{-13} 的量级.

1970 年前后，美国 NBS、加拿大 NRC 和国际计量局（BIPM）相继研制了 3.39 μm 甲烷稳定的氦氖激光器，其频率稳定度和复现性达 10^{-11} 量级. 1972 年，NBS 采用第七章中所述的激光频率链的方法，率先测量了其绝对频率值，不确定度达 6×10^{-10}. 同时，用平面平行的法布里-珀罗干涉仪将上述激光辐射与 ^{86}Kr 基准相互比较，精密测量 3.39 μm 甲烷稳定的氦氖激光的真空波长值，测量的不确定度可达 ^{86}Kr 基准的极限. NRC 和 BIPM 也进行了类似的波长测量，其不确定度达到了相应的量级.

NBS 上述测量的频率值为

$$\nu_{CH4} = 88\ 376\ 181\ 627 \pm 5.0\ \text{kHz}. \tag{2.10.4}$$

真空中波长测量共有六个数据，其中包括 BIPM 在三年内作过的三次测量，NBS 的华盛顿总部和玻尔德（Boulder）分部分别所作的测量，以及 NRC 的测量结果. 六次测量的平均值为

$$\lambda_{CH4} = 3\ 392\ 231.391\ \text{fm}, \tag{2.10.5}$$

采用式（2.10.3），将式（2.10.4）和（2.10.5）的数值相乘，并经过一定的修正，即可得到新的光速测量值为

$$c = \nu_{CH4} \cdot \lambda_{CH4} = 299\ 792\ 458.3 \pm 1.2\ \text{m/s}, \tag{2.10.6}$$

考虑到英国 NPL 通过测量 CO_2 激光辐射的频率和波长，得到的光速值

$$c = 299\ 792\ 457 \pm 6\ \text{m/s}, \tag{2.10.7}$$

以及用超高频调制氦氖激光的可见辐射的测量值为

$$c = 299\ 792\ 462 \pm 18\ \text{m/s}, \tag{2.10.8}$$

将上述三个数据进行加权平均后，得到的光速推荐值为

$$c = 299\ 792\ 458\ \text{m/s}, \tag{2.10.9}$$

其不确定度为 4×10^{-9}. 式（2.10.9）所列的推荐值及其不确定度，是在 1973 年的第五届米定义咨询委员会（CCDM）有关决议基础上，由 1975 年国际计量大会正式通过的.

2.10.3　真空中光速与米的重新定义

由于真空中光速值的准确测量及激光频率稳定和频率测量技术的发展，促使米的定义发生了根本性的变革.

1983 年召开的第 17 届国际计量大会通过了新的米定义为[22]：

"米是光在真空中在(1/299 792 458) 秒的时间间隔内行程的长度."

规定的三种复现方法均明确指出,真空中光速的数值为：$c = 299\,792\,458\,\text{m/s}$. 上述新的米定义中,真空中光速的数值已是一个约定值,长度单位米与时间单位秒直接联系在一起,而不再是一个与其他基本单位无关的独立基本单位. 由于真空中光速已成为约定值,它的不确定度为零,不需要再进行任何进一步的测量,从而结束了三百多年精密测量真空中光速的历史.

狭义相对论曾提出两个著名的原理：相对性原理和光速不变原理,后者是指光在不同惯性系中速度相等. 新的米定义把光速值固定为一个约定值,这与光速不变原理是相适应的. 复现米定义的准确度尚在 10^{-11} 至 10^{-14} 量级. 科学家们正致力于在更高精度下检验光速是否恒定,虽然在目前单位制的体制下,真空中光速已不需进行测量,但光速恒定性的实验仍在继续进行中,并具有十分重要的意义.

§2.11　氢原子光谱的精密测量

2.11.1　氢原子光谱概述

原子发射或吸收光子的波长的倒数称波数 ν,它可用两项的差来表示

$$\nu = T(n_1) - T(n_2), \tag{2.11.1}$$

式中 T 称为光谱项. 氢原子的光谱项为

$$T(n) = R_H/n^2, \tag{2.11.2}$$

式中 n 为主量子数,R_H 为里德伯常数. $T(n_1)$ 和 $T(n_2)$ 分别是上、下两能态的光谱项,n_1 和 n_2 为正整数,且 $n_1 > n_2$. 除了某些限制之外,每条谱线均可由两个光谱项之差来表示,称为里德伯 - 里兹组合原则.

1913 年,玻尔得到了氢原子里德伯常数 R_H 的表示式为

$$R_H = \mu e^4/8\varepsilon_0 h^3 c, \tag{2.11.3}$$

式中 μ 为原子的折合质量,e 为基本电荷,h 为普朗克常数,ε_0 为真空介电常数,c 为真空中光速. μ 的光谱项可表示为

$$1/\mu = 1/M + 1/m_e, \tag{2.11.4}$$

其中 M 是原子核质量,m_e 是电子质量. 令 M 趋于 ∞,就得到通用的里德伯常数,它与其他基本常数的关系可表示为

$$R_\infty = 2\pi^2 m_e e^4/h^3 c, \tag{2.11.5}$$

由于不同原子的折合质量略有差别,相应的里德伯常数也不相同.只有在令原子核质量为无穷大时的 R_∞ 值才是一个基本物理常数,即式中用电子质量 m_e 代替了折合质量 μ.

2.11.2 氢原子光谱的实验和理论研究

氢原子光谱的实验研究已有 100 年以上的历史,由于技术上的进展,近年来出现了新的突破.激光和微波频标准确度的进一步提高,使氢原子光谱的实验精度已达到了理论计算的相应水平.

物理学家对氢原子的兴趣十分浓厚,因为它是最简单的原子系统,其实验结果可以用于检验描述原子的量子理论.非常精密的理论计算,可以在优于 10^{-11} 的量级水平上提供一张氢原子的完备的能级标准图.如果要检验理论结果并建立上述自然能级标准,必须对氢原子的各个跃迁能级进行准确的频率测量.

在粗略近似下,可用很简单的定律将能级与基本常数相联系,如式(2.11.2)所示.两个能级 m 和 n 之间的频率可表示为

$$\nu_{mn} = (E_m - E_n)/h \tag{2.11.6}$$
$$= Rc(1/n^2 - 1/m^2), \tag{2.11.7}$$

上式实际上还需对各种效应进行一些细微的修正,这在理论上可以计算.计算的精度在能级定位上可达到优于 10^{-11} 的量级.尤其重要的是,对兰姆移位的量子电动力学的修正,必须在基态($n=1$)上检验,因为这时的修正量最大.

某些实验对于氢原子的各种跃迁有特殊的兴趣,这是因为这些跃迁线宽很窄,频率测量可以非常准确.由于一个能级的自然线宽是其寿命的倒数,这些窄线宽对应于长寿命的能级,包括基态、亚稳态 2S($n=2$),或称为里德伯能级的高激发能态(n 很大).对大多数里德伯态而言,其寿命随 n^3 变化,其中"圆"能态的寿命随 n^5 变化.圆能态相应于原子中的电子在以原子核为中心的圆形轨道上运动.在这些态上,可以很高的精度进行能量修正.此外,核(氢原子中的质子)可用具有相同电荷的另一个系统来代替.因此,碱原子(例如锂)可以代替氢原子对圆里德伯态得到相同类型的信息,而无氢原子所具有的实验复杂性.

通过与电磁波的相互作用观测原子跃迁时,面临各种类型的技术问题:(1)在光学领域内的多普勒效应必须消除,这需要使用无多普勒的高分辨光谱方法.对双光子跃迁而言,用强驻波激励原子消除多普勒效应这一方法已在一些实验室中应用.(2)氢原子必须在基态和激发态上产生.对每个跃迁均发展了

方便的检测方法.在所有情况下,原子束具有无碰撞加宽的优点,并允许检测长寿命态.(3)在某些实验中,通过交叉激光在精确直角时辐照,原子束也能用于在单光子跃迁中消除多普勒加宽.

2.11.3　氢原子 1S-2S 的高分辨光谱

作为最简单的稳定原子,氢原子可用于在实验和量子电动力学理论值之间进行高精度的检验,其中 1S-2S 的双光子跃迁已被确认为最佳的原子谐振之一.在接近 243 nm 波长处,其自然宽度仅为 1 Hz,物理学家称之为高分辨光谱的"圣杯".通过连续波无多普勒双光子光谱术,这个跃迁可达到极高的分辨率,绝对频率测量也能达到 10^{-14} 量级,由此可以得到非常准确的里德伯常数和 1S 基态兰姆移位的测量值.

使用纵向激励的无多普勒连续波双光子光谱术,可在原子束中进行氢原子 1S-2S 跃迁的观测.由于不存在碰撞,在原子与激光之间长时间相互作用下,谐振的分辨率可达 10^{-11} 量级.与早期在气体室中进行的实验相比,分辨率已提高了 2～3 个量级.在接近 243 nm 处,激励波长的线宽为 60 kHz,近似为原子通过激光光束的渡越时间的线宽及二阶多普勒效应线宽的量级,即由于相对论性时间延迟,运动原子的速度变慢.将原子冷却到液氦温度并减小原子的横向速度,使其不能在光束整个行程内与光发生相互作用,可使氢跃迁的分辨率进而提高 1～2 个量级.

由于氢原子的简单特性,在基本物理定律的发展中,它起到了关键的作用.氢原子理论已得到广泛应用,并用预期能态的高分辨激光光谱术进行检验.从 1S 基态至自然线宽极窄的亚稳 2S 态,是这些检验中的最佳选择.这可以由无多普勒双光子激励所驱动,使其测量 1S 的兰姆移位 L_{1S},其中包括了许多基本现象,如电子在自由和束缚态中的自能,真空极化对结合能的影响,以及核尺度的影响.

高分辨激光光谱学已在氢原子上实现了对量子电动力学的检验,并由此提高了里德伯常数的精度.里德伯常数可以标定所有的能级,并以很高精度对氢原子能级作频率测量.氢原子的有关能级可用以下的方程来表示

$$f(1S\text{-}2S) = R_\infty [e(2S) - e(1S)] + L_{2S} - L_{1S}, \qquad (2.11.8)$$

$$f(2S\text{-}8D) = R_\infty [e(8D) - e(2S)] + L_{8D} - L_{2S}, \qquad (2.11.9)$$

$$f(2S\text{-}12D) = R_\infty [e(12D) - e(2S)] + L_{12D} - L_{1S}, \qquad (2.11.10)$$

这些方程的左边是由实验确定的,以求出右边量的某些数值.1S-2S 频率测量的精度可比其他两个能级高两个量级.因此,$f(2S\text{-}n\text{D})$ 的测量精度常会限制 R_∞ 的

精度.上述三个方程中有三个未知数,R_∞,L_{1S},L_{2S},而 L_{8D} 和 L_{12D} 可选用理论值.由于 L_{1S},L_{2S} 数值相当小,因此即使作粗略的计算也足以避免对结果产生任何影响.此外,对 $2S_{1/2}$-$2P_{1/2}$ 和 $2S_{1/2}$-$2P_{3/2}$ 间隔作精密的射频测量,如与 $f(2S\text{-}nD)$ 的测量之一相结合,则也可从 $f(2S\text{-}nD)$ 的测量确定 R_∞ 和 L_{2S},以及从 $f(1S\text{-}2S)$ 测量确定 R_∞ 和 L_{1S}.

早期在气体室内测量 1S-2S 跃迁的连续波,测量 1S 的兰姆移位 L_{1S} 仅为 1×10^{-4} 的精度,主要受到 MHz 量级的仪器分辨率、由于原子碰撞引起的频移以及关于里德伯常数的不确定度等所限制.为了克服后两个限制,设计了不依赖于绝对频率测量,而是将 1S-2S 跃迁频率的 1/4 与 2S-4S 频率相比较的实验,两者的频差由所参与能级的兰姆移位所决定,测量精度可望优于理论计算兰姆移位的精度.如果量子电动力学理论是正确的,这些测量可以提高里德伯常数、电子-质子质量比以及质子的电荷半径等基本物理常数的准确度.

2.11.4 20 世纪 80 年代的实验测量概况

早期的实验测量中,在 243 nm 处的相干激励光是由 β-硼酸钡晶体的倍频产生的.自 1986 年以来,这种晶体可以用于功率为几毫瓦量级的连续波倍频.实验中用射频边带技术,将一台染料激光器伺服锁定到高稳定的腔外 F-P 谐振腔上.

测量的谐振线形的不对称性,是由于指数型谐振的叠加,其中每类原子具有相同的纵向速度.这些谐振的渡越加宽是由于平均横向速度产生的,而其频移是由按某类纵向速度的相对论多普勒效应产生的.整个纵向速度的平均导致红移和不对称的加宽线形.测量中相应的平均横向和纵向速度分别为 29 m/s 和 2360 m/s.假设麦克斯韦分布的平均纵向速度等效于温度为 200 K,与记录曲线的 170 K 的测量管嘴温度相符合.根据平均横向速度,9 μs 的平均相互作用时间可由 2 cm 的平均相互作用长度导出.

激光器具有高稳定度,使其很容易伺服锁定到氢跃迁上;必须对参考谐振腔的慢漂移进行补偿.氢跃迁谱线的分辨率可优于 1 kHz.当原子冷却到液氦温度 4 K 时,减小 50 倍后的多普勒加宽为 750 Hz,渡越加宽可以减小到 350 Hz.

在速度分布中选择慢原子中的信号,可以进一步压缩线宽.50 μs 的时间延迟足以将二阶多普勒加宽减小 50%,原子速度减小到原来的 1/5.

令人感兴趣的是比较原子束与磁阱的势.在很低温度下,自旋极化的氢原子有可能约束在"磁瓶"内,俘获氢原子的光谱将是自然线宽为 1 Hz 的高分辨率光谱.塞曼加宽估计并不严重,因为 1S-2S 跃迁遵从 $\Delta F=0$,$\Delta m=0$ 的选择定则,参与能级有几乎相同能量的移动.然而,由 180 kHz/T 的一阶塞曼效应产生的两个束缚态中的电子 g 因子有微小差异.在 0.01 T 深度的阱内,能够激光致冷的氢原子保持在 μK 量级,因此,预期的塞曼加宽为 kHz 量级.除了能将原子冷却到反冲极限以下的温度,或实现在原子喷泉实验中的微扰阱内释放,简单的原子束实验还可以实现接近 1S-2S 跃迁的极窄的自然线宽.

　　氢原子中兰姆移位的发现是量子电动力学(QED)的出发点.这个理论以很高的准确度预言了许多定量结果.在当今的物理学中,只有很少数的几项实验测量可以与理论预言进行精密比较,包括:电子和 μ 子的反常磁矩,简单原子的某些跃迁频率.其中,氢原子跃迁频率的精密测量是最成功的例子之一.由于微波测量的进展已接近极限,进一步实验的希望寄托在光学领域的测量上.例如,对氢原子的跃迁(1S-2S,1S-3S 和 2S-4S 等)的双光子无多普勒光谱术可以获得极窄的能级,可以使我们对 QED 效应得到更准确的数值.但要用兰姆移位解释这些数值,还必须在理论和测量两个方面进行工作.其中测量氢和氘的 1S-2S 跃迁频率和同一原子中的 2S-8S/D 跃迁频率是关键问题之一.图 2.10 中示出了氢原子跃迁能级图.图中的精细结构和兰姆裂距范围内的跃迁位于微波区域,而 1S-2S 双光子跃迁位于紫外区域.其中兰姆裂距是 $2S_{1/2}$ 和 $2P_{1/2}$ 能级的兰姆移位之差.

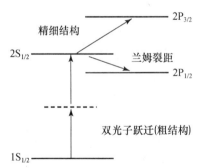

图 2.10　氢原子中不同跃迁的例子.精细结构内的跃迁和兰姆裂距
在微波范围内,而 1S-2S 双光子跃迁位于紫外领域

　　1986 年至 1987 年间,美国耶鲁大学用交叉激励在原子束中测量了 2S-3P 和 2S-4P 跃迁的波长,精度受到 3P 和 4P 能级自然宽度的限制.

　　在氢的 1S-2S 双光子跃迁的观测和研究中,Garching 小组(前身是斯坦福小组)和牛津小组是先驱者.在 1987 年,这些小组已进行了跃迁波长的测量,精度优于 1×10^{-9}.实验中采用连续激励.

1985年,在巴黎的研究小组首次观测了 2S-nD 跃迁;1989年,测量已扩展到 $n=8,9$ 和 10 的跃迁,其精度主要受到波长标准和测量技术的限制,因为波长测量方法难以将测量精度提高到优于 1×10^{-10} 的量级.

1990年后,在氢原子跃迁的谱线能级测量中,激光频率测量方法代替了上述波长测量方法,使精度进入到 $10^{-11}\sim10^{-12}$ 量级.

§2.12   里德伯常数的精密测量

2.12.1   第二次世界大战前至20世纪60年代末的测量结果

里德伯常数的测量可以追溯到第二次世界大战前.1927年,Houston[23] 用 H 和电离 He 的光谱数据得到里德伯常数的测量值为

$$109\ 737.347\pm0.020\ \text{cm}^{-1} \qquad (\text{H}\alpha), \qquad (2.12.1)$$
$$109\ 737.350\pm0.037\ \text{cm}^{-1} \qquad (\text{H}\beta), \qquad (2.12.2)$$
$$109\ 737.279\pm0.038\ \text{cm}^{-1} \qquad (\text{He}), \qquad (2.12.3)$$

三者的平均值为

$$109\ 737.335\pm0.016\ \text{cm}^{-1}. \qquad (2.12.4)$$

1939年,Chu[24] 用 He 的光谱得到的相应值为

$$109\ 737.314\pm0.020\ \text{cm}^{-1}. \qquad (2.12.5)$$

1940年 Drinkwater,Richardson 和 Williams[25](简写为 DRW)用 Hα 和 Dα 的光谱得到的相应值为

$$109\ 737.312\pm0.013\ \text{cm}^{-1}, \qquad (2.12.6)$$
$$109\ 737.310\pm0.012\ \text{cm}^{-1}, \qquad (2.12.7)$$

上述 DRW 的测量平均值为

$$109\ 737.311\pm0.009\ \text{cm}^{-1}. \qquad (2.12.8)$$

二战前的加权平均值为

$$109\ 737.317\pm0.007\ \text{cm}^{-1}. \qquad (2.12.9)$$

由以上测量结果可见,当时的测量不确定度为 10^{-7} 量级.

1968年,Csillag[26] 根据他在氘中的巴耳末系的六次测量(相应于 $n=4\sim9$),经过修正后得到的里德伯常数测量值为

$$109\ 737.307\pm0.007\ \text{cm}^{-1}, \qquad (2.12.10)$$

1969年,在 Taylor 等人[27] 作出的平差结果中,对式(2.12.6)和(2.12.7)进行了加权平均,将里德伯常数推荐值确定为

$$109\ 737.312 \pm 0.011\ \text{cm}^{-1}. \qquad (2.12.11)$$

1973 年,Cohen 和 Taylor[28] 所进行的对基本常数的平差中,在重新审视各种测量数据时,废除了二战前的测量数据,但保留了式(2.12.8)的数据;采纳了 1971~1972年间三项测量结果,即 Masui,Kessler 和 Kibble 对 H,He,D 的测量,其经修正后的结果分列如下:

$$109\ 737.3188 \pm 0.0045\ \text{cm}^{-1}, \qquad (2.12.12)$$

$$109\ 737.3208 \pm 0.0085\ \text{cm}^{-1}, \qquad (2.12.13)$$

$$109\ 737.3253 \pm 0.0077\ \text{cm}^{-1}. \qquad (2.12.14)$$

将上述采纳的四个数据作简单平均,作为 1973 年基本常数平差中里德伯常数的推荐值:

$$109\ 737.3177 \pm 0.0075\ \text{cm}^{-1}. \qquad (2.12.15)$$

不确定度进入 10^{-8} 量级.

2.12.2 20 世纪 80 年代后的测量结果

在里德伯常数的测量中,必须对被测物质的光谱作精密定位.其中,谱线的多普勒加宽是精密定位的主要障碍.自从无多普勒激光光谱技术及高稳定的激光频标出现后,测量精度有了重大突破,一跃至 10^{-10} 以上的量级.

20 世纪 80 年代后,国际上有一些著名的小组从事这项研究:巴黎的高等师范与皮埃尔和玛丽·居里大学的 Kastler-Brossel 实验室(Laboratory Kastler-Brossel,LKB),德国的马克斯-普朗克量子光学实验室(MPQ),美国耶鲁大学和斯坦福大学,英国牛津大学等小组.其中以法德两个小组的工作最为突出,他们在近十年的发展中,将测量精度提高了 2~3 个量级,使里德伯常数与氢谱线的测量水平达到了 $10^{-12} \sim 10^{-13}$ 量级.

1988 年,巴黎小组进行了氢和氘的 $2S_{1/2} - nD_{5/2} (n=8,10,12)$ 双光子跃迁的测量[29],测量基于被激发的谱线频率与 633 nm 碘稳定的激光频标之间的干涉比对.由于 633 nm 碘稳定的激光频标当时的不确定度为 1.6×10^{-10},限制了测量的精度,但谱线频率相对于激光频标精度已达 4.3×10^{-11}.

20 世纪 90 年代后,为了检验量子电动力学的计算结果和提高里德伯常数测量的准确度,开始将无多普勒双光子光谱术用于氢原子.氢谱线跃迁的测量由原来的干涉比对转化为频率比对,即用第七章所述的频率链方法进行测量.同时,由于法国 LPTF 已将 633 nm 碘稳定的激光的频率测量的不确定度减小到 2.5×10^{-11},测量里德伯常数的精度有了更大的提高.由此在 1993 年后将 1988 年的测量值作了修正,其数值为[30]

$$109\ 737.315\ 681 \pm 0.000\ 005\ \text{cm}^{-1}. \tag{2.12.16}$$

1997 年的实验研究中,对氢的三个双光子跃迁 $2S_{1/2}(F=1)$-$8S_{1/2}$, $2S_{1/2}$ $(F=1)$-$8D_{1/2}$ 和 $2S_{1/2}(F=1)$-$8D_{5/2}$ 作了测量. 对每个跃迁的测量频率作了二阶多普勒效应、斯塔克效应以及亚稳态和激发态的超精细结构的修正,由此分别计算出里德伯常数的数值. 将三者作加权平均得出[31,32]

$$109\ 737.315\ 683\ 0 \pm 0.000\ 003\ 1\ \text{cm}^{-1}, \tag{2.12.17}$$

不确定度达到 2.9×10^{-11}.

1999 年,法国 LPTF 和 LKB 合作,又发表了测量氢的 2S-12D 谱线的新结果[33]. 其原理是利用氢的 2S-12D 谱线与双光子铷稳定的激光频标 LD/Rb 的频差与 CO_2/P(8) 谱线的频率之半接近,由此可以建立以下两个方程:

$$f(\text{2S-12D}) + f(809) = 2f(\text{LD/Rb}), \tag{2.12.18}$$

$$f(\text{2S-12D}) - f(809) = 2f(\text{LD/Rb}), \tag{2.12.19}$$

式中的 $f(809)$ 是辅助激光器 (809 nm) 的频率. 这两个方程分别在 LKB 和 LPTF 用激光频率链方法实现并进行测量,测量结果示于表 2.6 和表 2.7.

表 2.6　氢和氘的 2S-8S/D 双光子跃迁频率的实验测量(单位:kHz)

跃迁	频率	不确定度
H:$2S_{1/2}$-$8S_{1/2}$	770 649 350 012.1(8.6)	1.1×10^{-11}
H:$2S_{1/2}$-$8D_{3/2}$	770 649 504 450.0(8.3)	1.1×10^{-11}
H:$2S_{1/2}$-$8D_{5/2}$	770 649 561 584.2(6.4)	8.3×10^{-12}
D:$2S_{1/2}$-$8S_{1/2}$	770 859 041 245.7(6.9)	8.9×10^{-12}
D:$2S_{1/2}$-$8D_{3/2}$	770 859 195 701.8(6.3)	8.2×10^{-12}
D:$2S_{1/2}$-$8D_{5/2}$	770 859 195 701.8(5.9)	7.7×10^{-12}

表 2.7　氢和氘的 $2S_{1/2}$-12D 跃迁频率的实验测量(单位:kHz)

跃迁	频率	不确定度
H:$2S_{1/2}$-$12D_{3/2}$	799 191 710 472.7(9.4)	1.2×10^{-11}
H:$2S_{1/2}$-$12D_{5/2}$	799 191 727 403.7(7.0)	8.7×10^{-12}
D:$2S_{1/2}$-$12D_{3/2}$	799 409 168 038.0(8.6)	1.1×10^{-11}
D:$2S_{1/2}$-$12D_{5/2}$	799 409 184 966.8(6.8)	8.5×10^{-12}

德国 MPQ 研究工作的主要结果是:$1S_{1/2}$-$2S_{1/2}$ 跃迁频率的相对标准不确定度达 3.4×10^{-13}. 他们的实验采用了冷原子束的纵向无多普勒双光子光谱术,所需的 243 nm 的光是由超稳定的波长为 486 nm 的染料激光的倍频获取的,其中间参考是 3.39 μm 的可搬运的甲烷稳定的 He-Ne 激光器. 1997 年,他们通过相位相干的频率链,将 $1S_{1/2}(F=1)$-$2S_{1/2}(F=1)$ 的谐振频率与铯原子钟

的频率进行了比对. 此比对的优点是 1S-2S 的谐振频率与 He-Ne 激光的 28 次谐波很接近, 在接近 7 次谐波处的 2.1 THz 频差, 可用五个分频器的相位锁定链进行测量. 3.4×10^{-13} 的不确定度主要是由于 He-Ne 激光的不稳定度引起的. 表 2.8, 表 2.9 是氢和氘 2S-8D, 氘 2S-2D 跃迁频率的实验测量, 表 2.10 是 1990 年后实验测量氢谱线跃迁频率的汇总.

表 2.8 氢和氘的 $2S_{1/2}$-8D 跃迁频率的实验测量(单位:kHz)[34]

跃迁	频率	u_c
$2S_{1/2}$-$8D_{5/2}$	770 859 252.852	0.003
$2S_{1/2}$-$8D_{3/2}$	770 859 195.704	0.004
$2S_{1/2}$-$8D_{1/2}$	770 859 041.251	0.005
$2S_{1/2}$-$8D_{5/2}$ 测量平均值	770 859 252.852	0.004

表 2.9 氘的 $2S_{1/2}$-12D 跃迁频率的实验测量(单位:MHz)[35]

氘	$2S_{1/2}$-$12D_{3/2}$	$2S_{1/2}$-$12D_{5/2}$
谐振频率	399 704 577.1974(22)	399 704 585.6643(23)
谐振频率×2	399 409 154.3949(45)	399 409 171.3286(46)
$2S_{1/2}$ 超精细分裂	13.641 5	13.641 5
斯塔克效应	0.005 8(23)	0.007 6(30)
$F(2S_{1/2}$-12D$)$	399 409 168.0422(63)	399 409 184.9777(66)

表 2.10 1990 年后氢谱线跃迁频率的实验测量汇总表(单位:MHz)[35]

作者	实验室	原子与跃迁	R_∞/m^{-1}
Andreae *et al.* (1992)	MPQ	H:1S-2S	10 973 731.568 41(42)
Nez *et al.* (1992)	LKB	H:2S-8S/8D	10 973 731.568 30(31)
Weitz *et al.* (1995)	MPQ	H:1S-2S	10 973 731.568 44(31)
Bourzeix *et al.* (1996)	LKB	H:2S-8S/8D	10 973 731.568 36(18)
de Beauvoir *et al.* (1997)	LKB/LPTF	H,D:2S-8S/8D	10 973 731.568 59(10)
Udem *et al.* (1997)	MPQ	H:1S-2S	10 973 731.568 639(91)

根据表 2.6 和 2.7 的测量值, 以及如下兰姆移位的精密测量值[34—36]

$$L_{2S-2P} = 1057.8454(63) \text{MHz}, \qquad (2.12.20)$$

可得里德伯常数的预备值为

$$R_\infty = 109\,737.315\,685\,5(13) \text{cm}^{-1}, \qquad (2.12.21)$$

其总的不确定度为 1.2×10^{-11}, 各项不确定度主要来自频率测量(8.1×10^{-12}),

兰姆移位(7.9×10^{-12})和质子-电子质量比(1.3×10^{-12})[37].

用相同的(2.12.20)式的兰姆移位值 L_{2S-2P} 与 LPTF 以前测量的氢的 2S-8S/8D 频率测量值相结合,可得到另一个里德伯常数的数值

$$R_{\infty} = 109\ 737.315\ 685\ 2(12)\ \text{cm}^{-1}, \qquad (2.12.22)$$

式(2.12.21)和(2.12.22)的数值符合很好.上述分析可同样用于 2S-8S/8D 和 2S-12D 两个跃迁,拟合这两个跃迁频率的里德伯常数的最佳平差值为

$$R_{\infty} = 109\ 737.315\ 685\ 9(11)\ \text{cm}^{-1}, \qquad (2.12.23)$$

实际上,数据分析主要受到 2S 能级兰姆移位 L_{2S} 不确定度的限制.在采用一系列氢谱线的频率测量值和兰姆移位的理论计算值时,用最小二乘法程序可得里德伯常数的平差值为

$$R_{\infty} = 109\ 737.315\ 686\ 06(179)\ \text{cm}^{-1}, \qquad (2.12.24)$$

其中氢的兰姆移位值分别为

$$L_{1S} = 8127.860(20)\ \text{MHz}, \qquad (2.12.25)$$

$$L_{2S-2P} = 1057.8476(63)\ \text{MHz}, \qquad (2.12.26)$$

氘的兰姆移位值分别为

$$L_{1S} = 8183.860(20)\ \text{MHz}, \qquad (2.12.27)$$

$$L_{2S-2P} = 1059.2386(28)\ \text{MHz}. \qquad (2.12.28)$$

1997 年,德国 MPQ 还进行了氢和氘的 1S-2S 跃迁的频差测量[33],实际上,就是将上述频率测量方法用于氢的 $1S(F=1)$-$2S(F=1)$ 和氘的 $1S(F=3/2)$-$2S(F=3/2)$ 两个跃迁上.法国 LPTF 采用同样的方法将绝对频率测量用于氢和氘的新跃迁 1S-12D 上,使里德伯常数的准确度进入了 10^{-12} 量级[33].其结果请参见第七章中(7.94)式.

根据氢和氘的跃迁频率测量,1986 年[34]和 1998 年[35]CODATA(国际科技数据委员会)推荐的里德伯常数的平差值分别为

$$R_{\infty 86} = 10\ 973\ 731.534(13)\ \text{m}^{-1}, \qquad (2.12.29)$$

$$R_{\infty 98} = 10\ 973\ 731.568\ 549(83)\ \text{m}^{-1}. \qquad (2.12.30)$$

前一个数值是从单光子跃迁(巴耳末系)导出的,后一个数值是氢和氘中双光子跃迁研究的结果.后者的不确定度降低了约 250 倍.图 2.11 中示出了上世纪最后 10 年内里德伯常数测量的进展.

在这样的测量不确定度水平上,已具备了研究基本常数随年代变迁可能发生的缓慢变化的可能性.今后的研究目标是探索关于 $10^{-13} \sim 10^{-15}$/年的变化率.这与研究宇宙寿命有密切关系,是物理学和天文学的一项重要的基础研究.

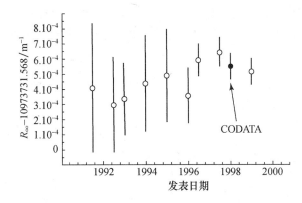

图 2.11　测定里德伯常数的最新进展(主要由 MPQ 和 LKB 测量)

§2.13　用基本物理常数重新定义一些基本单位的建议

2.13.1　引言

国际单位制(SI)有七个基本单位:长度(米)、质量(千克)、时间(秒)、电流(安培)、热力学温度(开尔文)、物质的量(摩尔)和发光强度(坎德拉).其中只有质量单位千克仍然用人工制品国际原器定义,电流(安培)、物质的量(摩尔)和发光强度(坎德拉)三个单位又依赖于千克定义.因此,千克定义中任何固有的不确定度都会传递到这三个单位中.

国际原器通常用符号 κ 表示,它是一个直径和高度约为 39 mm 的正圆柱体,用质量比为 90% 和 10% 的铂铱合金制成的.自 1889 年第一届计量大会定义以来,与六个法定复制品一起保持在巴黎郊外的国际计量局内.

国际原器作为质量基准已为科学技术服务了 120 余年,但因它是铂-铱人工制品,具有很大的局限性:无法与自然不变量相联系,有受损或被毁坏的危险,也会受到周围大气的污染,在使用前必须精心清洗,由此产生的质量变化约每世纪 50 μg,即 100 年变化达 5×10^{-8}.

由于这些困难,国际上作了 30 余年的努力,为能将国际原器的质量 $m(\kappa)$ 与基本常数,或与原子和基本粒子的质量相联系,要求它们之间联系的不确定度尽量小,以便取代千克定义.在千克定义修改前,国际原器的质量 $m(\kappa)$ 与基本常数或原子质量相联系预期的目标是:相对标准不确定度(估计的标准偏差)约在

10^{-8} 量级. 然而,用普朗克常数 h 或阿伏伽德罗常数 N_A 与 $m(\kappa)$ 相联系的两类实验,均未能达到不确定度 10^{-8} 量级. 实际上,这两类实验的测定值之差接近 1×10^{-7}.

2005 年,I. M. Mills,P. J. Mohr,T. J. Quinn,B. N. Taylor 和 E. R. Williams[36] 联合提出了千克重新定义的建议,当年召开的国际计量委员会(CIPM)会议原则上同意这项建议. 我们在下面介绍建议的详细内容.

2.13.2　瓦特天平和 X 射线晶体密度实验

两项实验研究为千克的新定义奠定了基础,即运动线圈的瓦特天平[37,38]和用硅的 X 射线晶体密度(XRCD)[39,40]方法.

瓦特天平方法是用力学单位的长度、质量和时间,以及用分别基于约瑟夫森效应和量子化霍尔效应的电学单位伏特和电阻来测定功率. 假定我们采用千克定义,普朗克常数数值就是实验测定结果;而假定取普朗克常数 h 为已知约定量,一个未知质量标准的质量值就是实验测定结果. 这自然会引发重新定义千克的思想,即固定 h 值,然后用瓦特天平复现千克的定义.

在硅的 XRCD 方法中,人们测量纯乎接近晶体学理想状态的单晶硅的晶格间距 d_{220}、其宏观质量的密度以及组成的硅原子的平均摩尔质量(通过测定晶体中天然存在的三种硅同位素的摩尔比来确定). 在这种情况下,如果我们采用千克定义,阿伏伽德罗常数数值就是实验测定结果;假定取阿伏伽德罗常数 N_A 为已知约定量,则晶体质量值就是实验测定结果. 这也产生重新定义千克的思想,即固定 N_A 值,然后用 XRCD 复现定义. 然而,当用以前的固定 h 值的定义时,基于固定 N_A 值的定义的复现将不限于 XRCD 方法,而将扩展到能够以足够准确度对微观实体计数的任何物理实验方法.

重要的是认识到,无论选择哪一个定义,复现的方法并不依赖于定义. 尤其,h 或 N_A 是通过方程与精细结构常数 α 及其他已知的常数相关的,因此可以用于测定这些常数的任何实验都能用于复现基于固定 h 或 N_A 值的千克定义. 在下一小节中我们将介绍固定 h 或 N_A 值的新定义的可能用词,并评论两种不同定义的优点.

虽然瓦特天平和硅的 XRCD 实验此二者的不确定度仍然未达到 10^{-8} 量级,但已不必等待达到新的水平后再实行重新定义. 可以采取下列方式,即国际原器将保留作为质量的工作"约定"参考标准,使它保留 1 千克铂铱质量标准

2002 年最佳的世界一致性,而同时还能具有由于 h 或 N_A 为精确已知的许多利益. 此外,每一个 SI 基本单位将用不变量定义. 实现这个目标的顺序,首先是通过基于 2002 年采用的基本常数的最佳数据来起步,固定 h 或 N_A 值进行定义将对许多基本常数值以及各类电测量结果产生的不确定度的影响,我们也将了解如何用任何一个新定义确定的质量单位测量国际原器的质量.

2.13.3 新定义对常数值的影响

将千克以固定普朗克常数 h 值或固定阿伏伽德罗常数 N_A 值进行定义,而如何获得基本物理常数最佳值的详情在下面几小节中介绍. 由于 2002 年确定 h 或 N_A 的输入数据与我们看好的(包括从瓦特天平和 XRCD 实验)并不一致,必须对每个这类数据以一定的权重给以不同的不确定度,以便获得可以接受的符合水平.

表 2.11 给出了依赖于质量单位的基本常数表示组的数值(包括三个重要的约定的电学单位和几个能量等效性关系)的相对不确定度 u_r. 表中的第三列给出了根据 2002 年 CODATA 平差得到的这些常数的不确定度,其中假定 $m(\kappa) = 1 \, \text{kg}$ 是精确的;第四和第五列给出了根据相同平差但分别用固定 h 或固定 N_A 的千克定义的相应不确定度.

表中第一项给出了 $m(\kappa)$ 的 u_r,它包含了国际原器的质量的不确定度;它是当 $m(\kappa)$ 以下一小节讨论的新质量单位表示时所具有的不确定度. 作为新千克定义的结果,许多常数的不确定度将会有明显的减小,而其数值仅有微小的变化.

表 2.12 列出表 2.11 三种情况下的一些基本常数数值.

表 2.11 对于三种不同的千克定义,2002 年 CODATA 最终平差所确定的数值依赖于国际原器质量 $m(\kappa)$ 的基本常数表示组的相对标准不确定度 u_r[36]

常数	符号	$m(\kappa)$固定 (CODATA 2002) $10^8 u_r$	h 固定 $10^8 u_r$	N_A 固定 $10^8 u_r$
质量	$m(\kappa)$	0	17	17
普朗克常数	h	17	0	0.67
阿伏伽德罗常数	N_A	17	0.67	0
电子质量	m_e	17	0.67	0.044
质子质量	m_p	17	0.67	0.013
基本电荷	e	8.5	0.17	0.50
约瑟夫森常数 $2e/h$	K_J	8.5	0.17	0.17
磁通量子 $h/2e$	Φ_0	8.5	0.17	0.17

续表

常数	符号	$m(\kappa)$固定 (CODATA 2002) $10^8 u_r$	h 固定 $10^8 u_r$	N_A 固定 $10^8 u_r$
质子旋磁比	γ_p	8.6	1.3	1.1
法拉第常数	F	8.6	0.83	0.50
玻尔磁子	μ_B	8.6	0.83	1.2
核磁子	μ_N	8.6	0.83	1.2
约定电压值	V_{90}/V	8.5	0.17	0.17
约定电流值	A_{90}/A	8.5	0.17	0.50
约定瓦特值	W_{90}/W	17	0	0.67
原子质量常数	u,m_u	17	0.67	0
第一辐射常数	c_1,c_{1L}	17	0	0.67
用电子伏表示的 J		8.5	0.17	050
用 u 表示的 kg		17	0.67	0
用 kg 表示的 m^{-1}		17	0	0.67

表 2.12   表 2.11 的三种情况下的一些基本常数的数值[36]

	量	符号	数值	单位
$m(\kappa)$固定 * (CODATA 2002)	普朗克常数	h	$6.626\ 069\ 3(11) \times 10^{-34}$	$J \cdot s$
	阿伏伽罗常数	N_A	$6.022\ 141\ 5(10) \times 10^{23}$	mol^{-1}
	电子质量	m_e	$9.109\ 382\ 6(16) \times 10^{-31}$	kg
	基本电荷	e	$1.602\ 176\ 53(14) \times 10^{-19}$	C
	约瑟夫森常数 $2e/h$	K_J	$483\ 597.879(41) \times 10^9$	$Hz \cdot V^{-1}$
h 固定 *	普朗克常数	h	$6.626\ 069\ 311 \times 10^{-34}$(精确)	$J \cdot s$
	阿伏伽罗常数	N_A	$6.022\ 141\ 527(40) \times 10^{23}$	mol^{-1}
	电子质量	m_e	$9.109\ 382\ 551(61) \times 10^{-31}$	kg
	基本电荷	e	$1.602\ 176\ 532\ 9(27) \times 10^{-19}$	C
	约瑟夫森常数 $2e/h$	K_J	$483\ 597.879\ 13(80) \times 10^9$	$Hz \cdot V^{-1}$
N_A 固定 *	普朗克常数	h	$6.626\ 069\ 311(44) \times 10^{-34}$	$J \cdot s$
	阿伏伽罗常数	N_A	$6.022\ 141\ 527 \times 10^{23}$(精确)	mol^{-1}
	电子质量	m_e	$9.109\ 382\ 551\ 0(40) \times 10^{-31}$	kg
	基本电荷	e	$1.602\ 176\ 532\ 8(80) \times 10^{-19}$	C
	约瑟夫森常数 $2e/h$	K_J	$483\ 597.879\ 14(81) \times 10^9$	$Hz \cdot V^{-1}$

　　* ：$m(\kappa)$固定时的单位是 SI 单位. 在其他两种情况虽然所用的是相同的单位符号, 应作如下的理解：h 固定的情况下, 它们是基于令 h 的数值等于 2002 年推荐的 h 值, 而 N_A 固定的情况, 则基于 N_A 的数值等于 2002 年推荐的 N_A 值(这可以解释两种情况下 e 值的最后两位数字的差异).

2.13.4 新定义对 $m(\kappa)$ 值的影响

用新的质量单位表示的原器质量可以方便地写成无量纲的比值 $m(\kappa)/(\mathrm{kg})_P$ 和 $m(\kappa)/(\mathrm{kg})_A$,其中 $(\mathrm{kg})_P$ 和 $(\mathrm{kg})_A$ 分别是用两种定义所确定的质量单位,P 和 A 分别是用普朗克常数和阿伏伽德罗常数定义的标记. 每个比值实际上是用新质量单位表示的 $m(\kappa)$ 的数值.

假如约定 h 或 N_A 数值精确地等于 2002 年的 CODATA 推荐值,则每个比值将精确地等于 1,而 $m(\kappa)$ 的不确定度 u_r 将等于 h 或 N_A 2002 年的 CODATA 的相应值,亦即是此处关注的这些"1 的值"的不确定度. 因此,两个比值为

$$m(\kappa)/(\mathrm{kg})_P = 1.000\ 000\ 00(17) \quad [1.7\times10^{-7}], \quad (2.13.1)$$

和

$$m(\kappa)/(\mathrm{kg})_A = 1.000\ 000\ 00(17) \quad [1.7\times10^{-7}], \quad (2.13.2)$$

其中圆括号内数值是所引值最后两位数字的标准不确定度,而方括号内数值是相对标准不确定度 u_r. 上述两式不确定度相同的原因是由于在 2002 年平差中, N_A 的最佳值是用普朗克常数 h(一个平差常数)获得的. 所用的公式为 $N_A = \dfrac{c}{z}\dfrac{A_r(e)\alpha^2 M_u}{R_\infty h}$,公式中包含的基本常数的不确定度 u_r 均远小于 $u_r(h)$,因此导出的 N_A 的不确定度仅与 $u_r(h)$ 相关.

2.13.5 实际质量测量系统及采用 $m(\kappa)$ 的约定值

显然,基本常数值的约定不确定度,只是将以 h 或 N_A 对国际原器质量 $m(\kappa)$ 的相对标准不确定度移动 1.7×10^{-7} 为代价而实现的.

我们已注意到,SI 基本单位物质的量、电流和发光强度的测量原则上也会受到上述新定义建议的影响. 由于摩尔是用 0.012 kg 碳 12 的原子数定义的,物质的量的实际测量将使用 $m(\kappa)$. 然而,由于其他原因所引起的不确定度较大,对这项测量将并无明显的影响. 质量测量广泛地用于物理学和化学领域,微观尺度上质量单位可用统一的原子质量单位 u,$1u = m_u = m(^{12}\mathrm{C})/12$(u 有时也表示为 Da). 在这个系统中,碳 12 的质量精确为 $m(^{12}\mathrm{C})=12$ u,摩尔质量精确地为 $M(^{12}\mathrm{C})=0.012$ kg·mol^{-1},其相对原子质量精确地为 $A_r(^{12}\mathrm{C})=m(^{12}\mathrm{C})/m_u = M(^{12}\mathrm{C})/M_u$,精确地等于 12,其中 m_u 是原子质量常数,M_u 是摩尔质量常数,精确地等于 10^{-3} kg·mol^{-1}. 这个系统用于测量原子尺寸或"微观"物体,例如基本粒子、原子和分子的质量,其不确定度很小,u_r 为 10^{-10} 或更小的量级. 电流的测量已与约瑟夫森效应和量子霍尔效应的基本常数 K_J 和 R_K 相联系. 对于

发光强度,由于它及同它相关的量的不确定度相当大,质量单位的新老定义之差将不会产生任何影响.

在此应强调指出,重新定义千克的建议不会影响世界范围内在 $u_r \approx 10^{-8}$ 量级进行测定 h 或 N_A 实验的重要性.相反,用基本常数重新定义千克后,在使用新定义时需要用合适的方法来测量国际原器的质量 $m(\kappa)$.当然,这类实验的其他主要目标,任何人在任何时间、任何地点以要求的不确定度,建立复现 SI 质量单位的方法,也将保持不变.因此,研究者进行这些实验仍将尽可能完成其任务.

2.13.6 用基本物理常数重新定义一些基本单位

A. 固定普朗克常数 h 值的定义

下列三个不同表述为建议使用的用词.它们都是相同的定义,只是表述上稍有差别.其共同点是固定普朗克常数 h 值,当然它是一个自然不变量,从而建立一个质量的不变单位.因为,$h = \{h\}_P \text{J}_P \cdot \text{s} = \{h\}_P \text{m}^2 \cdot (\text{kg})_P \cdot \text{s}^{-1}$,其中 $\{h\}_P$ 是 h 采用值的数值(焦耳单位符号上的下标 P 表示为新单位制中的焦耳).因此,$(\text{kg})_P = (h/\{h\}_P)\text{m}^{-2} \cdot \text{s}$,由于 h 和 $\{h\}_P$ 两者是不变量,单位 m 和单位 s 都是用不变量定义的,$(\text{kg})_P$ 也必然是个不变量.

定义(h-1)   千克是静止物体的质量,此时普朗克常数 h 的数值精确地为

$$6.626\,069\,311 \times 10^{-34}\ \text{J} \cdot \text{s}.$$

定义(h-2)   千克是静止物体的质量,其等效能量相应的频率值精确地为

$$[(299\,792\,458)^2 / 6.626\,069\,311] \times 10^{43}\ \text{Hz}.$$

定义(h-3)   千克是静止物体的质量,当它精确地以 1 m/s 的速度运动时,其德布罗意波长精确地为

$$6.626\,069\,311 \times 10^{-34}\ \text{m}.$$

固定 h 的定义(h-2)基于首先由普朗克在辐射的发射和吸收中采用的关系式 $E = h\nu$,以及后来首先由爱因斯坦在光子的能量中采用的爱因斯坦关系式 $E = mc^2$;而固定 h 的定义(h-3)是通过德布罗意关系式 $\lambda = h/p = h/mv$ 确定的.

固定普朗克常数 h 的千克定义的理由如下:

(1)普朗克常数是量子力学的基本常数,正如光速是相对论的基本常数一样.因此,固定普朗克常数 h 的千克定义是固定光速的米的通常定义的补充,固定 h 的定义的意义是,在 $E = mc^2$,$E = h\nu$ 和 $\lambda = h/p$ 等基本关系中出现的诸常数均具有精确已知值.

(2) 采用这个定义,国际科技数据委员会(CODATA)推荐的仅包含 h,或包含 h 和 c 的八个能量等效性关系的不确定度均完全消除.

(3) 假如瓦特天平实现其不确定度的目标 $u_r \approx 10^{-8}$,它可用于直接标定未知的质量标准,而不具有对标定的不确定度有贡献的任何其他常数的不确定度.

(4) 如果通过固定基本电荷 e 的数值重新定义安培,例如,用每秒某些电子数的流动来定义安培(因此用实验测定磁常数 μ_0 和电常数 ε_0 等量),则其他相关的一些常数的数值将精确已知,包括约瑟夫森常数 $K_J = 2e/h$ 和冯·克里青 (von Klitzing)常数 $R_K = h/e^2$. CODATA推荐的仅包含 e 和 h,或包含 e, h 和 c 的四个能量等效性关系的不确定度均完全消除.

(5) 如果作为上述重新定义的结果,e 的值为精确已知,则由于约瑟夫森常数 $K_J = 2e/h$ 和冯·克里青常数 $R_K = h/e^2$ 也能为精确已知,需要有 K_{J-90} 和 R_{K-90} [①] 的约定值,它们包含在约定单位 V_{90},Ω_{90} 和 A_{90} 内,其他有关的约定电学单位均将取消.这将简化 SI 电学单位的复现以及电学测量与基本常数之间的关系. (值得注意的是,K_{J-90} 和 R_{K-90} 可视为固有定义,而基本电荷和普朗克常数的约定值 e_{90} 和 h_{90} 分别通过关系式 $e_{90} = 2/(K_{J-90} R_{K-90})$ 和 $h_{90} = 4/(K_{J-90}^2 R_{K-90})$ 来确定.)测量电流时,我们使用约定值 K_{J-90} 和 R_{K-90} 的约瑟夫森效应和量子霍尔效应表示.

(6) 同样,如果通过固定玻尔兹曼常数 $k = R/N_A$ 的值来重新定义开尔文,其中 R 是摩尔气体常数,则斯特藩-玻尔兹曼常数 $\sigma = (2\pi^5/15)k^4/h^3 c^2$ 的不确定度将为零,CODATA推荐的仅包含 k 和 h,或包含 k, h 和 c 的四个能量等效性关系的不确定度均完全消除.

B. 固定阿伏伽德罗常数 N_A 值的定义

定义(N_A-1)　千克是静止物体的质量,此时阿伏伽德罗常数 N_A 的数值精确地为 $6.022\,141\,527 \times 10^{23}\ \text{mol}^{-1}$.

定义(N_A-2)　千克是精确地为 $5.018\,451\,272\,5 \times 10^{25}$ 个静止并处于基态的无束缚碳 12 原子的质量.

定义(N_A-3)　千克精确地为 $(6.022\,141\,527 \times 10^{23}/0.012)$ 个静止并处于基态的无束缚碳 12 原子的质量.

固定阿伏伽德罗常数 N_A 的千克定义的理由如下:

(1) 定义简单,概念上能普遍理解.

(2) 允许摩尔以更简单而较易理解的方式重新定义.

---

① 　下标"90"表示为 1990 年确定的数值.

（3）它固定了统一的原子质量单位 u 的数值，因为 $1u=m_u=m(^{12}C)/12=M_u/N_A$，其中 m_u 是原子质量常数，M_u 是摩尔质量常数并精确地等于 10^{-3} kg·mol^{-1}.

（4）由于（3），用新质量单位表示的物体质量的相对不确定度与用 u 表示的物体质量的相对不确定度相同. 此外，由于（3），CODATA 推荐的仅包含 m_u，或包含 m_u 和 c 的四个能量等效性关系的不确定度均完全消除.

（5）如上所述，如果通过固定基本电荷 e 重新定义安培，法拉第常数 $F=N_A e$ 将精确已知，CODATA 推荐的仅包含 e,m_u 和 c 的四个能量等效性关系的不确定度均完全消除.

（6）如上所述，如果通过固定基本电荷 e 重新定义安培，如果通过固定玻尔兹曼常数 k 的值来重新定义开尔文，则摩尔气体常数 $R=kN_A$ 将具有精确值，因为将有 CODATA 推荐的仅包含 k,m_u 和 c 的两个能量等效性关系.

2.13.7 基于固定 h 或 N_A 值的千克定义时确定基本常数的最佳值

2005 年，CODATA 已推荐了 2002 年常数的最小二乘法平差值，据此可得在 SI 单位中基本常数的最佳值[41]. 由 CODATA 基本常数任务组主持，在 2002 年 12 月 31 日考虑了所有相关数据，加上 2003 年秋季出现的选择数据，由二个小组（PJM,BNT）完成了 2002 年平差. 以下将简介其主要结果.

A. 最小二乘法平差及观测方程，概况

基本常数的数值与表示常数值的单位有关. 为了找出这些单位对改变千克定义的影响，首先评估 SI 单位的影响.

假定国际原器 κ 用新的客体 κ' 代替，则用 κ' 的质量重新定义千克，即 $m(\kappa)=\Lambda m(\kappa')$，其中 Λ 是一个无量纲数值因子，也可以写成 1 kg $=\Lambda$ kg'，则其他的 SI 单位包括 SI 基本单位也将相应变化，因为这些单位的定义也将相应变化. 这些变化汇集在表 2.13 中，其中带撇的单位表示新单位制中的 SI 单位，如质量单位是 kg'，与质量单位有关的一些单位之间的关系含有 Λ.

表 2.13　用基本常数重新定义质量单位后基本和导出单位的变化

SI 基本单位的改变	SI 导出单位的改变
1 m＝1 m′	1Hz＝1 Hz′
1 kg＝Λ kg′	1N＝Λ N′
1 s＝1 s′	1 J＝Λ J′
1 A＝$\Lambda^{1/2}$A′	1 C＝$\Lambda^{1/2}$C′
1 K＝1 K′	1 Ω＝1 Ω′
1 mol＝Λ mol′	1 N＝Λ N′
1 cd＝Λ cd′	1 T＝$\Lambda^{1/2}$T′

为了考虑单位与基本常数值之间的相互影响,我们采用下列约定符号:物理量 $A=\{A\}[A]$,其中当 A 用单位 $[A]$ 表示时,其数值为 $\{A\}$.

$$N_A = (c/2)[A_r(e)\alpha^2/R_\infty]M_u/h, \qquad (2.13.3)$$

式中 $c=299\,792\,458\,\mathrm{m\cdot s^{-1}}$,是真空中光速的精确值,$M_u=10^{-3}\,\mathrm{kg\cdot mol^{-1}}$ 是摩尔质量常数的精确值,平差常数 $A_r(e)$,α 和 R_∞ 分别是电子的相对原子质量、精细结构常数和里德伯常数.(注意,在方程中除 h 和 N_A 外并无与 $m(\kappa)$ 有关的量.)

B. 最小二乘法平差及观测方程

如表 2.14 所示.

表 2.14 基本物理常数最小二乘法平差的观测方程

输入数据的形式(编号)	观测方程
B27′	$\{\Gamma'_{\text{p-90}}(\mathrm{hi})\} \approx -\{[\Lambda c(1+a_e(\alpha,\delta_e))\alpha^2/K'_{\text{J-90}}R_{\text{K-90}}R_\infty h](\mu_r/\mu'_p)^{-1}\}'$
B29′	$\{K_J\} \approx \{(8\Lambda\alpha/\mu_0 ch)^{1/2}\}'$
B31′	$\{K_J^2 R_K\} \approx \{4\Lambda/h\}'$
B32′	$\{F_{90}\} \approx \{\Lambda c M_u A_r(e)\alpha^2/K'_{\text{J-90}}R_{\text{K-90}}R_\infty h\}'$
B46′	$\{V_m(\mathrm{Si})\} \approx \{\sqrt{2}\Lambda c M_u A_r(e)\alpha^2 d_{220}^3/R_\infty h\}'$

C. 新常数值的计算

求新的平差及根据最终平差常数计算的其他常数的最佳值,用 2002 年 CODATA 平差所用的程序进行.然而,为了使用 2002 年平差中的完全相同的最小二乘法公式和计算器编码,固定 h 情况的计算中要包含下列附加的观测方程:

$$6.626\,069\,311\,000\,00(10) \times 10^{-34} = \{h\}_p. \qquad (2.13.4)$$

这个方程给出了固定 h 情况时 h 的数值,与 2002 年的数值完全相同,但其不确定度减小了六个数量级.这使 h 的数值已成为一个精确量.在(2.13.4)中对 h 的固定值,以及在式(2.13.5)中对 N_A 的固定值,包含了两个附加数字,这是为了保证根据任一类新平差得到的每一个平差值及导出常数与 2002 年的推荐值基本相同,在文献[41]中给出了这些推荐值.环绕文献[41]中提供的数值可以导致明显的不等式,也引入了根据任一类新千克定义得到的更准确的常数值之间的不一致性.式(2.13.4)及(2.13.5)中的附加数字足以提供与 2002 年的推荐值相一致的结果,这也足以提供根据两类不同定义得出的相同常数值之间的一致性,如前面表 2.12 所示.

可用同样方式进行固定 N_A 情况的计算. 然而, 固定 N_A 的数值时所用的观测方程与 2002 年的值相同, 如下式所示:

$$6.022\,141\,527\,000\,00(10) \times 10^{23} = \{(c/2)[A_r(e)\alpha^2/R_\infty](M_u/h)\}_A.$$

$$(2.13.5)$$

2.13.8　结论

基于固定 h 或 N_A 值的千克定义如果完成, 将会立即明显地减小许多基本常数 SI 值的不确定度, 如果实验和理论进一步发展, 将使不确定度更低. 世界上大多数质量测量将不受这项重新定义的影响. 因为采用国际原器质量的约定值精确地为 $m(\kappa)=1\,\mathrm{kg}$, 这将保持实际质量测量世界范围内的系统一致. 只在非常少的情况下, 才必须考虑 $m(\kappa)$ 与质量的新定义 SI 单位之差.

附1　2010 年和 2006 年基本物理常数的国际推荐值

由以上几节列举的测量结果表明, 激光频标在测量基本物理常数中发挥了不可忽视的作用. 我们可以预期, 激光频标在新世纪物理学的基础研究及探索物理规律中, 必将起到更加重要的作用.

在此将国际科技数据委员会(CODATA)2010 年推荐的平差数据的简表(对照 2006 年)[41]列于表 2.15 中, 其中包括了 20 个基本物理常数和两个转换因子. 本章中所述的真空中光速 c、里德伯常数 R_∞ 和牛顿引力常数 G 等常数均在表中可查.

表 2.15　CODATA(国际科技数据委员会)推荐的 2010 年平差的基本物理常数表中的部分主要常数值(2006 年的相应数据附在下一行的方括号内)[35]

量	符号	数值	单位	相对标准不确定度 u_r
真空中光速	c, c_0	299 792 458	$\mathrm{m \cdot s^{-1}}$	精确
磁常数	μ_0	$4\pi \times 10^{-7}$	$\mathrm{N \cdot A^{-2}}$	精确
		$=12.566\,370\,614 \cdots \times 10^{-7}$		
电常数 $1/\mu_0 c^2$	ε_0	$8.654\,187\,817 \cdots \times 10^{-12}$	$\mathrm{F \cdot m^{-1}}$	精确
牛顿引力常数	G	$6.673\,84(80) \times 10^{-11}$	$\mathrm{m^3 \cdot kg^{-1} \cdot s^{-2}}$	1.2×10^{-4}
		$[6.674\,28(67)]$		$[1.0 \times 10^{-4}]$
普朗克常数	h	$6.626\,069\,57(29) \times 10^{-34}$	$\mathrm{J \cdot s}$	4.4×10^{-8}
		$[6.626\,068\,96(33)]$		$[5.0 \times 10^{-8}]$

续表

量	符号	数值	单位	相对标准不确定度 u_r
$h/2\pi$	$\hbar$	$1.054\ 571\ 726(47)\times10^{-34}$	J·s	4.4×10^{-8}
		$[1.054\ 571\ 628(53)]$		$[5.0\times10^{-8}]$
基本电荷	e	$1.602\ 176\ 565(35)\times10^{-19}$	C	2.2×10^{-8}
		$[1.602\ 176\ 487(40)]$		$[2.5\times10^{-8}]$
磁通量子 $h/2e$	Φ_0	$2.067\ 833\ 758(46)\times10^{-15}$	Wb	2.2×10^{-8}
		$[2.067\ 833\ 667(52)]$		$[2.5\times10^{-8}]$
电导量子	G_0	$7.748\ 091\ 734\ 6(25)\times10^{-5}$	S	3.2×10^{-10}
		$[7.748\ 091\ 700\ 4(53)]$		$[6.8\times10^{-10}]$
约瑟夫森常数[a] $2e/h$	K_J	$483\ 597.870(11)\times10^9$	Hz·V^{-1}	2.2×10^{-8}
		$[483\ 597.891(12)]$		$[2.5\times10^{-8}]$
冯·克里青常数[b] h/e^2	R_K	$25\ 812.807\ 443\ 4(84)$	Ω	3.2×10^{-10}
		$[25\ 812.807\ 557(18)]$		$[6.8\times10^{-10}]$
精细结构常数	α	$7.297\ 352\ 569\ 8(24)\times10^{-3}$		3.2×10^{-10}
		$[7.297\ 352\ 537\ 6(50)]$		$[6.8\times10^{-10}]$
精细结构常数的倒数	α^{-1}	$137.035\ 999\ 074(94)$		3.2×10^{-10}
		$[137.035\ 999\ 679(94)]$		$[6.8\times10^{-10}]$
里德伯常数	R_∞	$10\ 973\ 731.568\ 539(55)$	m^{-1}	5.0×10^{-12}
		$[10\ 973\ 731.568\ 527(73)]$		$[6.6\times10^{-12}]$
玻尔半径 $\alpha/4\pi R_\infty$	a_0	$0.529\ 177\ 210\ 92(17)\times10^{-10}$	m	3.2×10^{-10}
		$[0.529\ 177\ 208\ 59(36)]$		$[6.8\times10^{-10}]$
哈特里能量 $e^2/4\pi\varepsilon_0 a_0$	E_h	$4.359\ 744\ 34(19)\times10^{-18}$	J	4.4×10^{-8}
		$[4.359\ 743\ 94(22)]$		$[5.0\times10^{-8}]$
环流量子	$h/2m_e$	$3.636\ 947\ 552\ 0(24)\times10^{-4}$	m^2·s^{-1}	6.5×10^{-10}
		$[3.636\ 947\ 519\ 9(50)]$		$[1.4\times10^{-9}]$
费米耦合常数	$G_F/(\hbar c)^3$	$1.166\ 364(5)\times10^{-5}$	GeV^{-2}	4.3×10^{-6}
		$[1.166\ 37(1)]$		$[8.6\times10^{-6}]$
电子质量	m_e	$9.109\ 382\ 91(40)\times10^{-31}$	kg	4.4×10^{-8}
		$[9.109\ 382\ 15(45)]$		$[5.0\times10^{-8}]$
电子荷质比	$-e/m_e$	$-1.758\ 820\ 088(39)\times10^{11}$	C·kg^{-1}	2.2×10^{-8}
		$[-1.758\ 820\ 150(44)]$		$[2.5\times10^{-8}]$
康普顿波长 $h/m_e c$	λ_C	$2.426\ 310\ 238\ 9(16)\times10^{-12}$	m	6.5×10^{-10}
		$[2.426\ 310\ 217\ 5(33)]$		$[1.4\times10^{-9}]$
经典电子半径 $\alpha^2 a_0$	r_e	$2.817\ 940\ 326\ 7(27)\times10^{-15}$	m	9.7×10^{-10}
		$[2.817\ 940\ 289\ 4(58)]$		$[2.1\times10^{-9}]$
汤姆孙截面 $(8\pi/3)r_e^2$	σ_e	$0.665\ 245\ 873\ 4(13)\times10^{-28}$	m^2	1.9×10^{-9}
		$[0.665\ 245\ 855\ 8(27)]$		$[4.1\times10^{-9}]$
电子磁矩	μ_e	$-928.476\ 430(21)\times10^{-26}$	J·T^{-1}	2.2×10^{-8}
		$[-928.476\ 377(23)]$		$[2.5\times10^{-8}]$

续表

量	符号	数值	单位	相对标准不确定度 u_r
μ 子质量	m_μ	$1.883\,531\,475(96)\times10^{-28}$	kg	5.1×10^{-8}
		$[1.883\,531\,30(11)]$		$[5.6\times10^{-8}]$
μ 子磁矩	μ_μ	$-4.490\,448\,07(15)\times10^{-26}$	J·T^{-1}	3.4×10^{-8}
		$[-4.490\,447\,86(16)]$		$[3.6\times10^{-8}]$
τ 子质量	m_τ	$3.167\,47(29)\times10^{-27}$	kg	9.0×10^{-5}
		$[3.167\,77(52)]$		$[1.6\times10^{-4}]$
质子质量	m_p	$1.672\,621\,777(74)\times10^{-27}$	kg	4.4×10^{-8}
		$[1.672\,621\,637(83)]$		$[5.0\times10^{-8}]$
质子-电子质量比	m_p/m_e	$1\,836.152\,672\,45(75)$		4.1×10^{-10}
		$[1\,836.152\,672\,47(80)]$		$[4.3\times10^{-9}]$
质子荷质比	e/m_p	$9.578\,833\,58(21)\times10^7$	C·kg^{-1}	2.2×10^{-8}
		$[9.578\,833\,92(24)]$		$[2.5\times10^{-8}]$
质子磁矩	μ_p	$1.410\,606\,743(33)\times10^{-26}$	J·T^{-1}	2.4×10^{-8}
		$[1.410\,606\,662(37)]$		$[2.6\times10^{-8}]$
玻尔磁子 $eh/2m_e$	μ_B	$927.400\,968(20)\times10^{-26}$	J·T^{-1}	2.2×10^{-8}
		$[927.400\,915(23)]$		$[2.5\times10^{-8}]$
核磁子 $eh/2m_p$	μ_N	$5.050\,783\,53(11)\times10^{-27}$	J·T^{-1}	2.2×10^{-8}
		$[5.050\,783\,24(13)]$		$[2.5\times10^{-8}]$
中子质量	m_n	$1.674\,927\,351(74)\times10^{-27}$	kg	4.4×10^{-8}
		$[1.674\,927\,211(84)]$		$[5.0\times10^{-8}]$
中子磁矩	μ_n	$-0.966\,236\,47(23)\times10^{-26}$	J·T^{-1}	2.4×10^{-7}
		$[-0.966\,236\,41(23)]$		$[2.4\times10^{-7}]$
α 粒子质量	m_α	$6.644\,656\,75(29)\times10^{-27}$	kg	4.4×10^{-8}
		$[6.644\,656\,20(33)]$		$[5.0\times10^{-8}]$
阿伏伽德罗常数	N_A	$6.022\,141\,29(27)\times10^{23}$	mol^{-1}	4.4×10^{-8}
		$[6.022\,141\,79(30)]$		$[5.0\times10^{-8}]$
法拉第常数 $N_A e$	F	$96\,485.336\,5(21)$	C·mol^{-1}	2.2×10^{-8}
		$[96\,485.339\,9(24)]$		$[2.5\times10^{-8}]$
摩尔气体常数	R	$8.314\,462\,1(75)$	J·mol^{-1}·K^{-1}	9.1×10^{-7}
		$[8.314\,472(15)]$		$[1.7\times10^{-6}]$
玻尔兹曼常数 R/N_A	k	$1.380\,648\,8(13)\times10^{-23}$	J·K^{-1}	9.1×10^{-7}
		$[1.380\,650\,4(24)]$		$[1.7\times10^{-6}]$
斯特藩-玻尔兹曼常数 $(\pi^2/60)k^4/h^3c^2$	σ	$5.670\,373(21)\times10^{-8}$	W·m^{-2}·K^{-4}	3.6×10^{-6}
		$[5.670\,400(40)]$		$[7.0\times10^{-6}]$

续表

量	符号	数值	单位	相对标准不确定度 u_r
第一辐射常数 $2\pi hc^2$	c_1	3.741 771 53(17)×10⁻¹⁶	W·m²	4.4×10⁻⁸
		[3.741 771 18(19)]		[5.0×10⁻⁸]
第二辐射常数 hc/k	c_2	1.438 777 0(13)×10⁻²	m·K	9.1×10⁻⁷
		[1.438 775 2(25)]		[1.7×10⁻⁶]
为国际单位制所采用的非国际单位制单位				
电子伏：(e/C)J	eV	1.602 176 565(35)×10⁻¹⁹	J	2.2×10⁻⁸
(统一的)原子质量单位		[1.602 176 487(40)]		[2.5×10⁻⁸]
$1\text{u}=(1/12)\text{m}(^{12}\text{C})$	u	1.660 538 921(73)×10⁻²⁷	kg	4.4×10⁻⁸
$=10^{-3}\text{kg·mol}^{-1}/N_\text{A}$		[1.660 538 782(83)]		[5.0×10⁻⁸]

注：表中头三个常数：真空中光速、磁常数和电常数是国际上采用的约定值,其不确定度为零,因而称为精确值;

　　a) 用约瑟夫森效应复现伏特的表示,国际上采用的约定值;

　　b) 用量子化霍尔效应复现欧姆的表示,国际上采用的约定值.

附2 2010 年与 2006 年的 CODATA 常数推荐值不确定度的比较

比较 2010 与 2006 年的 CODATA 常数平差值的不确定度,根据不确定度比值 D_r(它是 2010 年值减去 2006 年值除以 2006 年值的标准不确定度)可以将主要常数分为下列几类:

(1) 不确定度稍发生变化但数值有些变化,可用 D_r 表示:摩尔气体常数 R,玻尔兹曼常数 k,理想气体的摩尔体积 V_m,斯特藩-玻尔兹曼常数 σ(以上 $D_r=-0.7$),第二辐射常数 c_2($D_r=0.7$),里德伯常数 R_∞($D_r=0.2$),$\mu_\text{p}/\mu_\text{B}$,$\mu_\text{p}/\mu_\text{N}$,$\mu_\text{n}/\mu_\text{N}$,$\mu_\text{n}/\mu_\text{p}$,$\mu_\text{d}/\mu_\text{N}$,$\mu_\text{e}/\mu_\text{N}$,$\mu_\text{N}/\mu_\text{p}$,$\mu_\text{d}/\mu_\text{p}$ 等无变化;

(2) 不确定度约减小为原来 1/2.1:精细结构常数 α,冯·克里青常数 R_K,玻尔半径 a_0,康普顿波长 λ_C,经典电子半径 r_e,汤姆孙截面 σ_e;

(3) 不确定度为原来的 1/1.2:牛顿引力常数 G;

(4) 不确定度减小为原来 1/1.1:法拉第常数 F,玻尔磁子 μ_B,核磁子 μ_N,电子磁矩 μ_e 和质子磁矩 μ_p,普朗克常数 h,电子质量 m_e,μ 子质量 m_μ,质子质量 m_p,阿伏伽德罗常数 N_A,哈特里能量 E_h,第一辐射常数 c_1 等.

A. 2010 年 CODATA 常数推荐值和平差的一些物理学和计量学意义

(1) 约定电单位:采用的约瑟夫森常数 $K_{\text{J-90}}=483\,597.9\,\text{GHz/V}$ 和冯·克里

青常数 $R_{K\text{-}90}=25\,812.807\ \Omega$ 写成了约定值；V_{90} 和 Ω_{90} 由 $V_{90}=(K_{J\text{-}90}/K_J)V$ 和 $\Omega_{90}=(R_K/R_{K\text{-}90})\Omega$ 给出；从 V_{90}，Ω_{90} 得出的其他约定电单位有：$A_{90}=V_{90}/\Omega_{90}$，$C_{90}=A_{90}\cdot s$，$W_{90}=A_{90}/V_{90}$，$F_{90}=C_{90}/V_{90}$ 和 $H_{90}=\Omega_{90}\cdot s$，这些都是约定值，它们分别是电流、电荷、功率、电容和电感的实际单位.

　　(2) K_J，R_K 与 $K_{J\text{-}90}$，$R_{K\text{-}90}$ 之间的关系，2010 年平差值为

$$K_J = K_{J\text{-}90}[1 - 6.3(2.2)\times 10^{-8}], \qquad R_K = R_{K\text{-}90}[1 + 1.718(32)\times 10^{-8}].$$

实际单位与相应的 SI 单位相关的表达式为：

$$V_{90} = [1 - 6.3(2.2)\times 10^{-8}]V, \qquad \Omega_{90} = [1 + 1.718(32)\times 10^{-8}]\Omega,$$

$$A_{90} = [1 - 4.6(2.2)\times 10^{-8}]A, \qquad C_{90} = [1 - 4.6(2.2)\times 10^{-8}]C,$$

$$W_{90} = [1 + 10.8(5.0)\times 10^{-8}]W, \qquad F_{90} = [1 + 1.718(32)\times 10^{-8}]F,$$

$$H_{90} = [1 + 1.718(32)\times 10^{-8}]H.$$

上述数据表明，V_{90} 超过 V 及 Ω_{90} 超过 Ω 的量分别为 $6.3(2.2)\times 10^{-8}$ 和 $1.718(32)\times 10^{-8}$. 这就意味着，测量的电压和电阻分别可溯源到约瑟夫森效应和 $K_{J\text{-}90}$ 及量子霍尔效应和 $R_{K\text{-}90}$，相对于 SI，这些量是很小的.

　　(3) 牛顿引力常数：虽然 G 的推荐值的不确定度变化甚微，但其尾数减小了 44，即减小了 6.6×10^{-5}，在测量 G 的实验中还存在一些问题；

　　(4) 硅的摩尔体积和晶格间距：2010 年平差中问题最大的输入数据是硅的摩尔体积 $V_m(Si)$. $K_J^2 R_K$ 的两个瓦特天平结果与 K_J 的 Hg 静电计结果和伏特天平结果之间并不一致，而这四个数据的可靠程度是相同的，这就是问题所在. 进而，这增加了关于许多实验技术的疑问，例如，用光学干涉测量方法测定硅球的直径，用绝对同位素比的质谱测量方法测定硅样品中自然存在的同位素丰度比，控制瓦特天平中复合电力系统的排列，以及其他许多光机电技术的综合影响，要解决这些问题还需要做许多工作.

　　实验上发现可能的误差是在某些硅晶体的 d_{220} 晶格间距的三项 X 射线和光学干涉(XROI)测定值之间. 这三个值都是 1998 年常数平差的输入数据，而在 2002 年平差中已删除了两个明显有问题的数据，从而消除了用量 $h/m_n d_{220}$(W04) 的准确测量所得的 α 值的分散性. 此外，采用了 d_{220} 的保留值，从 $h/m_n d_{220}$(W04) 得出的 α 值与其他常数得出的 α 值之间一致性是很好的.

　　B. 今后工作展望和建议

　　(1) 相对原子质量：$A_r(^3He)$ 的测量不确定度 $u_r\leqslant 2\times 10^{-10}$.

　　(2) 为了增大从 a_e 得出的 α 值的可信度，a_e 的 QED 表达式中的八阶和十阶系数的独立计算.

(3) 普朗克常数与阿伏伽德罗常数测量值的一致：一个以上的对 $K_J^2 R_K$ 最准确的瓦特天平测定，$u_r \leqslant (2-3) \times 10^{-8}$，以及在 N_A 的测定中所用的高丰度 ^{28}Si 晶体及其 d_{220} 晶格间距的独立测量，研究者要通过修正得出的准确的 N_A.

(4) 分析 μ 子氢的 r_p 推断值与从氢或氘的跃迁频率的光谱值测定之间的差异.

(5) 摩尔气体常数：一个以上的用声速测量 R，$u_r \leqslant 10^{-6}$，最好用不是氩的气体；一个以上的 k 的测量，$u_r \leqslant 2 \times 10^{-6}$（用此结果得出的 R 值，与现已测定的 R 具有相同的不确定度）.

(6) 牛顿引力常数：应用创新方法对 G 的测量，$u_r \leqslant 1 \times 10^{-5}$，用以分辨近三十年内所做的测量之间的不一致性.

(7) 质子和氦核的旋磁比：一个以上的 Γ'_{p-90}（低场）或 Γ'_{h-90}（低场）的测量，$u_r \leqslant 5 \times 10^{-8}$.

(8) 约瑟夫森和量子霍尔效应：约瑟夫森和量子霍尔效应关系 $K_J = 2e/h$ 和 $R_K = h/e^2$ 精确度的实验检验，$u_r \leqslant 1 \times 10^{-8}$，采用的方法称为"计量三角形的闭合".

参 考 文 献

[1] Peirce C S. Note on a comparison of a wave-length with a meter. Am. J. Sci. , 1879, 18: 51.

[2] Michelson A A, Morley E W. On a method of making the wavelength of sodium light the actual and practical standard of length. Am. J. Sci. , 1887, 34:333.

[3] Benoit R, Fabry C, Perot A. Nouvelle determination du meter en longueurs d'ondes lumineuses. Comptes Rendus, 1907, 144:1082.

[4] Essen L. Standards frequency transmissions. Proc. Inst. Electr. Eng. , 1954, 101:249.

[5] Quinn T J. Practical realization of the definition of the metre(1997). Metrology, 1999, 36:211—244.

[6] Quinn T J. Practical realization of the definition of the metre, including recommended radiations of other optical frequency standards. Metrology, 2003, 40:103—133.

[7] BIPM Comptes Rendus Ⅰère Conference Generale des Poids et Mesures, 1889.

[8] BIPM Comptes Rendus Ⅱère Conference Generale des Poids et Mesures, 1960.

[9] Documents concerning the new definition of the metre (Editor's note). Metrology, 1984, 19:163—177.

[10] Hansch T W. High resolution spectroscopy of hydrogen// Bassani G F, Inguscio M, Hansch T W. The hydrogen atom. Springer, Heidelberg, 1989: 93—102.

[11] Baklanov Y, Chebotayev V P. Appl. Phys., 1977, 12:97.

[12] Eckstein J N, Ferguson A I, Hansch T W. Phys. Rev. Lett., 1978, 12:97.

[13] Reichert J, Niering M, Holzwarth R H, Weitz M, Udem Th, Hansch T W. Phys. Rev. Lett., 2000, 84:3232.

[14] Udem Th, Diddams S A, Vogel K R, Oates C W, Curtis E A, Lee W D, Itano W M, Drullinger R E, Bergquist J C, Hollberg L. Phys. Rev. Lett., 2001, 80:4996.

[15] Stenger J, Tamm Ch, Haverkamp N, Weyers S, Telle H R. physics/0103040.

[16] Madej A(NRC), Gill P(NPL). Private communication.

[17] Becker Th, Zanthier J V, Nevsky A Yu, Schwedes Ch, Skvortsov M N, Walther H, Peik E. Phys. Rev., 2001, A63:051802(R).

[18] Takamoto M, Hong F L, Higashi R, Katori H. Nature, 2005, 435:321.

[19] Figger H, Meschede D, Zimmermann G. Laser physics at the limits. Springer, 2002: 7.

[20] Gill P. Optical frequency standards. Metrology, 2005, 42:S125—S137.

[21] 沈乃澂,魏志义,聂玉昕.光频标和光频测量研究的历史、现状和未来.量子电子学报, 2004, 21(2): 139—148.

[22] 沈乃澂.第七章,计量的基本单位//施昌彦主编.现代计量学概论.北京：中国计量出版社,2003.

[23] Houston W V. Phys. Rev., 1927, 30:608.

[24] Chu D Y. Phys. Rev., 1939, 55:175.

[25] Drinkwater J W, Richardson O, Williams W E. Proc. Roy. Soc. (London) A, 1940, 174:164.

[26] Csillag L. Acta Phys. Acad. Sci. Hung, 1968, 24:1.

[27] [美]Cohen E R, Taylor B N 等. 基本物理常数的平差. 沈乃澂，沈平子等编译. 中国计量科学研究院内部资料，1975. ①

[28] Cohen E R, Taylor B N, Phys. J. Chem. Ref. Data, 1973, 2:663.

[29] Biraben F, Garreau J C, Julien L, Allegrini M. Phys. Rev. Lett., 1989, 62:621.

[30] Nez F, Plimmer M D, Bourzeix S, Julien L, Biraben F. Precision frequency measurement of the 2S-8S/8D transitions in atomic hydrogen: new determination of the Rydberg constant. 1993.（内部资料）

[31] de Beauvoir B, Nez F, Julien L, Cagnac B, Biraben F, Touahri D, Hilico L, Acef O,

---

① 该书包含两篇 1969 年利用超导体中的宏观量子相位相干性测定 e/h: 对量子电动力学和基本物理常数的影响[Taylor B N et al. Rev. Mod. Phys., 1969, 41:375.];及 1973 年的重要论文.

Clairon A, Zondy J J. Absolute frequency measurement of the 2S-8S/8D transitions in hydrogen and deuterium, new determination of Rydberg constant. Phys. Rev. Lett. , 1997, 78:440.

[32] Udem T, Huber A, Gross B, Rreichert J, Prevedelli M, Weitz M, Hansch T W. Phase-coherent measurement of the hydrogen 1S-2S transition frequency with an optical frequency interval divider chain. Phys. Rev. Lett. , 1997, 79:2646.

[33] Schwob C, Jozefowski L, Acef O, Hilico O, de Beauvoir B, Nez F, Julien L, Clairon A, Biraben F. Frequency measurement of the 2S-12D transitions in hydrogen and deuterium, new determination of Rydberg constant. IEEE Trans. Instru. Meas. , 1999, 48:178.

[34] Taylor B N, Cohen E R. CODATA Bulletin, 1986, 63.

[35] Mohr P J, Taylor B N. CODATA recommended values of the fundamental physical constants, see http://physics. nist. gov/cuu/constants/citations/search. html.

[36] Mills I M, Mohr P J, Quinn T J, Taylor B N, Williams E R. Redefinition of the kilogram: a decision whose time has come. Metrologia, 2005, 42:71—80.

[37] Kibble B P// Sanders J H, Wapstra A H. Atomic masses and fundamental constants, Vol. 5. New York:Plenum, 1975: 545—551.

[38] Eichenberger A, Jecklemann B, Richard P. Metrologia, 2003, 40:356.

[39] Deslattes R D et al. Phys. Rev. Lett. , 1974, 36:463.

[40] Becker P. Metrologia, 2003, 40:366.

[41] Mohr P J, Taylor B N. Rev. Mod. Phys. , 2005, 77: 1—106.

第三章　光频标准使用的激光器

如第二章的图 2.5 所示,在光频标的三个基本要素中,第一要素激光器是光频标中所用的光源,它的结构、性能及技术要求均是研究光频标的重要基础,本章将分别加以论述.1983 年米的重新定义曾推荐五类激光频标的频率值,作为光频标准的激光器有氦氖激光器、氩离子激光器和染料激光器三类.1992 年推荐的光频标增至八类[1],氦氖激光器的五条谱线被推荐作为光频标准使用,其中 633 nm 碘稳定的氦氖激光器至今仍作为各国的长度基准.1997 年后推荐的光频标准中[2],半导体激光器和固体激光器已成为新的光频标中的主要光源.本章将重点介绍光频标准中使用的气体、半导体和固体激光器,染料激光器也作适当介绍.由于氦氖激光器是气体激光器的典型代表,也是光频标的先驱者,因此本章以氦氖激光器为基础,描述作为光频标准的激光器的结构及其基本性能.

§3.1　氦氖激光器的激发机理

图 3.1 示出了产生氦氖激光的能级图,He 原子和 Ne 原子的能级分别示于图中左右两侧.其中 He 原子是辅助气体,激光是由 Ne 原子的跃迁产生的. He 原子核外有两个电子,其中一个电子处于 1 s 基态,另一个电子激发到达 2 s 态,这个电子组态有两个能级 2^3S_1 与 2^1S_0,它们是两个亚稳态能级,如图中的左上方所示. Ne 原子最外层有六个 2p 电子,处于基态时它们组成满壳层.受激时其中一个电子可以激发至 $3s_2$ 态或 $2s_2$ 态.在气体放电的条件下,电子碰撞激发了 He 原子,使其激发到上述两个亚稳态能级.由于这两个能级的寿命较长,可以积累较多的 He 原子.通过 He 原子和 Ne 原子的第二类非弹性碰撞,将 Ne 原子激发到 3 s 激发态上,两者的碰撞过程可用下式表示

$$He(2^1S_0) + Ne \rightarrow He + Ne(3s_2), \tag{3.1.1}$$

由于上述碰撞截面很大,因此激发到上能级的速率很高.虽然 Ne 的 $3s_2$ 能级的寿命不是很长,激发速率高可使 $3s_2$ 能级上聚集的 Ne 原子密度较大.

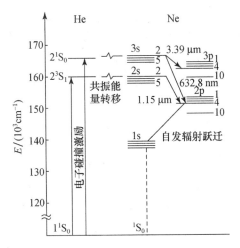

图 3.1 氦氖激光谱线的能级结构及其跃迁

要使氦氖激光有足够的增益,除了要求激发到上能级的速率较高外,还要求减小下能级的原子密度,从而在两个能级之间形成较大的粒子数反转.这要求下能级的激发速率低而能级寿命短.Ne 原子的 $2p_4$ 和 $3p_4$ 作为两个下能级满足上述条件,因此可以与 $3s_2$ 上能级形成较大的粒子数反转.这两个下能级向基态跃迁的过程是禁戒的,但通过自发辐射可跃迁到 1s 能级;而且 $2p_4$ 和 $3p_4$ 两个能级的寿命很短,为 10^{-8} s 量级.处于 1s 能级的 Ne 原子通过与管壁的碰撞可以返回到基态,从而使上述两个下能级保持较少的粒子数.为了增大上述管壁碰撞的速率,即增强管壁效应,氦氖激光管必须采用直径较小的放电毛细管.实验表明,633 nm 氦氖激光的增益系数 G 与毛细管直径 d 成反比,即

$$G = 3 \times 10^{-4}/d, \qquad (3.1.2)$$

式中 G 为氦氖激光的小信号增益.与 $2p_4$ 能级相比,其他 2p 能级与 $3s_2$ 能级形成粒子数反转的能力较差,其中有些能级虽然可以获得激光跃迁,但增益系数较小,而有些能级则不可能产生激光跃迁.

§3.2 氦氖激光的跃迁谱线和氦氖激光器

3.2.1 氦氖激光的跃迁谱线

1992 年 CCDM 推荐光频标准的八条激光谱线中,有五条是氦氖激光谱线.这充分说明,在 20 世纪 70,80 年代的 20 年中,氦氖激光器是光频标准中的佼佼者,其中,633 nm 氦氖光频标准也是三十余年来最实用的光频标准之一.

自 1960 年发明第一台激光器——红宝石激光器[3] 以来,氦氖激光器相继问世,其后三年内先后发现的三条激光谱线波长分别为 1. 15 μm(1961 年),633 nm(1962 年)和 3. 39 μm(1963 年),它们是氦氖激光器所发射的功率最强的谱线,其中后两条谱线早在 1973 年就由第五届 CCDM 推荐为激光波长标准.这三条谱线分别是 Ne 原子的 $2s_2$-$2p_4$,$3s_2$-$2p_4$ 和 $3s_2$-$3p_4$ 的激光跃迁.

我们在表 3.1 中列出了氖的上能级为 $3s_2$、下能级为 2p 的 10 个跃迁以及 $3s_2$-$3p_4$ 跃迁的光谱线波长,表中的数值是根据 1971 年美国 NBS 所制订的原子能级表列出的[4].表中带 * 号的五条谱线是 1992 年至 1997 年 CCDM 曾推荐的光频标准谱线[1][2],而在 2001 年的推荐表中,只有波长为 633 nm 和 3. 39 μm 两条谱线仍保持为 CCDM 的推荐谱线.

表 3.1　以氖的 $3s_2$ 为上能级的氦氖激光跃迁谱线及其波长

跃迁(帕邢符号)	波长/nm	国际推荐作为波长或频率标准的时间
$3s_2$-$2p_1$	730.6851	
$3s_2$-$2p_2$ *	640.2839	1992
$3s_2$-$2p_3$	635.3606	
$3s_2$-$2p_4$ *	632.9909	1973~2003
$3s_2$-$2p_5$	629.5480	
$3s_2$-$2p_6$ *	611.9703	1979,1992
$3s_2$-$2p_7$	603.7802	
$3s$-$2p_8$	593.0958	
$3s_2$-$2p_9$	588.2531	禁戒跃迁
$3s_2$-$2p_{10}$ *	543.5155	1992
$3s_2$-$3p_4$ *	3392.2314	1973~2003

注:表中带 * 五条谱线的氦氖有关跃迁能级见图 3.1 中所示.

3.2.2　氦氖激光器

氦氖激光器是发射 633 nm 红色激光的主要器件,它的基本结构是在激光管中充以氦气和氖气,两端放置两块激光镜片而构成.20 世纪 60 年代初所研制的氦氖激光器,其辐射仅有 1. 15 μm,633 nm 和 3. 39 μm 三个波长.对于其他波长的辐射,由于其激光增益较小,当时未能研制成激光器件.经过十多年的改进提高,尤其是在氦氖激光器中加入色散元件(例如棱镜)后,相继出现了如表 3.1 中所示的跃迁.其中 612 nm 和 640 nm 激光器及其与碘吸收谱线的符合是英国的 S. J. Bennett 和法国的 P. Cerez[5] 于 1978 年首先研究成功的.543 nm 的绿色激光器及其与碘吸收谱线的符合是于 1986 年在美国的 JILA(科罗拉多大学与 NBS 的联合实验室),由 J.-M. Chartier(BIPM),J. L. Hall(JILA)和 M. Glaser (BIPM)联合研究的成果[6]. 20 世纪 80 年代后期,已能不用色散元件而通过特制的激光膜片研制出各种波长的氦氖激光器[7].

氦氖激光器是由谐振腔与激光放电管所构成的. 根据不同的使用要求,放电管与谐振腔镜片有几种不同的连接方法. 两者完全分离的称为外腔型,连成一体的称为内腔型,一侧连接而另一侧分离的称为半内腔型.

作为一级光频标准用的氦氖激光器,通常采用外腔型结构. 谐振腔的间隔器是用低线胀系数的殷钢或石英材料制成的,腔镜安装在由间隔器支撑的端板上. 激光管安放在谐振腔内,其管径中心与腔镜中心处于光轴上. 激光管的两端以具有布儒斯特角(简称布氏角)的窗片封接,即窗片的法线与光轴的夹角应等于窗片材料的布氏角 θ_B,它由下式决定

$$\tan\theta_B = n, \tag{3.2.1}$$

式中 n 是窗片材料的折射率,对于 633 nm 的氦氖激光管,采用玻璃和石英材料作窗片的布氏角分别约为 $56°30'$ 和 $55°30'$.

稳频激光器的谐振腔设计必须使腔长(镜子间的光学长度)减少变化和扰动、使用机械上坚固并具有低线胀系数的殷钢或石英材料作为谐振腔的间隔器,可以尽量减小腔长的变化和扰动. 例如,用熔融石英管作间隔器,外边套以铝管,两端用铝板固定在间隔器上. 端板上的三个点可用微调螺丝调整定位,使激光器准直后获得谐振. 腔的间隔器受温度变化伸长或缩短时,不应有横向的扭变,以致使激光功率产生跃变或模式发生畸变. 腔镜上粘接压电陶瓷换能器(简称 PZT),加上交流或直流电压后可使激光产生振幅调制或频率调谐. PZT 及其连接的金属应进行热补偿设计,使其在温度改变时引起的腔长变化减到最小.

为了保证激光器的单频运转,毛细管的直径通常接近但小于 1 mm,以便使激光的高阶横模有效地得到抑制;无吸收室的激光器腔长约为 140~200 mm,以保证在增益线中心附近的较宽区域内为单纵模运转. 具有吸收室的激光器腔长可延伸至 300~350 mm,由于吸收引起的损耗,使激光在较宽的频率范围内仍能保持单纵模运转,但在接近换模点的频率区域附近还可能出现双纵模运转.

近年来,为了便于工业与精密测量领域的应用,各种波长的内腔型氦氖激光器相继出现,并使其在单频和稳频状态下工作. 例如,英国和美国的有关公司也推出了相应的产品系列,作为量块干涉测量中的二级激光频标. 我国也已研

制了有关装置,以适应我国工业和精密测量领域的需要.

§3.3 影响激光器频率稳定的因素分析

作为光频标准使用的氦氖激光器具有诸多优点.例如,激光管的气体放电比较稳定并能保持,不需要很高的放电电压或电流;无需复杂的滤波技术,就能具有稳定的输出功率;由于等离子体内电场变化所引起的频率位移很小,可以忽略不计;激光器容易制作,无需风冷或水冷,就能获得较高的机械和热的稳定性.由于上述优点,它可以成为干涉测量的理想光源.作为一个典型的实用光频标准,我们对影响其频率稳定的各种因素进行分析和讨论.而这些分析和结论,对其他激光器设计,原则上也是可以参考使用的.

3.3.1 决定激光谐振频率的基本公式

我们考虑运转在 TEM_{00q} 模上的激光器,腔的谐振频率为

$$\nu_q = q(c/2nL), \tag{3.3.1}$$

式中 q 为纵模的阶次,是一个大整数.由式(3.3.1)可知,腔纵模振荡必须满足谐振辐射半波长的整数倍精确等于腔的光学长度的条件.式中 c 为真空中光速,n 为激光镜间的介质折射率,L 为腔长.在光学范围内,q 约为 10^6 量级的数值.

由式(3.3.1)可得腔长变化与频率变化的关系为

$$\mathrm{d}\nu/\nu = - \mathrm{d}L/L, \tag{3.3.2}$$

由此可见,要使频率稳定,必须保持光学腔长不变或将变化减到最小限度.腔长变化的原因可分为两类:一类是外界影响,另一类是等离子体内部影响.作为光频标准的激光器的设计目标,是要把这两类影响引起的频率变化减到最小;同时,对控制激光频率的伺服系统也提出了严格的要求.

3.3.2 外界的温度影响

由于支撑腔镜的间隔器材料的温度变化,会引起激光腔腔长的变化,其关系可表示为

$$\Delta L/L = \alpha \Delta T, \tag{3.3.3}$$

式中 α 为间隔器材料的线胀系数,ΔT 为温度变化.作为稳频激光器的间隔器,应采用低 α 值的材料,例如殷钢、石英或零膨胀系数玻璃等.表3.2中列出了一些典型材料的线胀系数,表中英文名是零膨胀系数玻璃的牌号.

表 3.2 腔间隔器材料线胀系数及有关参数

材料	线胀系数 $\alpha/{}^{\circ}\mathrm{C}^{-1}$	杨氏模量 $Y/(\mathrm{N/m^2})$	密度 $\rho/(\mathrm{g/cm^3})$	Y/ρ(任意单位)
殷钢	1.26×10^{-6}	1.44×10^{11}	8.0	18
熔融石英	0.55×10^{-6}	3.03×10^{10}	2.0	1.52
Cer-Vit	$(0\pm15)\times10^{-7}$	9.23×10^{10}	2.3	3.0
Zero-dur	5×10^{-8}	8×10^{10}	2.52	3.17

实验表明,即使采用了低线胀系数的材料,腔的温度调谐典型值约为 500 MHz/℃.这种随温度的变化,一般是缓慢的,约在几分钟内发生.若要求小于 5 MHz 量级的频率漂移,腔的温度必须稳定在 0.01℃ 以内.如果温度变化造成激光器腔长增加,或有较高的输入功率及热耗增大,均会对激光的频率稳定产生严重的影响.

3.3.3 大气变化的影响

频率稳定伺服控制通常需用外腔型激光器,设其暴露在大气中的部分与腔长之比为 χ.由于大气参量的变化,会使空气折射率发生变化,从而改变激光腔的谐振频率.大气参量(包括温度 T、压力 p 和湿度 h)的变量与激光腔谐振频率变化的关系如下:

$$(\Delta\nu/\nu)_T = \chi\beta_T\Delta T, \tag{3.3.4}$$

$$(\Delta\nu/\nu)_p = \chi\beta_p\Delta p, \tag{3.3.5}$$

$$(\Delta\nu/\nu)_h = \chi\beta_h\Delta h, \tag{3.3.6}$$

式中系数 $\beta_T=9.3\times10^{-7}{}^{\circ}\mathrm{C}^{-1}$[①], $\beta_p=3.6\times10^{-7}\,\mathrm{Torr}^{-1}$, $\beta_h=5.7\times10^{-8}\,\mathrm{Torr}^{-1}$.这些系数是在平均温度 20℃,压力 760 Torr,水蒸气压力 8.5 Torr 相应湿度的大气参量的标准条件下,χ 设定为 0.1 时计算得到的.

上述参量变化中,若设定 $\Delta T=1$℃,$(\Delta\nu/\nu)_T=1\times10^{-7}$,$\Delta p=10$ Torr,$(\Delta\nu/\nu)_p=-4\times10^{-7}$,$\Delta h=1$ Torr,则相应的激光的频率变化约为 $(\Delta\nu/\nu)_h=6\times10^{-9}$.

为了减小由大气变化所引起的频率扰动,实验室应很好地控制温、湿度,减少激光腔的自由空间,激光器应加屏蔽罩,以免受室内通风的影响.这样就可以降低激光束由于大气变化引起的频率干扰.

---

① 1 Torr$=(1/760)$atm$=133.3224$ Pa.

3.3.4　机械振动的影响

机械振动使腔体包括腔镜产生位移,引起腔长的抖动而对激光频率产生影响.例如,腔长为 1 m 的激光器,要使不加控制时的激光频率稳定度达到 $\Delta\nu/\nu=1\times10^{-8}$,腔长由于振动引起的变化应小于 10^{-8} m,即 10 nm. 这个量级的变化很易由室内空调或空气扰动所产生,应采取相应措施尽量减小其影响,或加以抑制.

为了避免来自地基的振动,可使用坐落在很深的混凝土基础上的减幅和弹性隔振系统,在上面放置重的铸铁平台,或给平台桌腿底端充气.这样可以隔离高频振动,但还存在低频(约几赫)振动.在这种状态下,激光器应制成一个有效的刚体,使其不受低频振动的影响.在激光器密封和屏蔽后,可以减小声学振动的影响.

机械振动稳定性的极限是由布朗运动所引起的间隔器材料的长度变化,它可表示为

$$- \Delta\nu/\nu = \Delta L/L = (2kT/YV)^{1/2} , \qquad (3.3.7)$$

式中 k 为玻尔兹曼常数,T 为温度,V 为间隔器体积,Y 为间隔器材料的杨氏模量.由式(3.3.7)可见,Y 和 V 较大都能减小 $\Delta\nu/\nu$. 由于间隔器的谐振频率与 $(Y/\rho)^{1/2}$ 成正比,其中 ρ 是材料密度.因此 Y/ρ 比值应尽量大,但应远离很易耦合的低频区域.对于力学上坚固的设计,要求杨氏模量较大而密度较小,在精心设计的情况下,$\Delta\nu/\nu$ 可达 10^{-14} 的量级.

3.3.5　光学元件位移的影响

外腔型激光器中的激光管或腔内其他元件的位移将对激光频率的变化产生影响.光通过激光管的布氏窗时,其光程为 $p=tn/\cos\gamma$,式中 t 为布氏窗厚度,n 和 γ 分别为其折射率和折射角.布氏角 $\theta_B=(\pi/2)-\gamma$,$\tan\theta_B=n$,由于布氏窗位置变化引起的光程变化 Δp 则可写为

$$\Delta p/\Delta\theta_B = - t/\sin\theta_B , \qquad (3.3.8)$$

由此产生的频率变化为

$$\Delta\nu/\nu = \Delta p/\mu L = - t/L\sin\theta_B \Delta\theta_B , \qquad (3.3.9)$$

式中 μ 为腔镜间介质的平均折射率,大致为 1,L 为腔长.以窗厚为 2 mm,L 为 1 m,θ_B 为 57°,以变化为 1 μrad 为例,其频率变化约为 3×10^{-9}.该例计算表明对腔内光学元件必须用刚性支撑.

3.3.6 磁场影响

若用殷钢材料作为间隔器,则由于这种材料的磁致伸缩可能引起腔长的变化,因而地磁场或周围电子仪器产生的杂散磁场均能对激光频率的变化产生影响.例如,地磁场影响频率变化约在$(10 \sim 10^2) \mathrm{kHz}$的量级.

3.3.7 激光管放电噪声的影响

放电噪声属内部影响,这是由于激光管内等离子体振荡造成放电电流的变化,引起激光上能级粒子数脉动,从而使激光输出的频谱中产生白噪声,其量级为总功率的百分之几.激光的直流电源、镇流电阻与激光管形成的回路中的振荡常产生千赫范围内的强度变化,也会产生功率百分之几量级的变化.尤其在$10 \mathrm{Hz} \sim 1 \mathrm{MHz}$的低频范围内,经常出现尖峰,这与放电中的移动辉纹有关.改变放电电流,输出中的噪声谱会发生变化,从而可以选择最佳放电电流来取得最小噪声的输出频谱,由此获得较高的频率稳定度.

3.3.8 光反馈的影响

反馈光在谐振腔内的综合效应会对稳频激光产生十分不利的影响,严重时会破坏频率的稳定.

如果反馈光来自于激光器自身,例如激光反射镜后表面所产生的反射光重新进入谐振腔的情况,只要使镜片两个平面间具有一定的楔角,就可避免这种类型的光反馈.此外,由于热效应会引起镜子温度的变化,使反馈光的相位改变,这虽然对稳频时的频率稳定度并无直接的影响,但它使激光功率产生很大的波动,严重时功率起伏可高达50%.

我们对反馈光现象可进行一定的理论分析.以一台平凹谐振腔的氦氖激光器为例,若其平面镜为输出镜,镜子玻璃片基的前后表面相互平行.片基的折射率约为1.5,反射光约为4%.这时反射光进入谐振腔时的相位会增加或降低反射镜的有效反射率,因而影响激光的输出功率.

为了减少上述光反馈的影响,在设计平面镜的片基时,片基应有约$1°$的楔角,以便减小光反馈的影响.

球面镜通常不存在上述光反馈问题,因为对于球面镜,激光器制造工艺并不要求光束恰好与球面镜片基的后表面相垂直,不然的话,也会出现光反馈效应.

为了判断是否有反馈光进入谐振腔内,可以观测激光器的输出光点是否存在由反射镜片基内多次往返反射所产生的一串次生光点.若这些次生光点呈一连线等距离排列,则表明反射光不可能进入谐振腔,即无反馈光存在.若这些光点完全重合在一起,则表明片基无楔角,即有反馈光存在.

光反馈效应引起的反射率变化使腔内功率产生起伏外,还会引起输出功率调谐曲线的不对称性,使增益线中心或兰姆凹陷中心发生偏移,从而影响谱线作为参考的频率复现性.

§3.4　氦氖激光获得单频运转的方法

3.4.1　缩短腔长的方法

激光频率稳定的必要条件是单频运转,这要求激光器输出的横模和纵模均为单模.横模为单模即要求为 TEM_{00} 模,获得横向单模的方法在许多文献或书籍中已有介绍.纵向单模是频率稳定对激光的特殊要求.以氦氖激光器而言,在通常情况下,输出中存在许多纵模同时振荡.在腔长为 1 m 时,其纵模间隔($c/2L$)约为 150 MHz,而氦氖激光的多普勒宽度约为 1500 MHz,即约可出现 10 个纵模.为了获得单纵模振荡,最简单的方法是缩短腔长,以增大纵模间隔.如国内外市场上常用的单频氦氖内腔型激光器的腔长约为 140 mm,其纵模间隔约为1070 MHz.在这种激光器内,如果一个纵模出现在增益曲线的低频端,则另一个纵模会出现在高频端,即出现双纵模振荡,这两个纵模的偏振方向是相互垂直的.如果我们使一个纵模调谐到增益曲线的中心位置附近,则其两侧相邻的两个纵模的频率位置将在增益曲线的阈值以下,由此而获得单纵模振荡,也就是单频运转.但是,若在激光腔内放置吸收物质(这是作为光频标准时所需要的),由于增加了由吸收物质引起的损耗,即激光增益曲线的阈值提高,缩小了有效增益的频率范围,这时一个纵模在增益曲线中心两侧很宽范围内振荡时,相邻纵模均不易振荡.因此,在具有吸收室的激光腔体内,在腔长稍长时,也能获得单频运转.

3.4.2　复合腔选模的方法

这种方法是由 Fox 和 Smith[8] 首先提出的,因此也称为 Fox-Smith 选模法.由于缩短腔长来获得单纵模时输出功率较小,就氦氖激光器而言,单模功率通常小于 1 mW.如果需要获得更高的单模功率,就需要增加腔长,但又会伴随多纵模振荡.为了获得高功率单频运转,就采用长腔和短腔相结合的方法,称为复合腔选模的方法.复合腔由两腔镜 M_1 和 M_2 构成长腔,M_2 和另一反射镜 M_3 构成短腔,激光管放置在长腔内,以保证较高的输出功率,短腔用于保证单频运转.这种方法是将长腔通过伺服系统锁定在短腔上,这时就获得了单频运转.

1 m 腔长的长腔与约 50 mm 的短腔组成的复合腔,可获得约 10～15 mW 的单频输出功率.

3.4.3　法布里-珀罗腔选模的方法

该方法是将短腔和长腔分开,法布里-珀罗(F-P)腔的腔长一般小于 50 mm,它是由两块高反射率镜子组成的无源腔,长腔是具有激光管的激光腔,长腔的多纵模输出进入短腔后,只有一个纵模可以从短腔输出.通常,1 m 腔长的氦氖激光器的多纵模输出功率可达 50 mW 以上,经过 F-P 腔后约为 10 mW 单频输出.

将石英晶体磨成两个平面端面构成 F-P 腔,长约 20 mm,置于腔长为 1.5 m 的氦氖激光器内,在增益曲线的某些频段内,可获约 20 mW 的单频输出.若将这单频激光输出,通过频率跟踪的方法锁定在另一台稳频激光器上,也能成为一台高功率稳频激光器.

3.4.4　轴向磁场选模的方法

在 1 m 腔长的激光管内,总气压增高到 5 Torr 时,由于压力加宽的原因,纵模个数减少到 3 个左右.当其中 1 个纵模处于增益线中心附近时约有 3 个纵模同时振荡,并能保持相对稳定.

在激光管外加一环形螺线管磁场,通过螺线管电流的调节,可改变激光的轴向磁场.经过精心设计,可使轴向磁场在激光增益 50％以上的区域内具有均匀磁场.在轴向磁场由零逐步增大时,激光的 3 个纵模发生相应的变化,两侧的纵模功率逐渐变小,中心的纵模功率逐渐变大,即激光功率从 3 个纵模的功率逐渐集中到中心的纵模上.在磁场达到某一值时,两侧纵模完全消失,即出现了单频运转的状态.但是,如果随着腔长的自然漂移,中心纵模位置发生频移,又会出现多纵模振荡的情况.如将单纵模通过伺服锁定方法稳定在中心频率附近,就可成为高功率稳频激光器.这种方法已能研制成单频输出达 10 mW 的稳频激光器[9],并有进一步提高单频输出功率的潜力.

§ 3.5　多谱线氦氖激光器的理论、结构及有关特性

3.5.1　多谱线氦氖激光的理论基础

氦氖激光由高能级 $3s_2$ 到低能级 $2p_i$ 的 10 个可能跃迁中,除了到 $2p_9$ 是禁戒跃迁($J=-2$)外,其他均存在一定的跃迁几率,如表 3.3 所示.在一定的条件下,均可实现激光振荡,其激光输出的谱线在可见光范围.

我们首先从理论上分析和计算多谱线的粒子数反转条件和小信号增益等有关参数,讨论在共上能级的情况下多谱线间的相互耦合和多谱线同时振荡的条件.

表 3.3 列出了用速率方程计算的氦氖激光可见光范围可能出现的 9 条谱线的有关参数[10-12].由表中数据可见,在 $3s_2$ 能级与 $2p_i$ 诸能级之间形成的粒子数反转密度所要求的 R_0/R_i 的阈值随下能级 i 而异.因各个能级的寿命、统计权重及跃迁的自发辐射几率均不相同,其中 633 nm 谱线的小信号增益比其他谱线大 1 至 2 个量级.

表 3.3　氦氖激光 $3s_2$-$2p_i$ 发射谱线的有关参数

下能级 $2p_i$	$2p_1$	$2p_2$	$2p_3$	$2p_4$	$2p_5$	$2p_6$	$2p_7$	$2p_8$	$2p_{10}$
能级寿命/ns	13.4	18.8	17.6	19.1	19.9	19.7	19.9	19.8	23.8
自发辐射几率 A_i/s^{-1}	0.255	1.39	0.345	3.39	0.639	0.609	0.226	0.200	0.283
统计权重 g_i	3	1	3	3/5	1	3/5	1	3/5	1
阈值 B_i	2.18	0.97	2.69	0.60	1.01	0.59	0.99	0.60	1.25

当每条谱线的不饱和净增益能克服其他谱线的饱和作用之和时,它们就能同时振荡.显然,最重要的条件是必须克服 633 nm 谱线的饱和作用.多谱线同时振荡的条件可用下式表示,

$$G_i > \sum \theta_{ij} I_j, \quad i = 1, 2, \cdots, 8, 10, \tag{3.5.1}$$

其中 G_i 为小信号净增益,即不饱和增益与损耗之差,θ_{ij} 为不同跃迁之间的交叉饱和系数,I_j 为无量纲光强.以上列出的 i 个不等式中,能够成立的,是其下能级可以获得同时振荡的多谱线输出的一组方程.增加腔长和减小损耗是多谱线同时振荡的重要条件.增加腔长还能减小纵模间隔,使多条谱线的纵模频率同时靠近相应的原子跃迁中心频率,以提高各自的小信号增益.可见用腔长较长的激光器具有获得多谱线输出的优势.

3.5.2　多谱线氦氖激光器的结构

在氦氖激光器内要获得各种波长并具有选频的能力,必须在腔内插入选频元件,使不同波长的激光束在经过元件时产生角度偏离.有些波长的激光可以获得振荡,而另一些波长的激光则不能振荡.

由于有的谱线增益很低,必须在减少腔损耗及选频输出方面进行精心的设计.对于 TEM_{00} 模,共焦腔具有最小的衍射损耗.腔内插入选频元件,要求调腔所引起的竖直方向的角度失调灵敏度低,共焦腔和半球面腔有着较大的校准容限,所以可选用衍射损耗小而校准容限较大的近共焦腔结构.

选用旋转棱镜作为选频元件,它与激光反射镜组合时,应使入射光、出射光与呈布氏角的棱镜在同一法平面内.水平面上的微调机构能调整到 $10''$ 量级,并具有三维调整能力.其中二维调整使棱镜与镜子的组合体的旋转和色散棱镜的顶角棱平行,而且与光轴垂直.另一维用于转动组合件,达到选频目的.反射镜与棱镜组成一体,其中反射镜也能作二维调整,使光路获得谐振.棱镜应选用色散系数较大而吸收系数较小的材料,并要有很好的表面光洁度.棱镜的顶角也有严格的要求,应使它对激光束的入射和反射角均呈布氏角,称为布儒斯特棱镜.顶角 a 应满足下式,

$$a = \pi - 2\arctan n = \pi - \theta_{\mathrm{B}}, \qquad (3.5.2)$$

式中 n 为材料的折射率,θ_{B} 为入射的布氏角.

3.5.3　多谱线激光器的特性

用上述结构的氦氖激光器可以在可见光范围获得 9 个波长的激光输出,在一定条件下也可以有多个波长同时振荡;当然也可以实现单一波长的振荡.

我们在此介绍 7 个波长同时振荡的典型例子,表 3.4 列出了北京大学物理系 1988 年的实验结果[13],实验中所用的外腔激光器腔长为 1 m.

表 3.4　输出 7 种波长氦氖激光谱线的波长-功率对照表

波长/nm	612	629	633	635	640	650	652	全波长
功率/mW	0.24	0.26	1.24	0.15	0.004	0.70	0.002	2.6

表中 650 nm 输出为 633 nm 激光受激拉曼激光谱线,652 nm 输出为相干受激拉曼激光谱线,其他五条谱线均为氖原子能级跃迁的振荡输出,对上述实验可进行如下分析.

(1) 表 3.4 中有四条谱线的频率满足以下关系:

$$\nu_{652\,\mathrm{nm}} = \nu_{650\,\mathrm{nm}} + \nu_{635\,\mathrm{nm}} - \nu_{633\,\mathrm{nm}}, \qquad (3.5.3)$$

625 nm 跃进的中间态有两个虚能级,均以 $2p_8$ 为近共振能级.一个虚能级在 $2p_8$ 能级下,能量差为 $43.4\ \mathrm{cm}^{-1}$;另一个虚能级在 $2p_8$ 能级之上,能量差为 $15.6\ \mathrm{cm}^{-1}$.

(2) 652 nm 激光谱线的输出功率与 633 nm,635 nm 和 650 nm 三条激光谱线功率的乘积成正比.

(3) 在(2)所列的三条谱线具有输出的前提下,652 nm 激光输出不存在阈值.

由以上分析即可判断,652 nm 激光谱线为 633 nm,650 nm 和 635 nm 三条激光谱线形成的相干拉曼散射谱线.

3.5.4　单一波长的氦氖激光输出

上述多谱线激光器也能在不更换反射镜的条件下,通过调整腔内安装的棱镜分别输出红橙黄绿各种单一波长的氦氖激光谱线,表 3.5[13] 列出了激光波长与功率的关系.

表 3.5　可调单一波长的氦氖激光的波长-功率对照表(功率单位:mW)

腔型＼波长/nm	731	640	635	633	629	612	605	594	543
1		1.2	0.3	5.9	1.5	1.2			
2				35		15			
3		7.9		23		7.9			
4	0.6	0.3		2.1	0.4	1.8	0.9	0.7	
5		0.06		0.46		0.18	0.06	0.047	0.07
6				13.5				1.8	0.25

氦氖激光器的性能及单频运行的机制,对于下面叙述到的其他类型的激光器,具有一定的普遍意义.

1997 年后,CO_2 激光的吸收谱线也被推荐作为光频标准.CO_2 激光在 $9\ \mu m$ 至 $11\ \mu m$ 的波长范围内,有丰富的发射谱线,它可以通过光栅来选择其输出频率,使其达到单频运转.CO_2 激光器的输出功率较高,通常就可达到瓦的量级,因此可以采用腔外吸收的方法实现稳频.由于本书篇幅所限,在此不再专题进行介绍.

§3.6　氩离子激光器

在光频标准的研究历史中,氩离子激光器有两个方面的作用.一是将 513.5 nm 的氩离子激光谱线,稳定在与其符合的碘饱和吸收超精细结构分量上,作为复现米定义推荐的频率和波长标准;二是用氩离子激光器作为抽运光源,将某些染料作为激光物质产生频率和波长可调谐的激光辐射,稳定在碘或其他吸收物质的超精细结构谱线上,成为复现米定义的光频标准.本节中将介绍第一种情况下的激光器,在下一节中描述的在染料激光器中作为抽运光源的是后一种情况.

图 3.2 中示出了产生氩离子激光的有关能级.中性氩原子的电子组态为 $3p^6$,即如图中所示最低的能级.在氩管的放电过程中,氩原子与快速电子碰撞

后电离,形成基态氩离子,其电子组态为 $3p^5$,图中的上升箭头即为其形成过程.氩离子激光的跃迁发生在更高能级的电子组态 $3p^4 4p$ 与 $3p^4 4s$ 能级之间.前者的寿命约为 10^{-8} s,为一亚稳态;后者的寿命约为 10^{-9} s,并能通过自发辐射迅速消激发.由于 $3p^4 4p$ 与 $3p^4 4s$ 电子组态均对应于若干子能级,因此连续运转的氩离子激光器可产生 9 条蓝绿激光谱线,其中以 515 nm 和 488 nm 谱线最强.与 3.5 节中所述类似,在谐振腔内插入棱镜等色散元件后,即可获得单谱线输出.

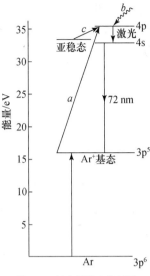

图 3.2 氩离子激光能级图

在实现激光跃迁的过程中,二能级上具有粒子数反转是其必要条件.在氩离子激光的情况下,可通过下列三种途径来实现:第一种途径是基态氩离子与电子碰撞后直接跃迁到 4p 能级;第二种途径是基态氩离子与电子碰撞后跃迁到高于 4p 的其他能级,然后通过级联辐射跃迁至 4p 能级;第三种途径是基态氩离子与电子碰撞后跃迁到低于 4p 的亚稳态能级后,又与电子碰撞后跃迁到 4p 能级.假设激光管中的氩离子与电子密度分别为 n_A 和 n_e,放电电流密度为 J,由于放电管中的等离子体为电中性,则有 $n_A \approx n_e$.上述前两种途径使 4p 上能级粒子数密度增长的速率为

$$dn_2/dt \propto n_A n_e (\approx n_e^2) \propto J^2. \tag{3.6.1}$$

最后一种过程虽然多涉及一次电子碰撞,但由于大电流密度下电子与亚稳态氩离子的碰撞,也会引起消激发,因此对应的抽运速率也与 J^2 成正比.氩原子的电离能量约为 15 eV,氩离子激光跃迁的上能级激发能量约为 20 eV,由于这两个能量均很高,使氩离子激光器正常运转所要求的平均电子动能(即电子温度)很高.为了提高电子温度,氩离子激光器中的气压不能过高,通常在 150 Pa 以下.由于低压下的氩原子密度较小,为了提高电离和激发速率,必须增加放电管内的电子密度,因此氩离子激光器必须采用大电流弧光放电激励,放电管内的电流密度通常大于 10^6 A/m^2.氩离子激光器的输出功率随放电电流的增长而迅速增大,但电流过高也会因出现多重电离及高温引起的谱线加宽而使增益和输出功率下降.

为了增大放电电流密度,放电应集中在放电管中心 1~2 mm 处.通常加一轴向磁场,它产生的洛伦兹力可约束电子和离子向管壁扩散.但同时也降低了轴向电场强度,使电子温度和电离度相应下降,因此应选择最佳的磁场强度.

高密度电流放电产生的高温等离子体使放电毛细管承受很大的热负荷. 高能离子轰击管壁及电极时,溅射剥落的颗粒会污染气体和窗口. 因此放电管材料必须满足耐高温、导热好、抗溅射和气密性高等苛刻条件,这无疑增加了氩离子激光器制作的复杂性. 氩管的毛细管结构可采用石墨、氧化铍陶瓷及钨盘-陶瓷等制成. 图 3.3 示出了高功率水冷氩离子激光器的典型结构.

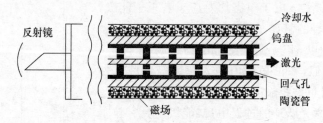

图 3.3　高功率水冷氩离子激光器的典型结构

作为光频标准而言,并不需要很高的输出功率,例如在几十 mW 量级即可,但必须是单频输出. 如作为染料激光的抽运光源,必须具有 5～10 W 的单谱线 (不必单频) 输出功率,这是高功率水冷氩离子激光器长期以来作为常用激光频标的主要原因.

§3.7　染料激光器

染料激光器采用溶于适当溶剂中的有机染料作为激光工作物质,它们是一些包含共同双键的有机化合物. 图 3.4 示出了染料分子的能级,其特征可用自由电子模型说明. 复杂的染料大分子中分布着电子云,其中的 $2n$ 个电子与势阱中的自由电子相似. 当分子处于基态时,$2n$ 个电子填满 n 个最低能级. 每个能级为两个自旋相反的电子所占据,其总自旋量子数为零,形成单重态 s_0. 当分子处于激发态时,电子云中有一个电子处于高能级. 若此电子自旋方向不变,则其总自旋量子数仍为零,形成 s_1,s_2 等单重激发态. 若此电子自旋反转,则形成 t_1,t_2 等三重态. 由选择定则可知,单重态与三重态之间的跃迁是禁戒的. 每一个电子态都有一组振转能级. 电子态之间的能量间隔约为 10^6 cm^{-1} 量级;同一电子态相邻振转能级间的能量间隔为 10^5 cm^{-1} 量级;而转动子能级之间的能量间隔仅为 10^3 cm^{-1} 量级. 而由于染料分子与溶剂分子频繁碰撞和静电扰动引起的加宽,使其各种能级相互连接,形成准连续能带,这是染料激光谱线连续可调谐的基本原因.

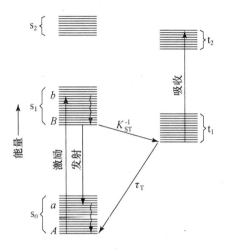

图 3.4 染料激光发射谱线能级图

染料分子吸收了抽运光源的激光能量,由基态跃迁到受激态 s_1 的某一振转能级后,通过碰撞迅速将能量传递给溶剂分子,并跃迁到 s_1 的最低振转能级.染料分子由此能级跃迁至 s_0 的各振转能级时产生荧光;跃迁至 s_0 的较高振转能级的染料分子迅速通过无辐射跃迁过程返回 s_0 的最低振转能级.因此,在 t_1 的最低振转能级与 s_0 的较高振转能级之间极易形成粒子数反转的分布.由于其吸收谱和荧光发射谱均呈准连续分布,使其激光输出光谱具有很宽的连续调谐范围.通过更换作为工作物质的有机染料,其波长调谐范围可从紫外的 355 nm 到近红外的 1 μm.用作光频标准的两条激光谱线是 576 nm 和 657 nm,可分别采用若丹明 6G 染料和甲酚紫或耐尔蓝染料(均用乙醇溶剂)为激光工作物质.

处于 s_1 态的分子还可通过碰撞向 t_1 态跃迁,这个过程称作系际交叉,其速率 K_{ST} 约为 $10^{-2}\,\text{ns}^{-1}$,它比态 s_1 态的自发辐射速率($\approx \text{ns}^{-1}$)要小很多,但由于 t_1 态的寿命较长,分子易积聚在 t_1 态,而 $t_1 \to t_2$ 跃迁的吸收波长又恰好与 $s_1 \to s_0$ 跃迁的荧光波长重叠,这意味着 t_1 态积聚的染料分子可吸收受激辐射光子而向 t_2 态跃迁,因此染料分子在 t_1 态不利于激光运转.显然,只有在 $s_1 \to s_0$ 受激辐射产生的增益大于 $t_1 \to t_2$ 跃迁造成的吸收损耗时才能形成激光振荡.若 s_1 态及 t_1 态的粒子数密度分别为 n_2 和 n_T,s_0 态高振转能级(激光跃迁下能级)及 t_2 态的粒子数为零,$s_1 \to s_0$ 和 $t_1 \to t_2$ 受激跃迁截面分别为 σ_{21} 和 σ_T,则形成激光的必要条件是

$$\sigma_{21}\, n_2 > \sigma_{\mathrm{T}}\, n_{\mathrm{T}}, \tag{3.7.1}$$

稳态时应有

$$n_{\mathrm{T}}/\tau_{\mathrm{T}} = n_2\, K_{\mathrm{ST}}, \tag{3.7.2}$$

式中 K_{ST} 为跃迁速率. 因此,连续激光运转的必要条件是

$$\tau_{\mathrm{T}} < \sigma_{21}/\sigma_{\mathrm{T}}\, K_{\mathrm{ST}}. \tag{3.7.3}$$

为了降低三重态的寿命,可在溶剂中加入三重态淬灭剂(如氧),并使染料高速流过激活区.

连续染料激光器常用氩或氪离子激光器作为抽运光源. 显然,抽运光的波长必须小于染料激光器的输出波长. 可以采用光栅、棱镜、标准具及双折射滤光片等波长选择元件对染料激光器进行波长调谐.

§3.8　半导体激光器

3.8.1　概论

半导体激光器的激活介质是半导体材料,早在 20 世纪 60 年代初就出现了这类激光器. 我国的第一台 GaAs p-n 结激光器是在 1962 年获得激光输出的. 这类激光器器件从同质结、单异质结发展到双异质结. 近年来,在多层结构的基础上,又出现了条形结构,使其在室温时的阈值电流密度进一步下降. 双异质结条形 GaAs-GaAlAs 激光器的连续输出功率已达数毫瓦,工作寿命已逾数十万小时,室温下的功率转换效率超过 20%;GaAs 激光阵列的连续输出功率可高达百瓦量级,并已获得了单频器件. 半导体激光器在英文中简称 LD(laser diode 的缩写),在下文中我们也经常采用这个简称.

与其他激光器相比,LD 具有以下优点:波长覆盖范围宽($0.33\sim4\ \mu m$),转换效率高(可高达百分之几十),体积小(犹如普通二极管),寿命长($10^5\sim10^6$ 小时),便于宽带调谐和高频调制等. 由于具有上述诸多优点,LD 在光通信、光信息处理、激光打印以及印刷、集成光学、激光视听盘、医疗、工业测量等一系列领域中得到广泛应用. 它在激光器商业销售数量上已占压倒优势. 同时,上世纪 90 年代以来,它已成为光频标准研究的重要方面,它的一系列波长(例如 633,635,657,674,698,778,780 nm,以及 1.3,1.5 μm 等)均可能成为新的光频标准. 不仅有可能部分取代氦氖激光和染料激光的波长,而且可以用于高功率及工业精密测量上的实用光频标准. 此外,用它抽运的固体激光器也成为新一代极有希望的高稳定新型光频标准. LD 的振荡波长与半导体材料直接相关,采用

GaAlAs 材料时,其波长在 $0.8\ \mu m$ 左右;采用 InGaAsP 材料时,波长在 $1.2\sim$ $1.6\ \mu m$ 范围内;采用 AlGaInP 材料,波长在 $630\sim650\ nm$ 范围内.

诚然,LD 也有一些缺点:发散角大,且在不同方向具有不同的发散角;线宽在几十兆赫量级,一般为 $15\sim30\ MHz$ 左右;激活介质的折射率受注入电流和温度影响较大等.要用 LD 作为光频标准,必须在技术上采取相应措施,使其输出光束得到准直,压窄线宽后才能达到光频标准的要求.

3.8.2　单模获得的方法

20 世纪 80 年代以来,半导体激光器已成为许多现代物理实验中的重要部件.与传统的气体激光器相比,它具有一系列明显的优点:频率调谐范围宽、单频输出功率大、装置小型紧凑等.但其缺点是:自由运转时的谱线特性不够理想,线宽较宽,且中间存在跳模区域,不能实现宽带连续调谐.这些缺点可以通过光反馈来加以改进,而研制出窄线宽和频率稳定的装置.一种做法是将一部分输出馈入高 Q 法布里-珀罗(F-P)腔,再重新返回半导体激光器内.这种方法可使线宽小于 $10\ kHz$,但在技术上有较高的难度,不易推广应用.例如,为选择半导体激光腔的某个纵模,通常需要附加弱反馈,在靠近(约 $100\ \mu m$)半导体激光器的外表面上安装一厚度约为 $100\ \mu m$ 的薄片,在许多情况下,要把密封的 LD 取出,这种难度很高的技术易导致降低激光器的寿命.又如,为了使激光器能稳定地长期工作,必须对外腔和 LD 之间的光程作伺服控制.

此外,可采用另一种比较简单的做法[14],即用衍射光栅反馈的方法来实现半导体激光的稳定,这可使激光线宽小于 $1\ MHz$,满足许多实验中的应用要求.由于从光栅中衍射的光耦合返回激光器中,因此光栅与激光器的后表面形成了一个外腔.LD 芯片及其反馈表面的作用犹如腔内标准具,使外衍射光栅起到选择单模的作用.采用光栅可使线宽减小两个量级,同时且可以选择所需的波长.只需用同一个元件而无需任何伺服反馈系统,是这种方法的简单易行之处.

由于光栅选模的半导体激光的线宽与外腔腔长的平方成反比,可以令光栅远离激光器,形成一个较长的外腔.若外腔的轴模间隔小于弛豫振荡的特征频率(大于 $1\ GHz$ 量级),只要在 LD 外表面上镀增透膜就能实现单模运转,但是也存在另一些不稳定因素,例如多模运转的脉冲信号.为此,我们可以选择一个较短的外腔(约 $15\ mm$),用商品激光器,而不需要打开激光窗和重新镀膜就能实现单模运转.这时的自由运转激光线宽约为几百千赫,可以在许多物理实验中应用.

　　激光频率严格地与外腔的腔长有关,因此整体装置的设计应保证其机械稳定性,与优质的 F-P 腔类似.装置中采用商品型机械元件,如可精密调整的整体支架,包括某些隔声和温度稳定的构造.因此,我们选择易于制作的弹性装配设计的小金属块,以保证机械机构稳定性.这种紧凑设计是把激光系统装在小的珀耳帖片上,而能使其温度达到稳定.这时,不需要采用特殊的低膨胀系数材料,就使腔长的热漂移控制到很小.

　　采用 InGaAlP LD 的装置,可以运行在 633～690 nm 的波长范围内;而采用 GaAlAs LD 可以运行在 780～850 nm 范围内.上述机械设计可使激光在自由运转时具有很高的频率稳定度、很宽的调谐范围并可进行射频或微波频率的频率调制.这些特性使 LD 可应用在很宽的范围,例如激光冷却、离子贮存、观测超窄谱线、制备光晶格,以及原子镜、激光频标及绝对频率测量的研究.

　　下面着重对 LD 系统作实际描述,包括机械设计、准直、调谐、调频等,并介绍包括两个光栅稳定的激光器的高稳定锁相系统.

3.8.3　机械设计和准直

　　首先,我们总结自由运转单模 LD 的一些特性.这种激光器的增益轮廓宽度约为 10 nm;发射波长由激光腔纵模之间的竞争所决定,纵模间隔约为 100～200 GHz;激光通常运行在最大增益的模式上.温度改变将使腔长产生变化,从而改变纵模的谐振频率,整个增益轮廓也会相应发生频移.因而,LD 的发射波长可随温度调谐.在调谐过程中,模的增益将发生变化,在某些点激光发射频率从某个纵模跳跃到另一个纵模(跳模),中间存在一些不能工作的频率区域.可以工作的频率区域的宽度通常小于激光腔自由光谱区的范围,即约小于 100 GHz;而两个相邻区域的间隔是自由光谱区的倍数.调谐发射波长的另一种方法是改变注入电流,这使载流子的密度发生变化,因而改变了半导体材料的折射率.当然,调谐注入电流也会引起跳模.温度调谐可以覆盖几十纳米量级的频率范围,典型的调谐率为 0.3 nm/K.我们应注意的是,注入电流的变化比相应的温度变化更快.若使用低噪声电源(在 100 kHz 范围内,注入电流噪声小于 1 μA),单模激光器自由运转时的线宽约为几十兆赫量级.

　　激光系统中可采用简单的光栅或全息衍射光栅,它可以在半导体材料的增益轮廓内调谐到任何所要求的波长,激光线宽可达 100 kHz 量级.如前述,可通过将一级衍射光束馈入 LD 中来实现,因此光栅与 LD 的输出形成外腔,外腔与 LD 腔实现光耦合.

　　外腔可设计成具有复反射率的与频率有关的镜子,光栅选择外腔的一个纵模.发射频率可以在外腔的自由光谱区的半宽度(约 4 GHz)内连续调谐,在激光跳到另一个纵模之前可通过改变腔长来实现.若光栅作适量同步倾斜,扫描可扩展到 LD 腔的自由光谱区之半(即几十 GHz).

图 3.5 示出了单模 LD 激光系统的方案.支架系统主要包括三个部分:一个装配 LD 的"L"形金属块,光学准直架和衍射光栅调整架.所有的金属部件可采用一种新合金,它由 62% 的铜、18% 的镍和 20% 的锌组成,称为锌白铜.这种合金具有高热导,而又有很好的弹性,并能像铝那样易于加工.LD 的发射波长可在较宽范围内变化,如 670 nm 可变化 5 nm,红外 LD 可变化 15 nm.通常,LD 的自由运转波长应略高于所要求的频率,用温度调谐(致冷)来大致达到所要求的发射频率.自由运转的频率越高(即波长越短),则其寿命越长,尤其对于红光波段的 LD 而言,其可靠性也越好.然而,要使温度调谐到减小波长的范围大于 5 nm 时,必须冷却到很低的温度,空气中的水分会凝结到系统上,因而不能在大气中工作.

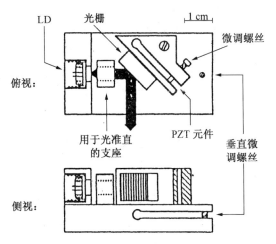

图 3.5 光栅稳定的 LD 系统机械装置方案

用螺母在安装孔中固定 LD,在 LD 与金属底板之间用某种热导胶接触,以提高其热导.输出光的线偏振(平行于椭圆光束的短轴)作垂直排列.通过准直透镜系统来校正激光光束的发散.准直器的位置和方位必须精心调整,以保证激光光束实现最佳性能.为此,透镜装配需用 x-y-z 三维精密调整架.为了使透镜的光轴与激光光轴准直(后者在远场处为理想的椭圆),必须作横向(垂直和水平)调整.为了减小附加像差,准直透镜相对激光轴不应倾斜.调整透镜与 LD

之间的距离,使输出光束达到很好的准直.在几米远处观测,使激光光束直径最小来实现准直目的.在达到最佳位置时,将透镜支架粘在金属架上.我们知道,牙科医生补牙的胶用于粘接是很好的材料.这种胶在蓝光照明下很易在成形后凝固,在固化过程中,其体积无明显变化.

通过调整底板主块的温度,发射波长可近似调谐到(在 1 nm 之内)预期波长.因此,可以保证系统达到最大的输出功率和最佳性能.在接近 LD 处放置一传感器,用它来测量温度.主块放置到安装有有珀耳帖元件的铝基板上,它的作用是作为热沉(散热很快的底座).这种装置的温度用电子伺服回路控制到 mK 量级.

为了使一级衍射返回 LD 进行光耦合,光栅装成利特罗(Littrow)型结构,LD 与光栅之间的距离约为 15 mm.入射到光栅上的部分光束经反射后离开外腔(零级),形成稳定激光的输出.选择光栅单位毫米上的条数,使入射光束与零级反射之间的夹角接近 90°.例如在 $\lambda=670$ nm 时,选用 2100 条/mm,$\lambda=780$ nm 和 $\lambda=850$ nm 时可选用 1800 条/mm.入射功率约有 15%~30%耦合到一级衍射中.令光栅刻线的方位平行于光的偏振方向,可使波长选择达到最佳状态.如图 3.5 所示,光栅粘接在可调的杠杆臂上,这很易通过在光栅架上切割一个狭缝来实现.通过调整一个微调螺丝,使杠杆臂微倾,保证光栅与入射激光光束之间的水平角得到精密调整.在杠杆与微调螺丝之间放置压电陶瓷驱动器(PZT).

在从光栅中出射的两个不同的几乎平行的光束粗略定向后,光栅架用螺栓固紧在主块上.较亮的光束是入射在光栅上的零级反射,第二束较弱的光是由一级衍射经 LD 背向反射形成的.为使光栅准直,可使用迭代程序.开始调整注入电流,使 LD 工作在略低于阈值状态.通过两个调整螺丝,使从光栅中出射的两束荧光合并直至大致叠加.由此激光作用将开始出现,将使发射光束的亮度产生陡增.然后减小注入电流,直至激光作用消失,重复上述准直步骤.与自由运转 LD 的阈值电流相比,在足够好的准直状态下,阈值电流降低约 10%~15%.

为了使装置隔热,用派来克斯玻璃将整个装置罩住.在这种情况下,几分钟内的频率漂移可小于 10 MHz,几小时内的漂移低于 50 MHz.一旦准直并稳定后,几周内的频率变化在 100 MHz 范围内,不需要重新调整.在光栅调整已固定时,发射的线宽约为 1 MHz,这是由机械和声学噪声引起外腔光程变化而产生的低频扰动.

3.8.4 LD 的温度调谐特性

LD 的重要特性是其频率或波长的可调谐性,例如,改变 LD 的温度就能进行调谐.LD 的腔模和增益曲线均与温度有关,因为折射率和带隙分别与温度相关.在某个激光模不再具有产生激光足够的增益时,将会跳跃至另一个具有足够增益的模上,即出现跳模.在 AlGaAs 激光器中,当温度上升时,增益曲线比腔模更快地移到长波段,因而出现向长波段的跳模,即表现为阶梯式的调谐曲线.

用激光波长改变的直观图像,可以建立一个激光温度调谐的简单模型.考虑均匀增益曲线中与温度有关的峰值为 $\lambda_p(T)$,假设激光波长相应于增益曲线峰值最近的腔模波长.由于 F-P 腔的腔模波长为

$$\lambda_p(T) = 2n(T)L/M, \tag{3.8.1}$$

式中 $n(T)$ 是与温度有关的折射率,L 是腔长,M 是模数,则激光波长由下式

$$\lambda_p(T) = 2n(T)L/M \tag{3.8.2}$$

确定,式中 M 是与 $2n(T)L/\lambda_p(T)$ 最接近的整数.若我们定义函数 $\text{int}(x)$ 为最接近 x 的整数,则有

$$\lambda_i(T) = 2n(T)L\{\text{int}[2n(T)L/\lambda_p(T)]\}^{-1}. \tag{3.8.3}$$

为了确定 n 和 λ_p 的温度关系,可取 $n(T)$ 近似是温度的线性函数,$\lambda_p(T)$ 与带隙能量有相同的温度关系.因此

$$n(T) = n_0 + pT, \tag{3.8.4}$$

式中 n_0 是温度外插到绝对零度时的折射率,对 GaAs 而言,p 约为 $1.5 \times 10^{-4} \text{K}^{-1}$.带隙的温度关系为

$$E_g(T) = E_g(0) - \alpha_0 T^2/(T + \theta), \tag{3.8.5}$$

式中 α 和 θ 是某种半导体的常数.因此,定义 $\nu_p(T) = c/\lambda_p(T)$,则有

$$\nu_p(T) = \nu_p(0) - \alpha_0 T^2/h(T + \theta), \tag{3.8.6}$$

式中 h 是普朗克常数,$\nu_p(0)$ 是外插到绝对零度时的激光频率.应该注意,激光的波长并不必然与带隙能量相符合,可以假设,带隙能量的变化速率与激光光子能量相等.用 (3.8.3) 式代入 (3.8.4) 和 (3.8.6) 式,可得波长的温度关系为

$$\lambda_i(T) = 2L(n_0 + pT)\{\text{int}[2(L/c)(n_0 + pT)][\nu_p(0) - \alpha_0 T^2/h(T + \theta)]\}^{-1}. \tag{3.8.7}$$

由于各种介质甚至每个 LD 的温度调谐及跳模范围均有差异,使用 LD 时,必须在实验中进行测量.

3.8.5　频率调谐和调制

用微调螺丝使光栅水平倾斜可以粗略地调整波长. 光栅装有 PZT 后, 可以进行连续频率扫描达 6 GHz 的范围. PZT 的长度变化, 使腔长和光栅角度同步变化. 最大扫描宽度受到光栅纵向和角度调整之比的限制, 在小型装置设计中不能消除这种限制. 通过注入电流同步变化很容易提高扫描特性. 这时, 发射频率可在几十 GHz 量级上调谐而不发生跳模.

我们知道, 外腔光程 L 的变化 ΔL 产生的相对频率调谐为 $\Delta\nu/\nu \approx -\Delta L/L$. 失谐 $\Delta\nu$ 与 L 成反比关系, 即短外腔允许作很宽的频率扫描并有很快的扫描速率. 在原子物理实验中, 需要有很快的扫描速率. 尤其例如在轻原子情况下, 原子束的调频冷却实验就要求扫描速率达到约 9 GHz/ms 的量级.

通过调制注入电流, 很容易将 LD 的发射频率作 GHz 量级的调制. 频率调制在 Pound-Drever-Hall 方案[15]的稳频实验及在频率调制光谱术中均能得到应用. 外腔及高 Q 谐振腔的稳频方案显著减小了对注入电流的光学响应. 由于外腔的精细度很高, 光栅稳定的 LD 系统以很小的射频功率(mW 量级)就能有效地使调制频率达到 GHz 量级. 电流调制是用射频信号容性耦合到电流偏置中实现的. 为了避免射频功率反射馈入源内, 应具有适当的阻抗匹配. 图 3.6 中示出的调制深度大于 1, 因此载波几乎被抑制, 大部分功率传递到边带上. 发射功率与注入电流的关系产生了附加振幅调制, 它是引起低频和高频边带的强度差的主要原因.

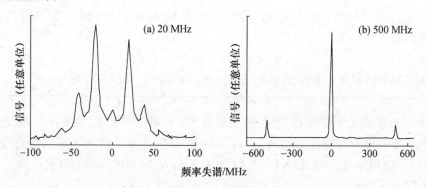

图 3.6　LD 输出的调制频谱

对于原子物理中的许多应用而言, 要求激光光源的频率以很高精度保持恒定. 例如, 其频率要求达到某些原子的基态的超精细结构的量级, 为此需要使用电光调制器或同步激光器;此外,也可以用调频产生直至微波区域的边带,这对于某些需要而言,是经济而可靠的方法.

3.8.6 压窄 LD 线宽的方法

正如上一小节所述,压窄 LD 线宽是使它成为光频标准的必要措施,在本小节中介绍其线宽的产生机理及压窄的有效方法.

LD 工作时,腔内自发辐射和受激辐射并存. 前者使光场相位发生瞬时变化,产生的本征线宽 $\Delta\nu_0$ 为

$$\Delta\nu_0 = a^2 c^2 h\nu / 2\pi P l^2, \qquad (3.8.8)$$

式中 a 为腔内损耗,c 为真空中光速,h 为普朗克常数,ν 为激光频率,P 为输出功率,l 为腔长. 由上式可见,LD 的线宽与输出功率 P(因而与注入电流)和腔长 l 成反比. 由于 LD 的腔长远小于气体激光器的腔长,因而其线宽更宽.

此外,自发辐射使腔内功率瞬时变化而偏离稳态值,在回复到稳态值的过程中,由于载流子浓度的变化,激活介质的折射率 $n = n' + in''$ 发生变化,光场产生一附加相移,从而也使激光线宽增宽. 折射率实部变化 $\Delta n'$ 与虚部变化 $\Delta n''$ 之比 $\alpha = \Delta n' / \Delta n''$ 标志着相位的改变,称为幅度相位耦合因子. 激光线宽可表示为

$$\Delta\nu_L = \Delta\nu_0(1 + \alpha^2), \qquad (3.8.9)$$

对于双异质结 LD 而言,$\alpha \approx 4 \sim 6$.

为了压窄 LD 的线宽,通常采用光反馈的方法. 这是利用附加的反射器使部分激光输出返回腔内,由于反射器和激光器端面构成一个外腔,增加了腔长和腔内功率. 由式(3.8.8)可知,这样会使线宽相应变窄. 例如,可以用一闪烁光栅作为反射器,调整位置使其一级衍射返回腔内. 由于 LD 的增益曲线的宽度远大于外腔的纵模间隔,通常会引起多纵模振荡,而光栅的色散特性,使不同纵模的一级衍射在空间展开的角度不同,只有返回腔内的纵模能获得振荡又不易跳模;因而,采用光栅反馈方法,不仅可以压窄线宽,获得单纵模,而且在转动光栅角时,不同纵模的一级衍射馈入腔内,起到了调谐激光输出频率的作用,调谐范围约在 10 nm 左右.

3.8.7 633 nm 单模半导体激光器

1997 年,美国 New Focus 公司生产了波长为 633 nm 单模 LD[16]. 通常情况下,激光器可有几个纵模同时运转,具有低相干性和大线宽. 为了使其成为高相干性光源,需要在 LD 输出镜上镀以增透膜(AR),使其仅为增益元件. 激光二极管置于外腔中,腔内具有选择波长的光栅元件. 激光的一级衍射光反馈返回 LD

内,从而它在任何时间均为单模输出.单模调谐要求光反馈主要由外光路返回,而并不来自二极管表面的反射.该产品采用的镀增透膜使反射减小到 0.001% 的程度,以保证其单模运转,因此在很宽的波长范围内实现低反射率.只要镀膜的反射率能长期保持不变,激光器正常工作的寿命可达四年.激光器采用 Littman-Metcalf 结构,使非激光模振幅抑制到激光模的 40 dB 以下,并保证调谐时不产生跳模.

　　上述激光器中的波长是由后向反射镜的倾斜决定,这是由衍射光反馈入腔内的机制所致.为了避免跳模,在激光调谐时,腔长必须保持为波长的恒定数.这需要镜子相对于所绕的支点的倾斜定位精度达到小于 $1 \mu m$ 的量级.在整个调谐范围内,激光不会发生三次以上的跳模.激光器的波长调谐分为粗调和精调:粗调用微电机或直流电机实现,由此过程扫描到所要求的波长;在粗调螺丝端部配有提供精调的 PZT 作用器,它可独立地控制波长,并能用于频率调制和频率控制.

§3.9　半导体激光抽运的固体激光器

　　1960 年,首先问世的激光器就是固体(红宝石)激光器.在二十多年的发展之后,固体激光器成为一种得到广泛应用的高功率激光器.但是,由于固体激光器通常是用氙灯的宽带辐射抽运,转换效率不高,即使通水冷却,激活介质仍然温升很高,谐振腔不易稳定,很难进行频率稳定而成为光频标准.

　　20 世纪 80 年代以后,出现了用半导体激光抽运的固体激光器(英文为 diode pumped solid state laser,简称 DPSS).这种新型激光器很快就成为国际上激光研究的热点之一. 80 年代末,这类激光器在频率稳定上获得成功;90 年代初,其频率稳定度和复现性达到了相当高的水平,而且技术指标超过了所有的可见光光频标准,在发展上还具有进一步提高的巨大潜力.

3.9.1　抽运用的半导体激光器

　　GaAs/AlGaAs 半导体激光器的发射波长在 780~810 nm,可用于 Nd:YAG 和 Nd:YVO$_4$ 激光介质的抽运光源.在现阶段采用金属有机物化学气相淀积 (MOCVD)外延半导体生长技术,控制材料的合成、生长界面及器件结构.通过自动控制的阀门系统,氢气携带三价镓离子、三价铝离子、二价锌离子和硅原子,流过加热的 GaAs 基片时,外延层生长出所需的掺杂元素.硒替代晶格中的砷为 n 掺杂,锌替代晶格中的镓为 p 掺杂.抽运用的条形激光器按侧向的波导机构分为增益波导和折射率波导两类：增益波导激光器，通过光刻及光腐蚀，进行中子轰击来确定增益波导的条形结构；折射率波导激光器，要进行蚀刻再生长而确定条形波导结构。前者是利用载流子密度在有源层侧向的非均匀分布而使有源层中心部分的增益高于两侧，而后者是使有源层与其两侧材料具有一定的折射率差值。

3.9.2 Nd:YAG 激光器

Nd:YAG 是掺钕钇铝石榴石的英文简写，中文也简称为钕激光器。其激光工作物质是以三价的钕离子 Nd^{3+} 部分取代 $Y_3Al_5O_{12}$ 晶体中的 Y^{3+} 离子而形成的激光晶体。图 3.7 示出了晶体中钕离子及产生激光的有关能级。处于基态 $^4I_{9/2}$ 的钕离子吸收用于抽运的 LD 发射的相应波长的光子能量，其中心波长为 810 nm 或 750 nm，带宽约为 30 nm。吸收辐射后的钕离子跃迁到 $^4F_{5/2}$, $^2H_{9/2}$ 和 $^4F_{7/2}$, $^4S_{3/2}$ 能级，通过无辐射跃迁弛豫到亚稳态能级 $^4F_{3/2}$ 上。在能级 $^4F_{3/2}$ 上的寿命为 0.23 ms，在此能级上的钕离子可以向三个不同能级跃迁产生相应的辐射。其中，几率最大的跃迁是至能级 $^4F_{11/2}$，相应波长为 1064 nm；另外两个跃迁是分别至能级 $^4F_{13/2}$ 和 $^4F_{9/2}$，相应的波长为 1319 nm 和 950 nm。上述第一个跃迁属四能级跃迁系统，由于能级 $^4F_{11/2}$ 位于基态之上，集居的粒子数很少，与上能级很易形成较大的粒子数反转，因而只需很低的抽运功率就能实现激光振荡，这是在通常情况下容易获得 1064 nm 输出的原因。

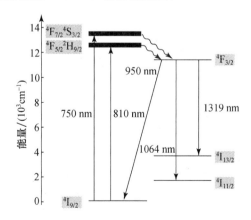

图 3.7 Nd:YAG 晶体中的 Nd^{3+} 离子的能级及其跃迁

Nd:YAG 激光器具有量子效率高和受激辐射截面大等优点，其阈值远低于红宝石激光器和钕玻璃激光器(属另一类钕激光器)。而且，由于它热导率较高，易于散热,可以制成具有单脉冲运转、高重复率或连续运转等性能的多种器件,获得很高的连续或峰值功率.在光频标准的应用上,它将成为重要的固体激光频率标准.

3.9.3　Nd:YVO₄ 激光器

Nd:YVO₄ 晶体是光-光转换效率更高的另一种固体激光器件,其中钕离子的能级结构与上述 Nd:YAG 晶体中的类似,能量和宽度略有差异.这种晶体近年来很受重视的原因是与 Nd:YAG 晶体相比,它具有一些明显的优点:在1064 nm 处的受激发射截面约为 3×10^{-18} cm^{-1},是 Nd:YAG 晶体的 4 倍;在809 nm 处的吸收带宽约为 21 nm,是 Nd:YAG 晶体的两倍;由于它具有高增益、宽吸收及低阈值等优点,从而可以获得更高的单模输出功率.其缺点是热导率比 Nd:YAG 晶体约低 10 倍,作为高稳定的光频标准具有一定的难度.然而,作为应用频标而言,它是一种有可能与 Nd:YAG 激光器相竞争的激光器件,性能及应用尚有待研究和开发.

Nd:YVO₄ 为正单轴晶体,具有很强的双折射特性,在 1064 nm 波长处,其o 光和 e 光的折射率分别为:$n_o=1.958$ 和 $n_e=2.168$. a 切割的 Nd:YVO₄ 晶体吸收 809 nm 辐射的吸收系数可高达 70 cm^{-1} 以上,而相应的吸收深度仅为0.14 mm,是 Nd:YAG 晶体吸收深度的十分之一.在此方向上,其光场 E 矢量平行于晶体光轴方向的 π 偏振和垂直于晶体光轴方向的 σ 偏振的光谱特性具有明显的差异,最强吸收和最强辐射都发生在 π 偏振取向,因此常用此取向得到 π 偏振光输出.基于这些特性,可以采用短程吸收选择纵模的方法获得较高的单频输出功率,在腔内插入倍频晶体后可以获得比 Nd:YAG 激光器更高的单频绿光输出.

3.9.4　DPSS 的优点

与以上介绍的几种激光器相比,半导体激光抽运的固体激光器(DPSS)有诸多优点,在制作频标上可比已推荐的气体光频标准具有更大的优势和竞争力,而可能成为独具一格的新一代高精度光频标准.

第一个优点是覆盖波长极宽.长波段可延伸到中红外的 3 μm,经过倍频的辐射可达绿光、蓝光及紫外,短波段可延伸到 270 nm.

第二个优点是连续输出的功率很高,最高已达百瓦量级,准连续输出的平均功率已逾千瓦量级,一个实际的例子是 Nd:YAG,其板条的尺寸为 9 cm×1.6 cm×0.4 cm;采用对称式内侧面多次反射光路提高抽运效率,并可补偿介质的热畸变;抽运光源为 8 cm×3 cm 的大功率 LD 列阵;两组列阵在介质侧面相对抽运,总输出峰值功率为 8 kW. 532 nm 单频绿光的 DPSS 连续输出功率达 100 mW 以上的器件已有商品出售;实验室自制的单频输出达 20 mW 量级的器件也很易制成. 因此,应用这种激光器作为光频标准或进行精密工业测量,在功率上已远优于其他激光器件.

第三个优点是线宽极窄,DPSS 的线宽已能达到 1 Hz 量级,不但比压窄线宽后的 LD 要窄,而且比线宽很窄的氦氖激光更窄,已达到激光问世以来所获得的最窄光谱.

第四个优点是体积小,结构紧凑. LD 准直系统的长度约为 20 mm,包括激光及倍频晶体在内的腔长约 40 mm,总长为 70 mm,长度仅为单模商用氦氖激光器之半.

第五个优点是双波长输出,即同时输出 1064 nm 和 532 nm 的辐射. 用于光频标准的研究,532 nm 可以稳定在碘的吸收谱线上,达到甚至优于 10^{-14} 量级的频率稳定度和复现性;1064 nm 可以稳定在 C_2HD 吸收谱线的谐波跃迁上,也可达到与 532 nm 相类似的稳定度. 在长度或空气折射率的精密测量方面,双波长稳频光源也具有明显的优点.

由于上述所列的多方面的优点,1997 年的 CCDM 会议和 2001 年 CCL 会议上,532 nm 碘稳定的 Nd:YAG 激光器已作为推荐的光频标准,成为当前发展中最有希望的激光频标之一,也是应用中最有前景的新型稳频激光器之一.

§ 3.10　用环形腔获得单频运转的方法

本章在前面氦氖激光器的描述中,已对激光的单频运转作过介绍,即激光应同时运行在基横模和单纵模的状态. 与氦氖激光器类似,只要进行合理的谐振腔设计,DPSS 很易获得基横模状态. 与氦氖激光器不同之处是,固体激光介质的谱线加宽机制以均匀加宽为主,由于存在空间烧孔效应,经常运行在多纵模状态. 采用腔内倍频获得绿光输出时,由于晶体的非线性效应,在出现倍频的同时,伴随有和频的产生,使绿光输出中包含多种频率成分,即存在所谓"绿光问题"[17]. 要使 DPSS 成为光频标准或作为精密测量中的光源,单频运转是一项关键技术. 本节介绍几种单频运转的方法,其中有些方法国外已用于制成产品,可获单频 100 mW 以上的输出,但售价甚高;有些方法虽尚不很完善,但易于制作,且成本低廉,便于推广,但能否制成光频标准使用,还需在实验研究中得到证实. 本节中介绍的各种方法,在性能和造价上各有优势,可供读者在研究中参考和分析.

3.10.1   单块晶体的非平面环形腔

美国光波电子学公司(Lightwave Electronics)生产的光波电子学 122 型激光器,采用单块 YAG 晶体的非平面环形光学腔,用 1.2 W 的 808 nm LD 作为抽运光源,获得了单频 300 mW 的 1064 nm 的激光输出. 这种激光器简称 MISER,是英文 Monolithic Isolated Single-mode End-pumped Ring(可译为:单块隔离的单模端抽运环形器件)的词头的缩写.

该产品的雏形是美国斯坦福大学的 J. Kane 和 R. L. Byer[18]在 1985 年的研究成果,1989 年的专利产品是在此成果基础上的一种改进型的压电调谐环形激光器[19]. 激光调谐就是要求改变激光谐振腔的光学长度. 通常,分离光学元件激光器的调谐是通过压电元件移动激光器腔镜来实现的,而单一整块激光器只用一块元件(激光晶体)构成,其腔镜是在单块晶体元件的表面镀膜后形成的,因此不可能采用常规的调谐技术,而必须采用其他方法.

过去曾有人采用加热激光介质进行频率调谐. 这种方法的调谐速度很慢,因为即使体积很小的物体,其热响应的时间常数也为 1 s 的量级. 要使响应时间达到或小于 1 ms 是非常困难的.

我们知道,在物体上加应力时,材料的折射率会发生变化. 即使很坚硬的材料,加应力时也会发生膨胀或压缩. 应力可以很快地加在固体材料上,其响应时间的物理极限是材料的声速. 当应力加到单块激光器上,由于很快地使折射率发生变化,因此相应地改变了其光学长度,从而实现了谐振频率的调谐.

考虑到 YAG 晶体的温度直接影响激光的输出频率,在上述专利产品中,YAG 晶体装在铜热导块上,通过光学紫外胶的中间层传导温度. 铜块下放置一加热薄片,铜块与加热薄片之间是熔点为 130℃的铟(52%)锡(48%)合金很薄的焊层. 加热薄片放置在绝热材料如熔融石英上,后者再用光学紫外胶粘接在基座上.

激光器顶盖是用导热材料铜制成的杯状物,与基座密封成一体. 两者之间用螺丝与密封胶连接,并用橡胶制的 O 形环压在中间. 基座与顶盖所构成的空间内,放置整块 YAG 晶体,由此形成环形激光腔. 引线通过底座密封引出,激光光束由顶盖侧面的光学透过窗口输出. 上述空间在抽空后,可保持 1×10^{-3} 的真空度;也可抽空后再充以干燥氮气. 保持真空可以避免对流引起的热交换,以及保证激光晶体各个表面及整个环境的清洁.

压电调谐元件用环氧胶粘接在 YAG 晶体的上方,其形状为正方形的薄板,长宽约为 5 mm,厚度约为 0.25 mm.薄板的两个方形面上镀银,提供电极的连接,以便在厚度方向上加上电压.所加电压产生的力,使晶体折射率发生变化,晶体的形状和尺寸会相应产生变化,最终达到腔长调谐的目的,即实现激光的频率调谐.例如,压电调谐元件上每加 1 V 电压,其频率变化约为 1.5 MHz,响应时间小于 13 ms.因此,它是一种可用电压控制的光学谐振腔.在晶体的底面,装有另一个压电调谐元件,所加的电压使它产生面积的变化,从而也可使晶体产生压电调谐.上述两个压电元件,在加上电压时,顶部的压电元件使晶体增大面积,而底部的压电元件使其减小面积.频率调谐的速度由声速和晶体尺寸决定.由于声速很快,YAG 晶体体积很小,因此响应速度高于通常的支架型的压电调谐方法.

YAG 晶体长约 5 mm,宽约 3.34 mm,厚约 2 mm.LD 的抽运光束自输入面进入后,在晶体内表面反射,沿光路行进,呈非平面闭合环路.顶端磁铁所加的磁场产生法拉第旋转效应,增加了对腔内反向行波的内在偏振光的损耗,仅使损耗较低的正向行波能保持振荡.在抽运光进入时,环形振荡器中消除了空间烧孔效应,对光反馈不敏感,由此获得单纵模振荡.

在上述 122 型激光器中,通过约 1 s 的慢响应时间来缓慢改变 Nd:YAG 激光晶体的温度.当温度从 20℃ 变到 50℃,激光频率的调谐范围可达 30 GHz.在 8 GHz 的连续调谐范围内,可以保持单频运转而无跳模发生.然后采用长为 8 mm 的 MgO:LiNbO₃ 单块晶体作为倍频晶体,将其加热到 108℃ 的相位匹配温度.用此晶体形成一个三角环形腔,晶体的两个端面磨成半径 $r=7$ mm 的曲面.每个曲面均镀上介质膜,镀膜表面反射抽运辐射(808 nm)而透过 1064 nm 的二次谐波辐射(532 nm),晶体的上端平面是对 532 nm 的全反射表面.曲面的内表面对 1064 nm 的反射率为 96.9%,对 532 nm 的透过率为 89.5%.为了使转换效率提高,谐振腔的频率应锁定到基波频率上.在稍有失谐时,通过伺服控制 LiNbO₃ 晶体倍频腔的温度,来实现锁定后者腔频的目的.保持透过的二次谐波功率达到稳定的水平,可将双谐振条纹的高温端锁定在激光频率上.这种条纹边的锁定是很稳定的,因为增加倍频器的温度,会减小基模场对谐振腔的耦合,由此可减少内部加热,从而减小了最初的温度变化.利用相位匹配温度曲线的低温端的倍频器,可以获得另一方面的稳定度.因此通过工作在条纹的稳定端和相位匹配温度的稳定端,就能用带宽相当低的温度控制回路,将倍频谐振腔稳定在激光的输出频率上.这时 532 nm 的输出功率可达 5~25 mW.

以上设计中先获得 1064 nm 的单频输出,然后通过放置倍频晶体的环形腔获得 532 nm 的绿光输出,可称之为腔外倍频法.

美国惠普研究所(Hewlett-Packard Laboratory)[20]也研究了单块整体激光器的腔体,激光介质也是 Nd:YAG 晶体,但运转波长为 1319 nm 和 1338 nm,而其原理是相同的.

惠普研究所研制激光器的成果包括:准平面环形设计,用琼斯矩阵计算的偏振分析,抽运激光阈值计算及其实验结果.激光器由三个元件组成:偏振片,二分之一波片和法拉第旋转器.为实现在环形腔内单向传播,用法拉第旋转器使偏振面旋转并用二分之一波片消光,由此获得低损耗的线偏振本征模;而对反向传播,由于偏振面的附加旋转,产生了高损耗的椭圆偏振本征模.在损耗的本征值之差足够大时,就使激光获得单向运转.

3.10.2　半非平面单块 Nd:YAG 环形谐振腔

上一小节介绍的两种设计,具有各自的特点.斯坦福大学的方法具有较宽的加工公差,在光学加工工艺中易于实现;然而它的一个难点是需要加很强的磁场,约为 3000G 量级.此外,由于上下表面中有一个光学面,不利于在固定晶体时固定频率调谐元件.而惠普研究所的方法要求极严格的加工公差,与斯坦福大学的方法相比,公差要求高 7 至 10 倍,因此光学加工工艺有很大的难度.

考虑到上述两种方法的优点和难点,中国计量科学研究院(NIM)作者所在研究小组提出了一种新的构思,可称为半非平面单块环形谐振腔结构.这种结构所要求的加工公差类似于上述第一种方案,而在低于 1000G 的磁场上就能获得单纵模运转.达到了宽公差和低磁场两全其美的效果.

我们的结构采用 Nd:YAG 作为激光晶体,如图 3.8 所示,是具有三个光学全反射面及输出和输入耦合面的晶体块,不仅可作为激光介质,而且在施加一定的磁场时也成为法拉第旋光器件.三个全反射面既是谐振腔反射镜,也是相位补偿波片;前表面为输入输出耦合面,也是部分偏振器.由于晶体的磁致旋光性、全内反射的相位延迟性和耦合膜系的部分偏振性,使这种环形结构成为光学单向器型的激光谐振腔[21,22].

采用上述方案的激光器,存在一个平面角的取值范围.在这一范围内,既能保持光学加工中有较宽的加工可允许公差(其理论允许公差类似非平面方案,比准平面方案约大 7~10 倍);又具有较低的单向运转最小磁场需求,理论上磁场需求比非平面方案降低约 3~10 倍.它可在一定程度上,集上述非平面单块固体环型激光器和准平面单块环型激光器两种方案的优点于一身,同时避免或减小各自方案存在的问题[23,24].

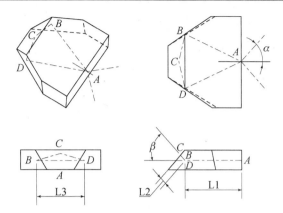

图 3.8 中国计量科学研究院研制的半非平面单块 Nd:YAG 环形谐振腔结构

在解决了一系列关键技术问题的基础上,实验上已观察到了理论预期的反映单块有较宽允许公差的光束收敛特性,在低于 0.1 T 磁场下得到了稳定的激光单向运转.在此之后,激光系统又经过了多次不断改进.改进的系统如图 3.9 所示,详见 5.14 节的介绍.上述措施使得实验上获得了大于 2 W 的单模纯净连续输出功率,输出激光得到超过 50% 的总的光-光转换效率.

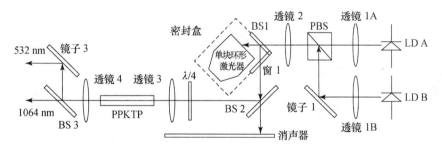

图 3.9 用图 3.8 的单块环形谐振腔制成的激光及其 532 nm 倍频激光器的结构图

2002 年,该方案经外腔倍频后获得的 532 nm 绿光输出,其光-光转换效率达 32%~43.1%.在红外输入功率分别为 300,350,577 mW 时,相应的绿光输出功率分别为 96,122,249 mW.532 nm 的倍频输出与 1064 nm 的基波之间采用跟踪锁定技术,以保持两者匹配关系.

用上述方案研制的 532 nm 环形激光器,配以高精度低噪声的激光电源,在电流为 2 A 时,最大频谱密度分量可达 −90 dBm.再配以高精度的控温器控制倍频晶体的温度,在输出功率为 190 mW 时,测量 532 nm 绿光输出的功率稳定度,达到了较好的水平,其功率变化仅为 ±0.1 mW 的量级,即其功率稳定度可达 0.05%.

取两台同类这种类型的激光器对其 1064 nm 输出进行拍频测量,在未作频率伺服控制的自由运转下,10 s 取样的阿仑偏差为 2×10^{-9}.

上述功率稳定度和频率稳定度的测量结果表明,该激光器已具备了作为 532 nm 碘稳定激光频标的基本要求[25].

参 考 文 献

[1] Quinn T J. Mise en Praqtique of the definition of the metre (1992). Metrologia, 1992, 30:523.

[2] Quinn T J. Practical realization of the definition of the metre(1997). Metrologia, 1999, 36:211.

[3] Maiman T H. Stimulated optical radiation in ruby. Nature, 1960, 187:493.

[4] Moor C E. Atomic energy levers. US Department of Commerce, 1971, 1:77.

[5] Bennett S J, Cerez P. Hyperfine structure in iodine at the 612 nm and 640 nm He-Ne laser wavelength. Opt. Comm. , 1978, 25:343.

[6] Chartier J-M, Hall J L, Glaeser M. Identification of the I_2 saturated absorption lines excited at 543 nm with the external beam of the green He-Ne laser. Proc. CPEM', 1986, 86:323.

[7] Rowley W R C, Gill P. Performance of internal-mirror frequency-stabilized He-Ne lasers emitting green, yellow or orange light. Appl. Phys. B, 1990, 51:421.

[8] Smith P W. IEEE J. Quan. Elect. ,Vol. QE-1, 1965, 1:343.

[9] 沈乃澂等. 长腔单频氦氖激光器的频率稳定. 激光与光学(内部刊物), 1986, 68: 8—10.

[10] Inatsugu S. Phys. Rev. A, 1973, 8(4).

[11] Corney A. Atomic and laser spectroscopy. 1977.

[12] 李利聪. 氦氖激光器多谱线振荡的研究. 清华大学研究生论文, 1988.

[13] 赵绥堂等. 激光与光学(内部刊物), 1988.

[14] Ricci L, Weidemuller M, Esslinger T, Hemmerich A, Zimmermann C, Vuletic V, Konig W, Hansch T W. A compact grating-stabilized diode laser system for atomic physics. Opt. Comm. , 1995, 117:541.

[15] Drever R W P, Hall J L, Kowalski F V, Hough J, Ford G M, Ward H. Laser phase and frequency stabilization using an optical resonator. Appl. Phys. B, 1983, 31:97.

[16] A new focus LD at 633 nm lasers and instruments. US Patent ♯5 354 575 & ♯5 319 688.

[17] Baer T. Large-amplitude fluctuations due to longitudinal mode coupling in diode-pumped

intracavity-doubled Nd:YAG lasers. J. Opt. Soc. Am. B, 1986, 3:1175.

[18] Kane T J, Byer R L. Opt. Lett., 1985, 10:65.

[19] Kane T J. Piezo-electrically tuned optical resonator and laser. U. S. Patent 4 829 532, 1989.

[20] Trutna W R, Donald D K Jr., Nazarathy M. Unidirectional diode-laser-pumped Nd: YAG ring laser with a small magnetic field. Opt. Letters, 1987, 12:248.

[21] 臧二军,沈乃澂等. 半非平面单块固体环形激光器. 中国专利, ZL 9824813.8, 1998.

[22] Zang E J(臧二军)et al. Investigation of monolithic quasi-planar ring laser. Proc. SPIE, 1998, 3549:29—34.

[23] 臧二军,曹建平,李成阳. 半非平面单块固体环形激光器研究. 现代测量与实验室管理, 2004, 12:19—22.

[24] Zang E J(臧二军), Cao J P(曹建平) et al. Relaxed alignment tolerance of monolithic ring lasers. J. Appl. Opt., 2002, 41:7012.

[25] 臧二军,曹建平,李成阳,沈乃澂等. 用单块激光器和环行外腔获得稳定的 532 nm 激光. 光学学报, 2003, 23:335.

第四章 光频标准中作为参考的吸收谱线

§4.1 吸收谱线作为光频标准的参考

4.1.1 分子吸收谱线的优点

氦氖激光频标的研究中,最初是采用激光增益曲线的中心作为参考.例如,在第五章中要介绍的功率峰、兰姆凹陷或塞曼分裂的中心频率等,这些中心频率均是激光振荡时原子跃迁的中心频率.由于这些跃迁谱线较宽,其中心频率又受到各种因素的影响,因此,激光的频率稳定度和频率复现性均不能达到很高的水平,尤其频率复现性很难优于 10^{-9} 量级.

如第二章图 2.6 所示的光频标准的基本方案中,吸收信号是光频标准的第二个要素.与激光增益曲线相比,分子吸收光谱具有明显的优点:它是在不放电的情况下产生的跃迁,斯塔克效应很小;一阶和二阶塞曼效应比原子跃迁分别小 3~4 量级和 6~8 个数量级;分子的极化率也比原子小得多;由于相互碰撞而引起的光谱频率中心的位移也很小,杂质对谱线的影响也远比原子光谱要小.对于激光本身的发光光谱而言,谱线几乎不可能完全分离成精细结构,而将激光作为光源,对吸收光谱进行观测时,由于激光是单色光,将与激光相符合的吸收谱线进行分离,观测就易于实现;采用发光光谱时,由于放电的原因,电子、离子、基态原子均会产生干扰和影响;此外,采用放电方法时,由于电流分布、强度以及放电管的形状、管壁和电极表面的不同也会对增益曲线中心频率产生不同程度的影响.

在分子吸收跃迁的情况下,吸收管中的气体在温度一定时,谱线宽度是由其热平衡状态下的气体压力所决定的.吸收光谱中的某些超精细结构谱线,可利用作为激光频标极好的参考线.虽然提供跃迁谱线的分子会相互碰撞,但由于是一些同类基态或准基态的分子,不存在原子光谱中出现的与电子或离子的碰撞.同时,处于热平衡状态的分子速度也比较小,只要温度恒定,其整体速度分布也处在相当稳定的状态.根据分析可知,处于基态的分子吸收光谱,与原子光谱相比,其中心频率的绝对稳定度要高几个数量级,完全可以用作准确的激光频标的参考.

分子谱线还具有其他一些明显的优点：采用的分子跃迁大都是基态或准基态吸收，其下能级的自然寿命几乎是无限的，上能级的自然寿命也在 10^{-3} s 量级，因此谱线的自然宽度要比原子谱线窄得多.

4.1.2 作为参考谱线的基本要求

采用分子光谱作为参考的基本要求是：激光的增益谱线与分子的吸收谱线能在确定的频率范围内相符合，这时激光辐射的能量可被分子的相应跃迁所吸收.经过三十年来的研究，已发现了许多激光发射谱线与吸收谱线的符合.表4.1中列出了一些符合的例子，其中在可见光频段最常用的吸收物质是碘蒸气，在 500～700 nm 的很宽波段中，碘蒸气有着极其丰富的吸收谱线，因此已成为可见光频段激光频标的主要参考谱线.此外，甲烷谱线在红外波段中与氦氖激光的符合也成为极好的参考谱线，它已成为激光频标中最窄的吸收谱线之一，用它制成了频率稳定度和复现性水平很高的激光频标.在可见光频段中，^{40}Ca 的谱线在 657 nm 与染料激光或半导体激光的符合，也使它成为一个采用光学 Ramsey 条纹的极好频标.

表 4.1 激光发射谱线与吸收谱线的符合

波长/nm	激光增益介质	吸收物质
515	Ar$^+$,Yb:YAG 倍频	^{127}I$_2$ *
532	Nd:YAG 倍频	^{127}I$_2$ *
532	Nd:YVO$_4$ 倍频	^{127}I$_2$ *
543	He-Ne	^{127}I$_2$ *
576	染料	^{127}I$_2$ *
612	He-Ne	^{127}I$_2$ *
633	He-Ne	^{127}I$_2$ *
633～670	LD	^{127}I$_2$ *
640	He-Ne	^{127}I$_2$ *
657	染料,LD	^{40}Ca *,^{127}I$_2$
674	染料,LD	Sr *
778	LD	^{85}Rb *,^{87}Rb
780	LD	^{85}Rb,^{87}Rb
1064	Nd:YAG,LD	C$_2$HD
1520～1540	LD	C$_2$H$_2$
1556	LD	HCN *
3390	He-Ne	CH$_4$ *
10.3 μm	CO$_2$	SF$_6$,OsO$_4$ *

注：右上角带星号 * 的激光介质与吸收物质已由 CCDM 或 CCL 推荐作为复现米定义的激光频标.

由表 4.1 带"＊"项可以看出,曾经推荐作为复现米定义的光频标准已达十多类,而许多激光频标的吸收物质均为碘蒸气.其中绿光波段的光源为 Nd：YAG 倍频激光;红光、橙光和近红外波段是氦氖激光和 LD;红外波段为 LD、He-Ne 和 CO_2 激光.从 1997 年至 2003 年新推荐的激光频标,可以看出当前的发展趋势是:绿光波段出现了 532 nm 碘稳定的 Nd：YAG 固体倍频激光频标;红光和近红外波段出现了多种 LD 的激光频标,并实现了饱和吸收的观测和稳频.由此可见,从绿光、红光至近红外的极宽的波段内,由固体激光和 LD 作为光源的饱和吸收激光器作为新的频标的研究,正在蓬勃兴起,这是当前激光频标研究的发展趋势,吸收谱线作为光频标准参考的研究也处于方兴未艾之势.

§4.2 分子的跃迁能级和超精细光谱

4.2.1 二原子分子的跃迁能级

二原子分子由两个原子组成,碘分子就属于这类,它们是最简单的分子.

二原子分子内部的电子处于不同的状态时,形成了不同的电子能级;两个原子核间还会相对振动,因此在同一个电子能级上,有不同的振动能级;二原子作为一个整体,还会在空间转动,因而在同一个振动能级上,还存在不同的转动能级.上述振动和转动能级是分子所特有的.

在一级近似下,二原子分子的总能量可简单地看成电子能量、振动能量和转动能量之和.实验表明,如果只是转动能量发生变化,由此产生的纯转动光谱将位于远红外波段;如果只是振动和转动能量同时发生变化,由此产生的振转光谱将位于近红外波段;如果上述三种能量同时发生变化,则由此产生的电子光谱带一般将位于可见或紫外波段.碘分子的吸收谱属于最后一种情况.

二原子分子的振动能级的能量项 G_v 近似为

$$G_v = w_e \rho [v + (1/2)] - w_e x_e \rho^2 [v + (1/2)]^2, \qquad (4.2.1)$$

式中 v 是振动量子数,$v = 0, 1, 2, \cdots$,x_e 是一个远小于 1 的正参数,w_e 为分子的振动常数.ρ 是同位素修正因子,以碘分子为例,$^{127}I_2$ 分子的 $\rho = 1$,$^{129}I_2$ 分子的 ρ 稍小于 1.图 4.1 示出了分子的振动能级分布.图中的 D_0 是二原子分子的离解能,D_e 是最高分立能级的能量,能量高于 D_e 时,分子发生离解.图中所示的能量曲线是分子的势能 $U(R)$,可用下式表示:

$$U(R) = D_e \{ 1 - \exp[-(K/2D_e)^{1/2}(R - r_e)]^2 \}, \qquad (4.2.2)$$

式中 R 是两个分子的原子核的间距,r_e 是振动时的平衡距离.公式中的 D_e, K

和 r_e 均为可由实验测量的常数.二原子分子的振动能级越低,越接近于谐振子的情况;振动能级越高,相邻能级的间隔越小.能量高于 D_e 时,分子发生离解,离解后的分子动能为连续变化的形式.

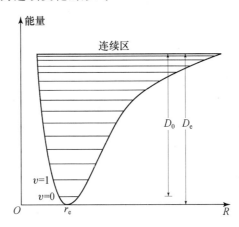

图 4.1　二原子分子的振动能级

在经典力学中,分子的转动能量可表示为

$$E_r = P^2/2I_0, \tag{4.2.3}$$

式中 P 为分子转动的总角动量,I_0 为分子的转动惯量.在量子力学中,角动量 P 是量子化的,可表示为

$$P = P_J = [J(J+1)]^{1/2}(h/2\pi), \tag{4.2.4}$$

式中 h 是普朗克常数,J 称为转动量子数,$J=0,1,2,\cdots$. 将式(4.2.4)代入式(4.2.3),并引入转动常数

$$B_0 = h/8\pi^2 I_0 c, \tag{4.2.5}$$

则可得出

$$E_r = hcB_0 J(J+1). \tag{4.2.6}$$

在考虑到二原子分子的振动和转动的相互影响后发现,不同振动能级的转动常数是有差异的,可用下式表示:

$$B_v = B_e - \alpha_e(v+1/2), \tag{4.2.7}$$

式中 B_v 相应于振动量子数 v 的转动常数,B_e 是对应于两个原子核平衡距离 r_e 的转动常数,即

$$B_e = h/8\pi^2 c\mu r_e^2, \tag{4.2.8}$$

μ 为分子质心处核的质量,α_e 是两个相邻振动能级间 B_v 的差值,即 $\alpha_e = B_v - B_{v-1}$,α_e

是一个远小于 B_v 的正数.

考虑了式(4.2.7)后,二原子分子的振动和转动的总能量的能级公式可表示为

$$E(v,J)=w_{e}(v+1/2)-w_{e}x_{e}(v+1/2)^{2}+hcB_{0}J(J+1),\qquad(4.2.9)$$

式中的转动量子数 J 的选择定则为 $\Delta J=\pm 1$. 设高能级和低能级的转动量子数分别为 J' 和 J'',满足 $J'-J''=-1$ 的振转吸收光谱组成 P 支;而满足 $J'-J''=+1$ 的振转吸收光谱组成 R 支.

原子内部的电子总轨道角动量 P_L 也是量子化的,可表示为

$$P_{L}=\left[L(L+1)\right]^{1/2}(h/2\pi),\qquad(4.2.10)$$

与轨道角动量量子数 $L=0,1,2,3,\cdots$ 相应的原子态分别称为 S,P,D,F,$\cdots$ 态.

此外,电子在轴向对称的电场中运动时,P_L 在分子轴 z 方向上的取向也是量子化的,其分量 P_{Lz} 数值为

$$P_{Lz}=M_{L}(h/2\pi),\qquad(4.2.11)$$

式中 $M_L=0,\pm 1,\pm 2,\cdots$. 在电场中,当所有电子运动反向时,系统的能量不变. 这时,原来的 M_L 反向变为 $-M_L$,对应的这两种状态具有相同的能量. 设量子数 $\Lambda=|M_L|$,与 $\Lambda=0,1,2,3,\cdots$ 相应的电子态分别称为 $\Sigma,\Pi,\Delta,\Phi,\cdots$ 态.

电子的总自旋角动量 P_S 的数值为

$$P_{S}=\left[S(S+1)\right]^{1/2}(h/2\pi).\qquad(4.2.12)$$

原子态的多重性用 $2S+1$ 来表示. 当 $\Lambda\neq 0$ 时,由于电子的轨道运动,将在分子 z 轴方向上产生一个磁场,这时 P_S 在 z 轴方向上的分量 P_{Sz} 的数值为

$$P_{Sz}=\Sigma(h/2\pi),\qquad(4.2.13)$$

式中,量子数 $\Sigma=S,S-1,S-2,\cdots,-S$,即 Σ 可取 $2S+1$ 个不同的数值,可正可负.

引入二原子的电子总角动量 Ω 在 z 轴方向上的分量,其数值为

$$\Omega=|\Lambda+\Sigma|,\qquad(4.2.14)$$

当 $\Lambda\gg S$ 时,量子数 Ω 有 $2S+1$ 个不同的数值. 在电子态符号 $\Sigma,\Pi,\Delta,\Phi,\cdots,$ 的左上角写上 $2S+1$,表示该电子态的多重性. 若两个原子核带有相同的电荷,则分子具有一个对称中心,原子核由这个中心反射后,电子波函数绝对值的平方应保持不变,即波函数不变或改变符号,前者的电子态称为偶态,在电子态符号的右下角加"g"来表示;后者的电子态称为奇态,在电子态符号的右下角加"u"来表示.

二原子分子 Σ 态的电子波函数的绝对值的平方,在由包含分子轴在其内的一个对称平面反射后,应保持不变,即波函数不变或改变符号,如果不变称为

$\sum^+$ 态,如果改变符号,称为 $\sum^-$ 态.

4.2.2 碘分子超精细光谱的量子理论

通常,把分子中含有原子核振动的光谱结构称为粗结构,含有转动的光谱结构称为细结构,而把含有核内部结构的光谱结构称为超精细结构. 由于分子是一个非常复杂的体系,严格求解比如碘分子的电子态几乎是不可能的,本节采用玻恩-奥本海默近似,以碘分子为例来进行分析[1].

在不考虑电子自旋时,碘分子的哈密顿量可写为

$$H = -(\hbar^2/2m) \sum \nabla_i^2 - (\hbar^2/2m) \sum \nabla_A^2$$
$$- \sum Ze^2/|R_A - r_i| + Z^2 e^2/R + \sum e^2/r_{ij}, \qquad (4.2.15)$$

式中第一、二项分别为电子和原子核的动能,第三、四项分别为两者的吸引能和排斥能,第五项是电子间的排斥能. 式中 m 为电子质量,Z 为原子核电荷数,下标 i 和 A 分别代表电子和原子核,R 为两个原子核的间距. 所谓玻恩-奥本海默近似就是在求解 H 的本征值和本征函数时,假定波函数可以写成关于电子和关于原子核的两个因子的乘积. 因为原子核质量远大于电子质量,电子运动较快,计算电子波函数时可认为原子核保持一定间距不变. 则波函数可写为

$$\psi(r_1, r_2, \cdots; R) = \psi_e(r_1, r_2, \cdots) \psi_n(R), \qquad (4.2.16)$$

与电子有关的哈密顿量可写为

$$H_e = -(\hbar^2/2m) \sum \nabla_i^2 - \sum Ze^2/|R_A - r_i| + \sum e^2/r_{ij}. \qquad (4.2.17)$$

把 R 看成参数,则可设 ψ_e 和 E_e 分别为 H_e 的本征函数和本征值,即有

$$H_e \psi_e = E_e(R) \psi_e, \qquad (4.2.18)$$

其中 ψ_e 假定为 R 的缓变函数,即 $\nabla \psi_e \to 0$. 由此可得原子核运动的波动方程为

$$[-(\hbar^2/2\mu) \sum \nabla_A^2 + V(R)] = E\psi_n, \qquad (4.2.19)$$

式中 μ 为两个核的约化质量,$V(R)$ 为势场. 原子核相当于在势场中运动.

玻恩-奥本海默近似要求的条件是 $(m/\mu)^{1/4} \ll 1$. 对碘分子而言,$(m/\mu)^{1/4} = 0.045$,完全满足这项条件.

在求解核运动的波动方程式(4.2.19)时,可采用核的相对运动坐标系,即以一个核作参考系,等效为一个质量为两个核质量的约化质量 μ 的运动,于是式(4.2.19)可简化为

$$[-(\hbar^2/2\mu) \nabla_A^2 + V(R)] = E\psi_n, \qquad (4.2.20)$$

在球坐标系中

$$-(\hbar^2/2\mu)\nabla_A^2 = H_v + H_R = -(\hbar^2/2\mu R)\partial^2 S(R)/\partial R^2 + J^2/2\mu R^2,$$
$$(4.2.21)$$

式中已令径向波函数 $\psi_R = S(R)/R$,等式右方第一、二部分分别为振动和转动能,J 为分子转动的角动量.H_R 为转动能量,本征值

$$F = J(J+1)\hbar^2/2\mu R^2.   (4.2.22)$$

径向波函数满足的方程为

$$\{(\hbar^2/2\mu) + E - V(R) - F(J,R)\}S(R) = 0,   (4.2.23)$$

由此方程解出的分子振动能量为

$$G = E - V(R) - F,   (4.2.24)$$

用振动量子数 v 来标记各振动能级.

在研究碘分子的超精细光谱时,起主要作用的是核电四极矩效应和核磁偶极矩效应.由于原子核的电荷分布并非完全球对称,因此具有核电四极矩,它与电子在核处的电场相互作用构成的核电四极矩能为

$$H_{EQ} = \sum_{i=1}^{2}(\boldsymbol{I}_i\boldsymbol{I}_i)^{(2)}(\boldsymbol{J}_i\boldsymbol{J}_i)^{(2)},   (4.2.25)$$

式中 $\boldsymbol{I}_i$ 为原子核的自旋角动量,$\boldsymbol{J}_i$ 为碘分子的转动角动量.原子核内电荷的运动使其产生磁偶极矩,与电子在核处的磁场相互作用构成核磁极矩能 H_{MD},它由下列三项组成:

$$H_{MD} = H_{SR} + H_{SSS} + H_{TSS},   (4.2.26)$$

其中

$$H_{SR} = C\boldsymbol{I}\cdot\boldsymbol{J},   (4.2.27)$$

$$H_{SSS} = A\boldsymbol{I}_1\cdot\boldsymbol{I}_2,   (4.2.28)$$

$$H_{TSS} = D[\boldsymbol{I}_1\cdot\boldsymbol{I}_2 - 3(\boldsymbol{I}_1\cdot\boldsymbol{r}_{12})(\boldsymbol{I}_2\cdot\boldsymbol{r}_{12})/r_{12}^2].   (4.2.29)$$

式中 H_{SR} 为核自旋与分子转动角动量的相互作用,C 为耦合常数;H_{SSS} 和 H_{TSS} 为碘分子两个核自旋之间的相互作用,各为标量和张量的自旋-自旋相互作用,A 和 D 为相应的耦合常数.在考虑了上述超精细相互作用后,碘分子体系的哈密顿量可表示为

$$H_{hfs} = H_{vr} + H_{EQ} + H_{SR} + H_{TSS} + H_{SSS},   (4.2.30)$$

式中第一项 H_{vr} 为振转能量.其中电四极矩效应决定了碘分子超精细光谱的主要结构.

超精细能级之间的单光子跃迁的选择定则为

$$\Delta J = 0, \pm 1; \quad \Delta F = 0, \pm 1; \quad \Delta I = 0.   (4.2.31)$$

超精细光谱中各分量 $J-1 \to J$ 的相对强度为：

$F-1 \to F$：$B(J+F+I+1)(J+F+I)(J+F-I)(J+F-I-1)/F$,

$$(4.2.32)$$

$F \to F$：$B(J+F+I+1)(J+F-I)(J-F+1)(J-F-I-1)(2F+1)/F(F+1)$,

$$(4.2.33)$$

$F+1 \to F$：$B(J-F+1)(J-F+I-1)(J-F-I-1)(J-F-I-2)/(F+1)$,

$$(4.2.34)$$

式中 I 为碘分子两个核自旋的总自旋，F 为总自旋与分子转动角动量合成的总角动量.

分量 $J \to J$ 跃迁的相对强度为：

$F-1 \to F$：$A(J+F+I+1)(J+F-I)(J-F+I+1)(J-F-I)/F$,

$$(4.2.35)$$

$F \to F$：$A[J(J+1)+F(F+I)-I(I+1)]^2(2F+1)/F(F+1)$,

$$(4.2.36)$$

$F+1 \to F$：$A(J+F+I+2)(J+F-I+1)(J-F+I)(J-F-I-1)/(F+1)$.

$$(4.2.37)$$

对于 $J \to J-1$ 跃迁，可令(4.2.32)—(4.2.34)式中的箭头反向得到.

由上可见，当 J 值较大时，不同的 ΔF 对应的光谱强度差别非常大.若将属于某个 J 值的各超精细光谱的强度总和定为 1，则对于 $J>10$ 的跃迁谱线，$\Delta F \neq \Delta J$ 光谱分量的强度仅约为总强度的 $1/2J^2$ 或 $1/10J^4$.只有 $\Delta F = \Delta J$ 的光谱分量的强度才具有可观的强度；这些分量之间的强度正比于各自的 F 值.J 值越大时，可观测到的超精细光谱之间的强度差别越小.在分子谱带中，$J>10$ 的各条振转跃迁谱线只能分裂为 $\sum 2I+1$ 条可观测到的超精细分量谱线.

对于碘分子 $^{127}I_2$，$I_1=I_2=5/2$，对于 B-X 振转跃迁，基态转动量子数 J 为奇数时，I 可取 1,3,5，J 为偶数时，I 可取 0,2,4，则振转跃迁谱线可分裂为 21 条(奇数)或 15 条(偶数)超精细谱线.

各个超精细能量的非零矩阵元由下式计算[2]：

$$\langle F,I,J \mid H_{EQ} \mid F',I',J' \rangle = \delta_{FF'}(-1)^{F+J+2I_1}(1/2)eQq(J,J')[(2I+1)(2I'+1)]^{1/2}$$
$$\times \left[\begin{pmatrix} I_1 & I_1 & 2 \\ I_1 & -I_1 & 0 \end{pmatrix} \begin{pmatrix} J' & J & 2 \\ J & -J & 0 \end{pmatrix} \right]^{-1} \begin{Bmatrix} I_1 & I_1 & I \\ 2 & I' & I_1 \end{Bmatrix} \begin{Bmatrix} F & J & I \\ 2 & I' & J' \end{Bmatrix},$$

$$(4.2.38)$$

其中 $J'=J+2$ 或 $J'=J$,

$$q(J,J+2) = 3(J+1)^{1/2}q/[(2J+3)(2J+5)]^{1/2},$$

$$q(J,J) = -Jq/[(2J+3)]. \qquad (4.2.39)$$

$$\langle F,I,J \mid H_{SR} \mid F',I',J' \rangle = \delta_{FF'}\delta_{II'}\delta_{JJ'}(1/2)C[F(F+1)-I(I+1)-J(J+1)]. \qquad (4.2.40)$$

$$\langle F,I,J \mid H_{SSS} \mid F',I',J' \rangle = \delta_{FF'}\delta_{JJ'}\delta_{II'}(1/2)A[I(I+1)-2I_1(I_1+1)]. \quad (4.2.41)$$

$$\langle F,I,J \mid H_{TSS} \mid F',I',J' \rangle = \delta_{FF'}\delta_{JJ'}(-1)^{F+I'+1}D(2J+1)$$

$$\times [I_1(I_1+1)(2I_1+1)][30(2I+1)(2I'+1)]^{1/2}$$

$$\times \begin{bmatrix} J & 2 & J \\ 0 & 0 & 0 \end{bmatrix} \begin{bmatrix} F & J & I \\ 2 & I' & J' \end{bmatrix} \begin{Bmatrix} I_1 & I_1 & 1 \\ I_1 & I_1 & 1 \\ I & I' & 2 \end{Bmatrix}. \quad (4.2.42)$$

$$\langle F,I,J \mid H_{R} \mid F',I',J' \rangle = B_v J(J+1) - D_v J^2(J+1)^2$$

$$+ H_v J^3(J+1)^3 + M_v J^4(J+1)^4, \qquad (4.2.43)$$

其中 $J'=J+2$ 或 $J'=J$.

以上各式中 $\begin{bmatrix} j_1 & j_2 & j_3 \\ m_1 & m_2 & m_3 \end{bmatrix}$ 为 3J 符号，$\begin{bmatrix} j_1 & j_2 & j_3 \\ l_1 & l_2 & l_3 \end{bmatrix}$ 为 6J 符号，$\begin{Bmatrix} I_1 & I_1 & 1 \\ I_1 & I_1 & 1 \\ I & I' & 2 \end{Bmatrix}$

为 9J 符号. 6J 符号的计算公式为[2]

$$\begin{Bmatrix} j_1 & j_2 & j_3 \\ l_1 & l_2 & l_3 \end{Bmatrix} = (-1)^{j_1+j_2+l_1+l_2}\Delta(j_1j_2j_3)\Delta(l_1l_2j_3)\Delta(l_1j_2l_3)\Delta(j_1l_2l_3)$$

$$\times \sum_k \left(\frac{(-1)^k(j_1+j_2+l_1+l_2+1-k)!}{k!(j_1+j_2-j_3-k)!(l_1+l_2-j_3-k)!(j_1+l_2-l_3-k)!} \right)$$

$$\times [1/(l_1+j_2-l_3-k)!(-j_1-l_1+j_3+l_3+k)!$$

$$\times (-j_2-l_2+j_3+l_3+k)!], \qquad (4.2.44)$$

其中

$$\Delta(abc) = \{[(a+b-c)!(c+a-b)!(b+c-a)!]/(a+b+c+1)!]\}^{1/2}, \qquad (4.2.45)$$

9J 符号可化为 6J 符号计算，一般表达式比较复杂，在此给出两个需要用到的公式[3]：

$$\begin{Bmatrix} I_1 & I_1 & 1 \\ I_1 & I_1 & 1 \\ I & I & 2 \end{Bmatrix} = \frac{[4I_1(I_1+1)+I(I+1)][I(I+1)]^{1/2}}{I_1(I_1+1)(2I_1+1)[120(2I-1)(2I+1)(2I+3)]^{1/2}},$$

$$(4.2.46)$$

$$\begin{cases} I_1 & I_1 & 1 \\ I_1 & I_1 & 1 \\ I & I-2 & 2 \end{cases} = \frac{\{[(2I_1+1)^2-(I-1)^2]I(I-1)[(2I_1+1)^2-I^2]\}^{\frac{1}{2}}}{2I_1(2I_1+1)(2I_1+2)[5(2I-3)(2I-1)(2I+1)]^{\frac{1}{2}}}.$$

$$(4.2.47)$$

4.2.3 预言碘分子超精细分量新的经验公式

利用下列经验公式可以比较简便易行地确定超精细常数 eQq, C, A 和 $D^{[4]}$：

$$(eQq)' = -0.01721G(v') - 484.89,$$

$$(eQq)'' = -[1964.8(3) - 0.0130G(v') - 1.51(6) \times 10^{-6}G(v')^2],$$

$$C' = 0.001 \times \{23(1) + 418(5)\exp[(-4381.249 + G(v'))/653]$$

$$+ 0.012(5)F_v(J)\},$$

$$D' = -(1/2)C',$$

$$C'' = A'' = A' = D' = 0, \qquad\qquad (4.2.48)$$

式中 $G(v')$ 和 $F_v(J)$ 分别代表给定能级的振动和转动部分的能量. $G(v')$ 以 cm^{-1} 为单位，式中各常数以 MHz 为单位，v', J' 分别代表 B 能级的振动和转动量子数，圆括号中的数字代表它前面数值的最后一位的不确定度.

公式也叮拟合到 Δd 的实验数据，但由于 Δd 有很大的相对不确定度，很难作准确预言；常数 $\Delta\delta$ 也有类似的情况. 这里 Δd 和 $\Delta\delta$ 都是 $G(v')$ 的函数.

可以对预言碘的超精细常数的不同经验公式进行比较，上述 ΔeQq 的公式可用于直至 $4000\ \mathrm{cm}^{-1}$ 的高能级，其标准不确定度为 $0.2\ \mathrm{MHz}$，比其他经验公式小一个量级. 在碘谱理论计算常数的历史上，如此大量的 ΔeQq 数据以这样小的不确定度进行模拟还属首次. 预言 ΔC 的新模型尚在试验中，其标准不确定度为 $3\ \mathrm{kHz}$.

当 ΔeQq 的标准不确定度为 $0.5\ \mathrm{MHz}$ 时，相应的单个超精细分量估计的最大频移为 $0.2\ \mathrm{MHz}$，ΔC 的相应频移与 J' 呈线性关系. 假定 ΔC 的不确定度为 $3\ \mathrm{kHz}$，当 $J'=128$ 时的频移为 $4\ \mathrm{MHz}$，而当 $J'=46$ 时则减小三倍. 用超精细常数的经验公式时，ΔC 的不确定度在计算谱的准确度中将起主要作用. 而上述经验公式中，ΔeQq 的计算值与实验值的比较已在实验的不确定度范围内符合.

§4.3　碘分子的跃迁能级及饱和吸收谱线

4.3.1　碘分子的跃迁能级

1811 年,法国化学家 Courtois 首先发现了碘元素,碘具有多种同位素,但自然界中只有^{127}I. 碘分子在可见光波段(500～700 nm)具有极为丰富的谐振吸收谱线[4],它们均属于电子跃迁. Mulliken[5] 对碘的光谱曾作过广泛的评论,但直至 1977 年,Huber 和 Herzberg[6] 才发表了碘谱的数据. 1978 年,Gerstenkorn 和 Luc[7] 观测了可见光波段内许多碘的吸收谱线,用傅里叶变换光谱术进行检测. 由于得到的数据非常丰富,分辨率也很高,因此对碘的可见光谱作出了清晰的分析[8],对分子的振动和转动常数也进行了精密的计算[9]. 由于这些碘谱非常密集,因此可与激光谱线符合的振转跃迁的发生几率很大,在很多情况下均能实现与激光谱线的符合. 例如用通常的氦氖激光、氩离子激光和氪离子激光,已在碘的 B-X 系统的很宽范围内观测到振转跃迁的超精细结构.

上节所述的分子光谱的知识,可以应用到碘分子的情况. 碘吸收谱是碘分子的电子与其振转跃迁相关的跃迁,其能级跃迁的符号为:

$$B^3 \textstyle\prod_{0u}^+ \leftarrow X^1 \sum_{0g}^+, \qquad (4.3.1)$$

其中,基电子能级($X^1\sum_{0g}^+$)和第一激发电子能级($B^3\prod_{0u}^+$)的量子数分别为 $S=0$ 和 $S=1$. S 为总电子自旋,基态和激发态的多重性分别为 $2S+1=1$ 和 $2S+1=3$. 因此,X 和 B 右上角的角标分别为 1 和 3. $\sum$ 和 $\prod$ 分别表示 $\Lambda=0$ 和 $\Lambda=1$ 的状态,其中 Λ 是电子绕核间轴的角动量. 这两种情况下,均有 $\Omega=|\Lambda+\Sigma|=0$,$\Sigma$ 是 S 沿着分子核间轴的分量. 角标上的正号(+)表示在通过两核的平面反射时,电子本征函数 ϕ_e 保持不变. 对称性 g(偶数)和 u(奇数)分别表示在分子对称中心处反射时,ϕ_e 保持不变和只改变符号. 由此,$\sum$ 和 $\prod$ 的下角标分别用 0g 和 0u 来表示. 由于碘是重分子,它属于洪德耦合情况. 根据碘分子结构的研究及有关实验的结果[10],表 4.2 中示出了由实验得出的分子结构常数[11]. 表中 T_e 是电子能级的最低振动能级($v=0$)与基态振动能级($v=1$)的能量差. 振动量子数为 v 的振动能级的能量 G_v 可用下式表示[4]

$$G_v = w_e\rho[v+(1/2)] - w_e x_e \rho^2[v+(1/2)]^2 + w_e y_e \rho^3[v+(1/2)]^3 + \cdots,$$

$$(4.3.2)$$

表 4.2 碘分子 X, B 电子能级的分子结构常数(单位：GHz)

	$X^1 \sum_{0g}^+$	$B^3 \prod_{0u}^+$
T_e	0	$4.722\,757 \times 10^5$
w_e	6.431×10^3	3.7633×10^3
$w_e x_e$	1.82×10	2.2×10
$w_e y_e$	-3.92×10^{-2}	1.24×10^{-1}
B_e	1.122	8.66×10^{-1}
α_e	3.6×10^{-3}	4.0×10^{-3}
D_e	1.4×10^{-7}	1.0×10^{-7}
β_e	-3.6×10^{-10}	1.2×10^{-8}

式(4.3.2)比 4.2 节中式(4.2.9)多了最后一项 $w_e y_e \rho^2 [v+(1/2)]^3$，但 y_e 是远小于 x_e 的小数.

转动量子数为 J 的转动能级的能量 $F(J)$ 可用下式表示

$$F_v(J) = B_v J(J+1) - D_v J^2 (J+1)^2, \tag{4.3.3}$$

式中 B_v 和 D_v 是转动常数.

$$B_v = B_e - \alpha_e [v+(1/2)],$$
$$D_v = D_e - \beta_e [v+(1/2)].$$

碘分子的总能量可写为

$$E(J) = T_e + G_v + F_v(J), \tag{4.3.4}$$

上式中的能量 T_e, G_v 和 $F_v(J)$ 示于图 4.2 中. 式中 T_e 对应于电子能级差,上下能级为 X, B 态时,其值为 15 769.051 8 cm^{-1}. G_v 可由如(4.3.2)式所示的 Dunham 级数计算[9]：

$$G_v' = \sum y_{i0}' [v+(1/2)]^i, \qquad G_v'' = \sum y_{i0}'' [v+(1/2)]^i. \tag{4.3.5}$$

$F_v(J)$ 可由如式(4.3.3)所示的 $F_v(J)$ 展开成 $K = J(J+1)$ 的幂级数：

$$\left. \begin{array}{l} F_v'(J) = B_v' K - D_v' K^2 + H_v' K^3 + L_v' K^4 + M_v' K^5, \\ F_v''(J) = B_v'' K - D_v'' K^2 + H_v'' K^3. \end{array} \right\} \tag{4.3.6}$$

式中分子转动常数也由 Dunham 级数计算：

$$\left. \begin{array}{ll} B_v' = \sum y_{i1}' [v+(1/2)]^i, & B_v'' = \sum y_{i1}'' [v+(1/2)]^i, \\ D_v'' = \sum y_{i1}'' [v+(1/2)]^i, & H_v'' = \sum y_{i1}'' [v+(1/2)]^i. \end{array} \right\} \tag{4.3.7}$$

式中 D_v', H_v', L_v', M_v' 均用下面指数多项式计算：

$$\left. \begin{array}{ll} D_v' = \exp \sum C_{i2} [v+(1/2)]^{i-1}, & H_v' = \exp \sum C_{i2} [v+(1/2)]^{i-1}, \\ L_v' = \exp \sum C_{i2} [v+(1/2)]^{i-1}, & M_v' = \exp \sum C_{i2} [v+(1/2)]^{i-1}, \end{array} \right\} \tag{4.3.8}$$

其中的系数 C 也由 Dunham 级数计算. 振转跃迁 R 和 P 支的波数可分别表示为:

$$\sigma_R = \sigma(v', J+1; v'', J), \quad \sigma_P = \sigma(v', J-1; v'', J), \qquad (4.3.9)$$

计算的波数单位为 cm^{-1}.

图 4.2 中示出了 B 和 X 态的势能曲线, 它是由电子能量 T_e、振动能量 G_v 和转动能量 $F_v(J)$ 组成的, 横坐标 R 是核的间距. 碘吸收谱线的粗结构是由振动能级产生的, 通常具有对称的本征函数 ψ_v. 碘分子电子基态中的振动量子数的已知值为

$$v'' = 0, 1, 2, \cdots, 7. \qquad (4.3.10)$$

激发电子态中的振动量子数的已知值为

$$v' = 1, 2, \cdots, 62. \qquad (4.3.11)$$

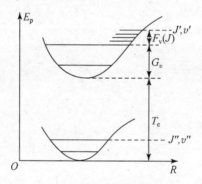

图 4.2　B 和 X 态的势能曲线

跃迁带的符号取 v'-v'' 的形式, 例如, 11-5, 6-3 带分别表示 $v'=11, v''=5$ 及 $v'=6, v''=3$ 等. v'' 的数值越接近于零, 相应的振动能级越接近基态, 碘分子的集居数越多, 碘的吸收系数将越大. 绿光波段吸收下能级的 $v''=0$, 而红光波段吸收下能级的 $v''=2\sim6$, 因此绿光波段碘的吸收系数远大于红光波段.

精细结构是由两个分支 R 和 P 的转动谱线组成的, 其中转动量子数 J 的选择定则分别为

$$\Delta J = J' - J'' = \pm 1, \qquad (4.3.12)$$

其中 J 取奇数,

$$J = 13, 15, \cdots, 127. \qquad (4.3.13)$$

两支转动谱的表示可写为 R(J) 或 P(J). 对于碘室置于腔内获得饱和吸收的情况, 由于腔内激光功率很强, 碘分子可以产生跃迁的基态振动量子数 $v''=5$ 或 $v''=$

6;而对于碘室置于腔外获得饱和吸收的情况,即使 $v''=0$ 或 $v''=1$ 也能激发到室温下玻尔兹曼分布的高能级.例如,633 nm 腔内饱和吸收跃迁 11-5 带 R(127)谱线,$v'=11$,$v''=5$,$J'=128$,$J''=127$,$\Delta J=+1$,为 R 支;而 532 nm 腔外饱和吸收跃迁 32-0 带 R(56)谱线,$v'=32$,$v''=0$,$J'=56$,$J''=55$,为 R 支,35-0 带 P(119)谱线,$v'=35$,$v''=0$,$J'=118$,$J''=119$,为 P 支.图 4.3 示出了 633 nm 波段的碘分子的能级结构及能级跃迁[11].

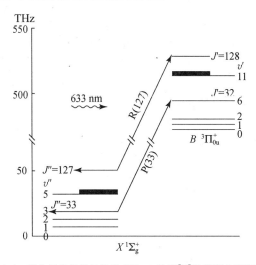

图 4.3 碘分子的能级结构及 633 nm 波段[11]的碘吸收能级跃迁

在 J 为偶数时,转动本征函数 ψ_r 是对称的;在 J 为奇数时,则是反对称的.超精细结构是由分子的核自旋 I 产生的,

$$I = I_1 + I_2, \qquad (4.3.14)$$

式中 I_i 是单个原子的核自旋.$^{127}I_2$ 的核自旋是 $I_i=5/2$,$^{129}I_2$ 的核自旋是 $I_i=7/2$.由于总分子角动量与核自旋之间的相互作用,J 和 I 耦合,形成了总角动量 F.碘分子的总核自旋可以具有以下数值:

$$I = 0,1,\cdots,5,\text{在}^{127}I_2 \text{的情况};I = 0,1,\cdots,7,\text{在}^{129}I_2 \text{的情况},$$

$$(4.3.15)$$

由于波函数的对称性,在 J 为奇数和偶数时,分别称为正态和仲态.对于 $^{127}I_2$,正态的 $I=1,3,5$,而仲态的 $I=0,2,4$.表 4.3 中根据 Camy 的论点[13]作了归纳.

表 4.3　B 和 X 态的量子数 I 和 J 的关系

电子态	正态(I 为奇数)	仲态(I 为偶数)
$B^3 \Pi_{0u}^+$	J 为偶数	J 为奇数
$X^1 \sum_{0g}^+$	J 为奇数	J 为偶数

自旋本征函数 β 在 I 为奇数时是对称的,在 I 为偶数时是反对称的.按照总本征函数的泡利原理,总的波函数

$$\psi = \psi_e(\psi_v/r)\psi_r\beta \tag{4.3.16}$$

对费米-狄拉克核必须是反对称的.因为低电子态的电子波函数 ψ_e 和振动波函数 ψ_v 是对称的,因此,对称的转动本征函数 ψ_r 就需要反对称的自旋本征函数 β,反之亦然.

若转动量子数 J 为偶数,自旋值为

$I = 0,2,4$,在 $^{127}\mathrm{I}_2$ 的情况;　　$I = 0,2,4,6$,在 $^{129}\mathrm{I}_2$ 的情况.

$$\tag{4.3.17}$$

若 J 为奇数,自旋值为

$I = 1,3,5$,在 $^{127}\mathrm{I}_2$ 的情况;　　$I = 1,3,5,7$,在 $^{129}\mathrm{I}_2$ 的情况.

$$\tag{4.3.18}$$

总角动量为

$$F = I + J.$$

11-5 带 R(127) 及 6-3 带 P(33) 跃迁的上能级和下能级均属于 $I=1,3,5$ 的情况.由此得出的 F 量子数为 $J > I$ 的情况,即

$$F = |J+I|, |J+I-1|, \cdots, |J-I|. \tag{4.3.19}$$

上式中 F 的个数为 $2I+1$ 个,即组成对 J 的 $2I+1$ 个子能级.$I=1,3,5$,相应的 F 个数分别为 $3,7,11$,产生的 F 量子数能级总数为 21 个.而在 J 为偶数时,例如 R(56)32-0 谱线,$I=0,2,4$,相应的 F 分别为 $1,5,9$ 个,产生的 F 量子数能级总数则为 15 个.

在 21 或 15 个量子数能级上,原子核中有限大小的电荷分布并不是球对称的,从而引起原子核与分子的相互作用,解除了能级的简并而产生超精细的分裂,这是超精细相互作用的起因.下面将作详细的描述.

4.3.2　*B-X* 能级之间振转跃迁的识别

为了识别出观测到的谱线所属的 P 支或 R 支对应的某组振转跃迁,本小节中作一例解.图 4.4(a)示出了 Luc 等人[8]观测的 15 770~15 775 cm^{-1} 的一段光

谱,首先要计算出相应波长附近强度可观测的十几条振转跃迁谱线,得出其波长、波数和相对强度,作出强度-波数关系图,如图 4.4(c)所示.与观测的光谱图 4.4(a)相比,就可确定各条分子光谱的振转带,结果示于表 4.4 中.由于谱线具有一定的宽度,设其为洛伦兹线型,并用适当的线宽去拟合,可得如图 4.4(b)所示的计算光谱图[1].表 4.4 为相应的谱带甄别结果.

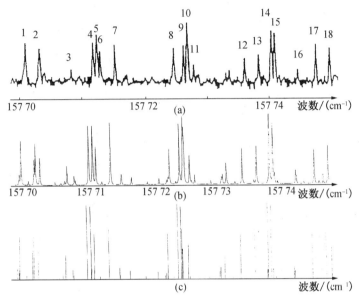

图 4.4 (a) Luc 的碘分子光谱[8];(b) 计算的碘分子光谱[1];
(c) 计算的碘分子光谱谱线结构[1]

表 4.4 15 770~15 775 cm^{-1} 振转跃迁的甄别结果[1]

编号	跃迁	波数/(cm^{-1})	相对强度
1	P(63)6-3	15 770.1066	2.17
2	R(132)7-3	15 770.3185	1.39
2	R(69)6-3	15 770.3406	2.36
2	P(126)7-3	15 770.4093	1.63
3	R(136)9-4	15 770.8424	1.18
4	R(81)8-4	15 771.1863	3.50
5	P(75)8-4	15 771.2466	3.42
6	P(62)6-3	15 771.2973	2.15
7	R(68)6-3	15 771.5288	2.35
7	P(130)9-4	15 771.5302	1.41
8	P(61)6-3	15 772.4700	2.13

续表

编号	跃迁	波数/(cm^{-1})	相对强度
9	R(80)8-4	15 772.6298	3.51
10	P(74)8-4	15 772.6879	3.42
10	R(67)6-3	15 772.6989	2.34
10	R(131)7-3	15 772.7064	1.43
11	P(125)7-3	15 772.7924	1.68
12	P(60)6-3	15 773.6246	2.11
13	R(66)6-3	15 773.8509	2.33
14	P(129)9-4	15 774.0502	1.46
14	R(79)8-4	15 774.0547	3.53
15	P(73)8-4	15 774.1105	3.42
16	R(86)10-5	15 774.4700	0.57
17	P(59)6-3	15 774.7611	2.08
18	R(65)6-3	15 774.9847	2.31

4.3.3 *B-X* 跃迁的超精细结构特征分析

本小节以常用的 He-Ne/^{127}I$_2$ R(127)11-5 的振转跃迁为例,分析 *B-X* 跃迁的超精细结构特征,其中八个超精细常数为:

$$(eQq)' = -559.380\,000, \quad (eQq)'' = -2504.048\,000,$$
$$C' = 0.028\,405, \quad A' = -0.015\,371,$$
$$D' = -0.020\,742, \quad C'' = A'' = D'' = 0.$$

各个常数对跃迁能级的影响列于表 4.5 和表 4.6 中.由表可见,核电四极矩相互作用 H_{eq} 的影响最为明显,起主要作用.上下能级均分裂为 21 个子能级,总量子数 F 可取从 $J+I$ 至 $J-I$ 的所有值,其中 B 能级的 $J=128$,因此 F 可取从 133 至 123 的数,而 X 能级的 $J=127$,相应的 F 可取从 132 至 122 的数,核自旋 I 可取 1,3,5.X 和 B 各超精细能级按能量从小到大的顺序排列,子能级分为 6 组:能级数依次为 3,4,4,3,4,3,其跃迁分量共有 21 个.在国际比对中经常使用的七个分量 d,e,f,g 和 h,i,j 分别属于 4 个和 3 个分量.

表 4.5　R(127)11-5 的 *B* 能级的超精细分裂[1]

F	I	H_{EQ}	H_{SR}	H_{SSS}	H_{TSS}
123	5	141.511	-18.321	-0.096	-0.131
124	5	59.916	-14.799	-0.096	-0.056
125	3	14.619	-10.993	0.042	-0.082
125	5	-24.078	-11.248	-0.096	0.004

续表

F	I	H_{EQ}	H_{SR}	H_{SSS}	H_{TSS}
126	3	14.176	−7.414	0.042	−0.002
126	5	−66.402	−7.669	−0.096	0.048
127	1	−110.519	−3.664	0.119	−0.039
127	3	54.277	−3.806	0.042	0.047
127	5	−69.023	−4.062	−0.096	0.076
128	1	139.841	−0.028	0.119	0.077
128	3	−27.951	−0.170	0.042	0.065
128	5	−111.773	−0.426	−0.096	0.086
129	1	−113.159	3.636	0.119	−0.038
129	3	56.600	3.494	0.042	0.050
129	5	−70.682	3.238	−0.096	0.080
130	3	13.842	7.186	0.042	0.002
130	5	−73.312	6.931	−0.096	0.055
131	3	12.628	10.908	0.042	−0.080
131	5	−31.017	10.652	−0.096	0.013
132	5	52.020	14.401	−0.096	−0.048
133	5	138.204	18.179	−0.096	−0.128

表 4.6　R(127)11-5 的 X 能级的超精细分裂[1]

F	I	H_{EQ}	H_{SR}	H_{SSS}	H_{TSS}
122	5	633.745	0	0	0
123	5	268.651	0	0	0
124	3	70.185	0	0	0
124	5	−111.769	0	0	0
125	3	63.493	0	0	0
125	5	−296.829	0	0	0
126	1	−494.498	0	0	0
126	3	247.334	0	0	0
126	5	−308.825	0	0	0
127	1	624.992	0	0	0
127	3	−124.119	0	0	0
127	5	−500.319	0	0	0
128	1	−506.760	0	0	0
128	3	253.478	0	0	0
128	5	−316.531	0	0	0
129	3	61.944	0	0	0
129	5	−328.569	0	0	0

续表

F	I	H_{EQ}	H_{SR}	H_{SSS}	H_{TSS}
130	3	56.295	0	0	0
130	5	-139.353	0	0	0
131	5	232.415	0	0	0
132	5	618.384	0	0	0

4.3.4 饱和吸收的主谱线和交叉谱线

超精细跃迁是不同电子跃迁的超精细子能级之间的跃迁,若 $J \gg I$,当 $\Delta F = \Delta J$ 时就能观测到最强的跃迁,这些跃迁称为主谱线.在碘谱中,如(4.3.12)式所示,$\Delta F = \Delta J$ 成立.$\Delta F = 0$ 的跃迁几率很小,仅为 $\Delta F = \Delta J$ 的跃迁强度的 $1/2J^2$.$\Delta F = -\Delta J$ 的组合虽也有可能,但这些跃迁几乎是禁戒的,仅为 $\Delta F = \Delta J$ 的跃迁强度的 $1/10J^2$;在饱和吸收时,相应的谱线称为"交叉谱线",饱和吸收强度约为 $\Delta F = \Delta J$ 的跃迁强度的 $(1/2)J$ 时就能观测到这些谱线.

主谱线有时按频率值递减次序用 a,b,c,d,…命名;有时按频率值递增次序用 a_1, a_2, a_3,…命名[14].这两种符号在文献中均有应用,本书中的不同场合也各有应用,请读者注意两者的关系.

交叉谱线与通常的饱和吸收谱线相关,它是 $v_z \neq 0$ 的分子贡献给饱和吸收信号的谱线.图 4.5 示出了具有相同低能级的交叉谱线的跃迁.由于相对于激光光子频率 f_0 的分子谐振频率 f 可表示为 $f = f_0(1 + v_z/c)$,如果两个超精细能级的分裂频率为 $2f_0 v_z/c$,而受激分子的运动速度为 $+v_z$ 或 $-v_z$,则下列两个

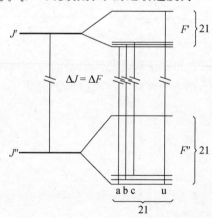

图 4.5 碘分子超精细结构分裂的能级及其相应的跃迁

超精细能级可以同时受激:在入射方向上的某一跃迁可以受激;对应在出射方向上相同分子的另一跃迁也可以受激.由于两个跃迁是从同一能级出发的,这个能级将被抽空,因此吸收系数减小.过量的激光功率未被吸收,可以在相应于两个跃迁的和频之半的频率处观测到其信号.可贡献给交叉谱线的最强信号是 $\Delta F = \Delta J$ 和 $\Delta F = 0$ 的跃迁.根据上面强度因子的讨论,交叉谱线仅是对应于低 J 值的跃迁.可能的交叉谱线的数目最多是 $\Delta F = 0$ 的谱线数目的两倍.

表 4.7 和表 4.8 列出了相应于正态和仲态的谱线数目[13],由表中所列可见,正态和仲态跃迁分别为 90 条和 61 条谱线!

表 4.7　正态的谱线数目

	$I=1$	$I=3$	$I=5$	总数
$\Delta F = \Delta J$	3	7	11	21
$\Delta F = 0$	2	6	10	18
$\Delta F = -\Delta F$	1	5	9	15
交叉谱线	4	12	20	36

表 4.8　仲态的谱线数目

	$I=0$	$I=2$	$I=4$	总数
$\Delta F - \Delta J$	1	5	9	15
$\Delta F = 0$	0	4	8	12
$\Delta F = -\Delta F$	0	3	7	10
交叉谱线	0	8	16	24

§4.4　碘蒸气压力和碘谱荧光之间关系的理论考虑

本节描述碘蒸气压力和碘谱荧光之间关系的有关理论及某些相关的现象.这些理论和现象对于计算碘的超精细结构分量的频率,以及如何发现碘的新的超精细结构谱线,是至关重要的.

4.4.1　弛豫过程

除跃迁振荡强度、夫兰克-康登及洪尔-伦敦因子外,某个跃迁的荧光强度还与其他竞争的弛豫过程有关.例如,电离作用、预离解以及碰撞淬灭.在我们关心的问题中,主要过程可表示如下:

$$\text{激发} \qquad h\nu + I_2 \rightarrow I_2^*, \qquad (4.4.1a)$$

荧光　　　　　　$I_2^* \rightarrow h\nu + I_2$,　　　　　　　　　　　(4.4.1b)

预离解　　　　　$I_2^* \rightarrow I + I$,　　　　　　　　　　　　(4.4.1c)

光电离　　　　　$h\nu + I_2 \rightarrow I_2^+ + e^-$,　　　　　　　　(4.4.1d)

自淬灭　　　　　$I_2^* + I_2 \rightarrow 2I + I_2$,　　　　　　　　　(4.4.1e)

外部气体淬灭　　$I_2^* + X \rightarrow 2I + X$,　　　　　　　　　(4.4.1f)

式中 $h\nu$ 表示一个光子,I_2 表示碘分子,符号"*"表示分子被激发,X 表示一个外部气体分子或原子,e^- 表示一个电子,角标"+"表示碘分子被电离.

碘的电离势 I. P. = 9.311 eV[5],它远高于激发时的能量(约 3.3 eV),激发光并不会强到足以产生多光子过程.因此我们完全可以忽略(4.4.1c),(4.4.1e)和(4.4.1f)三式所列的过程.

4.4.2　Stern-Volmer 公式

对观测态的寿命有贡献的主要过程是辐射、非辐射和碰撞感生的淬灭过程.前两个过程是自发发射和预离解.总的有效寿命 τ_{eff} 可表示为

$$1/\tau_{eff} = (1/\tau_r) + (1/\tau_{nr}) + (1/\tau_c),\qquad (4.4.2)$$

式中 τ_r, τ_{nr} 和 τ_c 分别表示辐射、非辐射和碰撞感生的淬灭过程所贡献的寿命.

具有寿命 τ 的态的指数衰变的基本表达式可写为

$$N = N_0 \exp(-t/\tau),\qquad (4.4.3)$$

式中 N 和 N_0 分别表示时刻 t 和 $t=0$ 能级上占有的粒子数.用这个公式可以构成一个模型,来描述激发态粒子数的自发发射、预离解和碰撞淬灭,有

$$d[I_2^*]/dt = -[I_2^*]/\tau_r - [I_2^*]/\tau_{nr} - S[I_2^*][I_2] - Q[I_2^*][X],\quad (4.4.4)$$

式中 $[I_2^*]$,$[I_2]$ 和 $[X]$ 分别表示激发态碘分子、基态碘分子和外部气体分子的浓度,S,Q 分别表示激发态碘分子、基态碘分子和外部气体分子的碰撞速率.在未饱和时,激发速率与衰变速率之间达到平衡,即

$$d[I_2^*]/dt = -\sigma_A I_0 [I_2],\qquad (4.4.5)$$

式中 I_0 是辐照度,即单位面积单位时间的光子数,σ_A 是吸收截面,即碰撞直径的平方乘以 π.若用 σ_S 和 σ_X 分别表示自碰撞和碘分子与外部气体分子的碰撞,可将 S 和 Q 定义为

$$S = v_I \sigma_S,\qquad (4.4.6)$$

$$Q = v_X \sigma_X,\qquad (4.4.7)$$

式中 v_I 和 v_X 分别表示碘分子和外部气体分子的平均速度.平均速度 v 可用麦克斯韦-玻尔兹曼统计分布给出

$$v = (8kT/\pi\mu)^{1/2}, \tag{4.4.8}$$

k 是玻尔兹曼常数，μ 是碰撞粒子间的约化质量. 经平均后 S 和 Q 可写为

$$S = \sigma_S(16kT/\pi M_I)^{1/2}, \tag{4.4.9}$$

$$Q = \sigma_X(8kT/\pi\mu_X)^{1/2}, \tag{4.4.10}$$

式中 M_I 为碘分子质量，μ_X 表示碘和外部气体分子的约化质量. 用公式(4.4.4)，(4.4.5)，(4.4.9)，(4.4.10)可得以下公式

$$\sigma_A I_0[I_2] = [I_2^*]/\tau + \sigma_S v_I[I_2^*][I_2] + \sigma_X v_X[I_2^*][X], \tag{4.4.11}$$

其中 τ 由下式表示：

$$1/\tau = 1/\tau_r + 1/\tau_{nr}. \tag{4.4.12}$$

由受激态粒子的自发发射产生的荧光强度 I_F 是单位面积单位时间内的光子数，可表示为

$$I_F = A[I_2^*], \tag{4.4.13}$$

式中 A 是跃迁几率，与爱因斯坦系数有关. 将上式代入式(4.4.11)可得

$$1/I_F = (1/\sigma_A I_0 A)\{(1/[I_2])(1/\tau + \sigma_X v_X[X]) + \sigma_S v_I\}. \tag{4.4.14}$$

由于分子数不能直接测量，式(4.4.14)不能直接应用. 如果我们用理想气体定律作为近似，可找出分子数与压力的关系，则有

$$[I_2] = P_I/kT, \tag{4.4.15}$$

式中 P_I 是单位为 Pa 的碘压. 联立式(4.4.14)和(4.4.15)可得

$$1/I_F = (1/\sigma_A I_0 A)\{(1/P_I)(1/\tau + \sigma_X v_X P_X/kT) + \sigma_S v_I\}, \tag{4.4.16}$$

式中 P_X 是外部气体的压力，乘积 $\sigma_X v_X P_X/kT$ 是碰撞淬灭寿命 τ_c 的倒数. 上述公式的物理意义是：分子越多，压力越高，截面越大，则碘分子在较短的时间内就能经历一次碰撞.

在碘蒸气达到饱和的条件下，只要将碘室的小部分冷却（即"冷指"），冷指温度将只影响碘的压力. 则可将式(4.4.16)改写成线性方程

$$1/I_F = K(1/P_I) + L, \tag{4.4.17}$$

式中

$$K = [(1/\tau) + \sigma_X v_X P_X/kT](kT/\sigma_A I_0 A), \tag{4.4.18}$$

$$L = \sigma_S v_I/\sigma_A I_0 A. \tag{4.4.19}$$

式(4.4.17)通常称为 Stern-Volmer 公式[15]，K 带有外部气体压力的信息. 与短寿命态相比，观测较长寿命的态提供了对 K 至 P_X 更高的灵敏度. 污染的碘室比清洁的碘室具有更大的 K 值，这使我们在不知截面的情况下，通过比较 K 值就能比较碘室. 因此，我们必须知道温度和荧光强度.

碘的蒸气压 P 与碘的温度 T 有如下关系[16]

$$P = 7.6 \times 10^{(5-3512.8/T-2.013\times\lg T+13.374)}, \tag{4.4.20}$$

式中压力 P 的单位为 mTorr(1 Torr = 133.3224 Pa), T 应在室温以下. 图 4.6 示出了式(4.4.20)的函数关系,这个关系是在实验中获得的.

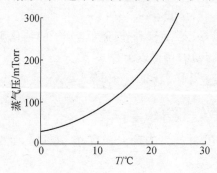

图 4.6 碘的饱和蒸气压与碘室温度的关系

我们知道,很难要求保持实验条件不变的情况下,来测量荧光强度的绝对值. 通常是将上述 Stern-Volmer 公式归一化. 强度的归一化是将式(4.4.16)除以 $1/I_0$ 实现的,其中 I_0 是用式(4.4.17)在 10 Pa(9℃)下重新计算的强度. 这时,式(4.4.17)变成

$$0.1 K_0 + L_0 = 1, \tag{4.4.21}$$

式中 K_0 和 L_0 为归一化参数. 由此可得

$$I_0/I_F = \{\sigma_S v_I + (1/P_I)[(kT/\tau) + \sigma_X v_X P_X]\}/\{\sigma_S v_I + (1/10)[(kT/\tau) + \sigma_X v_X P_X]\}, \tag{4.4.22}$$

上式也可写为下列简单形式

$$I_0/I_F = K_0(1/P_I) + L_0, \tag{4.4.23}$$

式中 K_0 和 L_0 由下式表示

$$K_0 = [(kT/\tau) + \sigma_X v_X P_X]/\{\sigma_S v_I + (1/10)[(kT/\tau) + \sigma_X v_X P_X]\}, \tag{4.4.24}$$

$$L_0 = \sigma_S v_I/\{\sigma_S v_I + (1/10)[(kT/\tau) + \sigma_X v_X P_X]\}. \tag{4.4.25}$$

§4.5 碘的吸收系数及其饱和强度

4.5.1 碘的吸收系数

吸收系数 α 是单位长度(m)、单位压力(Torr)吸收光的比例. 在压力为 P 和长度为 L 的吸收室内,通光后光功率减小到原来的 $\exp(-\alpha P L)$ 倍. 若将碘室

温度冷却到液氮温度时,其蒸气压降到零,由这时通光的功率与具有蒸气压为零时的通光功率之比,可测出吸收室无碘蒸气压时的损耗.

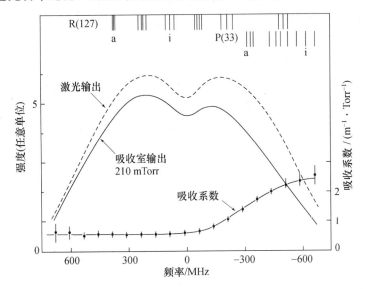

图 4.7　用氦氖激光测量 633 nm 碘的吸收系数[17]

图 4.7 示出了用 633 nm 氦氖激光进行吸收系数测量的结果.图中的虚线表示蒸气压为零时激光透过碘室的功率曲线,实线表示蒸气压为210 mTorr时相应的功率曲线.由图可见,低频端的吸收系数较大,使氦氖激光的兰姆凹陷对称性产生扭曲.两个功率曲线相减即可得图下方的吸收曲线.从兰姆凹陷中心至高频端的吸收系数是恒定值,测量值为 $\alpha_c = 0.55$ m^{-1} · Torr^{-1},α_c 为连续吸收的吸收系数.而 R(127) 和 P(33) 谱线的多普勒中心频率处的吸收系数分别为 4×10^{-3} m^{-1} · Torr^{-1} 和 1.6 m^{-1} · Torr^{-1}[17].图 4.8 示出了 P(33) 谱线吸收系

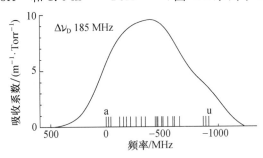

图 4.8　P(33)谱线吸收系数的多普勒曲线

数的多普勒曲线.

在分子吸收跃迁超精细分裂的情况下,总的吸收系数为各分量吸收系数 α_i 之和,即

$$\alpha(\nu) = \sum \alpha_i \exp[- (\ln2)^{1/2} (\nu - \nu_i)^2 / \Delta\nu_D^2], \qquad (4.5.1)$$

式中的指数上的部分是由于多普勒宽度扩展的部分,$\Delta\nu_D$ 为半极大值处的半宽度 (HWHM),ν_i 是各分量的频率.例如,在 300 K 的情况下,P(33)谱线由(4.5.1)式计算的吸收系数的线形示于图 4.8 中.距 a 分量约 −400 MHz 附近,为吸收系数的峰值.每个吸收系数 α_i 约为峰值系数的 1/9.5.由此可得,R(127)和 P(33)谱线的各分量吸收系数分别为 $4 \times 10^{-3}\,\mathrm{m}^{-1} \cdot \mathrm{Torr}^{-1}$ 和 $1.7 \times 10^{-1}\,\mathrm{m}^{-1} \cdot \mathrm{Torr}^{-1}$,后者比前者约大 40 倍.其中,R(127)谱线的超精细分量的吸收系数,是在很大的连续非饱和吸收背景下很小部分的吸收,而 P(33)谱线的超精细分量的吸收系数可达总吸收系数的 28%.由于氦氖激光的发射谱线在通常情况下很难与 P(33)相符,未能使 P(33)谱线的较强吸收在氦氖激光中得到应用,而 633 nm LD 的出现已使 P(33)谱线及附近的其他强吸收谱线得以应用.

4.5.2 碘的吸收饱和

我们可用二能级模型简单描述光与吸收物质的相互作用.图 4.9 示出了吸收的二能级及其粒子数分布.图中的 E_1,E_2 和 N_1,N_2 分别为能级 1 和 2 上的能量和粒子数,粒子数服从玻尔兹曼分布.二能级之间的跃迁频率 ν_0 与其能量的关系为

$$h\nu_0 = E_2 - E_1, \qquad (4.5.2)$$

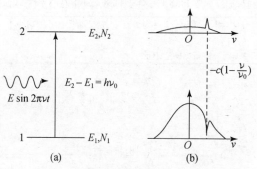

图 4.9 吸收的二能级及其粒子数分布

在频率为 ν 的光入射的情况下,由于多普勒效应,只有速度 v 为下式表示的分子才能由下能级跃迁到上能级:

$$v = -c[1 - (\nu/\nu_0)]. \tag{4.5.3}$$

上述跃迁是在均匀宽度 Γ 内发生的.这个吸收过程与跃迁的偶极矩 P_{12} 及光场强度 E 有关,跃迁的粒子数随着光强的变化,开始逐渐增大,然后趋于饱和.这种现象称为饱和吸收,其饱和程度可用下式的饱和参数 P_s 表示

$$P_s = (P_{12}E/h)^2/\Gamma^2. \tag{4.5.4}$$

由上式可见,饱和参数为 1 时,意味着粒子的跃迁几率与能级的弛豫常数相等. P_s 与上下能级的粒子数密度差的关系为

$$n(v) = n_0(v)\{1 + P_s\Gamma^2/4\pi^2\nu - \nu_0(1 + v/c) + \Gamma^2\}, \tag{4.5.5}$$

式中 $n_0(v)$ 是光未入射时的上下能级的粒子密度.在多普勒近似下($\Delta\nu_D \gg \Gamma$),频率为 ν 的光对单位长度气体的吸收系数为

$$\alpha(\nu) = \alpha_0(\nu)(1 + P_s)^{-1/2}, \tag{4.5.6}$$

$$\alpha_0(\nu) = (\pi^{1/2}/hu\varepsilon_0)P_{12}^2(N_1^0 - N_2^0)\exp[-\ln2(\nu - \nu_0)^2/\Delta\nu_D]. \tag{4.5.7}$$

$\alpha_0(\nu)$ 为光强很弱的情况下($P_s \ll 1$)的吸收系数,称为线性吸收系数;当光强增大时,吸收系数因饱和而减小,在 $P_s \gg 1$ 的情况下,吸收系数随 $P_s^{1/2}$ 而减小.

通常,上能级粒子数较少,可忽略不计,只需考虑下能级中分子能级的超精细分裂的能级粒子数.这个能级的振动量子数为 v,转动量子数为 J,总角动量量子数为 F.通常,v,J 量子数能级的粒子数为

$$N_{v,J} = N_v\{g_J\exp[-F(J)hc/kT_{rot}]/\sum g_J\exp[-F(J)hc/kT_{rot}]\}, \tag{4.5.8}$$

$$N_v = N\{\exp[-(G(v) - G(0))hc/kT_{vib}]/\sum\exp[-(G(v) - G(0))hc/kT_{vib}]\}, \tag{4.5.9}$$

式中 T_{rot} 和 T_{vib} 分别为转动和振动能级的温度,k 为玻尔兹曼常数,在通常情况下,两者均为室温. N 是单位体积的压力为 P 的粒子数,

$$N = P/kT. \tag{4.5.10}$$

略去式(4.5.9)中第二项以后的各项,可得 N_v 近似为

$$N_v = (P/kT)\exp[-w_ev hc/kT]\{1 - \exp[-w_ev hc/kT]\}. \tag{4.5.11}$$

g_J 为量子数能级的简并度,上节中已论述了它在各种情况下的数值.因此,式(4.5.8)的分母中转动能级的能量 $F(J)$,用式(4.5.8)中的第一项近似为

$$\sum g_J \exp[-F(J)hc/kT_{\text{rot}}] = \sum 21(2J+1)\exp[-B_0 hcJ(J+1)/kT]$$
$$+ \sum 15(2J+1)\exp[-B_0 hcJ(J+1)/kT].$$

$$(4.5.12)$$

在 $B_0 hcJ(J+1) \ll kT$ 的条件下,可用下列积分计算

$$\sum (2m+1)\exp[-am(m+1)] = \int (2m+1)\exp[-am(m+1)]\mathrm{d}m = 1/a,$$

$$(4.5.13)$$

因此,当 J 为奇数时,式(4.5.8)可表示为

$$N_{v,J} = (7/6)(2J+1)(B_v hcP/k^2 T^2)\exp[-w_e vhc/kT]$$
$$\times \{1 - \exp[-w_e vhc/kT]\}\exp[-B_v hcJ(J+1)/kT].$$

$$(4.5.14)$$

当 J 为偶数时,式(4.5.14)中的系数为 5/6. 由于超精细分裂,在各个 F 能级上分配的粒子数是相等的. 各 F 能级总的统计权重为 $2F+1$,能量接近相等. 在 J 为奇数的情况,F 能级的粒子数分配概率为 $(2F+1)/21(2J+1)$. 因此,F 能级的粒子数为

$$N_{v,J,F} = (1/18)(2F+1)(B_v hcP/k^2 T^2)\exp[-w_e vhc/kT]$$
$$\times \{1 - \exp[-w_e vhc/kT]\}\exp[-B_v hcJ(J+1)/kT]\}.$$

$$(4.5.15)$$

在 $J=127$ 及 $J \gg I$ 的情况下,F 能级上的统计概率相等,每个能级全部平均分配,式(4.5.15)中的 $2F+1$ 写为 $2J+1$,则单位长度、单位压力下各个能级的吸收系数 α_{I} 可用下式表示

$$\alpha_{\mathrm{I}} = (\pi^{1/2}/hu\varepsilon_0)P_{21}^2 N_1^0/P$$
$$= (\pi^{1/2}/hu\varepsilon_0)P_{21}^2(1/18)(2J+1)(B_v hcP/k^2 T^2)\exp[-w_e vhc/kT]$$
$$\times \{1 - \exp[-w_e vhc/kT]\}\exp[-B_v hcJ(J+1)/kT].$$

$$(4.5.16)$$

由式(4.5.15)可计算碘分子 F 能级的单位体积的粒子数. 对于 $v=5, J=127$ 分子能级的各个 F 能级,$T=300$ K,$P=1$ Torr 时为 1.6×10^{16} 个/m^3;对于 $v=3$,$J=33$ 分子能级的各个 F_i 能级为 5×10^{17} 个/m^3. 由此可见,P(33)跃迁下能级的粒子数比 R(127)跃迁下能级多约 30 倍. 用这个粒子数及测量的吸收系数可计算跃迁的偶极矩. 11-5 带 R(127)跃迁和 6-3 带 P(33)跃迁的偶极矩 P_{21} 分别为 1.3×10^{-31} C·m 和 1.4×10^{-31} C·m. 由偶极矩可求出饱和强度 I_s,饱和强度是饱和参数为 1 时的光强. I_s 可用下式表示

$$I_s = (\epsilon_0 ch^2/2P_{12}^2)\Gamma^2. \tag{4.5.17}$$

假定 Γ 的值等于 $1/2\tau_0$，$v'=11$ 能级的寿命为 410 ns，$v'=6$ 能级的寿命为 310 ns[18]，由此可得 11-5 带 R(127) 和 6-3 带 P(33) 跃迁的饱和强度分别为 1.2 mW/mm^2 和 2.1 mW/mm^2.

§4.6　633 nm 附近碘吸收谱线的观测和计算

4.6.1　633 nm 附近碘吸收多普勒谱线的观测

1981 年，法国长期进行碘吸收谱研究的 S. Gerstenkorn 和 P. Luc 等人[8]用染料激光在 633 nm 附近进行了非常细致的观测，发现这个波段有很丰富的碘吸收谱线. 他们在波数为 15 780～15 815 cm^{-1} 范围内进行了分段观测，其相应波长约在 633.71～632.31 nm，波长跨度约为 1.4 nm.

观测实验是在经典的激光感生荧光研究的基础上进行的. 用单模染料激光光束进入两端为布氏窗封接的碘室中，碘室长 100 mm，直径为 20 mm，温度保持在 20℃，相应的压力为 0.25 Torr. 在垂直于激光光束的方向上，用焦距为 200 mm 的透镜将荧光聚焦，并用在可见光区域灵敏的光电倍增管接收，信号输入双笔记录仪. 同时，用另一束激光通过模间距为 750 MHz(0.025 cm^{-1}) 的法布里-珀罗干涉仪. 在激光作波长连续调谐时，记录仪的一个笔记录干涉仪的功率峰，即每隔 750 MHz 记录一个窄峰，将它作为激光频率（波数）移动的标记. 记录仪的另一个笔则记录碘的吸收谱线，并以上述标记作为碘谱的波数刻度，模间隔内用线性内插估算.

激光光束在碘室中的功率约为 20～30 mW 量级，光束直径为 2 mm，线宽约为 1 MHz，其连续扫描的谱线范围为 1 cm^{-1}(30 GHz). 经过约 50 次扫描，就能覆盖上述 35 cm^{-1} 的波数范围. 每次扫描至少要在 0.25 cm^{-1} 范围内，以免在碘谱中遗漏一些间隙. 测量的重复性是由记录谱线之间的距离所决定的，它受到下述因素的限制：激光扫描装置的非线性，其不确定度约为距离的十分之一 (75 MHz 或 0.0025 cm^{-1})；由于存在超精细结构及其他因素，谱线轮廓是不对称的；最后，激光光束在实验中的强度变化也会产生误差. 由上述三种因素形成的总的测量不确定度估计为 ± 0.005 cm^{-1}，相应的频率不确定度为 150 MHz，即相当于 3×10^{-7}.

所有的记录谱线用垂直线和波数来标定. 表 4.9 示出了由分子常数导出的波数和谱线的赋值. 混合谱线具有相同的谱线标数.

表 4.9　用于计算在 **15 780~15 815 cm⁻¹** 之间的观测跃迁波数的分子常数

v', v''	$\sigma_0(v', v'')$	$10^1 B'_{v'}$	$10^8 D'_{v'}$	$10^{14} H'_{v'}$	$B''_{v''}$	$10^8 D''_{v''}$
4,2	15 786.5601	.283 035 58	.674 395 3	$-$.2952 $\Big\}$		
5,2	15 904.4632	.281 413 48	.688 367 4	$-$.3201	.037 082 021	.463 114 52
6,2	16 020.7632	.279 762 59	.702 597 5	$-$.3658		
6,3	15 809.9163	.279 762 59	.702 597 5	$-$.3658 $\Big\}$		
7,3	15 924.5741	.278 083 07	.717 499 7	$-$.4337		
8,3	16 037.5764	.276 377 77	.739 995 7	$-$.2693	.036 966 025	.464 456 33
9,3	16 148.9308	.274 632 87	.753 133 9	$-$.4547		
8,4	15 827.9832	.276 377 77	.739 995 7	$-$.2693 $\Big\}$		
9,4	15 939.3106	.274 632 87	.753 133 9	$-$.4547	.036 849 704	.467 470 97
10,4	16 048.9409	.272 858 85	.772 956 5	$-$.4491		
10,5	15 840.5995	.272 858 85	.772 956 5	$-$.4491 $\Big\}$	.036 732 571	.470 581 48
11,5	15 948.5113	.271 049 14	.789 574 2	$-$.6369		
12,6	15 847.5996	.269 202 79	.806 229 9	$-$.8579 $\Big\}$	.036 614 776	.473 637 30
13,6	15 952.0085	.267 330 27	.838 659 2	$-$.5422		
14,7	15 848.8186	.265 408 04	.856 392 0	$-$.8006	.036 496 162	.476 625 57
16,8	15 844.0859	.261 451 69	.909 147 5	$-$.8477	.036 376 769	.479 704 60

4.6.2　633 nm 附近碘吸收谱线超精细分量的检测

　　1980 年后,用 633 nm 的氦氖激光器就检测了碘的吸收谱线[19],即 11-5 带 R(127)的超精细结构分量.将氦氖激光的频率稳定在这些分量上,已取得了很好的结果.第五章中将详细介绍它作为光频标准的性能.20 世纪 90 年代以来,用 633 nm 的 LD 对这个波段附近的碘吸收谱线进行了新的检测,获得了非常丰富的结果,其吸收系数远比 11-5 带 R(127)谱线要强[20].图 4.10 示出了吸收跃迁的频率和波长范围.由图可见,这些吸收谱线大致分布在 11-5 带 R(127)谱线周围的 ±35 GHz 频率处,即 ±0.05 nm 的波长处.其中,6-3 带 P(33)跃迁是特别使人感兴趣的吸收线.它比 11-5 带 R(127)谱线强 37 倍,而与 R(127)谱线在拍频测量范围以内.此外,有 8 组谱线的吸收系数均大于 6-3 带 P(33)谱线.其中吸收系数最大的谱线是 8-4 带 R(59)谱线,其吸收系数约为 6-3 带 P(33)谱线的两倍.有 18 组吸收谱线的吸收系数比 11-5 带 R(127)大五至十倍以上.由此可见,用 633 nm 的 LD 进行上述碘吸收的稳频具有十分诱人的前景.

4.6.3　用 633 nm LD 对碘超精细分量的观测

　　近年来,由于 633 nm 波段单模 LD 的研制成功,开始了对 R(127)11-5 谱线邻近的碘超精细结构谱线的检测及频率稳定的研究,并初步取得了较好的结

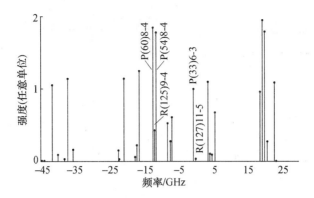

图 4.10   633 nm 碘吸收谱线的相对位置及吸收强度,图中以 11-5 带 R(127)谱线为频率参考,
以 6-3 带 P(33)谱线为吸收强度的参考,其他吸收线的强度归一到 P(33)谱线的强度上.

果.1996 年,BIPM 的 A. Zarka 和 J. -M. Chartier 等人[21]率先发表了用一次谐
波检测的四条谱线,它们位于 R(127)11-5 谱线的低频端,其中一条谱线就是
P(33)6-3线,其他三条谱线的频率约为 473.599 THz,相应的波长为 633.088 nm.
1997 年,在日本 NRLM,由日中科学家联合研究,首次用三次谐波检测技术观
测到邻近一系列吸收谱线[22],它们分布在 R(127)11-5 谱线的两侧,其波长范
围为 632.962~633.009 nm. 表 4.10 示出了这些谱线的超精细分量,用这些分
量的谱线对 LD 实现了频率稳定,其阿仑偏差为 10^{-11} 量级.

表 4.10   633 nm 碘吸收跃迁的谱线及有关参数对照表

跃迁	波长/nm	波数/cm^{-1}	Δf/GHz	λ/λ_0	I/I_0
P(106)5-2	633.038 657	15 796.8236	−34.35	0.999 92	0.15
P(112)5-2	633.021 362	15 797.2552	−22.41	0.999 95	0.14
P(188)9-3				0.999 95	0.02
P(34)6-3	633.019 246	15 797.308	−20.83	0.999 95	1.14
P(193)11-4				0.999 96	0.05
R(70)10-5				0.999 96	0.21
R(40)6-3	633.013 44	15 797.4529	−16.49	0.999 96	1.25
R(60)8-4	633.007 958	15 797.5897	−12.39	0.999 97	1.851
R(125)9-4	633.007 457	15 797.6022	−12.01	0.999 97	0.42
P(54)8-4	633.007 013	15 797.6133	−11.68	0.999 97	1.78
R(120)7-3	633.002 437	15 797.7275	−8.25	0.999 98	0.52
R(64)10-5				0.999 98	0.27
P(114)7-3	633.000 866	15 797.7667	−7.08	0.999 98	0.6
P(33)6-3	632.992 496	15 797.9756	−0.82	0.999 99	1
R(127)11-5	632.991 398	15 798.003	−0.0	1.000 00	0.027

续表

跃迁	波长/nm	波数/cm^{-1}	Δf/GHz	λ/λ_0	I/I_0
R(39)6-3	632.986 834	15 798.1169	-3.41	1.000 00	1.1
R(162)8-3				1.000 00	0.1
P(158)10-4				1.000 01	0.09
P(119)9-4	632.984 049	15 798.1864	4.49	1.000 01	0.67
P(32)6-3	632.966 473	15 798.6251	18.64	1.000 03	0.96
R(59)8-4	632.965 775	15 798.6425	19.17	1.000 04	1.96
P(53)8-4	632.964 874	15 798.665	19.84	1.000 04	1.8
R(69)10-3				1.000 04	0.27
P(38)6-3	632.960 952	15 798.7629	22.78	1.000 04	1.09
P(105)5-2	632.960 05	15 798.7854	23.45	1.000 04	0
R(158)6-2	632.943 432	15 798.2002	34.88	1.000 07	0

§4.7　532 nm 碘吸收谱线中超精细分量的计算和检测

4.7.1　532 nm 碘分子的超精细谱线的优点

532 nm 固体激光频标的频率与碘分子吸收谱线的符合极大地促进了绿光频段的频标发展,其原因是 532 nm 碘分子的超精细谱线是基态吸收,它具有吸收系数大、饱和吸收信噪比高等特点;同时,由于碘分子具有较大的质量,使它的最可几热运动速度仅为 140 m/s,其相应的二阶多普勒频移仅为 1×10^{-13} 的量级,即使对于 ±5℃的温度起伏,其相应的频移变化仅为 ±1 Hz.

由于 532 nm 基态的强吸收谱线,碘室的冷指温度有可能降低到低于 -10℃,相应的碘分子蒸气压降到 1 Pa 以下.这时由碘分子碰撞产生的压力加宽也很小,也减小了线性多普勒背景对鉴频曲线基线的干扰.

在低压下可以使用较小的激光功率,因而可以降低功率加宽和功率位移;同时,可以使用更长的吸收长度或采用折叠光路来获得更窄的吸收谱线,以提高信噪比.

4.7.2　532 nm 碘分子的超精细谱线的检测

上世纪 70 年代末至 80 年代中期,法国 S. Gerstenkorn 和 P. Luc 等人[7−8]给出了包含几乎整个 B-X 带的碘分子光谱实验数据.该光谱数据范围覆盖了大部分可见光的波长范围.在 532 nm 附近,存在着丰富的基态起始跃迁的谱线.图 4.11 示出了美国 JILA 探测到的 532 nm 波长附近 8 个区域较强的超精细吸收谱线,每个区域包含一组到几组超精细饱和吸收谱线;表 4.11 给出了 532 nm

波长附近碘的饱和吸收谱线的对应的跃迁和频率测量值数据[23]. 图 4.11 中所示的是 1104～1111 等 8 组谱线,其波长范围为 532.243～532.399 nm,谱线之间的频率差可参见表 4.11 所示. 表中还列出了日本计量研究所(NRLM)的相应测量值,以及与 JILA 测量值的差值.

表 4.11　532 nm 碘分子的超精细谱线、跃迁分支的确认及其相应频率值

谱线	跃迁	NRLM 测量值/kHz	JILA 测量值/Hz	NRLM-JILA 频差/kHz	文献[7—8] 中的频率值/kHz	NRLM-文献[7—8] 频差/kHz
1111	P(53)32-0：a_1	2 599 708.042	2 599 707 967	0.075		
1110	R(56)32-0：a_{10}	0.000	0		0.0	
1109	P(83)33-0：a_{21}	−15 682 076.176	−15 682 074 068	−2.108		
	R(134)36-0：a_1	−17 173 682.914	−17 173 680 381	−2.533		
1108	R(106)34-0：a_1	−30 434 765.160	−30 434 761 496	−3.664		
1107	R(86)33-0：a_1	−32 190 408.012	−32 190 404 022	−3.990		
1106	P(119)35-0：a_1	−36 840 164.430	−36 840 161 450	−2.980		
1105	P(54)32-0：a_1	−47 588 898.182	−47 588 892 482	−5.700	−47 588 898.8	1.6
1104	R(57)32-0：a_1	−50 946 886.362	−50 946 880 400	−5.962	−50 946 887.2	0.8
1103	P(132)36-0：a_1	−73 517 088.054				
1101	R(145)37-0：a_1	−84 992 177.628				
	R(122)35-0：a_1	−90 981 724.070				
1100	P(84)33-0：a_1	−95 929 863.002				
1099	P(104)34-0：a_1	−98 069 775.018				
	P(55)32-0：a_1				−98 766 590.006	1.9
1098	R(154)38-0：a_1	−102 159 977.380			−102 159 979.0	1.6
1097	R(87)33-0：a_1	−111 935 173.140				

　　碘吸收谱线的检测是通过碘室完成的. 在作者所在的实验室中,碘室结构的壳体和窗片材料采用石英玻璃制成,窗片经过光学研磨加工而成,并用光胶的方法与碘室管壳胶合固定. 这样可以兼有更好的透光和密封性质,减少窗片的应力和变形. 制成的吸收室经持续三天高温加热烘烤和高真空抽气. 加热温度达 400℃～800℃,真空度保持在 3×10^{-8} Torr. 碘室在抽真空后,充入高纯碘,并用质谱仪测量了碘室的剩余气体含量.

　　为了将碘室冷指温度控制在 −18℃,采用阶梯形 3 层制冷片堆制冷,以增强温度梯度. 同时采用了密封盒将冷指和冷却部分与外界大气隔绝,以避免结水和结露,提高冷却效率,保证系统的连续长期稳定工作.

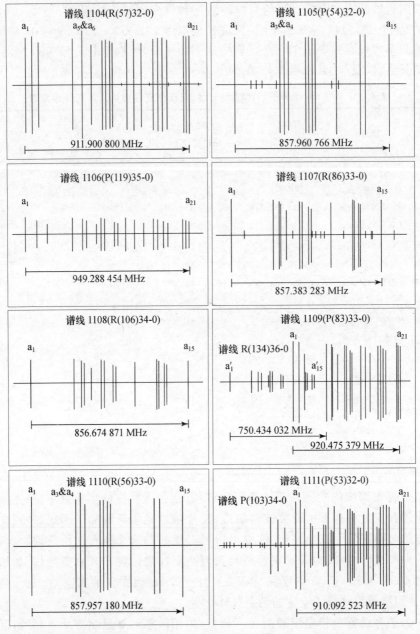

图 4.11　美国 JILA 观测的在 Nd：YAG 激光倍频的调谐范围内的 532 nm 附近 8 个区域较强的碘的超精细跃迁. 碘室冷指温度为 −15℃，抽运功率为 1 mW，光束直径约为 1.9 mm，记录的时间常数为 5 ms[23]

4.7.3　我国对 532 nm 碘分子的超精细谱线的检测

　　2005 年,中国计量科学研究院作者所在的光频实验室利用德国 Innolight 公司的 Prometheus 20E 单块环形激光器和我们自行研制的 PPKTP 单次通过倍频的半非平面单块固体环形激光器,用自制的调制转移光谱的光电精密测量装置,探测到了碘的 R(56)32-0 的调制转移超精细谱线,这是在我国首次用自制的调制转移光谱激光检测系统来测量 532 nm Nd:YAG 激光的碘吸收超精细谱线[25]. 其中 No.1 激光器采用 277 kHz 调制频率探测到的碘的 R(56)32-0 的超精细谱线,如图 4.12—4.15 所示.其中,图 4.12 为整个 R(56)32-0 的超精细分量谱线,图 4.13 为 R(56)32-0 的谱线中的 a_3 和 a_4 分量,国际计量局长度咨询委员会(CCL)推荐作为稳频波长的碘分子 R(56)32-0 的 a_{10} 分量的光谱如图 4.14 所示,图 4.15 为 R(56)32-0 的谱线中的 a_{11} 和 a_{12} 分量.上述图形均采用示波器采样观测获得.用此方法实现的稳频和拍频结果将在第五章中介绍.

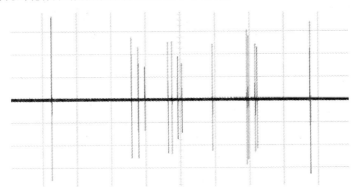

图 4.12　利用调制转移技术探测到的碘分子光谱 R(56)32-0 的超精细结构

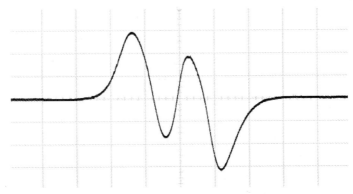

图 4.13　R(56)32-0 超精细结构中的 a_3 和 a_4 分量

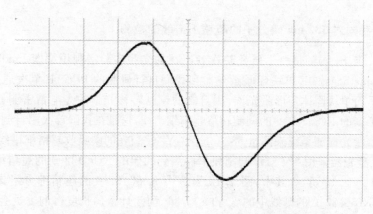

图 4.14 碘分子 R(56)32-0 的 a_{10} 超精细结构分量的检测光谱

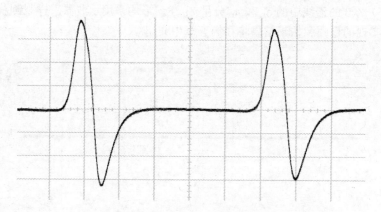

图 4.15 R(56)32-0 的 a_{10} 和 a_{11} 分量超精细结构分量的检测光谱

4.7.4 我国制作的碘吸收室的比对测量

自 2004 年起,我们开始研制用于 532 nm 固体激光频标的碘吸收室,其中石英碘室的制作由中国计量科学研究院臧二军等人负责,为了增强吸收室内碘的吸收系数,采用了激光在吸收室中多次反射的原理,如图 4.16 所示[25],约往返四次. 由于在 532 nm 的碘吸收中,碘室的温度约控制在 −18℃ 的低温下,这时碘的饱和蒸气压极低,约为 0.54 Pa,因此对碘的纯度要求很高. 稍有杂质成分,就会产生相应的频移和谱线宽度,从而严重影响频标的绝对频率值. 高纯碘室制作的要求如图 4.17 所示[24].

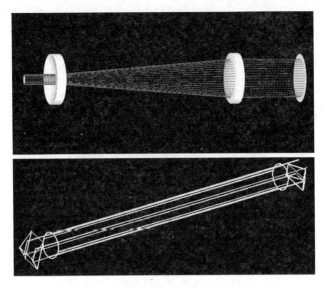

图 4.16 碘吸收室中激光光扩束及多次反射示意图

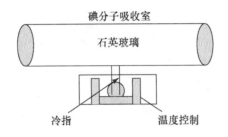

图 4.17 高纯碘室的制作

说明：1. 石英窗片用光胶粘合到碘管上；2. 用 800℃ 以上的高温连续烘烤碘室三昼夜；3. 用经过反复提纯的高纯碘充入碘室；4. 用三级致冷确保低温；5. 用密封盒隔离致冷；6. 温度元件达到−18℃；7. 碘的蒸气压为 0.54 Pa

经过碘室制作的不断改进及碘的提纯及充碘时真空度的提高，我们制作的高纯碘室已与日本计量所达到了充碘后同样的水平．这可以通过两个碘室在 532 nm 固体激光器后用拍频测量的相应宽度来检验，详见图 4.18 所示[24,25]．由图可见，2005 年在日本 AIST 充碘的线宽约为 500 kHz，当时我们在国内充碘的线宽约为 900 kHz；而在 2006 年经改进后，在国内充碘的线宽下降到 470 kHz．

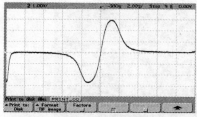
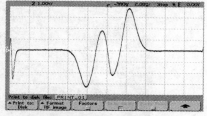

我国第一次充碘 (2005) 线宽约900 kHz   日本AIST充碘 (2005)线宽约500 kHz

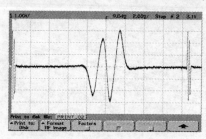

我国第二次充碘(2006)线宽约470 kHz

图 4.18   我国自制碘吸收室的充碘后的 532 nm 激光线宽测量的比对结果(2005~2006 年)

参 考 文 献

[1] 张克明. 用于新型半导体激光频标的 $^{127}I_2$ 超精细光谱. 北京大学硕士研究生学位论文,
    导师: 陈徐宗,沈乃澂,孙骖亨. 1999 年 5 月.

[2] Foth H J, Spieweck F. Hyperfine structure of the R(98),58-1 line of $^{127}I_2$ at 514. 5 nm.
    Chem. Phys. Lett. , 1979, 65: 347.

[3] 郑乐民,徐庚武. 原子结构与原子光谱. 北京:北京大学出版社,1996:21.

[4] Razet A, Picard S. A test of new empirical formulas for the prediction of hyperfine com-
    ponent frequencies in $^{127}I_2$. Metrology, 1997, 34: 181.

[5] Mulliken R S. Chem. J. Phys. , 1971, 55: 288.

[6] Huber K P, Herzberg G. Constants of diatomic molecules. Van Nostrand Reinhold
    Company, New York, 1979.

[7] Gerstenkorn S, Luc P. Atlas du spectre d'absorption de la molecule d'iode
    (14 000~20 000 cm^{-1}). Ed. du Mol. Spectrosc. , 1978.

[8] Gerstenkorn S, Luc P. Atlas du spectre d'absorption de la molecule d'iode 14 800~
    20 000 cm^{-1}. Complement: identification des transitions du systeme (B-X). CNRS, 1985.

[9] Gerstenkorn S, Luc P. Description of the absorption spectrum of iodine recorded by
    means of Fourier transform spectroscopy: the (B-X) System. J. Phys. (Paris), 1985,
    46: 867.

[10] Steinfeld J I, Chapbell J D, Weiss N A, Mol. J. Spect. , 1969, 29: 204.

[11] Morinaga A. Studies on stabilization of complex resonator He-Ne laser and hyperfine structure of iodine molecule. Bulletin of NRLM, 1983, Vol. 32,Supplement (No. 115).

[12] Herberg G. Molecular spectra and molecular structure. I. Spectra molecules. Van Nostrand Renhold Company, New York, 1950.

[13] Camy G, Bordé Ch J, Ducloy M. Heterodyne saturation spectroscopy through frequency modulation of the saturating beam. Opt. Commun. ,1982,41: 325.

[14] Glaser M. CCDM/82-32.

[15] Gill P, Bennett S J. Metrology, 1979, 15: 117.

[16] Gillespie L J, Fraser L H D. J. Am. Chem. Soc. , 1936, 58: 2260.

[17] Morinaga A. Studies on stabilization of complex resonator He-Ne laser and hyperfine structure of iodine molecule. Bulletin of NRLM, 1983,Vol. 32, Supplement No. 1.

[18] Hanse G R, Lapierre J, Bunker P R, Shotton K C. J. Mol. Spect. , 1971, 39: 506.

[19] Morinaga A. Studies on stabilization of complex resonator He-Ne laser and hyperfine structure of iodine molecule. Bulletin of NRLM, 1983, Vol. 32, Supplement (No. 115).

[20] Gerstenkorn S, Luc P, Vetter R. Excitation spectrum of the iodine molecular induced by laser radiation in the 15 780-15 815 cm^{-1} region. Revue Phys. Appl. , 1981, 16: 529.

[21] Zarka A, Chartier J -M, Aman J, Jaatinen E. Intracavity iodine cell spectroscopy with an extented-cavity diode around 633 nm. IEEE Trans. Instru. Meas. , 1997, 46: 145.

[22] Chen Xuzong, Zhang Keming, et al. Frequency stabilization tunable diode laser and strong transition iodine hyperfine spectra at 633 nm. SPIE, 199, 3547: 0277-786X.

[23] Picard S, Robertsson L, Ma L -S, Millerioux Y, Juncar P, Wallerand J -P, Balling P, Kren P, Nyholm K, Merimaa M, Ahola T E, Hong F -L. Results from international comparisons at the BIPM providing a world-wide reference network of $^{127}I_2$ stabilized frequency-doubled Nd:YAG lasers. IEEE Trans. Instrum. Meas. , 1999, 52: 236—239.

[24] 沈乃澂. 会议报告: 532 nm 碘稳定 Nd:YAG 激光频率复现性的研究和分析. ISCAP-II, 杭州千岛湖, 2006. 7: 25—27.

[25] 臧二军,曹建平等. 532 nm 碘稳定激光频标. 内部资料, 2005.

第五章 获得非线性窄谐振的原理和实验方法

第三章和第四章中介绍了光频标中的前两个要素：激光器和吸收信号，本章中我们介绍将激光稳定在吸收信号上的方法. 首先介绍获得非线性窄谐振吸收信号的条件、原理及具体的实验方法[1]. 这些方法可以用于饱和吸收和双光子吸收的频率稳定中，对于其他方式的频率稳定也可以借鉴. 本章涉及在光频标准研究及其应用中实际需要解决的有关理论和实验问题.

§5.1 谱线的加宽机制

5.1.1 非均匀加宽

光谱线的加宽使光谱学的潜力受到了很大的制约，因此了解谱线的加宽机制及减小或消除加宽的方法，对于提高谱线检测的分辨率和光频标准的准确度是十分重要的.

静止的原子或分子在两个能级 E_1 和 E_2 之间量子跃迁的频率 ω_0 由玻尔频率条件决定，即

$$E_1 - E_2 = \hbar\omega_0, \tag{5.1.1}$$

式中 $\hbar$ 为普朗克常数 h 除以 2π. 运动粒子的发射或吸收频率因多普勒效应的影响而产生频移，其频移的大小由粒子速度 $\boldsymbol{v}$ 在观测方向 $\boldsymbol{n}$ 上的投影决定，移动后的频率 ω 为(见图 5.1(a))

$$\omega = \omega_0 - \boldsymbol{n} \cdot (\boldsymbol{v}/c)\omega_0. \tag{5.1.2}$$

气体粒子的运动在所有方向上均有投影值，在热平衡状态下，各个方向运动的几率是相等的，即是各向同性的，其速度投影 $v_n(=\boldsymbol{n} \cdot \boldsymbol{v})$ 的粒子数呈麦克斯韦分布

$$W(v_n) = (1/\sqrt{\pi u})\exp[-(v_n/u)^2], \quad u = (2kT/M)^{1/2}. \tag{5.1.3}$$

式中 k 为玻尔兹曼常数，M 为原子质量，T 为绝对温度，u 为热运动平均速度. (5.1.3)式的图形是由图 5.1(b)所示的对称高斯曲线，其中心频率为 ω_0，它是速度投影为零的原子(或分子)所发射或吸收的频率.

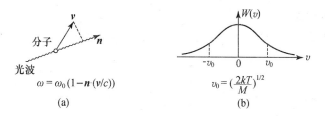

图 5.1 粒子速度分布

由各种不同速度粒子发射或吸收的大量窄谱线的集合,形成了多普勒加宽谱线,通常将这种加宽称为非均匀加宽. 由多普勒效应产生的谱线加宽为

$$\Delta\omega_{\mathrm{D}} = (2\omega_0/c)(2kT\ln2/M)^{1/2}$$
$$= 7.163 \times 10^{-7}(T/A)^{1/2}\omega_0, \tag{5.1.4}$$

式中 A 为原子量. 对于 $A=100$ 的原子或分子,室温下的多普勒宽度 $\Delta\omega_{\mathrm{D}}\approx 10^{-6}\omega_0$.

多普勒加宽使光谱线的分辨率降低,它会使相邻的超精细结构的谱线相互叠加而不能分辨. 例如,金属钠的黄色双线(波长约 589.0 nm 和 589.6 nm)的谐振谱线,其谱线之差为 0.6 nm,而二者的基态超精细分裂引起的双线结构相隔约 0.002 nm,即使在 500 K 温度下,多普勒宽度也超过了这个数值.

5.1.2 均匀加宽

与非均匀加宽不同,由速度相同或相近的粒子发射或吸收所组成的窄谱线集合则可称为均匀加宽.

气体中的粒子谱线的均匀宽度是由各种不同的效应产生的,其中最基本的效应是由激发态自发衰变产生的辐射加宽. 这种加宽的线型为下式表示的洛伦兹线型

$$L(\omega) = (\gamma_{\mathrm{rad}}/2)^2/[(\omega-\omega_0)^2 + (\gamma_{\mathrm{rad}}/2)^2], \tag{5.1.5}$$

式中 $\gamma_{\mathrm{rad}} = \gamma_1 + \gamma_2$ 是量子跃迁(能级 2→1)的辐射宽度,其中 γ_1 和 γ_2 分别为高能级 2 和低能级 1 的衰变常数;$L(\omega)$ 函数在极大值处归一化到 1. 这项加宽通常称为自然宽度. 对于可见光谱区的原子和分子的较强电子跃迁而言,$1/\gamma_{\mathrm{rad}} \approx 10^{-8}$ s,相应的宽度约为 30 MHz 量级. 对于亚稳态原子和分子的振动能级而言,$1/\gamma_{\mathrm{rad}} = 10^{-5} \sim 10^{-4}$ s,相应的宽度约为 3~30 kHz 量级.

形成均匀加宽的第二种效应是压力加宽,它是由粒子间的碰撞引起的. 每次碰撞使原子中的电子周期运动的相位或分子中的原子振动周期运动的相位

发生漂移. 这种无规的相移使原子或分子态中的严格周期运动变成准周期过程,相应的谱线就形成了一系列具有平均持续时间的相干波列. 若相继碰撞的平均时间为 τ_P,则引起的谱线加宽的宽度为

$$\Delta\omega_P = 2/\tau_P. \tag{5.1.6}$$

压力加宽的线形也是洛伦兹形的. 对于 1 Torr 气压的气体,其分子碰撞的平均时间 $\tau_P \approx 10^{-8} \sim 10^{-7}$ s,相应的谱线加宽是自然宽度的几千倍. 上述加宽是与气体压力成正比的,因此称为压力加宽. 在气压较高时,压力加宽是均匀加宽中的主要原因. 只有在低气压下,另一些机制对均匀加宽产生的贡献才是不能忽略的.

在低气压下,分子自由程增大,可比气体室的直径更大. 这时粒子与器壁碰撞的效应对均匀加宽有更大的贡献,这项加宽主要与 v_0/L 成正比,此处 L 是器壁间的平均距离,v_0 为粒子速度. 当气体室的截面尺寸为 cm 量级时,产生的加宽可达 10 kHz 的量级.

当运动粒子与有限直径的光束相作用时,还会产生渡越时间加宽. 例如,速度为 v_0 的分子在时间 $\tau_{tr} = a/v_0$ 内穿过直径为 a 的光束,它与分子在有限时间 $\Delta t = \tau_{tr}$ 内相互作用. 按测不准原理,能级间跃迁能量的误差 $\Delta E = h/\Delta t$,相应的频率不确定度 $\Delta E/h = 1/\tau_{tr}$,由此产生的谱线加宽称为渡越时间加宽,

$$\Delta\omega_{tr} = 1/\tau_{tr}. \tag{5.1.7}$$

这个效应仅在低压气体时才显现其重要性,它是长寿命跃迁的主要加宽机制.

在激光功率较小时,功率的变化并不会影响均匀加宽的谱线宽度. 但当功率达到或超过激光跃迁的饱和参数时,会产生谱线的功率加宽,可用下述简单的表达式表示

$$\Delta\omega = 2\Gamma(1+G), \tag{5.1.8}$$

式中 Γ 为无功率加宽时谱线的均匀宽度,G 为跃迁饱和参数

$$G = (P_{12}E/h\Gamma)^2, \tag{5.1.9}$$

式中 P_{12} 是跃迁偶极矩阵元,E 为激光场强. 这项加宽机制是微波波谱学中所熟知的.

综合 5.1.1 和 5.1.2 小节气体原子或分子光谱线的加宽机制,可用表 5.1 作一概括.

表 5.1 气体中谱线加宽机制一览表

	类型	起源	谱线宽度	量值范围
非均匀加宽	多普勒加宽	由分子热运动产生的多普勒效应	$(v_0/c)\nu_0$ ν_0 为跃迁中心频率 v_0 为平均速度 c 为光速	$10^8 \sim 10^{10}$ Hz
均匀加宽	自然加宽	激发态的自发衰变	$1/2\pi\tau$,τ 为自然寿命	原子:$10^5 \sim 10^7$ Hz 分子:$10 \sim 10^3$ Hz
	压力加宽	粒子间的碰撞	$1/\pi\tau_P$,τ_P 为碰撞间的平均时间	$3 \times (10^5 \sim 10^7)$Hz (1 mTorr 压力下)
	与器壁碰撞的压力加宽	粒子与样品室器壁相碰撞	$v_0/2\pi L$,v_0 为平均速度,L 为器壁平均直径	$10^3 \sim 10^4$ Hz
	渡越时间加宽	粒子穿过光束时与光的相互作用	$v_0/2\pi a$,v_0 为平均速度,a 为光束直径	$10^3 \sim 10^4$ Hz
	功率加宽	功率较强时激光光束感生的高速率跃迁	$P_{12}E/h$,见(5.1.8)和(5.1.9)式的说明	$10^4 \sim 10^5$ Hz(激光场强为 1 mW/cm^2 量级)

§5.2 饱和吸收激光光谱学

5.2.1 窄谐振的谐振条件与宽度

在谱线是非均匀加宽的情况下,激光场只与一部分谐振的粒子相互作用,这一部分粒子所占的比例取决于均匀宽度与多普勒宽度之比. 平面行波 $E\cos(\omega t - \boldsymbol{k} \cdot \boldsymbol{r})$ 仅与谐振频率 $\omega = \omega_0 + \boldsymbol{k} \cdot \boldsymbol{v}$ 处均匀宽度为 2Γ 的谱线范围内的粒子相作用(图 5.2(b)). 与场相作用的这些粒子在行波方向上具有一定的速度分量,它们应满足下列谐振条件的要求

$$|\omega - \omega_0 + \boldsymbol{k} \cdot \boldsymbol{v}| \leqslant \Gamma. \tag{5.2.1}$$

在光束波前不是平面时,谐振宽度还与波前曲率有关. 例如,在半径为 r 的球面波情况下,由于对每个粒子有不同的多普勒频移,就产生了附加加宽(如图 5.2(c)所示)

$$\Delta\omega_G \cong kv_0/(kr)^{1/2}, \tag{5.2.2}$$

式中 $kv_0 \approx \Delta\omega_D$. 由此可知,粒子的运动不仅引起谱线非均匀的多普勒加宽,而且引起谐振宽度的空间或几何加宽. 这是因为,由于粒子的运动,与场的相互作用与粒子速度 $\boldsymbol{v}$ 及其位置 $\boldsymbol{r} = \boldsymbol{r}_0 + \boldsymbol{v}(t-t_0)$ 两者有关. 在直径为 a 的准直光束的

极限情况下,波前曲率的最小值仅由衍射所决定($r \approx a^2 k$).按(5.2.2)式,几何加宽可减小到等于粒子穿过光束飞行的有限时间所产生的加宽,即 $\Delta \omega_G \approx v_0/a$.在平均曲率半径为 $r \approx 1/k$ 的各向同性场的极限情况下,几何加宽(5.2.2)式与多普勒宽度相近.

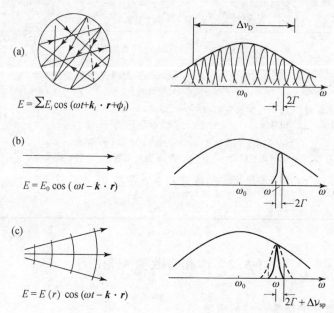

图 5.2　在多普勒谱线情况下,光场的空间形状对谐振相互作用宽度的影响
(a) 各向同性单色场;(b) 平面相干波;(c)球面相干波

　　因此,对于发散角很小的单色光波,即时间和空间高度相干的光场,在多普勒加宽跃迁内仅与一小部分原子或分子相作用.这种场仅改变这小部分粒子的态,从而将这部分粒子与速度不符合谐振条件式(5.2.1)的其余粒子明显地区别开来.

　　如上所述,激光对具有一定运动速度粒子的选择性激发,改变了各个跃迁能级上粒子速度的平衡分布,如图 5.3 所示.

　　低能级粒子的速度分布 $n_1(v)$ 中,显出缺少速度满足谐振条件式(5.2.1)的粒子

$$n_1(v) = n_1^0(v) - W_{12}(v)\left[n_1^0(v) - n_2^0(v)\right], \qquad (5.2.3)$$

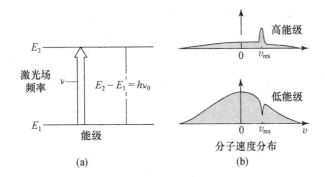

图 5.3 在频率为 ν 的激光行波作用下,两个跃迁能级上的速度分布的变化.
(a) 能级图;(b) 跃迁的低能级和高能级上分子速度 z 分量的分布(v_{res} 是谐振速度分量)

式中 $n_1^0(v)$ 和 $n_2^0(v)$ 分别表示在低能级和高能级上粒子速度的初始平衡分布.另一方面,高能级粒子的速度分布在谐振速度处具有过剩的粒子

$$n_2(v) = n_2^0(v) + W_{12}(v)[n_1^0(v) - n_2^0(v)]. \qquad (5.2.4)$$

图 5.3(b) 中示出两个能级在光束方向上粒子速度分量的分布.无光波作用时,这些分布都是对称的.而在光波作用下,在低能级速度分布中出现"空穴",高能级的分布中出现"尖峰".空穴或尖峰出现处的粒子速度由下式决定

$$v_{res} = (\omega - \omega_0)(c/\omega). \qquad (5.2.5)$$

空穴深度和尖峰高度由饱和参数 G 及场强决定,其宽度等于功率加宽后的均匀宽度 2Γ,它也与 G 有关.

5.2.2 "烧孔"效应和兰姆凹陷

光波改变了能级上的速度分布,使之变为各向异性.实际上,它使多普勒加宽产生了畸变,在多普勒曲线轮廓上出现了"空穴",空穴宽度直接决定于均匀宽度.通常,均匀宽度可比多普勒宽度窄几个量级,从而在多普勒轮廓中出现窄谱线结构.为了获得窄谱线结构的光波,必须满足下列三个条件:

(1) 单色性,即光波具有极好的时间相干性;

(2) 方向性,即光波具有极好的空间相干性;

(3) 场强足以使跃迁饱和,即场强达到饱和参数的量级.

只有激光辐射才能满足上述三个条件,因此激光的出现,开辟了在多普勒宽度内产生窄谐振的非线性激光光谱学的新领域.

早在 20 世纪 60 年代初,激光问世不久,Schawlow[2] 就讨论了在发光晶体中出现窄谐振的可能性.1962 年,Bennett[3] 首先研究了气体激光的多普勒加宽

增益线中的"烧孔"效应,这种效应在低气压增益介质的气体激光中最为明显.
1964 年,兰姆(W. E. Lamb[4])在"烧孔"效应的基础上,发表了气体激光的半经
典理论,详细论证了激光光波与空穴宽度和深度的定量关系,得出了在多普勒
增益线中心出现功率的谐振减小,即"兰姆凹陷",是兰姆首先在他的气体激光
理论中提出的,1963 年,Bennett 与兰姆曾在实验中观测到这种现象.

　　20 世纪 60 年代末,在激光与低压吸收气体的作用中观测到与上述类似的
现象,称之为"反兰姆凹陷",由此产生了饱和吸收光谱学,获得了更窄的谐振
谱线.

　　兰姆凹陷和反兰姆凹陷现象已作为激光频率稳定的主要方法.尤其后者,
已成为激光频标的成功范例.时下多数实用的激光频标,均采用碘分子或其他
分子的饱和吸收产生的窄谐振,通过伺服控制系统,将激光频率锁定在这些窄
谐振的中心频率上.由于这些谐振的均匀宽度很窄,可使激光获得很高的频率
稳定度和复现性.

§5.3　无多普勒加宽的非线性激光光谱学

　　激光光谱非线性窄谐振的发现,为某些物理领域的研究提供了新的可能
性,提高了这些物理实验和测量的准确度.由此产生了消除多普勒加宽的非线
性激光光谱学,它大致可以采用以下三种不同的方法:

　　(1) 饱和吸收光谱术,这是基于用相干光波激发原子或分子,使被吸收的粒
子从低能态至高能态上的粒子速度分布发生变化,这在 5.2 节中已作了概述.

　　(2) 双光子吸收光谱术,它以同时从频率相同但方向相反的两束激光吸收
光子为基础.

　　这种方法是 Chebotayev 等人[5]在 20 世纪 70 年代初首先提出的,所考虑的
是原子或分子在频率为 ω 的驻波场中的双量子跃迁.速度为 v 的运动粒子,相
对行波的频率为 $\omega \pm kv$. 在 kv 满足双光子谐振条件时,粒子从行波中可吸收两
个光子.双光子谐振条件是两倍的场频率 ω 与双量子跃迁的频率 ω_{12} 重合,即与
多普勒加宽线的中心相重合.在谐振中,不同速度的所有粒子均参与双光子吸
收,因而吸收信号陡增.它是多普勒轮廓与窄谐振之和.多普勒轮廓代表来自同
方向波的双光子吸收,而窄谐振对应于所有粒子都参与的双光子吸收.对于后
者而言,$2\omega = \omega_{12}$,线中心处谐振峰的幅度具有很高的衬比度,它等于多普勒宽
度与均匀宽度之比.

　　与饱和吸收光谱术相比,双光子吸收具有明显的优点:

（a）双光子吸收中不同速度的所有粒子均参与作用,而饱和光谱术中只有一小部分粒子参与产生窄谐振的作用,因而前者比后者衬比度可高 $10^3 \sim 10^5$ 倍;

（b）双光子吸收峰可以检测激发态粒子,只需用少数粒子即可完成,例如采用原子束或分子束;

（c）谐振峰宽度与波前曲率无关,因为两个光子在空间同一位置同时被吸收.

（3）捕获粒子光谱术,它基于非谐振强光束中被限制作振荡运动的原子或分子的速度分布的变化.

这种方法是 Letokhov[6],Hansch 和 Schawlow[7] 等人首先提出和实现的.在这种方法中,粒子的平移运动能转变为振幅小于辐射波长 λ 的振荡运动,从而使吸收和发射线的多普勒位移得以消除.这种方法可以用于自由运动原子的激光冷却方法,它对消除二阶多普勒效应是十分重要的.在使用非谐振强驻波时,将它作为空间周期势场作用,可捕获具有很低速度的粒子.

本节上述三种方法汇总在表 5.2 中.

表 5.2　无多普勒加宽非线性激光光谱学的各种方法

方　　法	物理现象	有贡献的先驱科学家
饱和吸收光谱术	饱和吸收跃迁的量子能级上原子或分子速度分布的变化	Lamb[4]（1962）
双光子吸收光谱术	从相反方向的光波中同时吸收光,补偿了多普勒频移	Chebotayev 等人[5]（1970）
捕获粒子光谱术	在强光驻波中慢粒子的振荡运动（原子或分子捕获）;自由运动粒子的激光冷却	Letokhov[6]（1968） Hansch, Schawlow[7]（1975）

§5.4　用 He-Ne 激光进行饱和吸收的实验观测

饱和吸收的首批实验观测是用 He-Ne 激光进行的.1967 年,首次观测到 633 nm 的氖吸收;1969 年相继观测到 3.39 μm 的甲烷吸收和 633 nm 的碘吸收.

5.4.1　633 nm 氖吸收的观测

1967 年,P. H. Lee 和 M. L. Skolnick[8] 首次用 633 nm He-Ne 激光观测到 Ne 原子的饱和吸收谱线,这也是激光饱和吸收现象的第一次实验观测.设计这项实验的物理思想是显而易见的,633 nm He-Ne 激光是 Ne 原子 $3S_2$-$2P_4$ 能级的发射谱线,形成激光辐射条件是使 $3S_2$ 能级上的粒子数要远大于 $2P_4$ 能级上的粒子数,即形成粒子数反转. 在 He-Ne 激光形成过程中,He 原子的亚稳态是促使 Ne 原子形成粒子数反转的重要因素;在无 He 原子存在的纯氖放电管中,根据原子能级粒子数的玻尔兹曼分布,Ne 原子的 $3S_2$ 能级粒子数远小于 $2P_4$ 能级粒子数,在 He-Ne 激光通过时,就会产生受激吸收.

当 Ne 的气压在 0.1 Torr 时,吸收跃迁的均匀宽度约为 25 MHz. 而在 He-Ne 激光器中,Ne 的气压约为 0.1~0.3 Torr,He 的气压约为 3 Torr,每 Torr He 所产生的压力加宽约为 100~150 MHz,因此 He-Ne 激光的均匀宽度约为 250 MHz. 吸收与增益的均匀宽度的差别,使输出的功率峰可以明显地分辨出来,其衬比度可达 0.1~1.0 的量级.

在腔内具有氖吸收室的 He-Ne/Ne 激光器中,氖吸收的饱和参数 $G_b = g_b P$ 可以在很大的范围内变化,它领先于氖气压的变化,G_b 可从 0.1 变到 100. 当 G_b 很大时,功率峰很宽而可实际消失. 氖吸收逐渐增大时,会伴随着出现滞后效应. 图 5.4 中示出了输出功率滞后的关系及其曲线,滞后效应可用图 5.4 中所示的有效增益曲线进行解释.

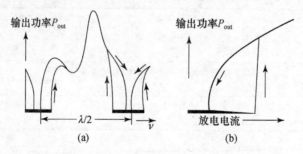

图 5.4 (a) 腔频率改变时的振荡功率峰和滞后;
(b) 增益管中放电电流改变时振荡功率的滞后

图 5.5 形象地解释了在各种条件下可能出现的滞后效应. 当线性损耗 $\gamma_0 > \alpha_{eff}^{max}$ 时,由于阈值太高,激光不能获得振荡;在 $\alpha_{eff}^0 < \gamma_0 < \alpha_{eff}^{max}$ 的区域内,不发生激光作用,这是由于自激发的硬条件. $\gamma_0 = P_{th}$ 的解是一个不稳定解,若 P 增大,图中 P_{st} 继续增大,直至到达 A 点 α_{eff}^{max} 处,然后沿 B 方向继续向右,到达 P_{st} 的稳定点. 而功率在 P_{st} 附近变化时,P 增大会使 α_{eff} 减小,曲线回到 P_{st} 点;反之,P 减小,α_{eff} 增大,也回到 P_{st} 点,可见 P_{st} 是一个稳定点. 如果用增益管的放电电流的变化来观测激光输出的功率变化,图 5.5(b) 示出了它的变化,即激光起动时的

电流和功率较小,它相当于 P_{st} 点,而激光熄灭时的电流和功率较大(如图 5.5(b)),这是滞后效应的表现;同样,在调谐腔频率所得的激光功率,也具有滞后效应(如图5.5(a)所示).氖吸收的氦氖激光是显示滞后效应的最好实例.

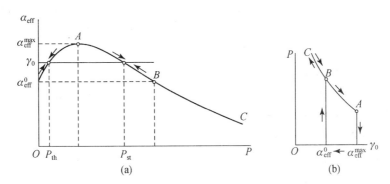

图 5.5   当线性损耗 γ_0 在有效增益曲线 $\alpha_{eff}(P)$ 的
范围内变化时,输出功率的滞后解释

由于氖吸收管必须在放电状态下才能具有吸收作用,否则氖原子的 $2P_4$ 能级不能具有足够的粒子数;由放电产生的噪声、斯塔克频移等效应,使氖原子吸收峰不能获得很好的频率复现性,因而此谱线不能作为激光频标的频率参考.

5.4.2   3.39 μm 甲烷吸收的观测

1969 年,美国标准局的 R. L. Barger 和 J. L. Hall[9] 首次报道了波长为 3.39 μm He-Ne/CH$_4$ 激光器中的甲烷吸收峰. 甲烷分子 ν_3 带的振转吸收线 P(7) 支的中心与波长为 3.39 μm He-Ne 激光增益线的中心频差约为 80 MHz,通过增高增益介质中的 He 气压力(约增至 5 Torr)或采用同位素 ^{22}Ne,就能使两者的中心频率基本符合.

J. L. Hall 长期从事光频标和光频
测量的研究,2005 年 10 月获
诺贝尔物理奖

3.39 μm He-Ne 激光增益线和 CH$_4$ 吸收线的多普勒宽度均约为 300 MHz,甲烷气体在 10 mTorr 气压时的均匀宽度约为 300 kHz 的量级,与多普勒宽度相差约一千倍,属于典型的非均匀加宽谱线.甲烷在吸收线中心处的吸收系数为 0.18 cm^{-1} · Torr^{-1},

在 500 mm 长的吸收室内,每 mTorr 的吸收量达 1％,功率峰的衬比度可达百分之几.在选择较好的运转条件时,吸收峰衬比度可高达 100％.在 He-Ne/CH$_4$ 激光器中,由于参数 $\gamma_0 \ll 1$,因此不存在滞后效应.

图 5.6 中示出了甲烷压力为 0.5 mTorr,光束直径 $a = 10$ mm 的功率峰线型.由于 $\gamma_0 \ll 1$,功率峰宽度等于吸收线中心的凹陷宽度 $2\Gamma_b$.已观测到的峰的功率加宽,可认为已有相当大的吸收饱和($g_b P \approx 1$).甲烷压力的增大所产生的压力加宽,是功率峰宽度的主要原因,其压力加宽系数约为 32.6 MHz/Torr.在低压下($\leqslant 10$ mTorr),压力加宽较小,粒子通过光束的有限时间对加宽的贡献较大.设光束在截面内的强度为高斯轮廓,其半高度直径为 a,则速度为 v 且通过光束中心的分子的渡越宽度为

$$\Delta\nu_{tr} = (1/2\pi)v/a, \tag{5.4.1}$$

对 CH$_4$ 分子而言,在 300 K 下的分子平均热运动速度

$$v = (8\,kT/\pi M)^{1/2} = 6.8 \times 10^4 \text{ cm/s}, \tag{5.4.2}$$

设 $a = 1$ cm,$\Delta\nu_{tr} \cong 60$ kHz,因此这项贡献是不能忽略的.

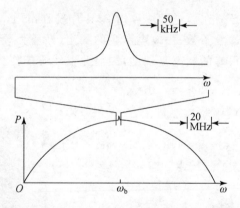

图 5.6   具有甲烷吸收室的 He-Ne 激光器中的反兰姆凹陷的
线形.甲烷压力 $P = 0.5$ mTorr,光束直径为 1 cm

在吸收室为低气压时,当分子几乎无碰撞地穿过光束,在吸收线中心处由于波前弯曲、凹陷产生了明显的加宽,它可用下式计算

$$\Delta\omega_{sph} = Ku/(kr)^{1/2}, \tag{5.4.3}$$

式中 r 是波前的曲率半径,Ku 代表多普勒宽度.当激光输出功率曲线作为腔模频率 ω_c(而不是振荡频率 ω)的函数时,由于吸收线凹陷中心的非线性频率牵引(频率自稳),会使 He-Ne/CH$_4$ 激光器的功率峰产生形变.

5.4.3　633 nm 碘吸收的观测

1969 年,G. R. Hanse 等人[10]用 633 nm He-Ne 激光观测到$^{127}I_2$分子的 11-5 带 R(127)支的电子跃迁的超精细结构谱线;1970 年,J. D. Knox 等人[11]用 633 nm He-Ne 激光又观测到$^{129}I_2$分子的类似谱线. 后者有些谐振比前者的信号更大.

由于 633 nm $^{127}I_2$ 的吸收是在碘分子电子基态第五个振动激发能级上的跃迁,因此吸收功率峰很小,仅为总功率千分之一的量级,直接观测功率的变化是有困难的. 图 5.7(a)所示的是具有吸收的功率-频率曲线,但图中不能显示出功率吸收峰的线形. 通常,可用激光输出功率对调制频率的一阶导数来检测碘的吸收峰,但这时的吸收信号是叠加在多普勒曲线背景上的,见图 5.7(b). 为了消除多普勒轮廓的影响,可以记录激光输出功率对调制频率的三次谐波信号,在调制振幅选择适当时,窄谐振峰的信号比从多普勒轮廓得到的要大$(\Delta\omega_D/\Gamma_b)^2$倍,见图 5.7(c).

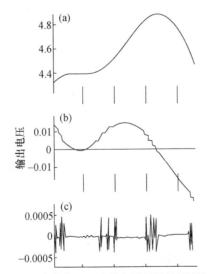

激光器压电陶瓷(PZT)上的电压,近似频率标度100 MHz/分度

图 5.7　在 He-Ne/$^{127}I_2$ 激光器中通过记录吸收信号的一阶导数(b)
和三阶导数(c)观测的功率峰,(a) 为输出功率的稳态信号

在腔内饱和吸收的实验中,只有当吸收饱和参数 $G_b = g_b P$ 与增益饱和参数 G_a 的量级相同或更高时,才能产生吸收功率峰. 但若相差很大$(G_b \gg G_a)$时,由

于吸收的过饱和,功率峰反而会消失. 具有 SF_6 吸收室的 CO_2 激光腔就属于这种不适合产生功率峰的实例.

我国在 20 世纪 70 年代也进行了氦氖激光的饱和吸收实验. 1972 年至 1977 年间,中国计量科学研究院曾先后观测到上述氖、甲烷和碘的饱和吸收信号,为建立我国的激光频标奠定了技术基础[12,13].

5.4.4   在可见光谱区内碘吸收的观测

20 世纪 70 年代后,用 He-Ne 激光的其他波长相继观测到碘分子的饱和吸收信号,其波长分别为 605,612,640 和 543 nm. 此外,用 576 nm 的染料激光和 515 nm 的氩离子激光也观测到碘分子的吸收信号. 在 1992 年 CCDM 推荐的作为激光频标的八条谱线中,六条谱线均是碘分子的吸收线. 90 年代以来,又发现在固体激光中的 532 nm 波段有丰富的碘吸收线,国外已发表的有八组以上[14];我国用 532 nm Nd:YVO_4 腔内倍频激光器,观测到三组碘的饱和吸收谱线,是当时国际上首次报道的新谱线[15,16],此后用 532 nm Nd:YAG 激光器也观测到相应的碘吸收线. 用半导体激光,在 633 nm 附近也发现了丰富的碘吸收线. 用固体激光和半导体激光观测到的碘吸收线,由于吸收的下能级是碘分子的基态或低激发态,因此,其功率峰信号更大,更适合作为激光频标的参考谱线. 这是近年来各国研制固体或半导体激光频标的主要原因之一. 我们将在后面的章节中详细介绍碘分子吸收线的能级结构的有关理论和实验情况.

§5.5   氦氖激光的增益和线形

5.5.1   氦氖激光能级粒子数差及增益曲线

我们知道,633 nm 氦氖激光是氖原子的 $3s_2$ 至 $2p_4$ 能级跃迁产生的受激辐射. 建立这个辐射的必要条件是,处于 $3s_2$ 高能级上的氖原子数目要远多于处于 $2p_4$ 低能级上的数目,这称为粒子数反转. 高低能级上的粒子数差用 $N(v)$ 表示,其中 v 表示氖原子运动的轴向速度. N 与 v 有关,即它随速度形成一种确定的分布,根据原子和分子的运动理论,可由下式表示的麦克斯韦分布确定

$$N(v) = N_0 \exp(- v^2/u^2), \tag{5.5.1}$$

式中 v 是粒子在激光轴向的投影速度,$u=(2kT/m)^{1/2}$ 称为可几速度,k 是玻尔兹曼常数,T 为绝对温度,m 为氖原子的质量. 由式(5.5.1)可知,N_0 应是 $v=0$ 时的粒子数差. 图 5.8 示出了 $N(v)$ 的钟形曲线.

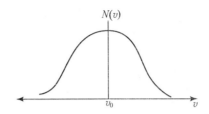

图 5.8 能级粒子数差 $N(v)$ 随原子速度 v 变化的曲线

由于激光增益与粒子数差成正比,它随频率变化的曲线与 $N(v)$-v 曲线相类似.对于 633 nm 的氦氖激光而言,增益的经验公式为

$$G_0 = 3 \times 10^{-4} l/d, \tag{5.5.2}$$

式中 l 和 d 分别是以 cm 为单位的放电长度和激光放电管内径.G_0 指的是小信号增益,或称不饱和增益,它是在激光功率很小(理论上接近零)时的增益.当激光功率增大时,增益会随之减小,这种现象称为增益饱和.对 633 nm 氦氖激光而言,增益饱和的公式为

$$G = G_0/(1 + P/P_0)^{1/2}, \tag{5.5.3}$$

式中 G_0 为不饱和增益,P 为腔内功率密度,P_0 称为饱和功率密度.由式(5.5.3)可知,饱和增益仅在 $P=0$ 时等于 G_0,或 $P \approx 0$ 时近似为 G_0.在饱和方式确定后,增益饱和的速率与饱和功率 P_0 有关.实验表明,P_0 与气压有关.在氦氖激光管的总气压为 3 Torr 时,$P_0 \approx 25$ W/cm^2.

以用于兰姆凹陷稳频的 633 nm 氦氖激光器为例,在激光管内径为 1 mm,光斑半径约为 0.3 mm,输出功率约为 0.5 mW,镜子透过率约 2% 时,则腔内功率约为 25 mW,腔内功率密度约 10 W/cm^2.由此可知,此时的 P 远小于 P_0,属于弱饱和情况.

在激光管两端配上谐振腔镜时,构成激光振荡器,其振荡条件为

$$G = G_0/(1 + P/P_0)^{1/2} = a, \tag{5.5.4}$$

式中 a 是腔内损耗,为布氏窗片、镜片上的吸收和散射损耗,毛细管的衍射损耗以及镜子输出耦合等的损耗之和.式(5.5.4)的物理意义是,激光的饱和增益等于损耗之和.激光在开始振荡时,其不饱和增益必须大于损耗.随着激光功率的进一步放大,饱和增益逐渐下降,直到与损耗相等为止.此时输出达到了稳定状态,如图 5.9 所示.P 为稳态时的腔内功率,由式(5.5.4)可见,G_0,P_0 和 a 均影响 P 的值.由于氦氖激光的 G_0 较小,而 P_0 较大,因此 P 值不可能很大.在要求输出纵向单模时腔长不能过长的限制下,只有减小腔内损耗 a,才可能提高腔内功率 P.

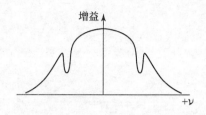

图 5.9　增益随功率饱和的曲线

5.5.2　增益线形

由于增益 G 是与能级粒子数差 N 成正比的, G 随速度 v 变化与 $N(v)$ 类似. 在原子发射一个光子时, 每个激光行波所观测到的光子频率为

$$\nu = \nu_0(1 \pm v/c), \qquad (5.5.5)$$

式中 v 为原子沿着光轴方向的速度分量, c 为光速, ν_0 为速度分量为零处的频率, 相应于无多普勒位移. 上式中光子频率 ν 产生多普勒位移的符号与光相对于粒子速度的方向有关, 同向时为负值, 反向时为正值. 在驻波谐振腔内存在往返两个方向的光波, 它们的发射频率相同, 但分别与速度为 $+v$ 和 $-v$ 的原子相互作用而产生增益, 这两种情况下的多普勒位移的方向是相反的.

气体中的原子速度满足麦克斯韦分布律, 在热平衡状态下, 轴向速度在 v 与 $v+\mathrm{d}v$ 之间的原子数占总数的比例为

$$g(v)\mathrm{d}v = (m/2kT)^{1/2}\exp(-mv^2/2kT)\mathrm{d}v, \qquad (5.5.6)$$

式中 m 为原子量, k 为玻尔兹曼常数, T 为绝对温度. 一定速度 v 的原子相应于接收到一定频率的光, 即

$$g(\nu)\mathrm{d}\nu = g(v)\mathrm{d}v, \qquad (5.5.7)$$

由此按式(5.5.6), 可得

$$g(\nu) = (c/\nu_0)(m/2\pi kT)^{1/2}\exp[-mc^2(\nu-\nu_0)^2/2kT\nu_0^2]. \qquad (5.5.8)$$

式(5.5.8)就是由多普勒效应引起的激光增益谱线的线形函数, 称为高斯线形, 形状与图 5.8 类似.

5.5.3　增益的谱线加宽

如图 5.9 所示, 氦氖激光的增益在曲线中心频率 ν_0 处达到极大值. 在中心频率两侧增益下降, 在 ν_1 和 ν_2 处分别下降到极值之半, $\Delta\nu = \nu_1 - \nu_2$ 称为增益线的全宽(FWHM), 其半值为半宽(HWHM), 本书中通常将 FWHM 称为半宽度

(半极大值处的全宽).

谱线加宽的因素很多,按 5.1 节所述可分为两类:一类为均匀加宽,其中每一个发光原子对谱线内的所有频率均有贡献;另一类为非均匀加宽,其中每一个发光原子仅对谱线内某确定范围内的频率才有贡献. 在实际情况下,两种加宽因素同时存在. 在低压气体激光中,后者占主导地位.

产生 633 nm 氦氖激光的均匀宽度的两个主要因素是:自然宽度和压力加宽. 前者是氖原子在光子发射过程中能量衰变导致的;后者是由气体分子之间的碰撞产生的,与气体的压力有关,因而称为碰撞加宽或压力加宽. 均匀加宽的线形函数为洛伦兹线形,其表达式为

$$g(\nu) = g(\nu_0)/\{1 + [(\nu - \nu_0)/(\Delta\nu/2)]^2\}, \tag{5.5.9}$$

式中 $g(\nu)$ 和 $g(\nu_0)$ 分别为任意频率和中心频率处的增益,$\Delta\nu$ 为半宽度. 均匀宽度通常为自然宽度与压力加宽之和. 633 nm 氦氖激光的自然宽度约为15 MHz,压力加宽约为 75 MHz/Torr. 对于气压为 3 Torr 的激光器,总的均匀宽度约为 240 MHz.

根据式(5.5.8)可以计算 633 nm 的多普勒宽度,其中 $m = 20, T = 500$ K,多普勒宽度 $\Delta\nu_D$ 约为 1500 MHz. 上述氦氖激光的均匀宽度约为 $\Delta\nu_D$ 的 14%,因此属于典型的非均匀加宽谱线. 在激光理论相关的公式中,常用 Ku 表示多普勒宽度,它是增益下降到极值的 $1/e$ 处的半宽度,即

$$Ku = \nu_0(2kT/mc^2)^{1/2}. \tag{5.5.10}$$

由此可知,$Ku \approx 0.6\Delta\nu_D$,633 nm 的 Ku 值约为 1000 MHz.

§5.6 激光功率曲线的兰姆凹陷

5.6.1 兰姆凹陷的产生

激光功率随频率变化的曲线称为功率调谐曲线,通常情况下,它与增益曲线形状类似,中心频率处的功率最大. 但在一些气体激光器中,中心频率处的功率有一个凹陷. 5.2.2 节中曾提到,兰姆在 1964 年首次用半经典激光理论阐明了出现凹陷的原因,得出了产生凹陷的条件,即兰姆凹陷[4]. 本节将采用"烧孔"的物理模型[3]定性地说明产生兰姆凹陷的原因及条件.

如上所述,对于充²⁰Ne 单一同位素的单模 633 nm 氦氖激光器,其增益曲线基本上为高斯线形,当调谐频率为 ν 时,在其频率 ν 附近会产生一定程度的饱和,饱和的宽度为均匀宽度的量级. 均匀宽度内的原子参与激光的相互作用,这

种部分饱和现象在增益线上表现为烧出一个"空穴",称为"烧孔".

对于腔内两个相反方向的行波,它们分别与正负速度 $+v$ 和 $-v$ 的两部分原子相互作用,在增益曲线轮廓上出现两个对称的空穴,如图 5.9 所示.腔内功率增大时,饱和程度增强,空穴加深并加宽,这种加宽称为功率加宽,其线形也是洛伦兹形.在 $\nu < \nu_0$ 时,z 方向上频率 ν 的光与 $+v_z$ 速度附近的原子相互作用

$$v_z = +\lambda(\nu_0 - \nu), \tag{5.6.1}$$

而 $-z$ 方向上频率 ν 的光与 $-v_z$ 附近的原子相互作用

$$v_z = -\lambda(\nu_0 - \nu). \tag{5.6.2}$$

因此,在激光增益曲线上会产生对称的两个空穴.当谐振频率 ν 逐渐向中心频率 ν_0 移动时,失谐量逐渐减小;由于两个空穴的深度加大,面积不断增大,输出功率也相应增大.但当 ν 接近 ν_0 时,两个空穴开始叠加;当 $\nu = \nu_0$ 时,则全部叠加.在这种叠加过程中,虽然每个空穴的面积不断增大,但两个空穴的总面积在增大到极大值后将逐渐减小.与此相应,调谐频率接近中心时,输出功率增大至极大值后,也逐渐降至极小值,再回升至极大值.这就形成了激光输出功率的兰姆凹陷,如图 5.10 所示.

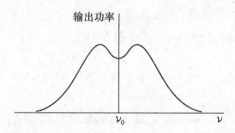

图 5.10 充 ^{20}Ne 单一同位素的单模激光器的输出功率调谐曲线

5.6.2 产生兰姆凹陷的条件

在以上分析中,两个空穴的叠加可能但并不必然产生兰姆凹陷,即产生兰姆凹陷需要一定的条件.在两个空穴叠加时,若空穴叠加后的两个面积之和小于叠加前的面积之和,就能产生兰姆凹陷;反之,则不能产生凹陷.如果空穴的深度过浅,宽度过宽,就不利于产生凹陷.根据上一小节的理论分析,我们可将产生凹陷的条件归纳如下:

a. 均匀宽度远小于多普勒宽度,满足这种条件的谱线称为非均匀加宽谱线;

b. 激光的腔内功率足够强,使空穴加深,增益产生足够的饱和.

633 nm 氦氖激光器的均匀宽度约为 240 MHz,多普勒宽度约为 1500 MHz,为典型的非均匀加宽谱线;如果腔内功率满足第二个条件,就可能获得明显的兰姆凹陷.由此可知,制作兰姆凹陷稳频激光器时,不能盲目追求输出功率的提高,以至忽略了腔内功率的增大,而使凹陷的深度较浅,严重影响稳频的精度,甚至无法实现正常的稳定.下面以上述氦氖激光器的数据,定量说明产生兰姆凹陷的腔内阈值功率,以及腔内功率与凹陷深度的定量关系.

根据兰姆理论计算,可得产生兰姆凹陷的腔内阈值功率为[17]

$$\wp = 1 + 2(\gamma/Ku)^2. \tag{5.6.3}$$

式中 γ 为激光的均匀宽度的半宽,为上述均匀宽度之半,即 $\gamma = 120$ MHz;Ku 为激光理论中常用的多普勒宽度,即 $Ku \approx 0.6\Delta\nu_\mathrm{D} \approx 1020$ MHz;$\wp$ 为相对激励,为不饱和增益与损耗之比,是一个无量纲参量.由(5.6.3)式,代入这些激光参数计算可得 $\wp = 1.0277$,这就是相对激励的阈值条件.要得到激光功率的阈值条件,需要将相对激励变换为激光功率.由其定义可知 $\wp = G_0/a$,G_0 为不饱和增益,a 为腔内损耗.当激光达到稳态输出时,饱和增益等于损耗,即 $G = a$.由于氦氖激光是典型的非均匀加宽谱线,其饱和公式为

$$G = G_0(1 + I/I_0)^{1/2}, \tag{5.6.4}$$

式中 I 和 I_0 分别为腔内及饱和的功率密度.当氦氖总气压为 3 Torr 时,I_0 约为 24 W/cm^2.由式(5.6.4)及 $\wp$ 的定义可得

$$\wp = (1 + I/I_0)^{1/2} \tag{5.6.5}$$

或

$$I = I_0(\wp^2 - 1). \tag{5.6.6}$$

由上式可建立 $\wp$ 与 I 之间的对应关系.以 $\wp$ 为 1.0277 为例,相当于其腔内功率密度的阈值为 1.34 W/cm^2,引入输出镜透过率后可估算输出功率的阈值.

氦氖激光管的毛细管直径约为 1 mm,光束半径约为 0.3 mm,光斑面积约为 2.8×10^{-3} cm^2,将上述 1.34 W/cm^2 的功率密度的阈值代入后即得腔内功率的阈值约为 3.75 mW.假定输出镜的透过率约为 1.5%,则得输出功率的阈值约为 0.05 mW 量级.而通常的半内腔氦氖激光器的输出功率约为 0.5 mW,很易满足上述阈值条件.

根据洛伦兹谱线加宽公式还能进一步估算凹陷的深度,图 5.11 示出了各种腔内功率下的兰姆凹陷的深度[14].

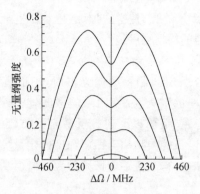

图 5.11   各种腔内功率下的氦氖激光兰姆凹陷，$\Delta\Omega$ 为频率失谐量

§5.7   兰姆凹陷的稳频方法

上节中论述了出现兰姆凹陷的物理机制，以及在氦氖激光器中出现兰姆凹陷的条件. 由于兰姆凹陷的中心频率相当于氖原子速度为零时所辐射的激光频率，因此是一个较好的频率参考. 早在 1965 年前后，将激光频率稳定在兰姆凹陷中心的方法就得到了广泛的应用，成为长度测量中的次级波长标准.

5.7.1   兰姆凹陷稳频方法的原理

采用外腔或半内腔氦氖激光器，在与镜子粘接的 PZT 上加一低频振荡的交变电压作为激光的调制信号，调制频率约为 1 kHz. 同时加在 PZT 上的直流电压可驱动镜子发生位移，使激光产生频率调谐. 在凹陷中心附近，当激光频率 ν 调谐到高于凹陷中心频率时，功率调制与所加的调制信号相位相同；反之 ν 低于中心频率时，其相位相反；在中心频率 ν_0 附近时，由于功率曲线的斜率为零，功率调制的幅度接近为零. 这种兰姆凹陷稳频激光器的稳频原理如图 5.12(a) 所示. 由此可见，功率调制可以识别激光频率相对于凹陷中心的位置. 将振幅调制用相敏检波器(psd)检测、整流并适当滤波可获直流电压信号，其信号幅度和方向如图 5.12(b) 所示. 直流电压经积分放大后反馈到 PZT 上驱动镜子位移，可将激光频率控制在兰姆凹陷的中心频率处. 控制电压使相敏检波器输出电压为零的点对应于凹陷中心. 两侧另两个过零点对应于凹陷中心两侧较远处的两个功率极大值，由于这两个极大值的频率位置与激光功率有关，因此不能作为频率参考点. 在相敏检波输出中这两个点的斜率与中心点的斜率恰好相反，只要调整好相敏检波的相位，就可以保证激光频率锁在兰姆凹陷中心.

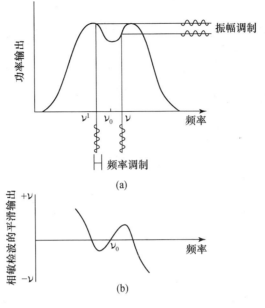

图 5.12 兰姆凹陷稳频原理

5.7.2 兰姆凹陷稳频激光器

一台兰姆凹陷稳频激光器包括三个部分：兰姆凹陷氦氖激光器、激光电源和激光稳频器. 我国国内生产的兰姆凹陷氦氖激光器通常采用半内腔型, 间隔器用石英套管制作. 氦气用同位素 ^{3}He, 以提高输出功率, 氖气为自然氖或同位素 ^{20}Ne. 两种气体的配比为 7：1. 强端输出功率为 0.5 mW 量级, 弱端为几十mW 量级, 供稳频时光电接收用.

激光电源为稳流源, 工作电流约为 5 mA, 过大或过小易产生较大的激光噪声, 从而严重影响激光的频率稳定. 电源的纹波系数应尽量减小, 以免由此产生过大的噪声.

激光稳频器是控制激光频率稳定到兰姆凹陷中心的伺服装置. 通常采用光电二极管作为光接收器, 并用隔直电容将它与交流放大器连接, 以免较大的直流增益引起放大器噪声的增加. 振荡器的调制振幅与 PZT 的交流电压灵敏度有关. 在小振幅调制的情况下, 交流信号大致与调制振幅成正比. 调制振幅产生的激光的谱宽约在 15～20 MHz 为宜, 相应的交流电压峰峰值在 10 V 以内. 整机的闭环放大倍数可以通过调整积分放大的增益而改变, 闭环增益约为

2000 倍.

　　激光的频率稳定度是由激光器、电源、稳频器、PZT 以及工作台的隔离状况和周围条件等因素综合决定的. 欲达到较高的频率稳定度,应具备的一些条件有:选用兰姆凹陷较深的激光器,例如其深度应大于 8%;谐振腔的热漂移应尽量减小;激光电源引起的噪声应降低;稳频器的控制能力较强;PZT 性能较好,包括它的线性和灵敏度;周围无大的声源和振源;使用者能正确操作,使其具有较好的稳频状况等.

5.7.3　频率稳定度、复现性测量和真空波长值

　　激光频率的相对测量是以一台激光器的频率为参考,另一台激光器与此参考频率进行差频,利用测得的差频值及参考频率值得到被测激光的频率值及频率稳定度. 通常称这种方法为拍频测量法. 现以 633 nm 氦氖激光为例,介绍测量步骤和方法.

　　拍频测量的步骤如下:

　　1. 开启参考激光器和被测激光器及其稳定系统,调整光路重合,初步观测拍频信号.

　　2. 将参考激光器和被测激光器分别稳定在所要求的频率处,其拍频信号经雪崩光电二极管或光电倍增管接收,并经宽带放大器放大,用频谱分析仪观测其拍频信号. 进一步调整光路及有关电路,使频谱分析仪上的拍频幅度达40 dB以上.

　　3. 锁定激光频率,将拍频信号的一路输出接通频率计,频率计输出经IEE488 接口输入微机. 由微机控制频率计闸门时间,根据需要可分别用 10 ms,100 ms,1 s,10 s,100 s,1000 s 等取样时间进行计数,微机所取数据由下式阿仑偏差进行计算:

$$\langle \sigma_f^2(2,\tau) \rangle = (1/N) \sum [(f_{2i} - f_{2i-1})^2/2], \qquad (5.7.1)$$

式中 f_{2i} 和 f_{2i-1} 分别为一对相邻的偶次和奇次计数的频率值,N 为测量对数,$\sigma_f^2(2,\tau)$ 为取样时间 τ 的 N 对激光频率读数的阿仑偏差值. 在激光的拍频测量中,测量的是差频 Δf,而不是激光频率,因此在用阿仑偏差来表示激光频率的相对稳定度时,上式应改写为

$$\langle \sigma_f^2(2,\tau) \rangle = (1/Nf^2) \sum [(f_{2i} - f_{2i-1})^2/2]. \qquad (5.7.2)$$

式中 f 为激光频率值. 例如,Δf(阿仑偏差)$= 4.7$ kHz,$f = 473.612$ THz,则以阿仑偏差表示的激光频率稳定度为:$\Delta f/f = 1 \times 10^{-11}$.

　　通常,兰姆凹陷稳频激光器的秒级频率稳定度可达 10^{-10} 量级,已能满足一般精密测量的需求.而要准确测量频率稳定度、复现性和真空波长值,应采用拍频测量法.频率稳定度用阿仑偏差表示;频率复现性用拍频测量的频差 Δf 表示,$\Delta f/f$ 为频差相对值,例如频率变化差值为 5 MHz,633 nm 激光的频率值约为 473 THz,则其频率变化相对值为 1×10^{-8}.

　　上述测量时的参考激光器应采用 633 nm 碘稳定氦氖激光器,由于它的频率稳定度和复现性均达到 10^{-11} 量级,测量时可以不考虑其频率的变化.由测量所得频差的平均值,可得兰姆凹陷稳频激光器的频率值 f.用真空中光速 c 除以 f 即得真空波长值.1980 年,中国计量科学研究院研制的 633 nm 碘稳定氦氖激光器赴巴黎国际计量局(BIPM)比对归来不久测量了一组结果.测量时间是在 1980 年 3 月底至 5 月初,本书作者用与国际计量局(BIPM)比对过的碘稳定激光器 NIM2 对中国计量科学研究院工艺研究所研制的 No.6 兰姆凹陷稳频激光器进行了拍频测量[18].测量时先将碘稳定激光器分别稳定在碘吸收线的 h,i,j 三个峰上,读出与稳定在凹陷中心激光频率的拍频值,作为最初的三组测量值.然后将 No.6 激光器重新锁定到凹陷中心,而将碘稳定激光重新分别锁定于 j,i,h 峰,测量后三组数值,分别求出凹陷中心与两次 h,i,j 峰的拍频平均值,结果如表 5.3 所示.

表 5.3　兰姆凹陷稳频激光器的拍频测量结果[18]

	与 h 分量差拍	与 i 分量差拍	与 j 分量差拍
差频值/MHz	-49.5249	-27.4043	-5.8711
波长差值/fm	$+65.19$	$+35.63$	$+7.85$
碘分量波长值/fm	632 991 369.66	632 991 399.00	632 991 427.83
被测波长值/fm	632 991 435.85	632 991 435.63	632 991 435.68
平均波长值	632 991 435.72 fm, $\sigma=0.12$ fm		

　　测量中发现,半内腔激光器在不同状态下,凹陷中心会有一定的偏移,从而使稳频后的波长值发生变化.根据对几台不同的半内腔激光器的测量,波长(或频率)的变化约 $10^{-8} \sim 10^{-9}$ 量级.其中对 No.6 激光器在不同时刻的各种状态下进行了六次测量,有的测量是在连续运转 12 小时或一昼夜后进行的.测量结果的最大差值为 5×10^{-9}.

　　早在 1968 年,美、英、德(西德)三国的计量研究所就对各自研制的兰姆凹陷稳频激光器的频率复现性和真空波长值进行了比对测量[19].测量表明,复现性优于 1×10^{-7}.此外,每台激光器在其寿命范围内,真空波长值也会发生上述量级的变化.我国在 1980 年后的多次测量中,也得到了类似的结果.由此可见,用兰姆凹陷稳频激光器作精密测长时,要特别关注它的真空波长值的变化.通常,应在半年期间内用碘稳定激光器标定其真空波长值.对于更精密的测量,如重力加速度的精密测量,应在测量前后分别进行上述标定.

兰姆凹陷稳频激光器的频率复现性主要受到兰姆凹陷中心自身变化的影响.氦氖总气压的变化(由于氦气渗漏会引起气压下降)、输出功率变化使凹陷中心偏移(由于凹陷中心的不对称)、激光腔体变形引起凹陷中心偏移等因素,均会使稳频激光的频率和真空波长值发生变化.这些变化使它不能作为长度基准或光频标准使用.

兰姆凹陷稳频激光器是最早使用的稳频氦氖激光器,至今已有几十年的历史.它的优点是结构简单紧凑,造价低廉,使用方便,在我国已在许多领域得到推广应用.但从发展的角度来看,存在较大的调制振幅及频率复现性稍差是其难以克服的缺点.要求更高精度的测量,必须采用性能更好的稳频激光器.

§5.8   双纵模稳频方法

氦氖激光的双纵模稳频方法可以克服上节所述兰姆凹陷稳频方法的缺点,实现无调制并具有高复现性的特点.

5.8.1   双纵模氦氖激光器

双纵模氦氖激光器其原理可简述如下:采用腔长为 140 mm 的内腔商品氦氖激光器,其纵模间隔约为 1070 MHz.当激光频率调谐到距中心偏离约 500 MHz 时,激光出现双纵模振荡,其相邻纵模输出的偏振方向相互垂直.激光输出后经偏振分光器可将两束不同偏振的激光束分离,分别由性能相同的光电接收器检测,转换成电压信号.在内腔激光器的玻璃外壳上绕以细金属丝,通电加热,可使激光管受温度变化而改变腔长.当通过金属丝加热使激光频率调谐时,一束平行偏振光的功率增强,另一束垂直偏振光的功率相应减弱.用两束激光的功率相等作为参考点,来控制激光的腔长,使腔长保持在双纵模功率相等的状态.

由于激光增益线中心是氖原子跃迁的中心频率,可作为稳定频率的参考.上述两束激光的频率位于中心频率的对称两侧,其频率也是相对恒定的.以上述腔长 140 mm 的全内腔氦氖激光器为例,其纵模间隔为 1070 MHz,则两个纵模的频率与中心频率的频差可以保持在 535 MHz 的恒定位置.选用其中任何一束激光的输出,均可达到频率稳定的结果.

由于上述双纵模氦氖激光器的输出功率可达 1 mW 左右,因此选用任一束偏振激光的输出功率可达到 0.5 mW. 若需增大稳频激光的输出功率,可选用腔长 210 mm 内腔商品激光器,其输出总功率可大于 2 mW,即每束稳频激光的输出功率约为 1 mW,这时的纵模间隔约为 710 MHz.

通过偏振分束器输出的激光束,其偏振方向是固定的,即为水平或垂直偏振中的某一方向. 但实现上述稳定时,这一固定偏振激光的频率或高于中心频率,或低于中心频率,这是在实现稳频时无法预计的. 因此在使用这种稳频激光器时,应通过与碘稳定氦氖激光的拍频或其他方法确定其频率,或使用其不同锁定状态时的平均值. 因为两束激光稳频后频率的平均值就是激光的中心频率,它是一个很好的频率参考.

上述 140 mm 的短腔激光器,当激光纵模处于增益线中心附近时,可以获得单模输出,每个纵模的输出功率为 0.5 mW. 由此可以估算出两个纵模的功率差及稳频后的频率复现性的量级. 以功率相对于频率近似呈线性变化估计,约为 500 μW/500 MHz,即 1 μW/MHz 的量级. 考虑到功率-频率曲线的非线性,在功率稳定点的曲线斜率较大,可达 2 μW/MHz 的量级. 如需要频率复现性优于 1×10^{-8} 的量级(± 5 MHz),功率变化应小于 10 μW,相当于 2% 的量级. 如此类推,若使功率变化保持小于 $\pm 0.2\%$ 的范围,有可能使频率复现性达到 1×10^{-9} 的量级.

美国 JILA[20] 采用这种方法研制的稳频氦氖激光器,经过多年的长期测量表明,其一个月内的短期频率复现性可达 1×10^{-9}. 稳定频率的年漂移量约为 $2 \sim 3$ MHz 量级,相当于 $(4 \sim 6) \times 10^{-9}$. 在标定其频率值后的半年至一年内,用线性内插的方法,可使其频率或波长的准确度保持在 1×10^{-9} 以内.

JILA 采用腔长为 210 mm 的内腔氦氖激光器,输出的偏振激光可锁定在氖的中心频率的红侧(低频端)或蓝侧(高频端). 其使用的激光器及稳频方法在上述原理基础上有较多改进和发展,主要有:在激光管的外壳上绕以加热用的薄膜,利用均匀加热使激光调谐. 薄膜应紧紧贴在玻璃管壁上,以避免热脉冲引起的频率跳动. 为了使较冷的内壁与加热的外壁能达到平衡状态,管壁的工作温度应高于室温,约为 40℃. 实验中,用六台稳频激光器进行了频率稳定度和复现性的研究. 在一小时内,频率稳定度优于 1×10^{-10}. 为了研究长期频率稳定度,用五台激光器进行了一个月的测量. 在测量期间内,锁定在蓝侧的频率逐渐增加,而锁定在红侧的频率逐渐减小,但中心频率比两侧频率均更稳定,其频率变化趋势列于表 5.4 中.

表 5.4 美国 JILA 研制的双纵模稳频激光器锁定频率的变化趋势（MHz/年）

激光器	红侧锁定频移	蓝侧锁定频移	中心频率频移
No. 11	−11.39	+1.68	−4.85
No. 14	−8.32	+1.86	−3.25
No. 17	−14.71	+4.42	−5.15
No. 18	−23.58	+14.42	−4.56
No. 19	−27.23	+20.26	−3.47

由表 5.4 可见,中心频率的平均频移为 -4.3 ± 0.8 MHz/年. 与锁定在两侧的频移相比,中心频率的频移具有非常一致的变化趋势. 这种一致性的原因是,每台激光器的功率-频率调谐曲线对增益或损耗的微小变化均极其敏感,对两侧的锁定频率位置而言,在 1500 MHz 量级的多普勒线宽内,很易发生 MHz 量级的频移,而两侧锁定频率的平均值与上述影响无关,仅由原子增益介质的中心频率决定. 此外,JILA 对其 No. 16 激光器进行了长达两年的测量研究,它与碘稳定激光器的拍频值列于表 5.5.

表 5.5 JILA No. 16 激光器与碘稳频激光器的拍频值

日期(年.月.日)	红侧锁定频率/MHz	蓝侧锁定频率/MHz	中心频率/MHz
1984.5.18	139.56	851.89	495.72
1984.8.8	137.21	853.79	495.50
1985.4.15	135.55	852.43	493.99
1985.8.15	133.90	852.06	489.68

由表 5.5 可知,中心频率的年平均频移量为 $-2.81+0.3$ MHz. JILA 的研究结果表明,这种稳频激光的中心频率的年频移量可小于 1×10^{-8}. 若每年进行两次标定,其准确度预计可达 1×10^{-9}.

中国科学院计量测试高技术联合实验室(JLATM)也研制了这种稳频激光器,并进行了与 JILA 类似的实验,实验中采用的内腔激光器的腔长为 140 mm,单模输出功率达 0.5 mW. 在三个月的连续测量表明,当两个纵模的功率差保持在 1% 以内,单频输出的频率复现性约为 $(1\sim2)\times10^{-8}$ 量级[18]. 与兰姆凹陷稳频激光器相比,具有无调制和频率复现性高的优点.

上述实验和方法是在 633 nm 氦氖激光器上实现的,原因是这种激光器在制作上比较方便,可使用品质很好的商品激光器. 原则上其他波长的氦氖激光器也适合于应用,例如 612 nm 或 543 nm 氦氖激光器. 由于它们的激光增益低于 633 nm 氦氖激光器,因此激光的单频输出功率略低,但频率稳定度和复现性均能达到相同的量级.

与上节介绍的兰姆凹陷稳频激光器相比,采用这种方法稳频的激光输出具有无调制的特性,并能在长期使用中具有更高的频率复现性.

5.8.2   稳频的实施方案

双纵模激光器频率稳频实施方案的原理是:将两个相邻纵模通过偏振分光镜后的输出用光电接收器接收后,使两者稳定到相等的参考点处,则其相应的频率就可得到稳定.图 5.13 为实施功率和频率稳定的方框图[21].

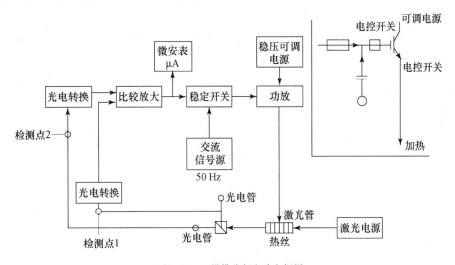

图 5.13   双纵模稳频电路方框图

为了实现图 5.13 所示的稳频原理,在技术和工艺上有严格的要求:

(1) 对商品型内腔激光器,要求:激光器的管壳应具有很好的平直度,在加热膨胀过程中,产生横向畸变极小;相邻两纵模的偏振度很高,当平行偏振的功率为 100%,垂直偏振的功率接近于零,反之亦然.

(2) 加热丝的加热不应使激光器产生横向畸变.

(3) 激光器偏振分光及两个光电接收器的一致性很好.

(4) 电路控制精度较高.

5.8.3   双纵模稳频激光的实验观测步骤[18]

a. 在激光器前设置一偏振分光棱镜,激光器通过棱镜后分成偏振面相互垂直的两束线偏振光.

b. 将激光器置于开环状态,在激光器加热丝加热的过程中,用功率计测量两束激光的输出功率的变化;若变化不明显,可将棱镜绕光束适当旋转,然后重复观测,使激光功率变化至两束光的明暗变化反差很大.这时的观测结果应为:一束光的输出功率达到最大时,另一束光的输出功率达到最小(接近为零),反之亦然.

　　c. 在棱镜的位置确定后,激光器加热 20 分钟至 30 分钟后,将激光器的开环开关置于锁定状态.这时激光器的温度已处于热平衡状态,指示电表的指针处于一固定位置,则两束激光的输出功率相对稳定.这时观测到的激光功率的最小变化表示激光器温度和腔长稳定时的功率稳定度.

　　d. 将激光器置于开环状态重新加热,扫描几个周期(这时的加热电压不变),然后重新锁定,此时指针应稳定在移向正方的某一位置.如果减小加热电压,则指针恢复到 c 中的固定位置.实验中记录不同加热电压时的锁定指针的位置,可得出每束激光功率漂移随加热电压的变化.由此可得激光功率随加热温度的变化,即在不同温度下锁定时的激光功率稳定参考点,这个参考点可通过拍频测量得到其频率参考值.

　　e. 在激光器置于锁定状态下,调整加热电压,表头指针随电压的减小而正向移动,这时的激光功率及两束激光的功率比均将发生变化.这是激光腔长在小于 $\lambda/2$ 范围内变化时相应的激光输出功率的变化,同时激光频率也产生相应的变化,其功率-频率的变化关系可由功率与拍频同步测量时获得,其中实验室的环境温度的变化也会影响实验的测量结果.

　　由上述实验观测可以得到以下结论:

　　(1) 激光器输出有两个确定的独立偏振态;

　　(2) 每个偏振态激光束的输出功率随腔长作周期性变化,即腔长变化半个波长,功率产生一次周期变化;

　　(3) 激光输出功率与温度有关,并同时产生激光的频率变化;

　　(4) 两束偏振光输出功率的比值与频率之间有单值关系,在激光器处于热平衡状态时,通过功率稳定的技术可以实现激光的频率稳定.

5.8.4　稳频激光的功率和频率稳定度测量

　　采用光电型功率计,其零点漂移应小于 $1\ \mu\text{W}$,测量每束偏振光的功率变化;如果要进行长期观测,可将功率计的输出信号输入到微机中,进行记录和计算其长期功率稳定度.

　　为了测定激光器在频率稳定后的频率变化,必须建立一套拍频测量装置,用高一级的标准激光(例如 633 nm 碘稳定的 He-Ne 激光器)来检测它们之间的差频变化.

按照国际惯例,频率标准的频率稳定度按阿仑偏差计算,其公式如下

$$\sigma_y(2,\tau) = \left[\frac{1}{Nf^2}\sum_{i=1}^{N}\left(\frac{\Delta f_{2i}-\Delta f_{2i-1}}{2}\right)^2\right]^{1/2}, \tag{5.8.1}$$

式中 f 为被测激光频率值,Δf 为用拍频方法测量的差频值.

5.8.5 频率复现性分析

频率复现性是指激光频率在不同时刻复现的频率范围.例如在测量的一天、一周或一个月内,测量的频率平均值的变化范围.通常频率复现性比频率稳定度要低一至二个量级.以双纵模稳频激光器而言,其阿仑偏差约为 5×10^{-10} 量级,而其频率复现性约为 $(1\sim2)\times10^{-8}$ 量级.用于长度精密测量的稳频激光器的频率复现性要求为优于 3×10^{-8},因此双纵模稳频激光器完全符合这个要求.

频率稳定度和频率复现性是标志激光频率稳定的两个主要技术指标.频率稳定度反映了激光在频率稳定时的短期起伏的程度,频率复现性反映了激光在频率稳定时的长期变化.在此基础上,可以通过相对或绝对测量得到激光的频率或真空波长值.

频率稳定度和频率复现性的优劣与下列因素有关:

(1) 环境条件:温度稳定的状况,隔振的措施及周围的干扰情况等;

(2) 激光器的性能:激光电源的噪声,激光光束的品质,激光管和隔离器的性能等;

(3) 电子伺服系统的控制性能:控制的精度及保持的状态等;

(4) 操作和测量的技术.

通过对以下三个主要参数的控制,我们可以将商品型氦氖激光器的频率复现性达到 $\pm1\times10^{-8}$ 量级:

(1) 严格控制垂直偏振和水平偏振两个相邻纵模的功率比,即可控制激光锁定在某个腔的稳定频率处.

(2) 控制激光热丝加热的温度,通过测量热丝的电阻值,可精确得到它的温度值(精度可优于 $0.1℃$),温度每变化 $0.2℃$,激光变化一个纵模.精密控制热丝温度,可以使激光频率锁定到固定的纵模数 q 上.

(3) 严格控制激光电源的电流值,以控制激光的增益.

　　表 5.6 列出了中国科学院计量测试高技术联合实验室自制的双纵模稳频氦氖激光器与 633 nm 碘稳频氦氖激光器的拍频测量结果. 由此表可见, 用阿仑偏差表示的频率稳定度达 10^{-10} 量级, 用频差表示的频率复现性可达 $(1\sim2)\times10^{-8}$ 量级.

表 5.6　我国自制双纵模稳频激光器的频率稳定度及频率变化测量结果[18]

日期(年.月.日)	取样时间/s	平均阿仑偏差	平均值/MHz	标准偏差/MHz
2002.12.16	1	$(4\sim5)\times10^{-10}$	60.50	0.2~0.3
2003.1.6	1	5.2×10^{-10}	61.20	0.2

　　我们已获得了频率复现性达到 $\pm1\times10^{-8}$, 是经过几年研究的综合成果, 即在选用优质内腔商品型激光器, 改善激光电源、分光系统和稳频电路等技术和工艺的基础上的结果. 此成果是在恒温隔振的环境条件下实现, 并选择每台激光器的最佳锁定参考点, 将激光功率控制在 $\pm0.05\%$ 的范围内, 通过与 633 nm 碘稳定激光的拍频测量, 可以长期监测它的频率变化.

　　这种稳频激光器的优点是:

　　(1) 采用商品型内腔激光器, 简易可行;

　　(2) 采用容易制作的激光电源和稳频器, 使整个装置小型化, 便于搬运和使用;

　　(3) 频率稳定度和复现性达到了用于精密测量范畴的技术指标, 可以作为精密测长和精密波长测量的激光二级频标.

§5.9　腔内饱和吸收稳频方法

　　前二节中描述的稳频方法均采用激光自身原子跃迁频率为参考, 可在干涉及精密测量中作为次级频标使用, 不过其频率复现性很难优于 10^{-9} 量级. 而 1960 年推荐的氪 86 橙黄谱线的米定义, 其复现性达到 4×10^{-9} 量级, 稳频激光谱线要取而代之, 作为复现米定义的光频标准, 还需探索精度更高的方法.

5.9.1　633 nm 碘稳频的氦氖光频标准概况

　　采用第四章中介绍的以分子吸收谱线作为参考的稳频, 与上述激光自身的原子谱线相比, 具有明显的优点, 它可以将频率稳定度和复现性提高到 10^{-11} 甚至更高的量级. $^{127}I_2$ 分子的 11-5 带 R(127) 谱线的超精细结构分量与 633 nm 氦氖激光的输出谱线相符, 其中七个分量 d,e,f,g,h,i 和 j 正落在氦氖增益谱线频率范围以内.1973～1983 年的十年间,各国的计量研究所先后研制了 633 nm 碘稳定的氦氖激光器,并多次进行了国际比对,以便作为各国的光频标准和长度基准使用.中国计量科学研究院(NIM)与北京大学也联合研制了这种激光器[19],并于 1980 年 4 月赴巴黎与国际计量局(BIPM)的同类激光器进行了国际比对[22].比对在 BIPM 主楼超净室的隔振平台上进行,测量在十三个半天内完成.

比对所用的激光器编号为 NIM2(中国)和 BIPM2(国际计量局),比对时将激光光束聚焦到雪崩光电二极管上,经宽带放大器放大的拍频信号用频谱分析仪监测,并用一台 HP5360 计算计数器进行测量.为了确认激光器稳定可靠,比对中的激光器昼夜连续运转.

激光的频率稳定度用阿仑偏差表示,取样时间从 0.1 s 至 1000 s 量级,测量结果列于表 5.7 中.其中,1000 秒以上的阿仑偏差测定是在 4 月 17 日 17 时至次日 9 时的连续 16 小时内完成的.

表 5.7　激光器 NIM2-BIPM2 首次拍频的阿仑偏差测量结果[20]

取样时间/s	0.1	1	10	100	900～2700
阿仑偏差/10^{-11}	6	2	0.6	0.2	0.06
频差 $f_{NIM2} - f_{BIPM2}$		$+13.7$ kHz		相对不确定度$\pm 2.9 \times 10^{-11}$	
测量的标准偏差		± 4.5 kHz		相对不确定度$\pm 9 \times 10^{-12}$	

上述测量的激光频率稳定度指标与 BIPM 自制激光器的拍频测量结果是基本一致的,即达到了 20 世纪 80 年代初的国际先进水平.比对中更为重要的测量是频率复现性指标,它反映了作为光频标准频差范围是否有过大的固定频移.

复现性测量是在标准条件下进行的,每组测量在半天内完成.测量由 d,e,f,g 四个分量或 d～j 七个分量所组成的矩阵组合.每个频差值采用 10 s 取样的读数,取三次读数的平均值.13 次测量的平均可得 NIM2-BIPM2 的平均频差为 $+13.8$ kHz,相当于 $+2.9 \times 10^{-11}$,该频差值小于 BIPM 当时规定的 $\pm 4 \times 10^{-11}$;测量的标准偏差为 ± 4.5 kHz,相当于 0.9×10^{-11};比对中还测量了各自的调制振幅、碘室压力及激光功率等参量变化时产生的频移.

正如第二章中所述,633 nm 碘稳定氦氖激光器自 1973 年和 1979 年被 CCDM 推荐和确认以来,实际上已代替当时的长度基准氪 86 灯,作为波长副基准使用,随后成为各国的长度基准和光频标准.这次比对的成功,为我国建立 633 nm 碘稳定氦氖光频标准奠定了良好的技术基础.经 1980 年 6 月的国家级鉴定及 1983 年国际上通过米的重新定义后,NIM2 激光器正式确定为我国的长度基准.为了进一步提高频率复现性,1989 年后笔者所在小组又进行了五次谐波锁定技术的探索研究.

5.9.2　633 nm 氦氖激光的腔内饱和吸收

633 nm 碘稳定的氦氖激光器通常采用典型的腔内饱和吸收稳频方法,碘吸收室置于激光谐振腔内.现将其产生饱和吸收的具体条件和特点描述如下.

如第四章所述,633 nm He-Ne 激光采用 $^{127}I_2$ 同位素作为吸收物质时,吸收谱线是 $B^3\prod_{0u}\leftarrow X^1\sum_{0g}$ 电子跃迁中 11-5 带 R(127)线的超精细结构分量,共计为 21 个.在腔内饱和吸收激光器中主要有七个分量落在氦氖激光增益曲线的频率范围内,即 d,e,f,g,h,i 和 j 分量.这些跃迁的激发态寿命为 $\tau=400$ ns,其相应的自然宽度为 1.25 MHz.若我们假定碘分子吸收跃迁的横向和纵向弛豫时间相等,且压力加宽是线性的,则有

$$\gamma_0 = (1/2\tau_0) + kP, \tag{5.9.1}$$

式中 P 是碘室蒸气压,k 是压力加宽系数,γ_0 为吸收谱线半宽度.

正如第三章所述,产生饱和吸收的必要条件之一是吸收线为非均匀加宽谱线,并有足够大的吸收系数.这些条件对碘的蒸气压提出了一定的要求.

633 nm 碘的吸收系数由连续背景的线性吸收和饱和吸收两部分贡献所决定.前者是从 $\sum$ 态到离解电子态 $A^3\prod_u^1$ 或 $A^1\prod_u^1$ 的吸收,其吸收系数 $\alpha_c=0.5$ m^{-1}·Torr^{-1},为线性吸收,与腔内损耗相似;后者由每个超精细结构分量的吸收系数 $\alpha=4\times10^{-3}$ m^{-1}·Torr^{-1} 决定.由此可见,后者远小于前者.实验表明,相应于碘室温度在 12℃ 至 20℃ 的压力范围内可以获得较明显的吸收峰.压力太低,由于 α 减小,不能获得足够的吸收峰.反之,压力太高,由于 α_c 增大,腔内功率过小,也不利于吸收峰的产生.CCDM 推荐的标准碘室温度为 15℃,此时的碘室压力为 17.3 Pa,相应的 $\alpha_c\approx4\times10^{-5}$,按上述公式计算的谱线的均匀宽度约为 4 MHz.而碘在常温下的多普勒宽度约为 360 MHz,可见均匀宽度远小于非均匀宽度,即属于典型的非均匀加宽情况.因此,只要具有足够的腔内功率,就能满足获得碘的饱和吸收峰的必要条件.但因上述吸收谱线属 11-5 带 R(127)跃迁,其跃迁下能级是碘分子的第五激发态,与基态相比粒子数较少,因而吸收系数很小,即使满足上述必要条件,产生的吸收峰衬比度仅约为 0.1% 的量级.

吸收峰的衬比度是指其功率突起的高度与总功率之比.影响衬比度的因素很多,例如吸收室的长度和气压,以及吸收系数与增益系数之比等.

当激光腔的几何参数确定后,吸收峰的衬比度直接与腔内功率有关,同时也会相应产生一定的功率加宽.

5.9.3 奇次谐波锁定的理论计算

如 5.7 节所述,在兰姆凹陷激光器的稳频方法中,采用了小调制的锁定技术,其中激光的调制信号的频率为 f 时,相敏检波的解调频率也是 f,这称为基波锁定技术.对于基本上处于激光功率曲线中心位置的兰姆凹陷或吸收峰,这种技术还是十分有效的.但对于具有七个吸收峰的碘稳定氦氖激光的情况,每个峰所在的频率不可能都位于功率曲线的中心.这时,激光功率曲线的背景斜率会使吸收峰的线形发生畸变,实际上会影响吸收线中心作为频率参考的准确度.

为了消除激光功率背景的影响,在饱和吸收稳频激光中,国际上广泛采用三次谐波锁定技术[22],其中激光的调制频率为 f 时,相敏检波的解调频率为 $3f$.三次谐波锁定技术取得了很大的成功,使 633 nm 碘稳定激光的频率稳定度和复现性达到了较高的水平,但其频率复现性的提高还受到一定的限制.我国于 1989 年开始了五次谐波锁定技术的研究[22],并得到了捷克[24]、芬兰[25]、俄罗斯等国及国际计量局的响应.本节中对三次和五次谐波锁定的理论基础及其相互关系进行分析和概要介绍.

如前所述,碘吸收的线形为洛伦兹线形.对它作傅里叶分析可得出一些重要的公式和结果,在处理稳频计算中加以应用.以下为了描述上的方便,公式中的调制频率用 ω 表示.

我们知道,用频率为 ω 进行调制后的洛伦兹线形可表示为:

$$I(t) = 1/[1 + (x + m \cos\omega t)], \tag{5.9.2}$$

式中 $I(t)$ 是激光功率随时间 t 变化的函数, m 为调制深度, x 为激光频率相对于吸收线中心的失谐量.其中, m 和 x 均为无量纲量,它们可用下列频率单位表示

$$x = H/\gamma, \quad m = h/\gamma, \tag{5.9.3}$$

式中 H 和 h 分别为激光频率相对于吸收线中心频率的失谐量和峰-峰调制振幅之半(以 Hz 为单位), γ 为无调制时的吸收谱线的半宽度.由此可见, x 和 m 分别是以半宽度 γ 为单位的频率失谐量和调制深度,均为无量纲量.

(5.9.2)式可展开为余弦表示的傅里叶级数

$$I(t) = A_0 + \sum A_n \cos n\omega t, \tag{5.9.4}$$

系数 A_n 可表示为

$$A_n(x,m) = (\mathrm{i}^n/m^n)\big[(1+m^2-x^2-2x\mathrm{i})^{1/2}\mathrm{i}x-1\big]^n/(1+m^2-x^2-2x\mathrm{i})^{1/2} + \mathrm{c.\,c.},$$

可得

$$A_n = (2\omega/\pi)\int\{(\cos n\omega t + \mathrm{i}\sin n\omega t)/[1+(x+m\cos\omega t)]\}\mathrm{d}t, \quad (5.9.5)$$

令 $\exp(\mathrm{i}n\omega t) = z^n$，则 $nz^{n-1}\,\mathrm{d}z = \mathrm{i}n\omega\exp(\mathrm{i}n\omega t)\,\mathrm{d}t$，即 $z^{n-1}\,\mathrm{d}z = \mathrm{i}\omega z^n\,\mathrm{d}t$，因此，$\mathrm{d}z = \mathrm{i}\omega z\mathrm{d}t$.

根据留数定理，线积分(5.9.5)式可化为复平面上的环路积分

$$A_n = (\pi/2)\int z^n\,\mathrm{d}\omega t/\{1+[x+m(z+z^{-1})/2]^2\}$$

$$= (1/\mathrm{i}\pi)\int z^n(\mathrm{d}z/\mathrm{d}t)/\{1+[x+m(z+z^{-1})/2]^2\}$$

$$= (1/\mathrm{i}\pi)\int z^{n+1}\mathrm{d}z/(m^2/4)\{z^2+[2(x+\mathrm{i})z/m]+1\}\{z^2+[2(x-\mathrm{i})z/m]+1\}.$$

$$(5.9.6)$$

上述分母的两个代数式的根就是积分的极点，分别为

$$z_{1,2} = (1/m)\big[-(x+\mathrm{i})\pm(x^2-m^2-1+2x\mathrm{i})^{1/2}\big], \quad (5.9.7)$$

$$z_{3,4} = (1/m)\big[-(x-\mathrm{i})\pm(x^2-m^2-1-2x\mathrm{i})^{1/2}\big], \quad (5.9.8)$$

其中，$z_1z_2=1$，$z_1=z_3^*$，$z_2=z_4^*$，只有平方根符号内的值为正数时，z_1 和 z_2 两个极点在单位圆中. 根据留数定理可得

$$A_n = (1/\mathrm{i}\pi)(4/m)\{2\mathrm{i}\pi[\mathrm{Res}(z_1)+\mathrm{Res}(z_3)]\}. \quad (5.9.9)$$

此式可写为 $z_1^{n+1}/(z-z_1)(z-z_2)(z-z_3)(z-z_4)$，由此可得

$$\mathrm{Res}(z_1) = z_1^{n+1}/(z_1-z_2)(z_1-z_3)(z_1-z_4),$$
$$\mathrm{Res}(z_3) = z_3^{n+1}/(z_3-z_2)(z_3-z_3)(z_3-z_4),$$

$$(5.9.10)$$

由于上两式互为复共轭，因此

$$A_n = (8/m^2)\mathrm{Res}(z_1) + \mathrm{c.\,c.} \quad (5.9.11)$$

由于

$$(z_1-z_3)-(z_1-z_4) = (1/m^2)\big[-2\mathrm{i}+(x^2-m^2-1+2x\mathrm{i})^{1/2}$$
$$-(x^2-m^2-1-2x\mathrm{i})^{1/2}\big]\big[-2\mathrm{i}+(x^2-m^2-1+2x\mathrm{i})^{1/2}$$
$$+(x^2-m^2-1-2x\mathrm{i})^{1/2}\big]$$
$$= (4\mathrm{i}/m^2)z_1, \quad (5.9.12)$$

由(5.9.10)和(5.9.12)式可得

$$\mathrm{Res}(z_1) = (m^2/8)z_1^n/(1+m^2-x^2-2x\mathrm{i})^{1/2}, \tag{5.9.13}$$

由(5.9.11)和(5.9.13)式可得

$$A_n(x,m) = (\mathrm{i}^n/m^n)[(1+m^2-x^2-2x\mathrm{i})^{1/2}+\mathrm{i}x-1]^n/(1+m^2-x^2-2x\mathrm{i})^{1/2}$$
$$+ \mathrm{c.\,c.} \tag{5.9.14}$$

令 $M=1+m^2-x^2, d=(M^2+4x^2)^{1/2}$, 对于 $n=3$ 和 5 分别可得(5.9.15)—(5.9.17)式:

$$A_3(x,m) = -16x/m^3 + (\sqrt{2}/m^3 d)\{x(3m^2-4x^2+12)(d+1+m^2-x^2)^{1/2}$$
$$+ (12x^2-3m^2-4)[d-(1+m^2-x^2)]^{1/2}\}, \tag{5.9.15}$$

$$\mathrm{d}A_3(x,m)/\mathrm{d}x|_{x=0} = (2/m^3)[(3m^4+12m^2+8)/(1+m^2)^{3/2}-8], \tag{5.9.16}$$

$$A_5(x,m) = (\mathrm{i}/m)^5[(1+m^2-x^2-2x\mathrm{i})^{1/2}+\mathrm{i}x-1]^5/(1+m^2-x^2-2x\mathrm{i})^{1/2}$$
$$+ \mathrm{c.\,c.}$$
$$= (1/m^5 d)[(M-x^2+1-4\mathrm{i}x)+2(\mathrm{i}x-1)(M-2\mathrm{i}x)^{1/2}]$$
$$\times\{[8x+\mathrm{i}(M+3-3x^2)]d$$
$$- (M+2\mathrm{i}x)^{1/2}[x(3M^2-x^2+9)+\mathrm{i}(3M-9x^2+1)]\}+\mathrm{c.\,c.},$$

整理后可得

$$A_5(x,m) = (1/m^5 d)\{[(2+m^2-2x^2)-4\mathrm{i}x+2(\mathrm{i}x-1)$$
$$\times[(d+M)/2]^{1/2}-\mathrm{i}[(d-M)/2]^{1/2}\}$$
$$\times\{[8x+\mathrm{i}(4+3m^2-4x^2)]d-[(d+M)/2]^{1/2}+\mathrm{i}[(d-M)/2]^{1/2}]\}$$
$$\times[x(12+3m^2-4x^2)+\mathrm{i}(4+3m^2-4x^2)]+\mathrm{c.\,c.},$$

即

$$A_5(x,m) = -(16x/m^5)(8x^2-3m^2-8) + (\sqrt{2}/m^3 d)$$
$$\times\{x(d+1+m^2-x^2)^{1/2}[2d(4x^2-m^2-12)$$
$$- (4x^2-3m^2-12)(2x^2-m^2-2)+(12x^2-3m^2-4)]$$
$$+ [d-(1+m^2-x^2)]^{1/2}\times[2d(12x^2-3m^2-4)$$
$$+ (12x^2-3m^2-4)(2x^2-m^2-2)$$
$$+ 4x^2(4x^2-3m^2-12)]\}, \tag{5.9.17}$$

$$\mathrm{d}A_5(x,m)/\mathrm{d}x|_{x=0} = (2/m^5)[8(3m^2+8)-(5m^4+56m^2+64)/(1+m^2)^{1/2}$$
$$+ m^4/(1+m^2)^{3/2}]. \tag{5.9.18}$$

图 5.14 示出了 $A_3(x,m), A_5(x,m)$ 的函数图形.

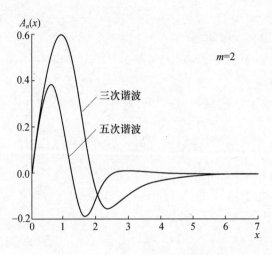

图 5.14　三次和五次谐波的函数图形

5.9.4　三次谐波和五次谐波锁定技术的伺服控制系统

本节描述三次谐波和五次谐波锁定技术兼容的伺服控制系统,这种控制系统是我国首创的新型伺服装置,并能用计算机自动控制和测量[26,27].在整体结构上它既可进行三次谐波的锁定,又能用计算机设置的程序自动过渡到五次谐波的锁定,比较两种锁定方式的频差,用于研究三次和五次谐波锁定的频移原因.

图 5.15 示出了上述锁定系统的框图.该系统的设计原则是,伺服环路应保证在捕捉带内的失谐频率经环路作用后能调整到所要求的锁定范围内.

设环路总增益为 G,初始失谐量为 $\Delta\nu$,则经环路负反馈作用后的频偏为:

$$\Delta\nu = \Delta\nu_0/(1+G), \qquad (5.9.19)$$

由于 $G\gg1$,因此

$$G \approx \Delta\nu_0/\Delta\nu. \qquad (5.9.20)$$

设 $\Delta\nu_0 \leqslant 1\ \text{MHz}$ 而要求调整后的频偏为 $\Delta\nu \leqslant 1\ \text{kHz}$,则 $G \approx 10^3$;若要求频偏 $\Delta\nu \leqslant 100\ \text{Hz}$,则 $G \approx 10^4$.考虑到控制系统的余量,G 应达到或接近 10^4 为宜,但应以确保环路不因 G 值过高而产生自激振荡为限.

环路的总增益 G 是环路中各级放大倍数的乘积,可用下式表示

$$G = k_1 k_2 G_1 G_2, \qquad (5.9.21)$$

式中 k_1 为激光腔的 PZT 上的频移量与输入电压的比值,k_2 为频移引起的功率

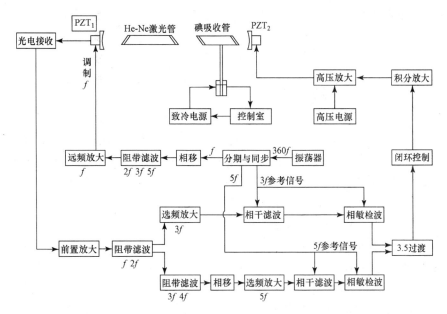

图 5.15 633 nm 碘吸收氦氖激光三次-五次谐波锁定的伺服系统

变化与光电流变化的转换率, G_1 和 G_2 分别为环路的交流和直流信号的放大倍数.其中 k_1 和 k_2 约为 10^{-7} 量级,因此环路的电信号增益需达 10^{11} 量级,即 $G_1G_2 \approx 10^{11}$. 在实际系统中,交直流的增益可分配为: $G_1 > 10^7$,而 $G_2 < 10^4$. 实验表明,提高交流增益而减小直流增益的效果为好.

环路增益确定后,提高环路的信噪比是激光稳频的关键之一.可采用低噪声前置放大、阻带滤波、选频放大等电路提高交流信号的信噪比;经相干滤波和相敏检波得到信噪比很高的直流信号.元件选型、电路结构、制板布线及屏蔽等均需精心设计和制作,才能获得很高的信噪比.

调制信号的纯度关系到锁定的精度,其各次谐波的含量应低于 -90 dB. 相敏零点的漂移会直接影响锁定点的频移,从而影响频率复现性,相敏零点漂移应小于 5 mV.

该系统的特点是可按计算机设计的预制程序,将激光的频率依次锁定在 d 至 g 的任一个吸收峰上;在每个吸收峰处,均可分别锁定到它的三次谐波或五次谐波的锁定点上.因此不仅可以测量三次谐波锁定时的频率稳定度和复现性,也可以测量五次谐波锁定时的相应指标,并能测量两种锁定点之间的频差值,以判断与吸收线的洛伦兹中心更为接近的锁定位置,从而进一步提高

633 nm 碘稳定激光的频率复现性.

5.9.5　三次谐波锁定与五次谐波锁定频差的测量及分析

1990 年后,我国与捷克、芬兰等国的计量研究所相继测量了三次谐波锁定和五次谐波锁定的频差值,BIPM 也参加了捷克和芬兰的有关测量. 测量结果表明,三次和五次谐波锁定的频差已超出了 1997 年 CCDM 和 2001 年 CCL 对 633 nm 氦氖激光碘饱和吸收频率值的不确定度. 两次推荐的不确定度分别为 2.5×10^{-11} 和 2×10^{-11},相当于 12 kHz 和 10 kHz. 而上述各国测量的频差值平均在 30 kHz 左右,约为推荐不确定度的 3 倍. 测量结果的一致性表现在频移具有确定的方向,即五次谐波锁定的频率值大于三次谐波锁定的频率值. 随着锁定谐波次数的增大,锁定点的波长值产生紫移.

1998 年 9 月,在芬兰赫尔辛基进行了五次谐波锁定的 633 nm 碘稳定激光器的首次国际比对,芬兰、捷克、俄罗斯、中国和 BIPM 参加了这次比对. 在由 BIPM 主持的一周比对测量中,分别进行了彼此之间频差测量,测量结果将在下节中介绍. 五次谐波与三次谐波锁定点的频率差值平均约为 +30 kHz. 国际计量局(BIPM)的数据是在与捷克 CMI 进行比对时,用激光器 BIPM7,采用 CMI 的 PL4 和 PLO3 的三次和五次谐波锁定的伺服系统,测量两者的差值时得出的;在芬兰 MRI 测量时的氦氖激光的腔内功率从 3.5 mW 增大到 17 mW. 这两个测量的频差保持在 +(25~30)kHz 以内.

测量表明,实际情况与奇次谐波 5.9.3 小节的理论公式计算有一定偏离,它由以下几方面的因素决定:

(1) 碘的饱和吸收分量位于激光功率背景曲线上的不同位置,它们各自的背景斜率有所不同,功率背景叠加在吸收曲线上,使曲线产生了不对称;

(2) 各个吸收分量之间具有洛伦兹曲线尾部引起的频推效应;

(3) 上述两个因素在调制加宽的情况下加大了频宽效应.

上述因素使作为鉴频的吸收线形产生微小的畸变,可用畸变因子 ζ 表示. 在激光功率曲线的不同位置,ζ 的值也有变化. 根据理论计算和测量表明,在三次谐波锁定的情况下,这项频移约为 $-20 \sim -100$ kHz 的量级;而在五次谐波锁定的情况下,相应的频移约为 $-15 \sim -60$ kHz 的量级,其频移量随着谐波次数的增加而减小. 由于三次谐波锁定点比五次谐波锁定点偏离吸收线中心更大,两者之间产生了一定的频率间隔. 五次谐波锁定时的频率处于三次谐波锁定时的正向位置.

此外,吸收分量的中心位置还受到相邻谱线洛伦兹曲线尾部的影响. 例如,碘吸收分量 d 的中心位置受到分量 e 尾部的影响,d 和 e 的频率间隔约为 13 MHz,e 分量的 $A_3(x,m)$ 在 13 MHz 处的数值为微小的负值,叠加在 d 分量的中心就会使其产生负向频移,其频移量估计为 -5 kHz 量级;而在相同条件下,$A_5(x,m)$ 尾部产生的负值约为此值的 1/5 至 1/10,可以忽略不计.

5.9.3 小节的理论计算可用调制频移的测量进行实验验证. 如果功率曲线的吸收分量是完全对称的,经过调制加宽后的 $A_3(x,m)$ 和 $A_5(x,m)$ 具有相同的零点位置,而不随调制宽度 m 的改变产生变化. 实验上观测到明显的调制频移就是谱线不对称的明证. 对于三次谐波而言,调制频移约为 -10 kHz/MHz$_{pp}$[①],而对于五次谐波而言,相应值约为 -8.5 kHz/MHz$_{pp}$;两者的压力频移约分别为 -7.7 kHz/Pa(三次)和 -6 kHz/Pa(五次).

以上分析表明,随着锁定谐波次数的增大,锁定点与碘吸收洛伦兹线形的中心频率更加接近,其频率复现性也相应提高. 由于谐波次数的增大,饱和吸收信号的信噪比会相应减小,采用七次或九次谐波锁定方法是不现实的. 五次谐波的锁定方法的优点是既能保持较高的频率稳定度,又能提高频率复现性,使各国的 633 nm 碘稳定激光器的频率复现性达到 1×10^{-11} 量级. 如用三次谐波锁定,其频率复现性在严格条件下才能达到 2.5×10^{-11} 量级. 理论分析和实验结果说明五次谐波锁定具有明显的优越性.

5.9.6 频率稳定度和复现性

633 nm 碘饱和吸收的稳定激光器的频率稳定度采用阿仑偏差表示,与取样时间密切相关. 按目前的国际水平而言,1 s 取样时间的阿仑偏差为 1×10^{-11},其他取样时间的阿仑偏差可按 $\tau^{-1/2}$ 的规律类推,τ 为取样时间. 取样时间在 1000 s 以上时,阿仑偏差会有回升.

五次谐波锁定时的频率稳定度通常略低于三次谐波锁定时的相应量值,但已非常接近.

激光的频率复现性可达 10^{-11} 量级,三次谐波锁定时基本上达到了 $\pm 2.5 \times 10^{-11}$ 的水平;五次谐波锁定时可达 $\pm 1 \times 10^{-11}$ 的水平. 但必须将有关参数控制在严格的范围内,并使激光器和伺服锁定系统保持在精心调整的状态下. 在通常的使用状态下,频率复现性可以优于 $\pm 1 \times 10^{-10}$ 的量级.

---

① 这里下标 pp 是指调制振幅的峰-峰值.

§5.10　633 nm 碘稳定氦氖激光的国际比对

自 1973 年 CCDM 第五次会议推荐作为国际波长标准以来，633 nm 碘稳定氦氖激光的波长是进行过国际比对最多的稳频激光. 本节选择 1974 年至 1997 年的 23 年间一些典型的比对实例，对比对结果进行介绍并加以分析.

5.10.1　早期的国际比对

1976 年，由国际计量局（BIPM）组织了一次在德国 PTB 进行的国际比对，西德 PTB、英国 NPL 和 BIPM 参加了这次比对. 参加比对的激光器为：BIPM2，BIPM4，NPL1，NPL2，PTB4 和 PTB5，其主要参数如表 5.8 所示. 比对中所有的激光器调整到标准条件，即碘的压力 17.3 Pa（相应于碘室温度 15℃）及调制宽度 6 MHz. 在其他参数下进行比对的拍频测量将修正到上述标准条件的频率值，修正是通过测量每一台激光器在不同压力和调制宽度时的压力频移和调制频移得到的.

表 5.8　参加比对的激光器的设计参数

激光器	激光管及其长度	碘室长度,时间	两个腔镜的反射率	两个腔镜的曲率半径	功率/μW
BIPM2	CW301,25 cm	10 cm,1973 年	99.7% 99.5%	50 cm,∞	$\approx$70
BIPM4	LT21,20.8 cm	10 cm,1974 年	99.7% 99.7%	50 cm,50 cm	$\approx$50
NPL1	LT21,20.8 cm	10 cm,1975 年	99.7% 99.8%	100 cm,100 cm	$\approx$50
NPL2	LT21,20.8 cm	10 cm,1975 年	99.7% 99.7%	100 cm,100 cm	$\approx$50
PTB4	LT21,20.8 cm	12 cm,1975 年	99.0% 99.2%	100 cm,100 cm	$\approx$300
PTB5	CW300,11.5 cm	8 cm,1976 年	99.8% 99.0%	60 cm, 60 cm	$\approx$20

经修正计算后，这次比对的平均频差为[28]

$$\left.\begin{aligned}
f_{PTB4} - f_{NPL2} &= 1.93 \text{ kHz}, \\
f_{PTB4} - f_{BIPM2} &= 14.87 \text{ kHz}, \\
f_{PTB4} - f_{PTB5} &= 17.23 \text{ kHz},
\end{aligned}\right\} \tag{5.10.1}$$

比对的平均频差范围为 $\Delta f/f = 3.6 \times 10^{-11}$，计算得出每台激光器测量的标准偏差为

$$\left.\begin{aligned}
\sigma_{BIPM2} &= 2.56 \text{ kHz}, \\
\sigma_{NPL2} &= 4.90 \text{ kHz}, \\
\sigma_{PTB4} &= 2.39 \text{ kHz}, \\
\sigma_{PTB5} &= 2.26 \text{ kHz}.
\end{aligned}\right\} \tag{5.10.2}$$

(5.10.1)和(5.10.2)式的数据表明在恒定或相同的工作条件下 633 nm 碘稳定激光器的频率复现性的范围. 在这次比对后的十多年内,BIPM 组织的国际比对以及 BIPM 的不同编号的激光器之间,要求比对的频差范围不超过 4×10^{-11} 量级. 中国计量科学研究院与北京大学联合研制的 NIM2 激光器,1980 年 4 月在巴黎与 BIPM2 激光器进行的比对,其平均频差为 13.8 kHz,相应于 2.9×10^{-11},其测量标准偏差为 4.5 kHz,相应于 0.95×10^{-11},完全符合当时 BIPM 的要求范围.

在 1982 年前,与 BIPM 进行国际比对的激光器共有 8 个国家 13 次,其中 PTB,NPL,意大利 IMGC 和苏联 VNIIM 分别进行过两次,法国的 LHA 和 INM 均参加比对. 平均频差最小的是 IMGC 和 INM,其频差为 10^{-12} 量级;平均频差最大的为 VNIIM,1978 年的比对频差人于 1×10^{-10},1979 年的比对频差大于 2×10^{-10}.

除了 BIPM 组织的国际比对外,其他国家之间的双边比对也频繁进行. 例如,新西兰 ETL 的 Hurst 博士在 20 世纪 80 年代携带他们的激光器,先后到九个国家(加拿大、美国、英国、西德、印度、中国、日本、韩国和澳大利亚)进行了国际比对[30]. 比对的频差值最小为 2.5×10^{-12},最大为 1.6×10^{-10}.

5.10.2　20 世纪 90 年代的国际比对

我们在第七章中将介绍 1992 年法国 LPTF[31] 用激光频率链测量 633 nm 碘稳定氦氖激光频率的结果,其不确定度减小到 2.5×10^{-11}. 因此,1992 年和 1997 年 CCDM 复现米定义的推荐表中,将 633 nm 碘稳定氦氖激光频率和波长的不确定度规定为 $\pm 2.5 \times 10^{-11}$.

1993 年至 1997 年间,许多国家或地区的实验室参加了由 BIPM 组织的国际比对,这些实验室是：AIM(比利时),BFMMP(南斯拉夫),BNM/INM(法国),CEM(西班牙),CENAM(墨西哥),CMI 和 ISI(捷克),CSIR(南非),CSRIO(澳大利亚),DFM(丹麦),EAM(智利),HU 和 MIKE, MRI(芬兰),IAP(罗马尼亚),IMGC(意大利),IPQ(葡萄牙),JILA(美国),SP(瑞典),SMU(斯洛伐克),OMH(匈牙利),GUM(波兰),KIM(乌克兰),IGM(比利时),KRISS(韩国),MSL-IRL(新西兰),NCM(保加利亚),NIM(中国),NIST(美国),NMI(荷兰),NML-CMS(中国台湾),NMS(挪威),NPL(英国),NRC, ISL(加拿大),NRLM(日本),OFMET(瑞士),PTB(德国),RO(罗马尼亚),SISIR(新加坡),UME(土耳其),VNIIM(俄国),在参加比对的 54 台激光器中,只有

六台激光器的频差超过 12 kHz（2.5×10^{-11}），图 5.16 示出了比对结果，图中的不确定度界限（虚线）为 $\pm2.5\times10^{-11}$，相应于国际米定义咨询委员会（CCDM）所规定的极限值 12 kHz；图 5.17 为参加比对的组织及比对年份的图示.

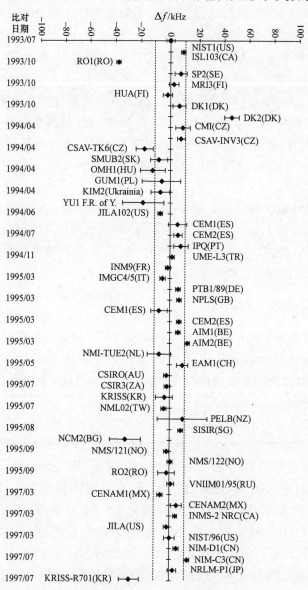

图 5.16　1993～1997 年 BIPM 与各国实验室的比对结果，
虚线表示 CCDM 当时规定的比对时频差的上限，为 ±12 kHz.

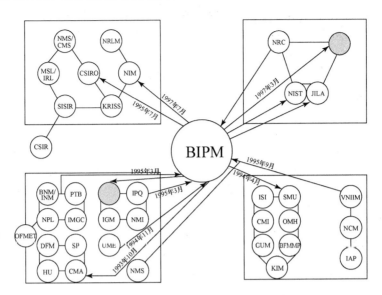

图 5.17 633 nm 碘稳定激光器的国际比对

5.10.3 五次谐波锁定的首次国际比对

1998 年 9 月,由 BIPM 在芬兰赫尔辛基组织了五次谐波锁定的 633 nm 碘稳定氦氖激光器的首次国际比对,芬兰、捷克、俄国和中国参加了这次比对. 在一周的比对测量中,参加比对的五台激光器,分别进行了在三次和五次谐波锁定状态下的频差测量,其测量结果列于表 5.9 中[32].

表 5.9 五次谐波锁定的 633 nm 碘稳定氦氖激光器首次国际比对的频差

（A）我国与其他各国及 BIPM 比对的频差值（单位：kHz）

与我国比对的激光器	三次谐波锁定	不确定度	五次谐波锁定	不确定度
VNIIM(俄)	+2.3	4.8	−0.77	1.26
MIKE(芬)	+8.40	5.26	−5.77	1.88
CMI(捷)	+25.99	5.7	−1.03	1.49
BIPM2	+7.40	4.84	−3.49	0.80

(B) 其他各国及 BIPM 之间比对的频差值（单位：kHz）　　　　续表

参加比对的激光器	三次谐波锁定	不确定度	五次谐波锁定	不确定度
俄—BIPM2	+8.72	1.89	+4.88	0.83
芬—BIPM2	+2.91	0.40	+1.42	1.16
捷—BIPM2	−5.68	1.0	−1.52	1.86
俄—芬	+7.41	1.26	−4.06	2.62
芬—捷	+2.15	0.90	+2.34	1.37
俄—捷	+8.64	1.50	−2.52	1.98

由表 5.9 所示的频差值可见,三次谐波锁定时的频差基本上达到 CCDM 复现米定义规定的 $\pm 2.5 \times 10^{-11}$ 要求;而五次谐波锁定时的频差约在 ± 5 kHz 以内,即达到了 $\pm 1 \times 10^{-11}$ 的量级.这次比对结果是五次谐波锁定时的频率复现性优于三次谐波锁定时的明证,与理论分析的结果是一致的.

§5.11　514.5 nm 碘稳定的 Ar⁺ 光频标准概况

5.11.1　国际研究概况

1997 年,国际计量委员会(CIPM)推荐的光频标准表中,514.5 nm 碘 P(13)43-0 跃迁的 a_3 超精细分量是推荐值之一.频率值由于是通过波长测量导出的,其不确定度为 2.5×10^{-10} 量级,CIPM 的推荐值为 582 490 603.37 MHz,标准不确定度为 0.15 MHz,碘室冷指温度为 −5℃[33].由于不确定度较大,在 2001 年的推荐表中,未再列入这个跃迁的推荐值.然而在飞秒激光测频技术发展以后,可以对这个跃迁直接准确地测量其频率值,不确定度可达 10^{-13} 量级.原因是在绿光波段碘的跃迁谱线的线宽很窄,在 532 ～508 nm 波段内,波长越短,线宽越窄.514.5 nm 比 532 nm 碘的跃迁谱线线宽更窄,因而可能获得更高的频率复现性.以下我们将介绍法、俄、美等国近年内的研究概况.

5.11.2　法俄联合研究的概况

1982 年,法国的 Camy 等人[34]就研制了碘稳定的 Ar⁺ 光频标准.近年来,J.-P. Wallerand 等人[34]又采用碘的超高分辨率的拉曼光谱作了改进.其中,低压碘吸收室长达 4 m,碘的压力在 0.01～0.1 Pa 范围的量级,以提高饱和吸收峰的衬比度.碘吸收室并不封接,而是在实验期间抽空和充碘,以便使缓冲气体和杂质减至最少.2004 年,法国和俄罗斯的科学家[35]联合用碘的拉曼光谱进行实验,其剩余的缓冲气体和杂质的压力上限小于 0.01 Pa,这时的谐振宽度为 2.6 kHz.他们的实验装置如图 5.18 所示.

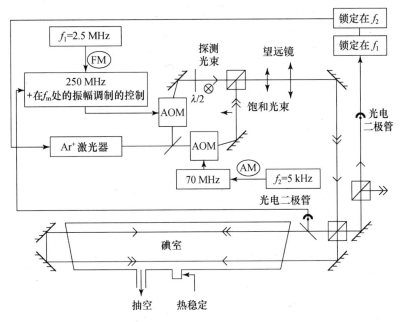

图 5.18　法国激光物理的实验装置实验室(LPL)的碘稳定的 Ar$^+$ 光频标准装置.
FM：频率调制；AM：振幅调制；AOM：声光调制器

　　图 5.18 中所示法国激光物理的实验装置实验室(LPL)的单模 Ar$^+$ 激光器的运行波长为 514.5 nm,采用 PDH 方法将其频率锁定在高稳定的法布里-珀罗干涉仪上,激光线宽约为 20 kHz,主要受法布里-珀罗干涉仪自身的稳定度所限. 然后,用饱和吸收光谱检测,将 Ar$^+$ 激光的频率锁定到 514.5 nm 碘的 P(13)43-0 跃迁的 a$_3$ 超精细分量上. 用声光调制器(AOM)的 2.5 MHz 探测束频率,应用 AOM 产生的剩余振幅调制的抑制系统,可以在调制频率处窄带控制束的强度[36]. 探测光束在 2.5 MHz 处的相敏检波给出了色散线型的误差信号. 饱和光束在 5 kHz 处的附加振幅调制以及第二个相敏检波用来消除来自多普勒背景的误差信号的剩余偏置. 图 5.19 示出了用 0.12 Pa 碘压得到的误差信号,探测光束和饱和光束的功率分别为 0.8 和 2 mW,光束直径为 6 mm.

　　实验中加在压电陶瓷上的校正信号,用于频率稳定而控制法布里-珀罗干涉仪的长度;校正回路的带宽为 100 Hz. 为了进行绝对频率测量,一小部分的 Ar$^+$ 激光的功率(约 10 mW)沿着 20 m 的单模保偏光纤(PMSMF)进入实验室,用飞秒激光进行精密测量,测量结果见第八章. 其加权平均值的不确定度为 ±0.24 kHz,而测量不确定度为 ±0.7 kHz. 我们可以认为,法国 LPL 的 514.5 nm

碘稳定的 Ar$^+$ 激光频标的频率复现性已达到一个新的水平,即 4×10^{-13}.

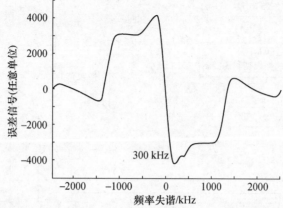

图 5.19 514.5 nm Ar$^+$ 激光频率稳定的误差信号,锁相放大器的时间常数 $\tau = 10$ ms

用第八章 8.7 节的方法,LPL 测量了该激光器的绝对频率值为 582 490 603 447.3(0.24) kHz,括号内为 1σ 的统计不确定度.与 5.11.1 所述的 CIPM 推荐值相比较,其差值为 $+67.3(0.7)$ kHz.

5.11.3 美国研究的概况

2002 年,美国 JILA 发表了他们的研究结果[36],图 5.20(a)示出了 514.5 nm 碘的 P(13)43-0 跃迁的 a_3 超精细分量的信号线形,这是根据调频 (FM)光谱术得到的,其调制频率为 6 MHz,时间常数为 5 ms.碘室长度为 8 m,冷指温度为 -5℃,相应的蒸气压为 2.38 Pa.为了提高碘饱和吸收的信噪比,激光在碘室中多次通过.图 5.20(b)是表示稳频激光频率稳定度的阿仑偏差,取样时间为 5 ms 和 1 s 的阿仑偏差分别为 5×10^{-12} 和 3.5×10^{-13}.

图 5.21 示出了 P(13)43-0 跃迁 a_3 分量的压力频移.在最佳的运行区域内,与光功率有关的频移小于频率测量的不确定度,例如,对于 3 mm 直径的抽运光束,正常的光功率运行范围为 1 mW 至 4 mW.通过控制碘室冷指温度的变化,可以改变在碘室内碘分子的密度,由此测量压力频移,由图可见,压力频移为 -2.5 ± 0.5 kHz/Pa.其加权平均值的不确定度为 ± 0.3 kHz,而测量不确定度为 ± 1.5 kHz.我们可以认为,美国 JILA 的 514.5 nm 碘稳定的 Ar$^+$ 激光频标的频率复现性已达到一个新的水平,即 5×10^{-13}.

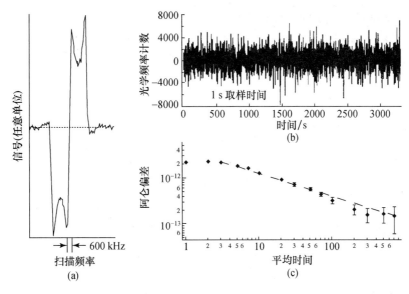

图 5.20 （a）扫描频率线形;（b）稳频激光的阿仑偏差

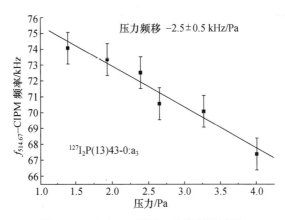

图 5.21 P(13)43-0 跃迁 a₃ 分量的压力频移

§ 5.12   3.39 μm He-Ne/CH₄ 光频标准

5.12.1 3.39 μm He-Ne 激光的甲烷饱和吸收稳频

1969 年,美国 NBS 的 Barger 和 Hall[33]观测到 3.39 μm He-Ne 激光器的甲烷饱和吸收线形,吸收峰的半宽度（HWHM）为 150 kHz,吸收峰的衬比度为 3%. 为了把环境的扰动减到最小, 实验是在与周围隔离的地下室内进行的. 激光器与吸收室放置在重 3 吨的铸铁平台上. 激光腔的隔离器是直径为 19 mm 的熔融石英棒, 腔长为 600 mm, 甲烷吸收室内的功率密度可达 0.5～2.5 W/cm².

用在中心频率处一阶导数为零的稳频方案, 将激光器 No. 1 锁定在甲烷吸收峰上; 用偏频锁定技术将激光器 No. 2 锁定在激光器 No. 1 上, 两者的频差保持为 5 MHz; 用激光器 No. 3 在甲烷谱线范围内扫描, 其输出频率与 No. 2 进行差拍, 拍频的变化范围为 0.25～15 MHz. 对于 0.1 s 的平均时间, 偏频锁定技术产生的差拍带有约 ±50 Hz 的扰动. 锁定在谱线中心的频率约有 1 kHz 的振幅. 因此, 应用上述偏频锁定技术, 从一台激光器转换到另一台激光器的稳定精度几乎并不减小, 锁定频率的平均漂移为 1 kHz/h. 实验中用功率调谐曲线和上述一阶导数技术在 x-y 记录仪上绘制了甲烷谱线的轮廓, 甲烷谱线的调制振幅为 50 kHz. 实验中, 甲烷压力在 0.02～48 mTorr 内变化, 对其中 15 个压力值作了测量. 由此得到的甲烷压力加宽数据如下式所列:

$$\Delta\nu_{1/2} = 150 \text{ kHz} + [(13.9 \pm 0.4) \text{kHz/mTorr}] \cdot P_{\text{Xe}}$$
$$+ [(15.3 \pm 0.6) \text{ kHz/mTorr}] \cdot P_{\text{CH}_4}, \qquad (5.12.1)$$

式中 P_{Xe} 和 P_{CH_4} 分别为吸收室内充的 Xe 和 CH₄ 气体的压力, $\Delta\nu_{1/2}$ 是功率信号强度的半极值处的半宽 (HWHM), 这个半宽相当于洛伦兹半宽的两倍. 稳定在甲烷吸收峰上的频率稳定度为 1×10^{-11}, 频率复现性为 10^{-11} 量级. 1972 年, NBS 在原有基础上, 将 He-Ne/CH₄ 激光器的频率复现性提高到 5×10^{-12}[34].

5.12.2　甲烷谱线的超精细结构及其频率稳定

1973 年, Borde 和 Hall[35] 发现了 CH₄ 分子的核自旋产生的吸收谱线的精细结构, 即包含通常不能分辨的三个分量, 其间隔约为 10 kHz. 由于每个分量的饱和参数并不相同, 这个结构是与光强有关的谱线频率位移的原因之一, 它将频率复现性限制在 $10^{-11} \sim 10^{-12}$ 量级. 原苏联新西伯利亚半导体物理研究所 (ITP) 研制了稳定在上述超精细结构分量的激光器系统, 其频率稳定度和复现性取得重大进展, 频率复现性可达 3×10^{-14} 量级[36]; ITP 的激光系统中采用了 2 m 长的甲烷吸收室, 甲烷压力低于 10^{-3} Torr, 吸收室内的光束直径扩大而与饱和参数相匹配. 在上述条件下, 激光功率为几毫瓦时, 吸收峰衬比度可达 100%, 宽度为 40～50 kHz. 为了测量两台 He-Ne/CH₄ 激光器之间的频差, 其中一台激光器的频率用声光调制器 (AOM) 频移 29 MHz. 图 5.22 示出了测量两

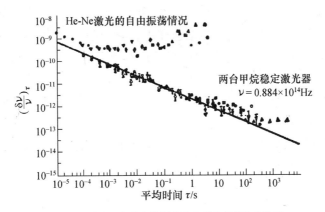

图 5.22   测量两台激光的频率稳定度和复现性的结果

台激光器频差的结果,两台激光器之间及激光器与测量系统之间有很好的光学隔离. 图5.23 示出了频率稳定度与取样时间的关系. 测量表明,其阿仑偏差在取样时间为 30 s 时可达 1×10^{-14},经 30 次独立调整后,频差的标准偏差为 3.2×10^{-14}. 每次独立调整包括重新锁定频率锁定系统、重调腔镜、更换增益室和吸收室内的气体等. 在甲烷压力范围为 10^{-3} Torr 量级时,观测到的压力位移为 100 Hz/mTorr 量级. 因此,若将甲烷压力控制在 10% 的精度内,吸收峰的频率位移可达 10^{-14} 量级.

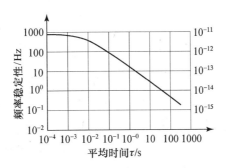

图 5.23   激光的频率稳定度与取样时间的关系

20 世纪 80 年代后期,ITP 的 Bagayev 等人[37]发展了用甲烷冷分子技术的超高分辨光谱术,使 He-Ne/CH$_4$ 激光器的频率稳定度、复现性以及绝对频率测量值达到了新的水平.

理论分析表明,在低压气体中,粒子的自由程能够远大于横向场的尺度,这个气压区域可称为渡越时间区域. 在此区域内,粒子的横向速度 U 远小于其平均热运动速度,可将这些粒子称为冷粒子. 设吸收谱线的均匀线宽为 Γ,光束直径为 a,粒子飞越 a 时的平均热运动速度为 v_0,则粒子的渡越时间为 $\tau_0 = a/v_0$. 定义渡越时间参数 $\beta = \Gamma\tau_0$,理论分析表明[38],在 $\beta \ll 1$ 的条件下所获得的饱和谐振,其均匀半宽 $\gamma \approx 1.4\Gamma$,远小于渡越加宽 τ_0^{-1}.

为了选择 $\beta \ll 1$ 的冷粒子,这些粒子的饱和参数应满足下式要求

$$\chi = (2dE/\hbar\Gamma)^2 = (P/P_{ab}) \leqslant 1, \tag{5.12.2}$$

式中 $2E$ 是场的振幅,d 是吸收跃迁的偶极矩阵元,P 和 P_{ab} 分别是行波的饱和功率和表征吸收饱和的功率,分别由下式确定

$$P = (c/8\pi)(2E)^2, \tag{5.12.3}$$

$$P_{ab} = (c/8\pi)(\hbar\Gamma/d)^2 S, \tag{5.12.4}$$

式中 S 是吸收介质中光束横向截面的面积. 若横向截面为高斯场分布,即

$$2E(x,y) = 2E\exp[-(x^2 + y^2)/a^2], \tag{5.12.5}$$

则有

$$S = \pi a^2/2, \tag{5.12.6}$$

在(5.12.3)式成立时,

$$P \leqslant P_{ab} = \beta^2 P_0, \tag{5.12.7}$$

其中 P_0 是吸收跃迁的饱和参数(单位 W),可用下式表示

$$P_0 = c(\hbar v_0/4d)^2. \tag{5.12.8}$$

在 300 K 时的甲烷谱线($F_2^{(2)}$,P(7),ν_3 带)$P_0 = 1$ mW,理论与实验符合很好. 令 $\beta = 10^{-1} \sim 10^{-2}$,饱和功率 $P \leqslant P_{ab} = 10^{-5} \sim 10^{-7}$ W. 在低饱和条件下($\chi \leqslant 1$),外吸收室的渡越区域内的谐振强度为

$$\Delta I_{ex} = (\alpha_0\, pl/2)\chi\beta^2\ln(1/\beta)P, \tag{5.12.9}$$

式中 α_0 为线性吸收系数(单位 cm^{-1} · Torr^{-1}),l 是吸收长度(单位 cm),p 是气体压力(单位 Torr). 以下列参数作估计:$\alpha_0 = 0.2$ cm^{-1} · Torr^{-1},$p_{CH_4} = 2 \times 10^{-5}$ Torr,$l = 10$ cm,$a = 0.25$ cm,$T_0 = 300$ K,$\beta = 10^{-2}$,$P = 10^{-7}$ W,可得甲烷的谐振强度 ΔI_{ex} 约为 10^{-14} W. 尤其在红外谱线中,观测如此弱的强度是非常困难的. 如果应用腔内饱和吸收,谐振强度可以很快增大,谐振强度由吸收饱和参数(χ)和增益的饱和参数(χ_a)之比确定. 在低压吸收气体下,这项比值约为 $10^{-5} \sim 10^{-6}$. 上述估算对实现光学方法选择冷粒子是很重要的. 理论计算表明,腔内吸收的谐振强度可由下式表示

$$\Delta I_{in} = (\alpha_0\, pl/2)(\chi/\chi_a)\beta^2(\ln 1/\beta)P(t/\zeta), \tag{5.12.10}$$

式中 t 是腔镜的透过率,ζ 是腔的单程损耗,

$$\chi_a = P/P_a, \quad P_a = (c/8\pi)(\hbar^2 \Gamma_a \gamma_a / d_a)^2 S_a, \qquad (5.12.11)$$

P_a 是表征增益介质饱和的功率，d_a 是增益跃迁的偶极矩阵元，Γ_a 是增益谱线的均匀半宽，S_a 是增益介质中光束横向截面的面积，γ_a^{-1} 由下式决定

$$\gamma_a^{-1} = (\gamma_1^{-1} + \gamma_2^{-1})/2, \qquad (5.12.12)$$

γ_1 和 γ_2 分别是激光增益跃迁能级寿命的倒数. 通常 $t/\zeta \sim 1$. 由 (5.12.10) 式可见，首先，ΔI_{in} 由增益和吸收介质的饱和之差所决定. 例如，对于 3.39 μm He-Ne 激光而言，在 He 的压力为 5 Torr，腔内功率密度 2×10^2 mW/cm² ，$S_a \approx 0.1$ cm² 时，

$$P \approx 2 \times 10^2 \text{ mW/cm}^2 \times 0.1 \text{ cm}^2 \approx 20 \text{ mW}. \qquad (5.12.13)$$

在 $\beta = 10^{-2}$ 的渡越时间区域内，增益介质的饱和很低（$\chi_a \ll 1$），$\chi/\chi_a = P/P_a \sim 10^5$. 因此，当 $\beta \sim 10^{-2}$ 和 $t/\zeta \sim 1$ 时，与 (5.12.9) 式外吸收室谐振强度相比，由 (5.12.10) 式得到的增益的谐振强度增强 10^6 倍.

此外，原苏联的 VNIIFTRI 也研制了可搬运的 He-Ne/CH₄ 激光器，其型号为 M101，频率稳定在超精细分量上[39]. M101 激光器采用四根殷钢管的机械结构，殷钢管直径为 30 mm，壁厚为 1.5 mm，结构具有很好的刚性. 其结构包括三个部分：激光头，自动频率控制系统（AFC）和锁相回路（PLL），以及激光管电源.

激光头中包含两台激光器：一台是 He-Ne/CH₄ 激光器，作为频率参考；另一台是偏频锁定的 He-Ne 激光器，它与第一台激光器的频差用锁相回路使其保持在 ±2.5 MHz. 激光头的光学系统中有两个分束器，其中的一个置于参考激光器输出处，以便获得光强相等的两束光. 一束光用于将参考激光稳定在甲烷饱和吸收峰上，另一束光用另一个分束器与偏频被锁定激光的光束进行混频，提供 PLL 的信号.

He-Ne/CH₄ 激光器的腔长为 930 mm，腔镜由平面镜和曲率为 5 m 的凹面镜组成；吸收室长为 430 mm，甲烷压力为 $0.53 \sim 0.67$ Pa. 光电接收器置于腔的"激光管端"，用于参考激光的伺服控制，实验表明，与光电接收器置于腔的另一端相比，这种配置可以提高频率稳定度和复现性. 甲烷吸收室为内径 40 mm 的熔融石英管，布氏窗的厚度为 0.5 mm，也用熔融石英材料. 在激光正常工作条件下，饱和吸收峰的衬比度为 7%，峰宽（FWHM）约为 200 kHz. 偏频锁定激光器的腔镜与参考激光器相同，具有无调制和输出功率较大的特性.

两台激光器的激光管设计是相同的，仅管长不同. 布氏窗与吸收室中相同；分段毛细管内径为 $5.1 \sim 5.3$ mm，每段长为 70 mm，中间用直径约为 20 mm 的球泡隔离，以便获得低噪声运转. 参考激光器和偏频锁定激光器的有效放电长

度分别为 450 mm 和 890 mm, 管内充以 7∶1 的 ^{4}He 和 ^{20}Ne 气体, 总气压为 700 Pa, 这时氖的发射线与甲烷的吸收线之间符合极好. 参考激光器的阈值和工作电流分别为 1.9 mA, 3.5 mA; 偏频锁定激光器的相应电流分别为 5 mA, 10 mA.

参考激光器的稳频由正弦长度调制的一阶导数方法制作的自动频率控制系统实现, 调制频率为 10.4 kHz, 采用快慢两路控制. 在上面所述条件下, 取样时间为 10 s 的频率稳定度可达 $(1\sim2)\times10^{-13}$. 第七章中将介绍用 M101 激光器在法国 LPTF 及原苏联进行的甲烷谱线频率链的国际比对, 比对测量表明, M101 激光器的频率复现性可达 10^{-13} 量级. M101 极好的频率复现性以及用它所进行的频率链比对, 可见于 1983 年至 1992 年的两次 CCDM 的推荐值, 甲烷谱线的频率值减小了约 8 kHz, 相当于 -8×10^{-11}.

为提高 He-Ne/CH$_4$ 激光器的频率复现性, 用 BIPM 和 VNIIFTRI 的激光器进行了调制和功率频移实验, 即在不同调制振幅和放电电流时观测产生的激光频率位移. 表 5.10 示出了四种激光器的相应频移, 其中, B.3 和 B.6 是 BIPM 研制的, M101 和 VB 是 VNIIFTRI 研制的. 实验中发现, 用于频率稳定的光电接收器分别置于 He-Ne 激光管端 (简称管端) 和甲烷吸收室端 (简称室端) 时, 稳频激光的频率有明显的频移. 表 5.10 是对此非常细致的研究和测量的结果.

表 5.10　相对于正常运转条件, 调制宽度变化及激光放电电流引起激光功率变化所产生的激光频率变化和相应的标准偏差 (括号内)

激光器名称	运转条件		调制效应/(Hz/100 kHz)		功率效应/(Hz/mA)	
	放电电流/mA	调制宽度/MHz	室端	管端	室端	管端
M101	3.5	0.08	—	+260(60)	—	−330(50)
VB	5.0	0.5	+860(15)	—	−610(40)	—
B.3	5.0	1.0	−40(15)	+220(10)	−320(20)	—
B.3	1.88(阈值)	1.0	+150(10)	+340(15)	−150(10)	+40(20)
B.6	5.0	1.0	−150(10)	−120(10)	−940(100)	−180(110)
B.6	1.88(阈值)	1.0	+220(20)	+260(15)	−1240(190)	−150(200)

在低压甲烷气体下, 甲烷谱线的均匀宽度很小, 为 5～6 kHz 量级, 碰撞效应及超精细结构的影响均可忽略不计. 在这种情况, 频移主要来自以下原因: 二阶多普勒效应; 渡越时间和功率加宽; 由于反冲效应和上能级自发衰变引起的谱线分裂. 如满足以下条件:

$$A\tau \ll 1, \quad A \gg \gamma, \quad \delta\tau \ll 1, \quad A\tau^2\Omega_D \ll 1, \qquad (5.12.14)$$

其中 τ 是渡越时间, A 是自发衰变几率, δ 是谱线反冲分裂的频率间隔, Ω_D 是二

阶多普勒效应产生的频移,则在理论上可以计算吸收和色散谐振分量的频移表达式[40]:

$$\Delta\omega_a^+ = \delta + A^2\{\Omega_D\tau^2[0.66\ln(A\tau^2 2\delta) - 0.067] - 0.076/\delta\}, \quad (5.12.15)$$

$$\Delta\omega_a^- = -\delta + A^2\{\Omega_D\tau^2[0.18\ln(A\tau^2 2\delta) + 0.06] + 0.28/\delta\}. \quad (5.12.16)$$

$$\Delta\omega_d^+ = \delta - A^2\{0.09\Omega_D\tau^2 - 0.01/\delta\}, \quad (5.12.17)$$

$$\Delta\omega_d^- = -\delta - A^2\{0.31\Omega_D\tau^2 + 0.06/\delta\}. \quad (5.12.18)$$

若代入参数:$A = 100$ Hz,$\delta = 10^3$ Hz,$1/\tau = 10^3$ Hz,$\Omega_D = 150$ Hz,可得

$$(\Delta\omega_a^+ + \Delta\omega_a^-)/2 = 0.25 \text{ Hz}, \quad (\Delta\omega_d^+ + \Delta\omega_d^-)/2 = -0.25 \text{ Hz}.$$

当 $A \approx \gamma$ 时,谐振频移与 γ 有关,约为 Hz 的量级.当 $\gamma\tau \approx 1$ 时,可得二阶多普勒频移与 γ, τ, δ 有关,其值约为 $10 \sim 50$ Hz.

　　公式(5.12.15)至(5.12.18)描述了与分子跃迁频率有关的非线性极化率谐振中心 ω_0 的频移.实际上,激光强度或色散谐振中心与非线性极化率中心并不完全重合.激光峰距非线性谐振峰的失谐量是光频标准准确度的量度.

　　在引起上述失谐的效应中,起主要作用的是激活介质的横向非均匀性.在均匀性和渡越加宽的极限下,与这种效应有关的失谐具有不同的形式,可用下式表示

$$\Delta\omega_a = G\gamma/2, \quad \Delta\omega_d = G\gamma/3 \quad (\gamma\tau \gg 1); \quad (5.12.19)$$

$$\Delta\omega_a = -1.12 G\gamma, \quad \Delta\omega_d = -0.56 G\gamma \quad (\gamma\tau \ll 1), \quad (5.12.20)$$

式中 $G = g_0 R_m\lambda/(8\pi R^2)$,$g_0$ 是整个增益,R_m 是腔镜曲率半径,R 是描述增益与横坐标有关的参数,即

$$g(r) = g_0(1 - r^2/R^2). \quad (5.12.21)$$

令 $g_0 \approx 0.1$,$R_m = 200$ cm,$\lambda = 3.39$ μm,$R = 0.1$ cm,则可得 $\Delta\omega = 10^{-2}\gamma$.

§ 5.13　CO₂ 激光的频率标准

　　在 $24 \sim 32$ THz 的频率范围内,相应波长为 $9 \sim 11$ μm,CO₂ 激光有效运转的谱线超过 1000 条,其中用了碳和氧各种同位素的结合,如 ^{12}C,^{13}C 和 ^{16}O,^{17}O,^{18}O[40].作为光频标准的吸收分子 OsO₄,在 $28.2 \sim 29.3$ THz 的频段内有很强的吸收,并具有很好的计量学性能,因此可以作为光频标准的频率参考谱线.早在 1980 年,法国 LPTF[41] 研究了基于 OsO₄ 饱和吸收谐振的频标谱线.1988年,他们进行了 10R(12) ^{12}C^{16}O₂ 谱线稳定在 OsO₄ 吸收谱线的研究,并与甲烷稳定的氦氖激光的频率进行了比较,达到了 1×10^{-12} 的水平[42].

5.13.1　CO₂/OsO₄ 激光器的装置

法国 LPTF 近年来对 CO_2/OsO_4 激光器装置作了新的改进,如图 5.24 所示[43].密封型 CO_2 激光器长为 1 m,具有很低的频率噪声,通过屏蔽隔离环境中的声响带来的噪声. OsO_4 吸收气体充在长为 1.5 m 的法布里-珀罗(F-P)腔内,无吸收室时的精细度 F 约为 170;F-P 腔由两个 ZnSe 的球面镜组成,其曲率半径为 50 m,以保证腔内的光束为高斯分布.光束直径为 9.2 mm,在渡越加宽区域内的 OsO_4 线宽(FWHM)分辨率为 7 kHz.对于高精细的 F-P 腔,使 OsO_4 跃迁饱和所需的功率在 F-P 腔的输出小于 1 μW.因此,CO_2 激光的输出功率衰减 10^6 倍.小于 1 μW 的典型透过信号用液氮冷却的 HgCdTe 接收器探测,其探测率为 3×10^{10} $Hz^{1/2} \cdot W^{-1}$.对于每台 CO_2/OsO_4 激光稳频系统,为了避免伺服回路中的谐波混频,F-P 腔和激光器用不同的频率调制.F-P 腔和激光腔的调制频率分别为 30 Hz 和 7.5 kHz,调制深度分别为 1.5 和 16,两者分别用一次和三次谐波技术锁定到激光频率和 OsO_4 的饱和吸收峰上.在 OsO_4 的气压 1.3 Pa,腔内功率为 100 μW 时,由压力加宽决定的 OsO_4 峰-峰线宽约为 20 kHz.上述参数可作为 $R(12)CO_2/OsO_4$ 谱线的标准条件.

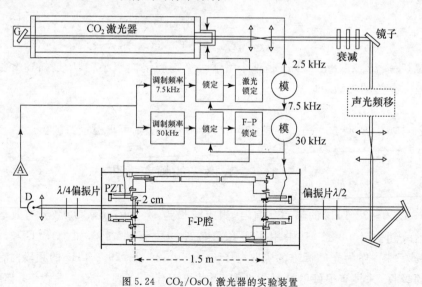

图 5.24　CO_2/OsO_4 激光器的实验装置

5.13.2 CO₂/OsO₄ 激光器的频率稳定度

用两台类似的 CO_2/OsO_4 激光器系统独立地稳定在 OsO_4 的饱和吸收线上,可以连续锁定 18 小时,锁定时间主要受到用于稳频的液氮冷却的接收器温度上升的限制. 两台装置间拍频的频差漂移量如图 5.25 所示,计数时间为 10 s. 由图可见,在 18 小时内的频率漂移小于 10 Hz. 频率稳定度用阿仑偏差表示,图 5.26 示出了不同取样时间的阿仑偏差. 取样时间在 100 s 以下的频率稳定度为 $5.6 \times 10^{-14}/\tau^{1/2}$,这显示了以频率的白噪声为主,与频率扰动的修正很好地符合. 在 $300\,\mathrm{s} < \tau < 10^3\,\mathrm{s}$ 时,闪变噪声约在 4×10^{-15} 量级. 实验中观测到以 $\tau^{1/2}$ 升高的斜率是无规的噪声,或是由于上述温度起伏引起的. 图 5.27 示出了 7 个月内的用 $R(12)CO_2/OsO_4$ 谱线作标准的两台激光器频差测量结果,约在 $\pm 10\,\mathrm{Hz}$ 的量级,相当于 $1\sigma = 2 \times 10^{-13}$.

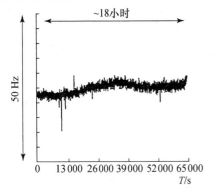

图 5.25 两台独立 CO_2/OsO_4 光频标准之间频差的长期漂移

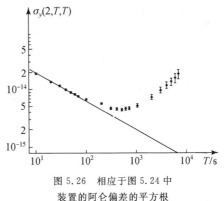

图 5.26 相应于图 5.24 中装置的阿仑偏差的平方根

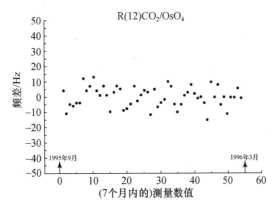

图 5.27 用 $R(12)CO_2/OsO_4$ 谱线作标准的两台激光器 7 个月内的频差测量结果

5.13.3　CO_2/OsO_4 激光器的频率复现性

作为复现米定义的光频标准,频率复现性是一个重要的技术指标. CO_2/OsO_4 光频标准的频率复现性主要是由 OsO_4 谐振线中心相对于其无扰分子跃迁的频移引起的. 由于 OsO_4 分子的质量较大,其二阶多普勒效应(SOD)和反冲分裂(RS)效应很小. 在 OsO_4 的气压为 0.13 Pa 时,OsO_4 的线宽几乎由碰撞加宽决定. 对信号有主要贡献的分子的热速度为 $(2kT/M)^{1/2}$,则二阶多普勒效应约为 -3 Hz(相当于 1×10^{-13}). 反冲双线两个分量之间的距离($\approx hk^2/2M$)约为 14 Hz,未分辨双线带来的影响可忽略不计.

与氦氖光频标准类似,在标准条件下,上述频标与压力、功率和调制的频率关系需要在实验中进行测量.

将激光和 F-P 腔的调制深度分别从 12 变到 20 和从 0.8 变到 3.3 时,测量的频移均小于 3 Hz,相当于 1×10^{-13};OsO_4 的气压从 3.3×10^{-3} Pa 变到 0.2 Pa 时,其频移为 270 Hz/Pa. 在标准条件下,相对于零功率和零压力的频移为 78 Hz,估计的不确定度为 2×10^{-13},图 5.28 示出了外插到 F-P 腔内零功率的压力-频移关系.

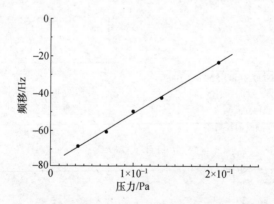

图 5.28　外插到 F-P 腔内的零功率时 OsO_4 谐振频移与压力的关系

在用频率调制的激光光束照射时,由于介质的自聚焦产生的气体透镜效应(GLE),使 F-P 腔内的光束形状发生变化,从而使聚焦在接收器(直径为 D)的敏感面积发生变化,由此产生了频移. 假定吸收体的非线性指数 d 与束直径参数 D 呈平方关系,预期的频移(δ)与 $u=D/d$ 呈指数关系,在 F-P 腔内的频移估计为

$$\delta \approx \gamma(b/LF)u^2\exp(-2u^2)/[1-\exp(-2u^2)], \qquad (5.13.1)$$

式中 γ 是 OsO_4 的线宽, b 是共焦参数, F 是 F-P 腔的精细度, L 为腔长. 为了突出腔内的气体透镜效应, 而改变 HgCdTe 接收器与 F-P 腔输出之间的定位孔径的直径, D/d 从 3.75 减到小于 1. 此时, $R(12)CO_2/OsO_4$ 跃迁的测量其系统和恒定的频移仅为 5 Hz. 这表明, 在上述范围内, 测量的频移与 D/d 参数无关.

另一方面, 在聚焦光到接收器的透镜前放置挡板而遮断部分透过光束时, 已观测到直至 150 Hz 的较大频移. 当这个挡板绕透过光束轴线旋转 360°角之内的一个角度 Θ 时, 频移与 Θ 角的关系是正弦式的. 图 5.29 示出了腔内功率从 50 μW 变到 200 μW 时, 频移与 Θ 角的关系.

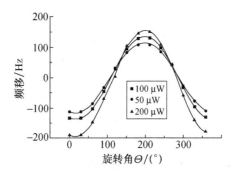

图 5.29　在不同腔内功率时

（50～200 μW）频移与 Θ 角的关系

上述研究表明了为避免 10^{-12} 量级的扰动, 仔细收集频率稳定所需的光学信号的重要性. 在满足这些要求后, CO_2/OsO_4 光频标准的准确度可达 $(3\sim4)\times10^{-13}$ 量级.

综上所述, CO_2/OsO_4 光频标准已具有很高的计量学性能, 其频率的短期稳定度可达 $5.6\times10^{-14}/\tau^{1/2}$ 量级; 长期频率稳定度直至 $\tau=10^3$ s 时可达 4×10^{-15}; 7 个月内的长期频率复现性可达 2×10^{-13}. 采用接近 29 THz 的 $R(12)CO_2/OsO_4$ 跃迁作为光频标准时, 总的频率不确定度估计为 $(3\sim4)\times10^{-13}$ 量级.

§ 5.14　532 nm 碘稳定的固体激光频标

5.14.1　532 nm 固体激光频标的发展概况

20 世纪 90 年代以来, 美国斯坦福大学的 Byer 等人[44,45] 采用频率调制 (FM) 的方法, 用单块激光器和外腔倍频技术, 探测到了 532 nm 波长附近碘分子的饱和吸收谱线,并实现了激光频率稳定. 20 世纪 90 年代中后期,美国 JILA 的 J. L. Hall 等人[46,47]建立了 532 nm 固体激光频标. 他们采用单块固体环形激光器和调制转移光谱技术,在 1.2 m 长的碘吸收室上实现了频率稳定. 经过不断地改进,2000 年前后,他们达到了当时最高的频率稳定度,即 1s 取样时的频率稳定度为 5×10^{-14},1000 s 量级取样时达到了 5×10^{-15}量级[48]. 2001 年,国际计量局报道了 1 s 取样时的频率稳定度为 5×10^{-14},更长取样时的阿仑偏差达到了 6×10^{-15}量级,10 天内测量两台装置间的频差为 63 Hz,相应的不确定度为 161 Hz[49]. 许多国家相继开展了 532 nm 固体激光频标的研究[50—53],国际比对也相继开展[54—56],拍频的秒级频率稳定度达到了 $10^{-13}\sim8\times10^{-14}$量级,百秒或千秒量级取样时达到了 $10^{-14}\sim8\times10^{-15}$量级. 1999 年,在国际计量局举行了国际比对.

5.14.2　532 nm 固体激光频标的关键技术

在 532 nm 固体激光频标的研究中,有两项关键技术. 第一项是单块固体非平面环形激光器,这在第三章中已作了介绍,其线宽或频率噪声小于几十 kHz,具有几十 GHz 的频率调谐和 $5\sim10$ GHz 的单频不跳模的连续频率调谐范围,激光的方向性和光束空间特征接近衍射极限,具有对音频或机械振动噪声很强的抑制能力,并可产生瓦级的优质单频输出功率,尤其具有很好的开环频率和功率稳定度. 采用噪声压缩技术后,其强度噪声水平可降低到接近量子噪声极限,特别适合于光频标,以及对激光频谱质量及噪声、光束的时间和空间稳定性、频率控制和调谐范围等有较高要求的各种领域.

另一项关键技术是调制转移光谱方法的理论与实验的迅速发展. 20 世纪 80 年代以来,光谱学和超精细谱线的探测方法和激光频率稳定技术研究有了许多新的发展,尤其是调制转移光谱学在理论和实验方面的研究取得了许多新的成果[57,58]. 特别是 20 世纪 90 年代以后,采用这项技术和腔外饱和吸收的分子超精细谱线实现激光频率稳定,其优越性已得到了证实.

5.14.3　532 nm 激光频标的发展现状

图 5.30 示出了在国际计量局举行的国际比对的激光频率稳定度的测量结果[56],参加这次比对共有五个单位:国际计量局(BIPM)、法国国家计量局-计量所(BNM-INM)、捷克计量所(CMI),芬兰计量认可中心(MIKES)和日本计量研究所/工业技术研究院(NMIJ/AIST)的多台碘稳频激光装置(Y1,CMIY1,

INMY2，MIKESY1，BIPM B)，使用 BIPM A 系统作为参考激光．图中示出了比
对测量的阿仑偏差数据．其中最佳稳定度的数据是：1s 取样为 8×10^{-14}，1000 s
取样为 6×10^{-15}．1999 年至 2003 年间，美国 JILA 的频率稳定度达到了 1 s 取
样为 5×10^{-14}，1000 s 附近取样为 $(2.5\sim5)\times10^{-15}$，其中 2001 年在对飞秒脉冲
光梳改进之后，1064 nm 波长的频率值的标准偏差仅 16 Hz (6×10^{-14})．

　　上述实验结果表明，532 nm 碘分子吸收稳频激光的绿光辐射完全具备了作
为复现米定义的推荐谱线的可能．国际计量委员会（CIPM）长度咨询委员会
（CCL）在 1997 年的第九届会议上，新增了 532 nm 波长附近的 R(56)32-0 的 a_{10}
分量作为复现米定义的推荐谱线之一；在 2001 年的第十届国际长度咨询委员
会（CCL）会议上推荐的复现来定义的激光谱线中，该谱线的不确定度已达
10^{-12} 量级（参见第二章表 2.2）．

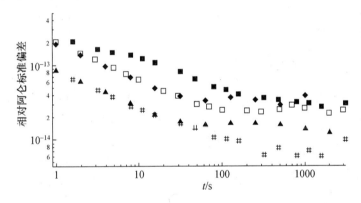

图 5.30　2003 年国际计量局主持的国际比对的 532 nm 激光频标的频率稳定度的测量结果，
用激光器 BIPM A 作为参考激光器．其中■(AIST)，◆(CMI)，□(INM)，▲(MIKES)，
♯(BIPM)为不同测量机构的数据，以 BIPM 作为参考激光器

5.14.4　消除气压抖动对激光频率的影响

　　虽然单块固体环形激光器固有的开环频率和功率稳定度具有非常出色
的性能，但其光学腔长易受到单块体积和晶体折射率变化的影响．实验中发
现当外界气压发生突然变化，包括由开门或关门引起气压抖动时，激光频率
可以发生兆赫量级的突变．这种变化会对锁定后的激光频率稳定度和复现性
造成不良的影响，严重时可以导致稳频系统失锁．为了解决上述问题，在保证
输入抽运光束和输出激光光束与单块晶体之间有效地耦合的情况下，采用了

密封隔离,密封装置是大小约为 40 mm×52 mm×50 mm 的盒子,其中包括有下列单元:(1) 单块激光晶体及其固定装置;(2) 用于快速频率调谐的压电陶瓷片;(3) 温度探测传感器及其半导体控温执行元件;(4) 一对钕铁硼永久磁铁,该磁铁与单块激光晶体一起构成光学二极管,以建立激光单向运转;(5) 气压探测传感器及其工作点设定和差分放大电路,用于密封室内的气压监测;(6) 密封室内外的真空电气连接器,用于控温和压电陶瓷控制信号的传递;(7) 抽运光输入光学耦合窗片,该窗片兼作抽运输入与激光输出的空间分离窗片;(8) 1064 nm 激光输出的光学耦合窗片;(9) 密封室与真空系统、充气系统连接的接口和阀门. 在激光器调整好之后,将密封盒装上. 首先将密封盒内剩余空气抽净,然后充以气压接近而略高于周围大气压的纯净氮气. 实验表明,密封装置的采用成功地抑制了气压抖动的影响,消除了气压变化引起的单块晶体输出激光频率的突跳;同时也可减小外界温湿度和音频振动对单块晶体的影响.

5.14.5　剩余幅度调制的控制

实验中用电光相位调制器(EOM)实现抽运光的相位调制,但发现,与此同时带来剩余幅度调制,并且两侧的边带幅度不对称,从而使调制转移光谱(MTS)的谱线中心过零点产生频移. 在剩余幅度调制随时间发生变化时,将会引起稳频后的激光频率随时间发生起伏,而使激光锁定后的频率稳定度和复现性变坏. 与调频方法相比,采用 MTS 方法以及对电光相位调制器进行精密温度控制,尽管可以更好地减小剩余幅度调制的影响,使它减弱到 10^{-14} 的量级,但是由于 532 nm 固体激光频标的频率稳定度和复现性潜力极高,即便减弱后的影响仍然不可忽略.

早在 1985 年,N. C. Wong 和 J. L. Hall 以及 E. A. Whittaker 等人就已发现了这一问题[59,60],指出这种剩余幅度调制是由相位调制晶体的双折射与温度的关系、散射和晶体及其表面的 F-P 干涉效应、机械振动、晶体内射频电场的空间不均匀性和射频功率起伏以及晶体的缺陷等诸多因素产生的,提出了理论近似模型去描述这种因素,并在实验上通过主动反馈偏置电压控制的方法对幅度调制进行抑制.

在探测经过电光调制器产生的剩余幅度调制的实验中发现,出现吸收信号时,探测器置于碘室之前和碘室之后得到的结果是不同的. 在碘室之前,可以探测到的剩余幅度调制随温度发生明显变化,偶次谐波与奇次谐波信号彼此涨落起伏,但可以探测到总的基波分量为零时的频谱.而在碘室之后,探测不到剩余幅度调制的明显变化,因而探测不到总的基波分量为零的频谱.

此外,探测器位于电光调制器后和碘室前探测时,把探测光束扩大,以至于探测器的接收面仅能接收整个光斑中的某一局部光斑面积时,剩余幅度调制的频谱分量是不同的,并且可能与总的光斑被接收时的频谱分量不同.在某些位置,可以探测到很强的基频分量,而在另一些位置,基频分量可能为零.

中国计量科学研究院(NIM)在实验中采用了伺服系统,主动地控制电光相位调制(EOM)的剩余幅度调制,其实验装置如图 5.32 所示.EOM 采用 MgO:LiNbO$_3$ 晶体,激光光束由分束镜导入光电探测器,然后经滤波放大及双平衡混频器(DBM)解调,获得中频信号.再经过比例积分电路和伺服电路将信号传递到温度控制器.控制 EOM 的温度,改变晶体折射率和 F-P 腔大小,实现对 EOM 中剩余幅度的抑制.

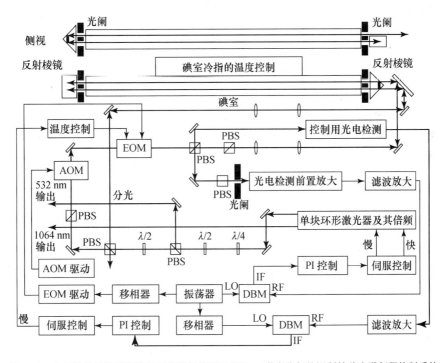

图 5.32　中国计量科学研究院(NIM)研制的用于 532 nm 激光稳频的调制转移光谱伺服控制系统

在实验开始,NIM 曾采用快慢通道反馈控制的思想对电光晶体分别进行反馈控制. 其中快通道控制施加在电光晶体上的直流偏压上,从而控制晶体内的缓变电场;该通道对剩余幅度调制的变化响应快,但是调整控制范围小. 而慢通道控制电光晶体的温度,它的响应较快通道慢,但是控制范围大. 然而通过实验发现,通过快通道抑制剩余幅度调制时可引入附加的频率变化,该频率变化正好对应快通道调整过程的时间周期. 当改为仅通过慢通道实现反馈控制时,这种引入的附加频率变化可以消除. 因此在实验中采用了主动式反馈温度以控制电光晶体的剩余幅度调制的变化,通过选择合适的 PI 参数和耦合方式,可以获得较好的控制效果.

图 5.33 为对采用剩余幅度调制控制系统前后两套装置的拍频曲线的比较. 图 5.33(a) 为剩余幅度调制抑制系统开环时,GY1 和 NY1 两台系统的拍频曲线. 可以看出,曲线上存在着明显的起伏. 图 5.33(b) 为剩余幅度调制抑制系统闭环时,两台系统的拍频曲线. 可以看出,曲线上的起伏已经明显减小.

对采用剩余幅度调制控制系统前后 GY1 和 NY1 两套装置的拍频曲线再次进行了更长时间的比较,在剩余幅度调制抑制系统闭环时,15 万秒时间内,两台系统连续测量的拍频曲线如图 5.34 所示. 可以看出,曲线上的起伏已经得到了明显改善. 表 5.11 列出了取样时间自 1 s 至 10 000 s 的阿仑偏差.

表 5.11　532 nm 碘稳定的固体激光频率的阿仑偏差

平均时间 ＼ 连续测量时间	1.5×10^5 s	5×10^4 s	2×10^4 s	1×10^4 s	6×10^3 s
1 s	2.332×10^{-14}	2.344×10^{-14}	2.201×10^{-14}	2.157×10^{-14}	2.057×10^{-14}
2 s	1.661×10^{-14}	1.659×10^{-14}	1.567×10^{-14}	1.513×10^{-14}	1.459×10^{-14}
5 s	1.066×10^{-14}	1.069×10^{-14}	1.002×10^{-14}	1.02×10^{-14}	9.461×10^{-15}
10 s	7.733×10^{-15}	7.705×10^{-15}	7.237×10^{-15}	7.328×10^{-15}	6.906×10^{-15}
20 s	5.814×10^{-15}	5.878×10^{-15}	5.318×10^{-15}	5.344×10^{-15}	5.333×10^{-15}
50 s	4.665×10^{-15}	4.847×10^{-15}	4.162×10^{-15}	4.748×10^{-15}	4.009×10^{-15}
100 s	4.505×10^{-15}	4.862×10^{-15}	3.987×10^{-15}	4.414×10^{-15}	3.950×10^{-15}
200 s	4.134×10^{-15}	4.345×10^{-15}	3.898×10^{-15}	4.919×10^{-15}	2.772×10^{-15}
500 s	4.229×10^{-15}	4.112×10^{-15}	3.566×10^{-15}	3.913×10^{-15}	3.113×10^{-15}
1000 s	4.299×10^{-15}	3.454×10^{-15}	3.374×10^{-15}	3.625×10^{-15}	2.541×10^{-15}
2000 s	4.008×10^{-15}	3.141×10^{-15}	3.596×10^{-15}	1.24×10^{-15}	
5000 s	3.92×10^{-15}	1.967×10^{-15}			
10 000 s	5.04×10^{-15}				

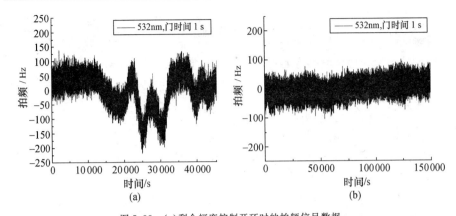

图 5.33 (a)剩余幅度控制开环时的拍频信号数据;
(b)剩余幅度控制闭环时的拍频信号数据,数据约 50 000 s

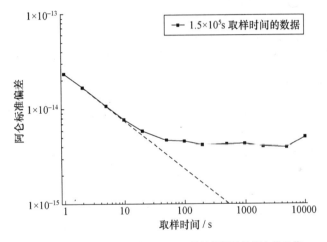

图 5.34 连续测量时间为 150 000 s 的拍频测量的阿仑偏差值

§5.15 本章小结

　　本章介绍了腔内和腔外饱和吸收谱线的特性及其用于激光频率标准的稳频方法,这些谱线位于从可见光的约 500 nm 的绿光至中红外约 10 μm 的非常宽广的波段范围.饱和吸收稳频激光的频率稳定度在 $10^{-11} \sim 10^{-15}$ 的量级,可在科学研究和光谱测量和定标中广泛采用,方法上也便于推广应用.尤其在半导体激光器和固体激光器及飞秒光频梳得到迅速发展的今天,这方面的潜在力量还在进一步探索和发挥中.

参 考 文 献

[1] Letokhov V S, Chebotayev V P. 非线性激光光谱学. 沈乃澂译. 北京：科学出版社，1984.

[2] Schawlow A L. // Singer J R. Advances in quantum electronics. Columbia University Press，New York，1961：50.

[3] Bennett W R Jr. Phys. Rev.，1962，126：580.

[4] Lamb W E Jr. Phys. Rev.，1964，134A：1429.

[5] Vasilenko L S, Chebotayev V P, Shishaev A V. JETP Lett.，1970，12：113.

[6] Letokhov V S. Pis'ma Zh. Eksp. I. Teor. Fiz.，1968，7：348.

[7] Hansch T W, Schawlow A L. Opt. Comm.，1975，13：68.

[8] Lee P H, Skolnick M L. Appl. Phys. Lett.，1967，10：303.

[9] Barger R L, Hall J L. Phys. Rev. Lett.，1969，22：4.

[10] Hanse G R, Dahlstrom C E. Appl. Phys. Lett.，1969，14：362.

[11] Knox D, Pao Y H. Appl. Phys. Lett.，1970，16：129.

[12] 沈乃澂,吴耀祥,孙义民,安家鸾,王楚. 碘饱和吸收稳定的氦氖激光器. 计量学报，1980，1：93.

[13] 赵克功,张学斌,赵家琪,李成阳. 甲烷饱和吸收稳定的氦氖激光器. 计量学报，1980，1：102.

[14] Arie A, Byre R L. Laser heterodyne spectroscopy of $^{127}I_2$ hyperfine structure near 532 nm. J. Opt. Soc. Am. B, 1993，10：1990.

[15] Shen N C, Zang E R, Hong H J, Zhao K, Lu H N, Xu C L, Chen X Z, Zhang K M, Bai X D. Modulation transfer spectroscopy of $^{127}I_2$ hyperfine structure near 532 nm with a self-made diode-pumped Nd：YVO_4-KTP laser. IEEE Trans. Instru. Meas.，1999，48：604.

[16] 沈乃澂,徐春林,曹红军,臧二军,张学斌,孙义民,鲁海宁. 532 nm Nd：YVO_4 激光器碘线性吸收频率稳定的研究. 计量学报，1999，20：1.

[17] Sargent III M, Scully M O, Lamb W E. 激光物理学. 杨顺华,彭放译. 北京：科学出版社，1982.

[18] 沈乃澂,吴耀祥,张学斌. 用拍频法测定氦氖激光的波长. 计量技术，1981，1：1.

[19] Mielenz K D, Nefflen K F, Rowley W R C, Wilson D C, Engelhard E. 633 nm 氦氖激光波长的复现性. Appl. Opt.，1968，7：289.

[20] Niebauer T M, Faller J E, Godwin H M, Hall J L, Barger R L. Frequency stability measurements on polarization-stabilized He-Ne lasers. Appl. Opt.，1988，27：1285.

[21] 张辉,沈乃澂. 双纵模稳频氦氖激光器的光谱与频率复现性分析. 光谱学与光谱分析，2005，25：1009—1012.

[22] Wallard A J, Wilson D C. 用于气体激光稳频控制系统中的数字三倍频技术. Sci.

Instr. , 1974, 7:161.

[23] Chen Zhijie, Wang Chu, Yu Daoheng, Shen Naicheng(沈乃澂), Sun Yimin, Zhang Xuebin. The reproducibility of the 633 nm iodine stabilized He-Ne lasers with fifth harmonic locking servo-system. Proc. International Symposium on Electromagnetic Metrology Aug. 19—22, ISEM'89, Beijing, China, 1989: 399.

[24] Balling P, Blabla J, Chartier A, Chartier J -M, Ziegler M. International comparison of $^{127}I_2$-stabilized He-Ne lasers at $\lambda = 633$ nm using the third and fifth harmonic locking technique. IEEE Trans. Instru. Meas. , 1995, 44:173.

[25] Hu J, Ikonen E, Riski. On the nth harmonic locking of the iodine stabilized He-Ne laser. Opt. Comm. , 1995, 120:65.

[26] Shen Naicheng(沈乃澂), Wang Chu, Wang Zhongwu, Zhang Xuebin, Sun Yimin. Improvements in iodine stabilized He-Ne laser at 474 THz(633 nm) with compatible system of third and fifth harmonic locking. Special Issue of ACTA Metrology Sinica, Sep. 1991: 1.

[27] 沈乃澂,张勇,张学斌,孙义民. 用三次和五次谐波锁定的 633 nm 碘稳定激光器的频差和复现性研究. 现代计量测试, 1998, 6:13.

[28] Chartier J -M, Helmcke J, Wallard A J. International intercomparison of iodine stabilized He-Ne lasers. IEEE Tran. Instru. Meas. , 1976, IM-25:450.

[29] 沈乃澂,李成阳,孙义民,王 楚. 甲烷稳定和碘稳定激光器的国际比对. 计量学报, 1981, 2:140.

[30] Hurst R B. Metrologia, 1987, 24:39.

[31] Acef O, Zondy J J, Abed M, Rovera D G, Gerard A H, Clairon A. A CO_2 to visible optical frequency synthesis chain: accurate measurement of the 473 THz He-Ne laser. Opt. Comm. , 1993, 97:29.

[32] Chartier J -M, Chartier A, Shen N C (沈乃澂), Li C Y(李成阳). International comparison of fifth and third harmonic locking of 633 nm iodine stabilized He-Ne laser. Metrologia, 2000, 37:6.

[33] Barger R L, Hall J L. 用分子饱和吸收激光研究 3.39 μm 甲烷谱线的压力位移和加宽. Phys. Rev. Lett. , 1969, 22:4.

[34] Hall J L, Kramer G, Barger R L. CPEM'72, Boulder, Colorado, U. S. A. , 1972.

[35] Borde C, Hall J L. Phys. Rev. Lett. , 1973, 30:1101.

[36] Bagayev S N, Chebotayev V P. Appl. Phys. , 1975, 7:71.

[37] Bagayev S N, Baklanov A E, Chebotayev V P, Dychkov A S. Superhigh resolution spectroscopy in methane with cold molecules. Appl. Phys. B, 1989, 48:31.

[38] Bagayev S N, Baklanov A E, Dychkov A S, Pokasov P V, Chebotayev V P. Pisma Zh. Eksp. Teor. , 1987, 45:371. //Persson W, Svanberg S. Laser spectroscopy, VIII.

Springer, Berlin, Heidelberg, 1987: 95.

[39] M101 Portable Frequency-Wavelength Laser Standard, Hayka'88.

[40] Bradley L C, Soohoo K L, Freed C. Absolute frequencies of lasing transitions in nine CO_2 isotopic species. IEEE J. Quantum Electron, 1986, QE-22:234.

[41] Clairon A, Van A, Lerberghe, Salomon C, Ouhayoun M, Borde C J. Toward a new absolute frequency reference grid in the 28 THz range. Opt. Comm, 1980, 35:368.

[42] Clairon A, Dahmani B, Acef O, Granveaud M, Domnin Yu, Pouchkine S B, Tatarenkov V M, Felder R. Recent experiments leading to the characterization of the performance of portable (He-Ne)/ CH_4 lasers, Part II: result of the 1986 LPTF absolute frequency measurements. Metrologia, 1988, 25:9.

[43] Acef O. CO_2/OsO_4 lasers frequency standards in 29 THz range. IEEE Trans. Instru. Meas. , 1997, 46:162.

[44] Arie A, Byer R L. Laser heterodyne spectroscopy of $^{127}I_2$ hyperfine structure near 532 nm. J. Opt. Soc. Am. B, 1993, 10:1990—1997.

[45] Arie A, Byer R L. Frequency stabilization of the 1064-nm Nd:YAG lasers to Doppler-broadened lines of iodine. Appl. Opt. , 1993, 32:7382—7386.

[46] Eickhoff M L, Hall J L. Optical frequency standard at 532 nm. IEEE Trans. Instrum. Meas. , 1995, 44:155—158.

[47] Ye J, Robertsson L, Picard S, Ma L S, Hall J L. Absolute frequency atlas of molecular I_2 lines at 532 nm. IEEE Trans. Instrum. Meas. , 1999, 48:544—549.

[48] Hall J L, Ma L S, Taubman M, Tiemann B, Hong F L, Pfister O, Ye J. Stabilization and frequency measurement of the I_2-stabilized Nd:YAG laser. IEEE Trans. Instrum. Meas. , 1999, 48:583—586.

[49] Robertsson L, Ma L S, Picard S. Improved iodine-stabilized Nd:YAG lasers. Proc. SPIE, 2001, 4269:268—271.

[50] Hong F L, Ishikawa J. A compact I_2-stabilized Nd:YAG laser. Jpn. J. Appl. Phys. , 1997, 36:196—198.

[51] Hong Feng-Lei, Ishikawa Jun, Yoon Tai Hyun, Ma Long-Sheng, Ye Jun, Hall J L. A portable I_2-stabilized Nd:YAG laser for wavelength standards at 532 nm and 1064 nm. Proceedings of SPIE, 3477, Recent developments in optical gauge block metrology. San Diego, California, 20—21 July, 1998: 2—10.

[52] Hong F L, Ishikawa J. Hyperfine structures of the R(122)35-0 and P(84) 33-0 transitions of $^{127}I_2$ near 532 nm. Opt. Commun. , 2000, 183:101—108.

[53] Hong F L, Ishikawa J, Bi Z Y, Zhang J, Seta K, Onae A, Yoda J, Matsumoto H. Portable I_2-stabilized Nd:YAG laser for international comparisons. IEEE Trans. Instrum. Meas. , 2001, 50:486—489.

[54] Hong F L, Ishikawa J, Yoda J, Ye J, Ma L S, Hal J L. Frequency comparison of $^{127}I_2$-stabilized Nd:YAG lasers. IEEE Trans. Instrum. Meas. , 1999, 48:532—536.

[55] Cordiale P, Galzerano G, Schnatz H. International comparison of two iodine-stabilized frequency-doubled Nd:YAG lasers at $\lambda=532$ nm. Metrologia, 2000, 37:177—182.

[56] Picard S, Robertsson L, Ma L S, Millerioux Y, Juncar P, Wallerand J P, Balling P, Kren P, Nyholm K, Merimaa M, Ahola T E, Hong F L. Results from international comparisons at the BIPM providing a world-wide reference network of $^{127}I_2$ stabilized frequency-doubled Nd:YAG Lasers. IEEE Trans. Instrum. Meas. , 1999, 52:236—239.

[57] Shirley J H. Modulation transfer processes in optical heterodyne saturation spectroscopy. Optics Lett. , 1982, 7:537—539.

[58] Camy G, Borde Ch J, Ducloy M. Heterodyne saturation spectroscopy through frequency modulation of the saturating beam. Opt. Commun. , 1982, 41:325.

[59] Wong N C, Hall J L. Servo control of amplitude modulation in frequency modulation spectroscopy: demonstration of shot noise limited detection. J. Opt. Soc. Am. B, 1985, 2:1527—1533.

[60] Whittaker E A, Gehriz M, Bjorklund G C. Residual amplitude modulation in laser electro-optic phase modulation. J. Opt. Soc. Am. B, 1985, 2:1320—1326.

第六章　囚禁离子和原子的光频标准

§6.1　概　　论

我们在第一章中介绍的微波频标原子喷泉钟的相对准确度可望达到 10^{-16} 量级,进一步提高受到微波段原子的品质因子所限,即其谱线的 Q 值极限约为 10^{-10} 量级. 而光频段的离子和原子可以具有更高的谱线 Q 值,近年来的估计为 10^{-14} 量级[1,2]. 因此,用囚禁离子或原子研制的光频标准就有可能达到更高的频率稳定度和准确度,这些装置的秒级频率稳定度已优于 10^{-14} 量级,比微波频标原子喷泉钟约高一个量级,准确度也已优于 10^{-15} 量级,并正在提高之中[3-8].

这类光频标具有很高 Q 值的原因是,由于采用了囚禁离子和原子的激光冷却技术,它可以消除一阶多普勒位移,并将二阶多普勒位移降低到可忽略的水平,从而使吸收谱线的自然线宽成为提高 Q 值的决定因素. 根据测不准原理,吸收跃迁相应的自然寿命将限制吸收的观测时间. 例如激光冷却 S-P 跃迁的强吸收的寿命在 10 ns 范围内,其相应的线宽约为 20 MHz,因而不能获得很高的 Q 值,需要选用长寿命的弱吸收才能获得吸收的窄线宽. 具有高 Q 值的某些跃迁是弱的禁戒 S-D 四极跃迁,以及某些合适的相互组合跃迁,它们的工作物质是单离子元素如汞、锶、钇、铟、钙等,以及原子如氢、镁、钙、锶、钇和银等. 这些单离子和原子的内禀寿命约为 1 s,相应的自然线宽约为 1 Hz. 另一个可能性是在钇离子中极弱的 S-F 八极跃迁. 由于这些囚禁离子和原子的吸收跃迁可以获得很高的 Q 值,因此可以使这类光频标准具有很高的频率稳定度和准确度,通常能在 $10^{-14} \sim 10^{-15}$ 量级,甚至可望达到 10^{-18} 的量级.

目前研究的光频标准有两类不同的方案:其一是采用单个囚禁离子的光谱,是本章中我们将先要介绍的;另一类囚禁的中性原子光频标准在之后介绍. 通常的观点是,由于可以对离子的运动作"理想"的控制,囚禁离子的光频标准可望达到最好的极限准确度. 但实际上它也并非是最理想的. 在阱中的由单个离子产生跃迁的信噪比较差,而频率稳定度与贡献给信号的原子数的平方根直接成正比. 科学家们想到用百万个冷原子组成的原子云的弱跃迁来实现这个目标,因而同时又研究冷原子光频标,当然要选用更窄的钟跃迁,例如,自然锶

698 nm 的 $^1S_0$-$^3P_0$ 跃迁,其线宽仅 10 mHz.然而遇到的问题是,必须具有延长作用时间的方法,这个方法就是在光晶格内限制冷原子.

§6.2　囚禁离子的激光冷却

1975 年,Hansch 和 Schawlow[9]以及 Wineland 和 Dehmelt[10]几乎同时提出了激光冷却的原理和方法,也称为多普勒冷却方法.Hansch 和 Schawlow 的建议基于具有连续多普勒谱的自由原子;Wineland 和 Dehmelt 的建议基于由运动边带表征的具有吸收谱的囚禁原子.两者的基本思想和物理学基础是非常类似的.自由和囚禁离子的激光冷却同时得到了发展,这是近 30 年来原子物理蓬勃发展的重要推动力.囚禁原子的激光冷却的比较细致的工作,也可以用囚禁离子来研究.其中相当高的囚禁频率是很容易实现的,这减轻了运动边带分辨率的困难.1989 年,这种方法首次在实验上实现[11].

在第一至二章中,我们曾简述激光冷却的基本原理.在此,我们主要说明在激光冷却离子的环境下,如果进一步囚禁离子,获得单离子的高 Q 值跃迁的有效实验技术是离子阱.例如,用电磁阱的方法,在由电子束电离产生的离子束空间的小体积内,可以囚禁的离子数约为 10^6 个,形成了一个大的离子云.由于空间电荷效应,离子云对单个离子产生了严重的扰动.只有在单个囚禁离子的情况下,这种扰动才不再出现.弱场情况下可能获得孤立的单个无扰离子,它具有很大的优点.首先,通过激光冷却可使离子的速度降低到接近于零,这时吸收谱线的多普勒加宽部分减至最小;其次,由于离子存留在探测吸收的激光束内,与时间相关的谱线宽度即渡越时间加宽也相应减小;最后,环境场可以减小并控制到影响极小的程度.上述单离子囚禁、冷却和控制技术的发展,为建立高准确度的光频标奠定了良好的技术基础.

众多光频标的研制采用的是微型射频阱,阱的环直径约为 1 mm,外加的振动电压和驱动频率分别约为几百伏和 $10\sim15$ MHz,这类微型阱具有简单而优良的性能.

对于简单的多普勒冷却,在阱内的单离子强跃迁上产生重复光子散射,经在零点几秒内的多次散射后,离子的速度减小到约 1 m/s,相应的温度约为 1 mK.由于阱内的离子运动造成的多普勒宽度组成了短期运动和长期运动频率的一系列边带.对于一个未冷却的离子,许多边带组成了近似于自由原子的总多普勒宽度.而对于一个冷却的离子而言,长期运动的边带减小为几个很弱运动的边带,其频率约为 1 MHz.对于强冷却跃迁,约为 20 MHz 的自然宽度组成这些边带. 对于弱吸收而言, 例如四极跃迁, 自然宽度约为 1 Hz, 边带清晰可见, 因为间距远大于 1 Hz. 在有效的多普勒冷却下, 离子束缚在小于 100 nm 的体积内, 即在远小于激光波长的范围内. 在这类极限 (称为兰姆-狄克极限) 下, 谱线消除了一阶多普勒加宽和频移, 只保留了很小的二阶多普勒频移. 由于激光探测吸收的相互作用时间很长, 就能获得高 Q 值的吸收谱线. 在兰姆-狄克区域内的冷囚禁离子, 作用时间可以超过 100 ms, 例如, 四极跃迁的寿命为 0.1 秒至几秒的量级. 对于极长寿命的 Yb^+ 八极跃迁, 其自然衰变时间没有极限, 相互作用时间可长至 10 s, 因此探测线宽可小于 1 Hz.

§6.3   作为光频标准的囚禁离子的选择

在各个国家级的标准实验室内, 正在分别采用各类不同的离子样品, 研究作为未来的光频标准. 这些离子样品有: $^{199}Hg^+$ (美国 NIST)[1-3], $^{115}In^+$ (德国 MPQ 和俄国激光物理研究所 ILP)[12], $^{171}Yb^+$ (德国 PTB[13] 和英国 NPL[14]), $^{88}Sr^+$ (加拿大 NRC[15] 和英国 NPL[16]), $^{40}Ca^+$ (日本 CRL[17] 和法国 Provence 大学) 等, 每类离子都有其优点和缺点. 表 6.1 示出了上述这些离子的各类钟跃迁以及它们相应可能的内禀线宽及有关参量, 包括实验上已实现的冷离子线宽以及在最近频率测量中所获得的不确定度.

表 6.1   囚禁离子钟跃迁的理论线宽和目前观测的线宽以及

用飞秒梳测量的跃迁线中心的最佳不确定度[18]

离子	钟跃迁	波长/nm	理论线宽/Hz	实验线宽/Hz	不确定度/Hz
$^{199}Hg^+$	$^2S_{1/2}$-$^2D_{5/2}$	282	1.7	6.5	1.5 [19]
$^{115}In^+$	$^1S_0$-$^3P_0$	236	0.8	170	230 [20]
$^{171}Yb^+$	$^2S_{1/2}$-$^2D_{3/2}$	435	3.1	10	6[7]
$^{88}Sr^+$	$^2S_{1/2}$-$^2D_{5/2}$	674	0.4	70	1.5[21]
$^{40}Ca^+$	$^2S_{1/2}$-$^2D_{5/2}$	729	0.2	1000	—
$^{171}Yb^+$	$^2S_{1/2}$-$^2F_{7/2}$	467	$\sim 10^{-9}$	180	230[83]
$^{27}Al^+$	$^1S_0$-$^3P_0$	267	$\sim 0.5 \times 10^{-3}$	—	—

单离子是由电子束的电离[23] 或弱原子束的光电离[24] 产生的, 并用电磁阱 (如射频泡尔 (Poul) 阱[25] 或端杯阱[26-27]) 的方法将单离子约束在空间的小区域内. 只用静电势方法不可能实现约束, 而是用随时间变化的 "鞍形" 势实现的, 它是在端杯阱之间产生一个动态的赝势阱, 加在内部端杯和外部同心的电极之间的交流电压峰-峰值为几百伏, 典型的驱动频率为 10~20 MHz. 两个端杯之间

的距离约为 0.6 mm. 赝势的特征频率 $\omega_r/2\pi$ 约为兆赫量级. 如果离子的平均位置不在阱中心, 在驱动频率处的微运动将是个严重的问题. 在外电极的水平面上加小的直流电压 V_1 和 V_2, 就能将离子在轴向的位置确定到阱的中心. 用这类阱装置, 离子在三个非共面方向内能用强吸收的激光进行冷却, 最终约束到尺寸小于 $\lambda/2\pi$ 的兰姆-狄克极限区域[28]. 在此区域内, 全部消除了离子的一阶多普勒加宽. 只要离子在零场时保持在阱的中心, 电场扰动就能减到最小. 在阱中的超高真空的压力低于 10^{-8} Pa 的情况下, 碰撞扰动也能减到最小. 在上述条件下, 在弱的钟跃迁上可以探测到冷却了的离子, 探测或讯问时间仅受钟跃迁的自然寿命或探测激光线宽的傅里叶变换中最短者所限.

用量子跳变技术[29]检测弱的钟跃迁时, 探测激光应调谐到钟跃迁频率, 在用探测激光将离子驱动到钟跃迁的长寿命上能级的期间产生了冷却荧光的损耗. 此时钟的谱线轮廓是由量子跳变数的统计值决定的. 通过在估计的半强度点之间反复往返搜索, 将探测激光稳定到钟跃迁上, 并监测在这些点之间的量子跳变速率的不平衡性. 将此不平衡性作为鉴频信号为探测激光提供修正信号, 使其锁定到钟跃迁上.

表 6.1 中所列的离子样品, 大致可分成两类: 第一类是包含 ^{2}S-^{2}D 四极跃迁的离子, 近年内在 ^{199}Hg$^+$, ^{171}Yb$^+$ 和 ^{88}Sr$^+$ 等频标研究中已取得了很大的进展. ^{40}Ca$^+$ 四极跃迁也属于这一类, 但近来才获得一些重要结果, 这是在量子信息处理实验中取得的成果[16,30]. 这些跃迁的寿命在 50 ms 到 1 s 的范围内, 相应的自然宽度为 3~0.2 Hz. 剩下的第二类离子所包含的跃迁在实验上有较大的困难, 因为一方面它缺少很强的致冷跃迁, 例如在 ^{115}In$^+$ 的情况; 另一方面是在驱动自然寿命远小于 0.1 Hz 极弱的钟跃迁上也存在困难, 这包括 ^{171}Yb$^+$ 的 ^{2}S$_{1/2}$-^{2}F$_{7/2}$ 的八极跃迁, 其自然宽度仅为 nHz 量级[13], ^{27}Al$^+$ 的 ^{1}S$_0$-^{3}P$_0$ 跃迁的自然宽度预期约为 0.5 mHz[31]. 第二类离子虽然在驱动跃迁方面带来了复杂性, 但它在扩展讯问时间方面具有潜在的优点, 它不受自然衰变时间所限, 而只受探测激光的相干时间所限. 用精制的探测激光, 线宽可达 0.1~0.2 Hz, 稳定度比通常的可提高 10 倍.

§6.4 囚禁离子极窄谱线的光频标准

6.4.1 ^{199}Hg$^+$ 离子光频标准的基本原理

^{199}Hg$^+$ 离子是可望准确度达到极限的光频标准之一, 它的性能可以与最好

的微波标准相比,并且在频率稳定度、复现性和准确度等方面均超过微波标准铯原子钟.实验上已达到的最窄的冷离子线宽是在 $^{199}\text{Hg}^+$ 离子中实现的.

图 6.1 示出了与 $^{199}\text{Hg}^+$ 离子频标有关的能级图[1].图(b)中右侧的箭头所指表示 $^{199}\text{Hg}^+$ 离子 $^2\text{S}_{1/2}(F=0) \to ^2\text{D}_{5/2}(F=2)$ 的钟跃迁,其跃迁波长约为 282 nm,相应的钟跃迁频率约为 1064 THz,相当于 1.06×10^{15} Hz 量级,图(b)中左侧箭头所指是冷却准备和探测的跃迁,其波长约为 194 nm.单个 $^{199}\text{Hg}^+$ 离子囚禁在一个小的射频泡尔阱内,阱的内径约为 1 mm.用 194 nm 的激光辐射使阱的温度冷却到 mK 量级.实验上观测到 282 nm 光学跃迁的线宽极窄,约为 6.5 Hz.由于 $^{199}\text{Hg}^+$ 离子的光腔的短期稳定度很高,秒级的阿仑偏差已优于 1×10^{-15} 量级,因而预言的长期频率稳定度可达 1×10^{-18} 量级.

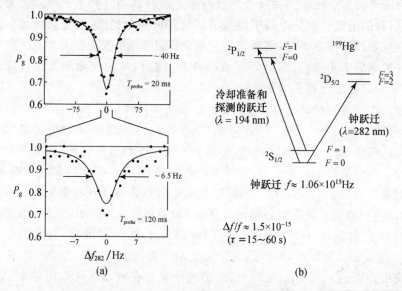

图 6.1 $^{199}\text{Hg}^+$ 的 $^2\text{S}_{1/2}(F=0) \to ^2\text{D}_{5/2}(F=2)$ 电子四极跃迁的量子跳变吸收谱线[1]

囚禁的 $^{199}\text{Hg}^+$ 离子经激光冷却进入兰姆-狄克区域,达到囚禁势能的零点能极限,这使多普勒频移急剧减小,离子接近静止.在观测时间内,提供了一个相对而言无扰动的离子频率参考.用小于 0.2 Hz 线宽的稳定激光来检测离子的存在,在持续时间内将离子的中心频率的复现性控制到 $|\Delta f/f| < 10^{-15}$ 的量级.然后,用飞秒锁模激光器测量其频率值,测量不确定度已达 10^{-16} 量级.

$^{199}\text{Hg}^+$ 离子频标要作为未来的光钟,应具有下列基本要求:(1)离子工作在激光冷却的低温下;(2)激光器应进行频率稳定;(3)用与非线性光纤结合的

飞秒锁模激光器进行简单直接的绝对频率测量,即在射频-光频之间建立相位相干的联系.

6.4.2 离子频标的频率稳定度估计[32]

单个囚禁离子的光频标准理论预期的频率不确定度可小至 1×10^{-18}. 这个豪迈的指标比目前制作的最好的铯原子频标要高出三个量级,当然还需要解决一系列复杂的技术问题,其中包括要达到极高的短期频率稳定度. 我们在此可以对频率稳定度进行分析和估计.

估计离子频标在中心频率 ν_0 处的频率稳定度时,可以假设:在无本机振荡器噪声的情况下,用 Ramsey 分离场激励的 Ramsey 条纹衬比度为 100%,产生跃迁的离子数的涨落(离子投影噪声)为

$$\Delta N_0 = \sqrt{N_0 p(1-p)}, \tag{6.4.1}$$

式中 p 是跃迁几率,信号为 $n_{ph}pN_0$,其中 n_{ph} 为单次测量中检测的每个离子的散射光子的平均数. 来自离子投影和光子闪烁噪声的总噪声为

$$N_t = n_{ph}\sqrt{N_0 p(1-p+1/n_{ph})}, \tag{6.4.2}$$

在失谐为 δ 处的条纹一边对 Ramsey 时间 T_R 测量时产生的信号幅度为

$$S = N_0 n_{ph}[1+\cos(2\pi\delta T_R)]/2, \tag{6.4.3}$$

$$\delta = \delta_0 \pm \varepsilon, \quad \delta_0 = 1/4T_R, \tag{6.4.4}$$

式中 ε 是频率失谐中的误差. 我们从条纹两边获得信号 S_+ 和 S_-,

$$S_\pm = N_0 n_{ph}[1 \pm \sin(2\pi\varepsilon T_R)]/2. \tag{6.4.5}$$

伺服信号 $\partial(S_+-S_-)/\partial\varepsilon$ 是从条纹两边的测量中导出的,它正好是 S_+ 和 S_- 之差的微商:

$$S_+ - S_- = n_{ph}N_0\sin(2\pi\varepsilon T_R), \tag{6.4.6}$$

$$\partial(S_+ - S_-)/\partial\varepsilon = 2\pi T_R n_{ph}N_0\cos(2\pi T_R\varepsilon) \approx 2\pi T_R n_{ph}N_0. \tag{6.4.7}$$

在大多数实验中,许多理想条件并不满足,因此测量的频率稳定度大于预言值. 因此,对于正弦条纹线形,约化衬比度 p_0 满足 $0 \le p_0 \le 1$ 时,用 FWHM 线宽 $\Delta\nu$ 和与谐振的标称失谐 δ_0,我们定义一个线形斜率因子 C,可用下式表示

$$C = p_0\sin[\pi\delta_0/\Delta\nu], \tag{6.4.8}$$

由此可得稳定度为

$$\sigma_y(\tau) = (\Delta\nu/C\pi\nu_0)\sqrt{[p_+(1-p_+)+p_-(1-p_-)]T_c/N_0\tau}, \tag{6.4.9}$$

式中 p_+ 和 p_- 是与谐振的标称失谐分别为 $\pm\delta_0$ 的谱线两边的跃迁几率. 如果周

期时间 T_c 远大于 $1/\Delta\nu$,则在测量周期中存在过大的死时间,致使频率稳定度增大.许多标准经常属于这种类型,这是因为在激光冷却和囚禁中所需用的时间,或因为信噪比较差使检测时间增长所致.

在投影噪声极限中,$\sigma_y(\tau)$ 与平均时间 τ 的平方根成反比,这说明要达到在谐振时间内的高准确度,我们需要极好的短期稳定度.例如,高 Q 值的石英本机振荡器的频率稳定度约为 1×10^{-13},因此微波原子喷泉钟的频率稳定度约为 $1\times10^{-13}\tau^{-1/2}$.频率稳定度的取样时间要求约 3 小时的平均,来达到它们目前约为 1×10^{-15} 的不确定度极限.而美国 NIST 的光频标准的取样时间在约 10 秒内达到的频率稳定度约为 1×10^{-15},并具有进一步提高的潜力.

在谐振平均时间(例如 1 天)内,要达到频率不确定度为 1×10^{-18},将要求离子的短期稳定度约为 $3\times10^{-16}\tau^{-1/2}$.然而,对微波频标而言,由于石英本机振荡器的稳定度约为 $1\times10^{-13}\tau^{-1/2}$,因此要求一个不切实际的 $\tau=10^{10}$ 秒(≈300 年)才能达到 1×10^{-18}.

由于离子频率稳定度的标度为 $1/\nu_0$,当所有其他条件都相等,在从微波转到光频时,短期频率稳定度将提高 10^5 倍.因此我们可以设想,用原子喷泉方法的光频标准(类似于今天的微波喷泉钟),其线宽约为 1 Hz,在每 0.5 秒检测 10^6 个原子.这个简单估计忽略了将会降低性能的复杂性.然而,可以预料不久,在许多实验室内,光频标准将获得突破性进展.

作为未来的光频标准和时间基准,其频率复现性达到最佳性能的基准装置的要求是:具备线宽比原子谐振更窄的一台激光器.这是一个严峻的要求.如果原子谐振的宽度为 1 Hz,则在探测时间内的激光线宽必须小于 1 Hz.例如,激光的频率可以预稳到一个高精细度的单纵模稳定的参考腔上,这个稳定参考腔与外界扰动实现很好的隔离.上述激光器相对于这个参考腔的频率稳定度可小于 1 Hz,但稳定激光器的绝对频率稳定度只能与参考腔的绝对频率(机械的)稳定度相同.为了确保在可见光区域的激光频率的变化小于 1 Hz,1 m 长的腔长的变化应小于 1 fm(10^{-15} m),这相当于原子核的大小.

近年来,许多真空、恒温和隔振的参考腔激光系统应运而生,用于探测窄线宽的原子谐振,许多研究组已观测到几百赫的激光线宽.美国 NIST 用两台独立的腔稳定的激光系统进行拍频测量,其结果表明,平均时间为 20 s 时,振荡频率为 530 THz(波长为 563 nm)的线宽低于 0.2 Hz.用这个激光辐射的倍频,其波长为 282 nm,可用于 ^{199}Hg$^+$ 的 S-D 钟跃迁,实验获得的线宽近似为 6.7 Hz,

它是观测时间的测量极限.在取样时间为 120 ms 时,观测周期比自然寿命长 33%.可以预见,取样时间为 10^4 s 时,频率稳定度可达到 1×10^{-17} 量级.

§6.5　用^{199}Hg$^+$作为光钟

6.5.1　Hg$^+$频标与光钟

图 6.2 示出了 ^{199}Hg$^+$ 频标作为光钟装置的方框图[3],其中包括光频标准,以及光频标准与飞秒激光技术相结合的一台光钟.如图 6.1 所示的 ^{199}Hg$^+$ 离子跃迁,可以作为光频标准的参考.1064 THz 处的 S-D 谐振的自然线宽约为 1.7 Hz,观测到的傅里叶变换极限的线宽仅为 6.5 Hz,相应的 Q 值为 1.5×10^{14}.标准的"本机振荡器"是 532 THz(563 nm)稳频的染料激光输出,它的倍频输出锁定在 1064 THz(282 nm)S-D 谐振的中心频率处,探测激光的短期(1 s 至 10 s)频率稳定度优于 5×10^{-16},按 $\sigma_y(\tau)$ 随 $\tau^{-1/2}$ 变化的规律,对于 30 s 的平均时间,阿仑偏差 $\sigma_y(\tau) \leqslant 2 \times 10^{-15}$.

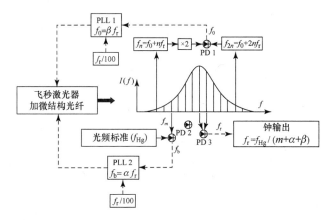

图 6.2　自参考全离子光钟的装置图[3]

图 6.2 中左下方的光频标准 Hg$^+$ 的光频标准(f_{Hg})右侧的黑箭头表示光束,虚线表示电路.PD 表示光电二极管.重复频率为 f_r 的飞秒激光器与谱线展宽的微结构光纤相结合,产生了在可见至近红外光谱内的一个倍频程的频梳,用图 6.2 中心的曲线和垂直线列表示.如频梳所示,梳的低频部分的倍频与高频部分的拍频信号由 PD1 接收,所有梳产生的偏频 f_0 的是相同的.此外,某条

梳线与锁定在单个^{199}Hg$^+$离子的钟跃迁上的光频标准振荡器($f_{Hg}=532$ THz)进行差拍,由 PD2 检测两者的差拍 f_b.用两个锁相回路(PPL1 和 PPL2)分别控制 f_0 和 f_b,使频梳的间距(f_r)相位锁定到 Hg$^+$ 光频标准上.因此,f_r 是钟的可计数的微波输出,很易用 PD3 从频梳的宽带谱内检测频梳间隔的稳定微波输出.

^{199}Hg$^+$ 光频标准提供了很高的频率准确度和稳定度,但作为一台光钟而言,必须能将它的相位相干的光信号转换为低频输出.时钟将 1064 THz 分频到可计数的微波频率 f_r,这是用飞秒激光器和微结构光纤装置来实现的.如图 6.2 所示的掺钛蓝宝石飞秒环形激光器发射的脉冲列(图中曲线下的垂直线列),其重复频率 $f_r=1$ GHz;脉冲列的频域谱是一个间隔为 f_r 的相位相干连续波的均匀频梳,这个频梳的第 n 个模的频率为

$$f_n = nf_r + f_0, \qquad (6.5.1)$$

式中 f_0 是由激光腔内群速与相速之差产生的偏频,详见第八章的论述.如果激光的频梳覆盖一个倍频程,则可通过红外模(n)的倍频与可见区模($2n$)之间的差拍来测量,其频差为

$$2(nf_r + f_0) - (2nf_r + f_0) = f_0. \qquad (6.5.2)$$

此外,另一个测量的拍是某个梳的频率 $f_m = mf_r + f_0$(m 是一大整数)与 Hg$^+$ 标准的 532 THz 本机振荡器的光频 f_{Hg} 之间频差 f_b.图 6.2 中示出了两个锁相回路(PLL1 和 PPL2),它们分别用于控制 f_0 和 f_b.PLL1 是通过控制飞秒激光器的抽运功率来使 $f_b=\beta f_r$,PLL2 是通过调整装在飞秒激光器腔上的 PZT 改变激光腔长,使 $f_b=\alpha f_r$.常数 α 和 β 是用 $f_r/100$ 作为参考的频率综合器给出的整数比.在这种情况下,两个 PLL 与 f_r 是相位相干的,因此在钟中所用的所有振荡器是以 532 THz 激光器为参考的.当 f_0 和 f_b 相位锁定时,飞秒梳的每条梳线以及其重复率均与锁定在 Hg$^+$ 标准上的激光器相位相干.由此实现了一台高准确度和高稳定度的光钟和一台锁定在窄离子参考谱线上稳定的本机振荡器(激光器),亦即成为能用计数器直接记录的脉冲微波输出的光钟.

6.5.2   光钟的频率稳定度和准确度

当两个 PLL 闭环时,微波输出的频率为

$$f_r = f_{Hg}/(m \pm \alpha \pm \beta), \qquad (6.5.3)$$

式中含±号是由于在测量中无法直接区别频率相加或相减.如果我们选择拍的

信号,使 $\alpha=-\beta$,则 f_r 将是 f_{Hg} 的精确的分数谐波.532 THz 激光的频率稳定度将传递到飞秒梳的每条梳线上.如果入射到 p-i-n 光电二极管上的功率约为 5 mW,则从带通滤波接收到的光电流可获得 f_r 的数值.美国 NIST 的飞秒梳装置以氢钟为参考的综合器的输出,预期的频率稳定度约为 $10^{-15}\tau^{-1/2}$,平均时间 30 s 时测量到的 f_r 的频率稳定度优于 2×10^{-15}.

为了提高飞秒激光器的短期稳定度,用 532 THz 激光器的稳定的法布里-珀罗腔有效地控制飞秒频梳,并在 $\tau\geqslant30$ s 时,控制频率至 ^{199}Hg$^+$ 离子上.最终测量到的光钟输出的短期(1 s)频率稳定度优于 7×10^{-15}.如图 6.3[3] 所示,它是用两台光钟(Hg 和 Ca)之间的差拍得出的阿仑偏差,取样时间大于 100 s 的稳定度已达 10^{-16} 量级.近来,对 ^{199}Hg$^+$ 四极频移已作了测量,在三个正交方向上对磁场的影响为零的点作跃迁频率测量表明[34],四极频移可以小于 10^{-18} 量级.取其四极频移为零的优点,又有 282 nm 钟跃迁的初步测量的绝对不确定度为 1.5 Hz 的报道[35],由汞跃迁高频产生的相对不确定度达 1.5×10^{-15}.

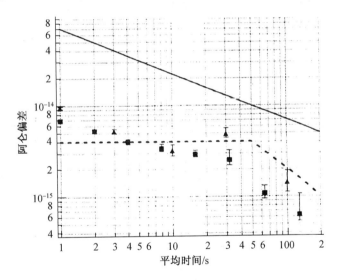

图 6.3　在飞秒频梳与 456 THz(657 nm)Ca 光频标准之间的拍频信号测量的稳定度.飞秒梳锁定到 532 THz 激光振荡器上.黑三角点是未补偿附加光纤噪声的稳定度数据,虚线为其拟合线.方块点是作了光纤噪声补偿并改进了 Ca 标准后测量的稳定度.这个结果比 Cs 微波标准要高一个量级,Cs 的数据用实线表示

§6.6　激光冷却囚禁的^{171}Yb$^+$频标

^{171}Yb$^+$的^{2}S$_{1/2}$-^{2}P$_{1/2}$谐振跃迁允许有很高的荧光散射速率,使 Yb$^+$离子等可以用激光冷却囚禁方案作为实际的光频标准.^{171}Yb$^+$的核自旋为 1/2,用它作为无线性塞曼效应的频率标准参考,具有相当简单的超精细和磁子能级结构的能级系统.^{171}Yb$^+$的实验表明,半导体激光器(LD)可以作为光激励和激光冷却的激光光源.

单个^{171}Yb$^+$是在小型泡尔阱中制备的.对于荧光检测和激光冷却,可用倍频的 LD 激发^{2}S$_{1/2}$-^{2}P$_{1/2}$谐振四极跃迁的 $F=1\rightarrow F=2$ 超精细分量,如图 6.4 所示.用 LD 抽运的掺 Nd^{3+}光纤激光,由于 Yb$^+$离子从 6p^{2}P$_{1/2}$($F=0$)自发衰变,很快集居的亚稳态^{2}D$_{3/2}$($F=1$)子能级被激励抽空到更高的能级. 由于^{2}D$_{3/2}$($F=2$)子能级与激光冷却的光激励循环仅有微弱的耦合,到这个子能级的各个量子跳变增加了发射的谐振荧光中易检测的暗间隔.因此,基于激光冷却囚禁方案的光频标准中,从^{171}Yb$^+$ ^{2}S$_{1/2}$($F=0$)基态子能级到^{2}D$_{3/2}$($F=1$)子能级的电四极矩跃迁可以作为参考跃迁. 跃迁的自然线宽约为 3.1 Hz,实验线宽约为 10 Hz[34],波长为 435.5 nm.理论线宽将会限制进一步对谱线 Q 值的改进.

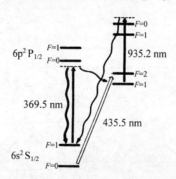

图 6.4　^{171}Yb$^+$四极跃迁的有关能级图

这个光频标准方案的可行性已为以下实验所证实:单个囚禁的^{171}Yb$^+$离子同时由倍频 LD 产生的 435.5 nm 的冷却激光场和"钟"场辐照. 可以预期,如果钟的激光场谐振激励跃迁到^{2}D$_{3/2}$($F=2$)子能级,荧光变暗的速率很快增大. 观测的谐振宽度在几十兆赫范围,反映了由激光冷却引起的基态寿命的减小. 在^{171}Yb$^+$的^{2}S$_{1/2}$($F=0$)-^{2}D$_{3/2}$($F=2$)跃迁的高分辨光谱学实验中,可以使用冷却和钟激励的交替相位.

^{171}Yb$^+$ 是新型光频标准, 它从微波至光频区域有多个钟跃迁. 其中在紫光区域的三个跃迁是: 411 nm 的 ^{2}S$_{1/2}$-^{2}D$_{5/2}$、435 nm ^{2}S$_{1/2}$-^{2}D$_{3/2}$ 的四极跃迁和 467 nm ^{2}S$_{1/2}$-^{2}F$_{7/2}$ 的八极跃迁. 这些跃迁的波长可以由包括 LD 在内的倍频全固体激光器发射.

这三个跃迁中最后的一个跃迁是特别感兴趣的, 因为它是一个禁戒的超弱高 Q 吸收. 由图 6.4 的能级图可见, F$_{7/2}$ 是一个寿命很长的低亚稳态能级. 长寿命对于冷却和探测装置增加了附加的复杂性. 亚稳态能级对离子的作用犹如一个阱, 必须从 F 态中很快地发现离子. 理想的离子阱标准应使用奇同位素, 它的核自旋 $I=1/2$ 较小. 这是为了使用 $m_F=0 \rightarrow m_F=0$ 塞曼分量, 这时没有一阶塞曼效应, 并保持跃迁位于线中心. 图 6.4 中奇同位素的左下侧谱线(即 $6s^2$S$_{1/2}$ $F=1, F=0$)有超精细结构, 冷却和跃迁需分别用两台激光器, 或宽调制激光器. 由于信号太弱, 驱动八极跃迁具有很大的困难, 确定其初始位置也是一项艰难的任务, 需要用辅助的高分辨光谱方法测量 411 nm 和 3.43 μm 处与八极跃迁有共同上能级和下能级的 ^{2}S$_{1/2}$-^{2}D$_{5/2}$ 和 ^{2}F$_{7/2}$-^{2}D$_{3/2}$ 跃迁. 这可使确定跃迁位置的搜索范围减小到 MHz 量级, 采用带宽为几百 Hz 的几 mW 的 467 nm 的探测辐射, 可以驱动八极跃迁. 最初的速率为约每小时发生一次量子跳跃事件; 在探测激光线宽减小到约 2 kHz 时, 跳跃速率增大到每秒约 1 次, 如图 6.5(a)所示[36,37]. 八极跃迁的线宽近来进一步减小到约 180 Hz[38], 将来有可能减小到亚赫量级. 用观测的跳跃速率和谱密度, 可将 ^{2}F$_{7/2}$ 能级的寿命增长到几年, 其相应的自然线宽在 nHz 量级. 这是可见光波段内观测到的最窄的跃迁, 也是考虑将它作为光频标的主要原因. 显然, 并不可能获得这个极高的理论 Q 值 ($\sim 10^{23}$) 的全部优点, 这将要求探测时间等效于 ^{2}F$_{7/2}$ 能级约 6 年的寿命. 不过, 采用亚赫的探测激光, 在四极跃迁中是不可能的. 因为在四极跃迁时, 自然线宽在 1 Hz 区域, 这是可获得 Q 值的上限. 因此, 探测时间在 $1 \sim 10$ s 时, 在小时量级的时标内, 就可以获得 10^{-17} 量级的系统频移结果, 而无需用几天或几周时间的时标. 这个目标正在深入研究中.

钟四极跃迁频率的测量不确定度已达 6 Hz, 相当于 9×10^{-15}[6]. 近年来, 用分别稳定在各个参考腔上的 435 nm 激光探测的两个阱的比对表明, 在几小时内的频差小于 0.2 Hz, 相当于 3×10^{-16}, 取 1000 s 平均的阿仑偏差约在 10^{-15} 量级.

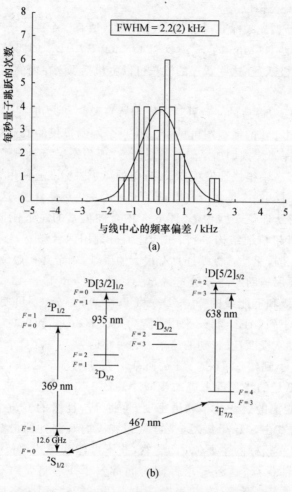

图 6.5　^{171}Yb$^+$ 八极钟跃迁的部分能级(b)和光谱轮廓(a)[34,35]

如第二章表 2.2 所列,435 nm 和 467 nm ^{171}Yb$^+$ 的两个跃迁频率已于 2003 年由 CCL 正式推荐为光频标准,用飞秒光梳测量的相应频率及其不确定度分别为

$$f_{435} = 688\,358\,979\,309.312\,\text{kHz}, \quad \sigma = 2.9 \times 10^{-14}, \quad (6.6.1)$$

$$f_{467} = 642\,121\,496\,722.6\,\text{kHz}, \quad \sigma = 4 \times 10^{-12}. \quad (6.6.2)$$

§6.7 Sr$^+$稳定的激光频标

6.7.1 概述

1997 年 9 月 CCDM 推荐的光频标准中,在可见光频段增加了 674 nm Sr$^+$稳定的激光频标. Sr 离子具有一系列优点,例如,采用 674 nm LD 作为激光光源,用全固态激光系统冷却并探测 Sr$^+$的 $5s^2S_{1/2}$-$4d^2D_{5/2}$ 跃迁,其跃迁寿命为 (347 ± 33)ms,相应的自然线宽约为 0.4 Hz[39]. 实验中要求在几分钟内完成扫描 0.4 Hz 的自然线宽跃迁,因此 674 nm LD 必须具有很窄的线宽和很高的稳定度,以便在千分之几秒的时间间隔内达到很高的分辨率. 为了达到这个要求,将 674 nm LD 锁定在一个超稳定的 F-P 腔上,并用 633 nm 氦氖激光锁定到 TEM$_{00}$ 模. 通过测量锁定的氦氖激光与 633 nm 碘稳定激光频标的拍频,可以精密监测 F-P 腔腔长变化. 采用 Pound-Drever-Hall 技术,F-P 腔提高了 674 nm LD 的频率稳定度. 这个超稳定的 LD 用于记录 Sr$^+$的 S-D 跃迁的绝对差拍测量所得的频谱. 加拿大 NRC[40]和英国 NPL[41]分别对跃迁线宽作了实验测量,结果为 50~70 Hz 的范围.

6.7.2 单个^{88}Sr$^+$离子的储存和激光冷却

图 6.6 示出了^{88}Sr$^+$离子的部分谱项,其上能级寿命约为 0.4 s,相应的自然线宽约为 0.4 Hz[39]. ^{88}Sr$^+$离子激光冷却所需的 422 nm 辐射是由 844 nm LD 经谐振增强腔内的 KNbO$_3$ 的倍频产生的. 844 nm LD 具有增透膜的前表面,置于扩展腔装置内. 基频输出为 30 mW,422 nm 的倍频输出为 1 mW,线宽为 2 MHz. 然而,$^2P_{1/2}$能级也能衰变到$^2D_{3/2}$亚稳能级,其分支比为 1:13. 为了阻止离子光抽运进入$^2D_{3/2}$亚稳态,使离子在$^2D_{3/2}$寿命期间从冷却循环中损失,必须用附加的 1092 nm 辐射抽运出$^2D_{3/2}$能级中的离子. 此外,存在与$^2D_{5/2}$能级有关的塞曼结构,在 674 nm 钟跃迁上有 10 个塞曼分量. 为了解除任何塞曼分量的简并度,附加一个固定的约几个 μT 的小磁场. 用 826 nm,120 mW 单模 LD 抽运的掺 Nd^{3+}的硅光纤激光产生的 1092 nm 辅助光,通过分支衰变到$^2D_{3/2}$亚稳能级,而避免冷却循环的离子损耗. 为探测$^2S_{1/2}$-$^2D_{5/2}$的钟跃迁,应有预稳的 674 nm AlGaInP 激光器.

小型射频阱由两个端帽和一个直径 0.5 mm 钛丝构成的直径 1 mm 的环组成. 阱在压力约为 10^{-8} Torr 的超高真空下工作. 在阱电极结构内,Sr 原子束电离产生 Sr$^+$离子;用 14 MHz 的射频驱动频率将 Sr$^+$离子约束在环和端帽之间.

采用这种装置,可载有单个 Sr$^+$ 离子,约束并使它在几小时内储存在阱内.用有效激光致冷来观测阱内离子窄线形的一个主要障碍是当离子并不位于阱的真正中心时,在射频驱动频率下将产生离子微小运动.由 Sr 原子束产生的阱电极接触势可使离子运动而偏离阱的中心,使微动达到不合适的水平.采用一些技术措施可减小离子微动,使冷却的单离子的荧光计数水平达 10^4 s^{-1} 量级.

对冷却单个离子运转有重要影响的另一个参数是周围的磁场,这将使产生钟跃迁轮廓的塞曼分量分裂和加宽.因此,必须在接近零磁场下工作.围绕着阱外有三个正交磁场线圈对,以确保外界磁场为零.然而,在零磁场下,光抽运进入 $^2D_{3/2}$ 磁子能级会使荧光消失,这是由于亚稳的光纤激光的固定偏振态不能接收荧光信号.为了避免这种情况出现,应用 LiNbO$_3$ EOM 晶体使光纤激光的偏振态产生快速旋转.

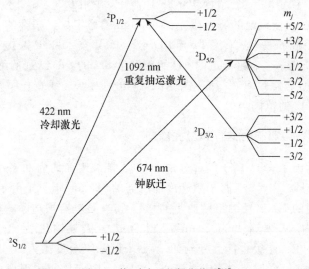

图 6.6 ^{88}Sr$^+$ 离子的部分谱项[39]

6.7.3   674 nm 探测激光系统

驱动 674 nm $^2S_{1/2}$-$^2D_{5/2}$ Sr$^+$ 四极钟跃迁的探测激光由一单模窄线宽的 AlGaInP激光器产生,如图 6.7 所示[39].由自由光谱区为 300 MHz 的共焦 F-P 腔的谐振光学反馈使图中左上侧 LD(线宽约 30 MHz)线宽变窄,从最初的 30 MHz 减小到 100 kHz,并使两个 LD 达到预稳定.将第一个 LD 稳定到具有超低膨胀(ULE)系数的不可调谐的 F-P 腔上,非共焦的自由光谱区为 1500 MHz,其精细度约为 200 000,腔条纹为 kHz 量级.第二个 LD 偏频锁定到 ULE 腔锁定的第一个 LD 上,并能在偏频锁定控制下调谐通过 674 nm Sr⁺ 跃迁,因此获得了高稳定度,即探测钟跃迁的 ULE 参考腔具有窄线宽和低漂移的特性.用 FM 边带技术产生鉴频曲线,慢反馈将预压窄的 LD 稳到这个鉴频曲线中心,通过 LD 的电流驱动,快反馈将 LD 稳到装有 PZT 的扩展腔上. ULE 腔稳定的扩展腔装置使探测激光的线宽达到几十赫,其漂移速率小于 0.1 Hz/s,这已达到 ULE 材料的内禀蠕变率.

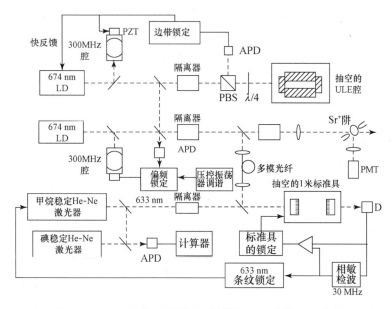

图 6.7　674 nm 窄线宽探测激光系统[39]. APD: 雪崩光电二极管

ULE 腔稳定的 LD 是用驱动电流以 2.3 MHz 的频率调制的,有很宽的捕获范围,并能 FM 锁定,即使光学压窄方法生成的激光线宽也比 7 kHz 的 ULE 腔条纹宽度要宽得多.解调误差信号馈入光学压窄腔的 PZT 和 LD 电流在 FM 锁定条件下产生相应于约 1 kHz 的误差信号振幅. FM 反馈回路的 3 dB 下降点估计在 100 kHz 范围内. ULE 腔是用 Corning 材料制作的,腔长为 100 mm,两端配以光胶的镜子,镜子在 674 nm 的镀膜反射率为 99.9984%.腔型是非共焦腔,其自由光谱范围为 1500 MHz. LD 的光经空间滤波和模匹配至 TEM$_{00}$ 腔模,谐振处的透过率约为 50%.观测到的非轴模功率约为 TEM$_{00}$ 模的 10% 至 15%,位置在远离 300 MHz 处. ULE 腔安装在真空室内的 V 型块上,用离子泵抽至压力为 10 μPa 的真空状态.激光通过镀增透膜的窗口进入.真空室的温度控制在 22.5℃,几小时内的温度稳定度可达 ±5 mK.

6.7.4　超稳定腔

LD稳频系统的关键部件是一个参考的F-P腔.这个腔必须尽量稳定,因为在钟跃迁的频率测量期间,它是一个次级频率参考.腔的间隔器是由在特征温度 T_0 处具有零膨胀系数的材料制成的.其端部镜子的曲率半径为 2 m,反射率达 99.973%,间隔器的尺寸为 50 mm×50 mm×250 mm.腔的自由光谱范围为 597 MHz,精细度达 12 000.腔体用装在殷钢支架上的四个不锈钢螺丝在爱里点作水平支持.支架由连在真空室顶部的四个弹簧悬挂起来,使其能较好地隔离振动.七对永久磁铁连在支架上,通过在真空室的铝壁中感生的涡流,使振动得到阻尼,其衰变时间常数为 10 s.

6.7.5　Sr$^+$离子实验

Sr$^+$离子囚禁在射频泡尔阱内,其特征尺寸为 $z_0 = 0.5$ mm.驱动电压为 180 V,运行频率为 10 MHz.充有 ^{88}Sr 的炉提供原子和电子,从而电离一些 Sr 原子.一旦看到 422 nm 的荧光,就关闭炉子.用一台运转在 422 nm 的氩离子激光抽运的染料激光器,冷却并检测 $^2S_{1/2}$-$^2P_{1/2}$ 跃迁.将 4.2 mW 激光通入光纤内,经衰减后有 60 μW 进入阱内.从离子发出的光被收集后成像到进行光子计数的光电倍增管前的小孔径上.从一个离子产生的荧光,测得的光子计数在 5000 s^{-1} 以上;背景计数低于 100 s^{-1}.由于 $^2P_{1/2}$ 态也能衰变到 $^2D_{3/2}$ 态,$^2P_{1/2}$-$^2D_{3/2}$ 跃迁的光抽运要求保持谐振 S-P 跃迁的循环.这由 LD 抽运的掺 Nd^{3+} 光纤激光器提供 1092 nm 的辐射来实现.

激光冷却用的光束通过 70 Hz 的斩波器,第二个斩波器与第一个斩波器同步,但相位差为 180°,用第二个斩波器调制 674 nm 的探测光束,以改变冷却和探测循环.当探测光束激发离子进入 $^2D_{5/2}$ 态,则会由于 422 nm 荧光中断而观测到量子跳变.

根据观测 S-P 跃迁的塞曼分裂,阱内的背景磁场估计为 43 μT.这是由地磁场、靠近离子泵的磁体和装置中的其他磁体引起的.用高斯计的测量表明,在 6 小时内的磁场变化小于 0.6 μT.然而,当磁体移动时,在几秒内已观测到直至 0.2 μT 的变化.

6.7.6　674 nm $^2S_{1/2}$-$^2D_{5/2}$ 跃迁的特征边带观测

具有极低漂移特性的 ULE 腔稳定的 LD,经偏频锁定后可很精密地调谐到通过 674 nm Sr$^+$ 跃迁. 这是通过具有双平衡混频器(DBM)和 600 MHz 晶体振荡器的 LD 之间检测的拍频下频移到 30 MHz 来实现的. 将此频移信号相位锁定到一压电控制振荡器(VCO)上,可在 20~45 MHz 范围内调谐. 这台偏频锁定的激光器的线宽约为 50 MHz,由拍频线宽所决定. 由于尚未用快速相位锁定偏频激光器的电流,因此 ULE 腔稳定的 kHz 线宽量级的优点还未充分发挥. 典型的通过 674 nm^{88}Sr$^+$ 跃迁 8 MHz 频宽的高分辨扫描约为 160 步级,分辨率为 50 kHz/步.

扫描前,单个冷却^{88}Sr$^+$离子的 674 nm 跃迁的 10 个塞曼分量是简并的,因为采用正交场线圈后,周围的直流零磁场为 1 μT 的量级. 通过如上所述的在零磁场下的光抽运使荧光最小. 随后,用电光偏振旋转器恢复荧光. 由于偏频锁定激光器通过 674 nm 跃迁是分步级进行的,即由每个频率步级中所观测到的量子跳跃数确立标准状态的轮廓. 扫描由计算机驱动的偏锁激光器的 VCO 控制. 探测和冷却的激光是用反相声光开关控制,以 20 ms 的 10 μW 冷却辐射功率聚焦到 30 μm 的相对强度为 1/e 的半径上,随后以 3 ms 的 0.4 mW 探测辐射功率聚焦到 90 μm 处. 在高分辨扫描前,为了确定射频微动载波,未用 VCO 控制,进行了约为 100 MHz 的较宽范围的扫描.

6.7.7 ^{88}Sr$^+$离子^{2}S$_{1/2}$-^{2}D$_{5/2}$跃迁频率的测量

用碘稳定的氦氖激光作参考的差拍测量,获得了^{88}Sr$^+$ 的 $5s^2$S$_{1/2}$-$4d^2$D$_{5/2}$ 跃迁的绝对测量结果. 在采用了飞秒光频梳技术后(见第八章),频率测量值为 444 779 044 095.5±0.35 kHz,如第二章表 2.2 中的推荐值所示. 超稳定腔提供作为 LD 的高稳定频率参考,在几小时内相对于离子跃迁的变化小于 1 kHz. 在 100 s 的平均时间内,445 nm 激光可以在 1 kHz 内频率稳定到 Sr$^+$的跃迁谱线上. 在此时间内,要求扫描两个 $\Delta m_j = 0$ 的塞曼分量. 调谐到^{88}Sr$^+$的 5s-4d 跃迁的超稳定的 LD 具有比碘稳定氦氖激光更高的频率稳定度,使它可成为可见光频段新的光频标准. 2004 年的频率测量值准确度达到了 1.5 Hz 量级,相应的相对不确定度为 3.4×10^{-15},详见第八章(8.7.10)式. 该频标大于 10 mHz 的系统频移列在表 6.2 中[21],其中使用了两种方法,供读者参考.

显然,^{88}Sr$^+$ 的 674 nm 钟跃迁的一个重要问题是塞曼分量与磁场的关系. 而奇同位素^{87}Sr$^+$的钟跃迁可以解决这个问题,我们将在下面介绍.

表 6.2　^{88}Sr$^+$ 的 674 nm 钟跃迁所有大于 10 mHz 的系统频移的估计及其不确定度

离子源频移	方法 A 频移/Hz	不确定度/Hz	方法 B 频移/Hz	不确定度/Hz
四极	0	0.5	0	<0.01
二阶多普勒(微运动产生)	<0.01	0.01	<0.01	0.01
二阶多普勒(特征运动产生)	<0.01	0.01	<0.01	0.01
斯塔克(微运动产生)	+0.01	0.01	+0.01	0.01
斯塔克(特征运动产生)	<0.01	0.01	<0.01	0.01
黑体斯塔克	+0.30	0.08	+0.30	0.08
1092 nm 交流斯塔克	0	0.02	0	0.02
422 nm 交流斯塔克	+1.4	0.8	+1.4	0.8
伺服误差	−1.0	0.6	−0.4	0.3
微波参考频率	0	0.7	0	0.7
引力	0	0.1	0	0.1
总计系统频移	+0.7	1.3	+1.3	1.1

6.7.8　^{87}Sr$^+$ 离子的光谱

　　奇同位素 ^{87}Sr$^+$ 的自旋 $I=9/2$,因此 ^{2}S$_{1/2}$ 和 ^{2}D$_{5/2}$ 态的 $m_F=0$ 能级与一阶塞曼效应无关. 然而,这个 9/2 自旋使光谱由于超精细结构而出现复杂性. 图 6.8 示出了部分谱项,对 ^{2}S$_{1/2}$-^{2}D$_{5/2}$ 跃迁的超精细结构已作了测量[42],对于基于 ^{87}Sr$^+$ 的频标作了预备性研究.

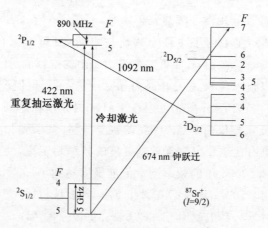

图 6.8　^{87}Sr$^+$ 离子的部分谱项能级图

　　为了处理超精细结构,冷却和探测奇同位素 ^{87}Sr$^+$ 的实验装置也相当复杂,冷却激光系统如图 6.9 所示[42]. 图中左侧示出了两个倍频 844 nm LD 系统,激光在约 2.5 GHz 处偏频锁定, 这正是基态分裂频率之半. 两束激光独立进行倍频, 在进入阱之前, 与波长为 422 nm 的光束重新合并. 此外, 驱动 $^2S_{1/2}(F=5)$-$^2P_{1/2}(F'=5)$ 跃迁的 422 nm 激光需要避免抽运进入暗态, 它将产生 1 μT 的磁场[43], 这是通过将 422 nm 冷却光分为 π 和 σ 偏振的两束光来实现的, 两束光的频差为几兆赫. 驱动 $^2S_{1/2}(F=4)$-$^2D_{5/2}(F=5)$ 跃迁的 422 nm 重复抽运激光, 需要避免离子囚禁在 $F=4$ 的基态上. 抽出 $^2D_{3/2}$ 的 1092 nm 激光调谐到 $^2P_{1/2}$-$^2D_{3/2}$ 跃迁频率处, 但需要防止离子成为被驱动进入谱线的超精细簇 $^2D_{3/2}(F=3,4,5$ 或 6) 之一. 这是一台分布布拉格反射式激光器, 在超精细结构的频率范围 (约几百兆赫) 内, 以 0.8 MHz 的速率调制频率. 为了避免离子进入 $^2P_{1/2}$-$^2D_{3/2}$ 跃迁的暗态, 这台激光器在 2 MHz 以偏振调制.

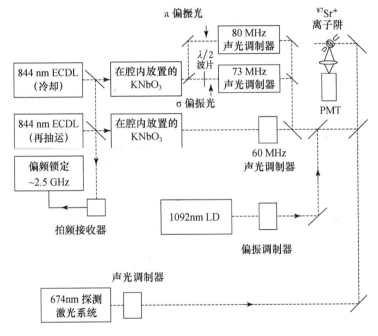

图 6.9 ^{87}Sr$^+$ 离子的冷却和探测的实验装置

量子性跳变数据已用于画出 $^2S_{1/2}$-$^2D_{5/2}$ 674 nm 跃迁的各种超精细结构, 对于 $^2S_{1/2}(F=5)$-$^2D_{5/2}(F'=7)$ 情况预期有 55 个塞曼分量. 这个特殊的超精细跃迁允许 $m_F=0 \rightarrow m'_F=0$ 跃迁, 对一阶塞曼频移不敏感, 最低的二阶塞曼频移为 6.4 Hz(μT)$^{-2}$[42]. 然而, 与 ^{199}Hg$^+$ 和 ^{171}Yb$^+$ $I=1/2$ 的自旋系统的二阶频移相比, 这项频移还比较大, 因此应采用更小的磁场, 以便使频移约束到低于 Hz 的量级. 图 6.10 示出了在 $6.5\,\mu$T 场时预期的 19 组分量，它是 $^2S_{1/2}(F=5)$-$^2D_{5/2}$($F'=7$) 跃迁的 55 个分量的一部分. 通过扫描 $^2S_{1/2}(F=5)$-$^2D_{5/2}(F'=7)$ 跃迁，在 $6.5\,\mu$T 场内可显示 55 个分量中的 19 组. $m_F=0 \rightarrow m_F'=0$ 分量是五个分量的中心组范围未分辨的分量. 在场强为 $0.1\,\mu$T 或更低时，可以得到更好的窄线宽的结果. 在分辨这个分量前，将要求采用在 Hz 量级的很窄而稳定的探测激光器.

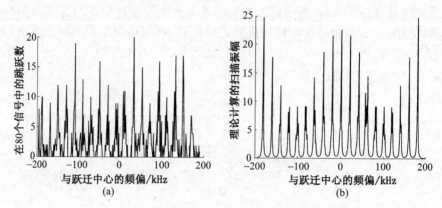

图 6.10   在 $^2S_{1/2}(F=5)$-$^2D_{5/2}(F'=7)$ 跃迁范围内的频率扫描

(a) 实验扫描；(b) 理论计算的扫描

§6.8   离子光频标由于系统频移产生的极限

对于单个囚禁的离子频标而言，系统频移包括四极频移，二阶多普勒频移，由于离子的热运动和微运动、黑体场和剩余光场产生的斯塔克频移，塞曼频移以及碰撞频移等. 以下选择影响较大的主要频移进行分析.

6.8.1   二阶多普勒频移

二阶多普勒频移是由剩余热运动和阱内的微运动产生的. 在激光冷却实现了接近多普勒冷却极限时，典型温度达 1 mK. 在预期的频率准确度为 10^{-18} 量级时，由于热运动产生的频移可忽略不计，由于驱动生成的二阶多普勒频移则还需进行考虑. 大的微运动会产生超过 10^{-15} 量级的频移. 只是在精心设计后，才能将这项频移减小到 mHz 量级甚至更低，即达到或小于 1×10^{-17} 量级.

6.8.2 斯塔克频移

钟跃迁的斯塔克频移可以来自离子对电场的运动感生的斯塔克频移,其中包括微运动和热运动使离子对阱中心产生平均位移,其结果是使离子能感受到与时间平均的非零电场.通常,离子与阱中心的平均偏差约为100 nm,微运动斯塔克频移估计在 40 mHz 至 400 mHz 之间.如作精心的微运动补偿,可以减低到 mHz 量级,即 10^{-18} 量级.近来,光电离和低原子通量技术的发展表明,斯塔克频移还能进一步减小.而热运动对斯塔克频移的贡献预期要小于微运动的贡献.

黑体斯塔克场是由围绕装置的温度产生的,0 K 时的黑体斯塔克频移在100 mHz 至 500 mHz 范围内.这项频移虽然较大,但是恒定.假定装置的黑体的温度不确定度为 1 K,则相应的频移不确定度为 10 mHz.然而,存在由于系数产生的更大的不确定度,相应的频移为 $\pm 30 \sim \pm 150$ mHz.由于这种不确定度是恒定值,可以作为不变量的修正来确认.

交流斯塔克频移是由外光场与离子内的电偶极矩感生的光场之间的相互作用产生的.整个频移主要是探测光与钟跃迁的上下能级之外的跃迁的相互作用产生的,因此与总光强有关.相对于驱动钟跃迁的典型光强而言,相关的频移很小.在 ^{171}Yb$^+$ 的八极跃迁情况,由于驱动很弱,跃迁需要的光强很大,从而增大了光频移.但在八极跃迁时探测激光的线宽可小于 1 Hz,交流斯塔克频移也就降到很低的量级.

6.8.3 电四极频移

电四极频移是由离子的电四极矩与剩余电场梯度的相互作用产生的.对于不同的离子,电四极矩的变化较大,Itano[34] 对此作过计算.近年来,对^{199}Hg$^+$,^{171}Yb$^+$ 和 ^{88}Sr$^+$ 等的钟跃迁电四极矩作了测量,结果与理论计算基本符合[44].Itano[34] 指出,在正交磁场方向中进行钟跃迁的频率测量,电四极频移的名义平均值为零,其不确定度决定于实现正交场的程度.对 ^{88}Sr$^+$ 的情况[45],可达 10^{-15} 量级;对 ^{199}Hg$^+$ 的情况[44],可达 10^{-17} 量级.对此还在进一步研究中.

6.8.4 塞曼频移

处理磁场关系的标准方法是用低核自旋($I = 1/2$)的奇同位素离子作为样品,它们的钟跃迁发生在磁超精细能级 $m_F = 0 \rightarrow m_F = 0$ 之间,这是与场一阶无关的跃迁. ^{199}Hg$^+$ 的四极跃迁与 ^{171}Yb$^+$ 的四极和八极跃迁均属这种情况. 在一阶无关的情况下,只保留了二阶塞曼频移,这只是很小的量级. 例如,^{171}Yb$^+$ 八极跃迁、四极跃迁和 ^{199}Hg$^+$ 的四极跃迁的二阶塞曼频移的测量值分别为 $-1.72(3)$mHz $\cdot$ μT^{-2}, -50 mHz $\cdot$ μT^{-2} 和 -20 mHz $\cdot$ μT^{-2}[7,44].

在 ^{87}Sr$^+$ 的跃迁中,$I = 9/2$,其超精细结构相当复杂,因此虽然它的二阶塞曼系数并不特别小,也可能得到与磁场无关的结果[42].

§6.9 冷原子光频标准

6.9.1 引言

通常的观点是,由于可以对离子的运动作"理想"的控制,囚禁离子的光频标准可望达到更好的极限准确度,但实际上也并非理想. 在阱中的由单个离子产生跃迁的信噪比较差,因为频率稳定度与贡献给信号的原子数的平方根直接成正比. 科学家们想到用几百万个冷原子组成的原子云的弱跃迁来实现这个目标. 因而又开始研究原子光频标,当然要选用更窄的钟跃迁,例如,自然锶的698 nm的^{1}S$_0$-^{3}P$_0$ 跃迁,其线宽仅 10^{-3} Hz. 然而会遇到的问题是,必须有延长作用时间的方法. 这就是采用在光晶格内限制冷原子的方法,我们将在下面介绍.

研究冷原子频标也有两种不同的方法:其一是用冷却的原子束,例如氢原子束;另一种是冷却囚禁的原子云. 氢在 486 nm 波长处的双光子 1S-2S 跃迁是目前频率最高的光频跃迁,具有很高的测量精度. 在约 6 K 时从液氢冷管嘴中发射的冷氢束是在增强腔内探测的. 用飞秒梳和铯喷泉钟结合的测频系统(见本书第八章),测量其频率的不确定度已达 1.8×10^{-14}(46 Hz)[4]. 因此,氢跃迁的精密光谱已是世界范围内研究的一个热点.

冷却囚禁的原子云在原理上与铯喷泉钟技术类似,但在应用上完全不同. 在微波喷泉中采用原子云冷却和囚禁技术是很成功的,而在光学波段中使用时,遇到的一个难点是如何提高稳定度. 当然,光频中性原子频标中所用的实验装置与微波喷泉技术稍有不同,例如光晶格钟(见图 6.14),它已具有潜在的发展前景. 表 6.3 中列出了正在研究中的几种冷原子频标[18],我们将逐个介绍.

表 6.3 冷原子钟跃迁、线宽及频率不确定度

原子	钟跃迁	波长/nm	理论线宽/Hz	实验线宽/Hz	绝对频率不确定度/Hz	实验室及参考文献
H	1S-2S 双光子	243	1.3	—	46	MPQ [4]
Mg	$^1S_0$-$^3P_1$	457	30	—		
^{40}Ca	$^1S_0$-$^3P_1$	657	400	700	6	PTB, NIST [46]
^{88}Sr	$^1S_0$-$^3P_1$	689	7.6×10^3	14.5×10^3	39	JILA [47]
^{87}Sr	$^1S_0$-$^3P_1$	698	10^{-3}	27	15	U. Tokyo, NIST, SYRTE, PTB [48]
Yb	$^1S_0$-$^3P_1$	551	—			NIST, KRISS
Ag	$^2S_{y_2}$-$^2D_{3/2}$ 双光子	661	0.8	1000	—	INM

6.9.2 对原子光频标准的基本要求

如第三章所述,光频标准由三个部分组成:短期稳定的本机振荡器(如激光器);基于量子吸收物的绝对频率参考(如冷原子的光跃迁);以及频率计数系统,即测量频率的方法和装置.对于冷原子光频标准而言,本机振荡器(LO)是高稳定激光器,通常应伺服控制到一个高精细度、低漂移和超低膨胀(ULE)的法布里-珀罗腔上;原子云的参考谱线或钟跃迁是很弱的禁戒跃迁,它的内禀自然宽度小于 $1 \sim 100$ Hz 量级.频率计数系统将在第七、八章中介绍.光频标准的频率不确定度也由光频标准的三部分对应,即本机振荡器的短期稳定度、原子参考的频率复现性以及测量频率的不确定度.短期稳定度用阿仑偏差表示,最常用的技术是从稳定的法布里-珀罗腔的调频(FM)边带反射[48,49],其中包括入射到高精细度腔上的激光的相位调制,而 MHz 量级的射频边带是在腔的透射带宽之外.边带的信号反射到快响应接收器上,与在腔内循环的谐振载波的某些返漏的信号汇合到一起.由此而产生边带和载波之间的拍频在线中心处达到平衡,但在正交相位条件下,在腔谐振中心附近有很陡的鉴频曲线.这允许可以作紧密锁定,而又有相当宽的捕获区.在超抛光表面上镀以高反膜,反射率高达 99.9995%,其散射和吸收仅百万分之几,精细度可高达 $10^5 \sim 10^6$ 量级.精细度的典型值为 200 000,对于 100 mm 的腔而言,相应的载波谐振宽度约为 kHz 量级,用调频边带技术可将激光器稳定到极好的短期稳定度,直到秒级的取样时间,即 $10^{-15} \tau^{-1/2}$,其中 τ 为取样时间.在最好的情况下,本机振荡器的线宽已达 0.16 Hz[50];其他情况下,线宽也能达到 Hz 的量级.更长的时间内本机振荡器的稳定度将有与腔长有关的漂移,但通过将腔镜光胶在用 ULE 玻璃制成的间隔器上,这种漂移可减到最小.当将它放置在真空室内,并在膨胀系数趋于零的温度下工作时,这种 ULE 腔的漂移速率极低,可称为等温蠕变状态.在这种状态下,英国 NPL 做到的长期等温蠕变速率约为 0.03 Hz/s,其受温度限制的短期漂移小于±0.2 Hz/s.这些漂移极低,伺服控制到原子参考上的时间约为 10～20 s,许多原子频率标准使用正馈装置来消除一阶本机振荡器漂移.当本机振荡器的线宽达到 1 Hz 或更低时,这就变得更为重要.

第一章的图 1.1 中,我们曾示出了作为微波频标的三个组成部分:原子振荡器,本机振荡器和信号处理器.如上所述,新一代的光频标也有类似的三个组成部分:原子振荡器由冷离子或原子的参考谱线代替,本机振荡器由超稳定激光器代替,信号处理器由飞秒激光梳代替,如图 6.11 所示.

振荡器　　　　　　　　参考谱线　　　　　　　　计数器
(超稳定激光器)　　　　(冷离子或原子云)　　　　(飞秒激光梳)

图 6.11　新一代光频标的三个部分:超稳定激光器,冷离子或原子的参考谱线和飞秒激光梳

§6.10　钙原子频标

美国 NIST[33] 和德国 PTB[46] 已研究了钙原子频标,钟跃迁是选择 657nm 组合谱线,其自然宽度约为 400 Hz.用 423 nm 的谐振辐射在磁光阱内减慢和囚禁约 10^7 个原子,原子云的温度减小到多普勒冷却极限,即在几 ms 内达到约 3 mK.为了探测钟跃迁,以及减小可观测的交流斯塔克和塞曼频移,要关闭囚禁光场和磁场.因此,原子云在重力场中抛射扩散,这限制了可能的相互作用时间.用时间分离的脉宽约 1 μs 和自由进动时间为几百 ms 的四脉冲信号能观测钟跃迁上的 Ramsey-Borde 条纹,其典型宽度为 1～2 kHz.条纹衬比度部分受到相应于多普勒冷却极限每秒几百厘米速度的限制.稳定到中心条纹的 657 nm 探测光的飞秒梳测量的总不确定度为 6 Hz[46].主要的系统频移与剩余多普勒频移、冷碰撞及黑体频移有关.尤其是在抛射扩散中的剩余运动使由于原子下落通过倾斜和非平面探测场引起的条纹内的相移增大.

为了增大稳定度和减小不确定度,作了一项改进:二级淬灭冷却技术.将温度降到低于 423 nm 的多普勒冷却极限之下,原子云能在钟跃迁上进一步冷却,因为它有更窄的自然线宽. 然而,通过等待 $^3P_1$ 能级衰变返回基态的速率很慢,从而阻止了原子落到激光束外. 因此,二级冷却是用另一束 453 nm 的激光淬灭 $^3P_1$ 能级,促使原子快速返回基态. 采用这项技术,冷原子的温度可低于 10 μK,相当于速度为每秒几厘米的量级,已接近反冲极限. 这迅速地增大了条纹衬比度,频率稳定度达到了 $2 \times 10^{-14} \tau^{-1/2}$. 根据淬灭冷却原子的冷碰撞频移的研究表明,这项频移比相应的铯频移小几个量级.

为了改进钙原子频标,需要钟跃迁有比 657 nm 组合谱线的 400 Hz 更窄的自然宽度;其次是如何增大询问时间,使它具有更窄跃迁的优点. 后者可能会采用喷泉方法. 喷泉法缺点有二,其一,产生 Ramsey 信号时间约 1 s 的实际喷泉尺寸约为 1 m,由此得到的傅里叶变换的极限宽度约为 1 Hz;其次,在 Ramsey 脉冲内原子的角度变化引起的相移,考虑到波长因素,远比在微波情况下要更为重要.

几年内,这类钙原子频标业已形成为新的冷原子频标钟装置,由于其中原子数很多,它获得了极高的稳定度、非常窄的钟跃迁、很长的询问时间,并降低了系统的灵敏度. 这个方案的思路最初是由 Katori[51] 提出的,其核心是选择包含 $^1S_0$-$^3P_1$ 跃迁的钟跃迁,与相互组合谱线相比,它具有强禁戒的性质,如下节将介绍的另一类中性锶原子的自然宽度可达约 1 mHz.

§6.11　锶(Sr)原子频标

6.11.1　锶原子频标的原理和方法

碱土原子是制作自然原子的光频标准的主要候选者,其中如镁、钙、锶等原子存在某些亚稳态的窄跃迁. 锶原子由于有某些特性,已成为最有前途的候选者. 近年来,日本东京大学的 Katori[51] 提出了以下的方案,即将中性原子囚禁到光学晶格中的兰姆-狄克区,在某个波长处,其钟跃迁的光频移趋于零. 他建议采用波长在 698 nm 处 Sr 的 $5s^2{}^1S_0$-5s5p $^3P_0$ 的跃迁谱线,这似乎是实现他的方案的理想系统. 这个跃迁仅是超精细耦合所允许的 $(J=0)$-$(J=0)$ 谐振,具备极佳的计量学特性. 它对外界电磁场极不敏感,光频移的抵消与偏振无关,同时因禁场对该谱线的高阶效应也微不足道.

我们先简述光晶格囚禁原子的光频标的原理. 准确的原子钟由三个部件组成:其一是产生钟跃迁的囚禁原子的系统;其二是所需波长的激光器系统,它能与囚禁原子系统构成正常运行的机制;其三是飞秒光频梳及激光锁定到原子钟跃迁上的电子伺服系统,用于测量光频标的频率稳定度和绝对频率值.

图6.12[53]示出了锶原子钟装置的主体部分的照片[53]，图 6.13[54]示出了激光产生的晶格势的空间干涉花样.

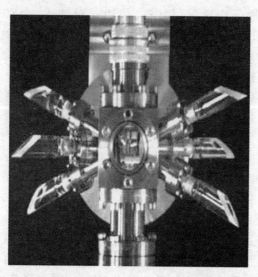

图 6.12   锶原子钟装置主体部分的照片,图中的六个布氏角
窗口是各类激光的输入端,中心部分是冷却囚禁原子的区域

图 6.13   激光产生的晶格势的
空间干涉花样,原子限制在远小
于光学波长(λ_L)的区域内,犹如
鸡蛋置于蛋筐中一般

光频标中所用的样品是锶原子,它所组成的单量子吸收室置于比跃迁波长更小的空间内,称为兰姆-狄克区,这将提供一个超精密光谱的极限系统,而可以将影响钟的准确度的原子相互作用及多普勒频移减小到可忽略的程度.与离子相比,中性原子之间的相互作用更弱,因而适合通过增多粒子数量来提高稳定度.利用激光的空间相干性可以产生用于超冷中性原子的周期性囚禁势,称为光晶格,如图 6.13所示[52,53].这个晶格势可以将原子约束在亚微米区域,它的周期性能在 1 mm³ 的体积内产生几十亿个微阱.这些性能使它可用在提高稳定度的精密光谱学中. 图 6.15 示出了锶原子的能级,图中的下能级 $^1S_0$ 和上能级 $^3P_0$ 态通过非谐振激光与上能级的各个自旋态耦合产生光晶格,它使 698 nm 处的钟跃迁的上下能级具有相等的能级位移.原子激发到 $|^1S_0\rangle|n\rangle \to |^3P_0\rangle|n\rangle$ 电子-振动跃迁上,其中 n 表示在晶格势中原子的振动态.钟跃迁则以接近 1 的量子效率在 $^1S_0$-^1P 循环跃迁上监测.

通常,上述晶格囚禁场可用于称为光频移的效应修正原子的内态,因此在未能解决消除光频移的技术前,还不能严格考虑用它作为原子钟的系统[52,53]. 暴露在晶格激光场中原子的跃迁频率 ν 与晶格激光强度 I 的关系是由无扰跃迁频率 ν_0 与光频移 ν_{ac} 之和决定的,即

$$\nu(\lambda_L, e) = \nu_0 + \nu_{ac} = \nu_0 - \Delta a(\lambda_L, e) I/2\varepsilon_0 ch + O(I^2), \quad (6.11.1)$$

式中 ε_0, c, h 分别是电常数、真空中光速和普朗克常数,$\Delta a(\lambda_L, e) = a_u(\lambda_L, e) - a_1(\lambda_L, e)$ 是高和低能态的交流极化强度 a_u 和 a_1 之差,这个差值与晶格激光的波长 λ_L 和极化强度矢量 e 有关. 如果我们调整这些极化强度,使其满足等式 $\Delta a(\lambda_L, e) = 0$,则可使观测的原子跃迁频率 ν 等于 ν_0,与晶格激光的强度 I 无关,而高阶修正项 $O(I^2)$ 是可以忽略不计的. 在钟跃迁的研究中,消除光频移的条件 $\Delta a(\lambda_L, e) = 0$ 主要由激光波长 λ_L 所决定,所用的是 $J = 0$ 的态,这个态具有标量光频移,而并不与光的偏振有关. 这里所用的方法的基点是,频率或波长是最准确的可测量,使我们不需测量激光的强度或偏振.

实验采用[87]Sr 核自旋为 9/2 的禁戒跃迁 $5s^2{}^1S_0(F=9/2)$-$5s5p\,{}^3P_0(F=9/2)$ 作为钟跃迁,如图 6.14 所示,其中超精细混合提供的有限寿命为 150 秒. 计算表明[53],当晶格激光调谐到 $\lambda_L \approx 800$ nm 时,${}^1S_0$ 和 ${}^3P_0$ 态的光频移相等. 这个波长称为幻波长. 在此幻波长附近,只要将幻波长的频率稳定在 1 MHz 以内(相当于频率保持在 3×10^{-9} 以内),光频移精度就可以控制在 1.

图 6.15 示出了晶格钟及全部频率测量的实验装置[55]. 锶原子被激光冷却并囚禁在 ${}^1S_0$-${}^3P_1$

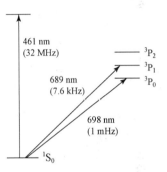

图 6.14   [88]Sr 原子的能级图

跃迁上. 温度约为 $1 \sim 2\,\mu K$ 的 10^4 数量级的原子置于 $20\,\mu K$ 深的一维光晶格内,晶格是由光纤空间滤出的掺钛蓝宝石激光的驻波所形成的,它使原子沿着轴向约束在子波长范围内. 运行在 698 nm、钟跃迁线宽为 10 Hz 的钟激光进入同一光纤内,使其波矢与一维光晶格势的轴相平行,以满足兰姆-狄克条件. 两束激光通过消光比为 10^{-5} 的偏振片,而确保成为线偏振光. π 偏振的晶格激光由于张量的频率扩展及在以量子数 m 表示的塞曼子能级内的矢量,光频移小于 1 mHz. $m=0$ 跃迁的一阶塞曼频移为 $m \times 10^6$ Hz/G. 实验中的剩余磁场引起的塞曼频移或加宽在 10 Hz 量级.

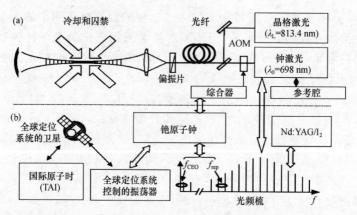

图 6.15　锶原子光钟实验装置[55]　(a) 超冷的锶原子置入由调谐到幻波长的钛宝石激光的驻波产生的一维光晶格内, 原子限制在驻波的波节处, 驻波在沿着轴向的亚波长范围内. 原子与沿着轴向传播的钟激光相互作用, 满足兰姆-狄克条件. AOM 是声光调制器. (b) 钟激光的频率通过光频梳连接到商品铯原子钟和碘稳定的 Nd:YAG 激光, 其中 f_{CEO} 和 f_{rep} 分别表示载波-包络的偏置频率和激光脉冲的重复率. Cs 钟的偏置频率通过 GPS 时间系统可参考到国际原子时

用钟激光 10～40 ms 内的发射将囚禁在光晶格中的原子激发到 $^3P_1$ 态上. 用激光在 $^1S_0$-$^1P_1$ 循环跃迁上感生的荧光来监测钟跃迁的激发, 随后测定晶格激光的幻波长. 在接近 813.5 nm 附近, 测量在某个波长处与晶格激光强度 I 有关的光频移[55]. 测量中发现, 当晶格激光的波长 λ_L 调谐到 813.420 nm 时, 光频移接近为零. 由光频移影响的光钟的频率不确定度约为 4 Hz. 图 6.16 示出了上述测量的函数关系[52].

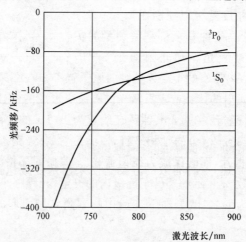

图 6.16　幻波长的 Sr $^1S_0$ 和 $^3P_0$ 能级与偶极子力囚禁波长的光频移关系, 其中上下能级的频移相等[52]

6.11.2　作为钟跃迁的锶原子的冷却方法

在采用锶原子作为钟跃迁时,可以采用两步激光冷却.首先,以简单的多普勒效应冷却至 $1\,\mu K$.图 6.17 示出了锶原子的能级图[56],图中的 461 nm 处强的 $^1S_0$-$^1P_0$($F=9/2$) 循环跃迁可进行原子预冷,然后用 689 nm 线宽为 7 kHz 的 $^1S_0$-$^3P_1$ 相互组合谱线完成第二步冷却.其中,包括同位素 ^{87}Sr 原子的超精细耦合所允许的 $^1S_0$-$^3P_0$ 跃迁,用半经验扰动理论并根据超精细数据导出的自然线宽约为 1 mHz.用这个跃迁,在兰姆-狄克区内可以探测到 ^{87}Sr 原子.在无光频移的偶极子阱中以上方法具有明显的优点.例如,用 460.733 nm 的激光可以实现对 $^1S_0$-$^1P_0$ 循环跃迁的高效率囚禁;用高功率蓝色激光及特别的塞曼减速器能囚禁 5×10^8 个原子,其速率为 3×10^{10}/s.

由于目前尚未有商品 461 nm 半导体或固体激光器,可以采用非线性频率转换产生 461 nm 的激光.例如,用商品 1064 nm 半导体激光器和 813 nm 半导体激光器的输出,在 KTP 晶体中进行和频,通常可得到约 100 mW 以上的和频输出.

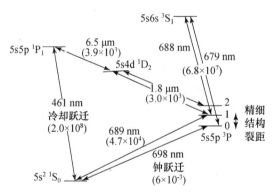

图 6.17　^{87}Sr 原子的能级图,包括跃迁的波长及衰变速率(s^{-1})

从加热炉中射出的 Sr 原子的平均速度约为 550 m/s,要在进入磁光阱(MOT)之前使原子减速,一种有效的方案是使采用塞曼减速器.这是通过非均匀磁场,以及用反向传播的光束的辐射压力使原子保持在 $^1S_0$-$^1P_1$ 上.按磁场、塞曼长度、激光束腰和激光功率的参数的最佳化,进行数字模拟来得出捕获区内最大的减慢原子数.激光束聚焦后的发散角约为 9 mrad,由于原子进入塞曼减速器内,引起饱和参数下降,最大的减速为

$$a_{\max}=-v_{\mathrm{rec}}\Gamma/2(s/1+s), \qquad (6.11.2)$$

式中 v_{rec} 是反冲速度, Γ 是跃迁的自然宽度, $\Gamma/2\pi=32$ MHz; 通常的塞曼减速器设计恒定减速值 $a=\eta a_{max}$, 其中 η 小于 1. 为了使减速过程达到最佳, 磁场的设计应使 η 保持不变. 图 6.18 示出了最佳化设计的磁场[57]. 在 30 cm 长的减速区内, 磁场的变化为 -30 mT 到 30 mT. 减速区在三层磁屏蔽之内, 使 MOT-钟区域内的磁扰动减到最低, 以保证原子走出塞曼减速器时, 得到场的快速变化. 在超过 3 cm 时, 场下降到低于 0.1 mT, 以确保原子相对于减速光束的快速失谐.

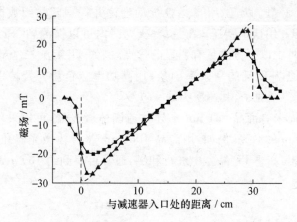

图 6.18　在塞曼减速器中的磁场. 图中的虚线: 用计算机最佳化设计的磁场;
方块: 未用磁屏蔽的磁场测量值; 三角形: 在线圈周围有磁屏蔽的磁场测量值

　　减速光束的功率为 30 mW, 它对 $^1S_0$-$^1P_1$ 循环跃迁的红向失谐为 502 MHz, 在最大值 e^{-2} 处的光束半径从入口处的 1.8 mm 变到端部的 4.6 mm. 为了估计减速原子数, 探测激光器置于偏原子束轴向 $45°$ 处, 图 6.19 示出了位于塞曼减速器出口处后面 10 cm 的捕获区内感生的荧光[58]. 其中, 原子的平均速度为 25 m/s, 分散性为 25 m/s 时, 减速的原子数为 2×10^{10} 原子/s.

　　沿着正交轴传播的三束后向反射光束以及由反亥姆霍兹线圈感生的磁场梯度形成了磁光阱(MOT), 阱内捕获减速原子. 在标准运行状态下, 线圈内的磁场梯度为 1.9 mT/cm. 用于 MOT 的蓝光总功率为 17 mW, 分成 e^{-2} 处的光束半径为 1 cm 的三束光. 因禁原子的最大数是当激光失谐为 -41 MHz(即 -1.3Γ)/小时. 图 6.20 示出了 MOT 的载荷, 指数拟合给出了 16 ms 的载荷时间[58]. 为了校准捕获原子数, 关闭 MOT, 而用弱探测光束射到原子上. 按此光束感生的荧光, 测量的囚禁原子数为 5×10^8, 由此而得出的载荷速率为 3×10^{10} 原子/s. 这个值构成了一个对实际载荷速率的底限, 但比锶原子以前实现的囚禁原子数要高一个量级.

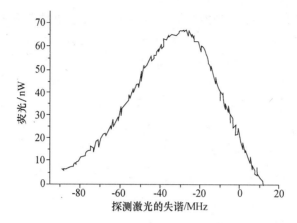

图 6.19 在捕获区内收集的塞曼减速原子感生的荧光. 减速原子的平均速度为 25 m/s ($\delta=-30$ MHz), 速度分散性为 25 m/s(50 MHz FWHM), 接近由自然线宽所限制的分辨率

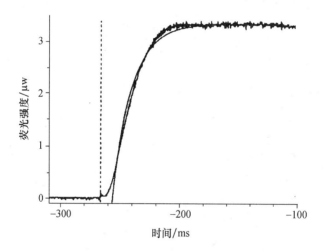

图 6.20 用由 MOT 光束感生的荧光测量的 MOT 的载荷曲线. 在 $t=-265$ ms 时, 开启塞曼减速器. 实线拟合到时间常数为 16 ms 的指数曲线上

由于光抽运通过 $^1D_2$ 态到亚稳态 $^3P_2$, 载荷时间与损耗速率的理论时间常数是相符的[52]. 载荷曲线与指数拟合之间的差异归结于: 原子数与冷碰撞或冷原子在磁光阱中的吸收引起的损耗机制有关.

6.11.3 锶原子光频标准的实验装置

实验是在 MOT 中集结的冷原子样品上完成的, 其中用塞曼减速器使原子束减速. 如图 6.17 示出的能级图, 三束后向反射的激光束调谐到与 $^1S_0$-$^1P_0$ 跃迁频率红移 40 MHz 处,实现捕获锶原子的功能.实验中温度降至 2 mK 时,稳态捕获的 ^{87}Sr 原子约为 3×10^6 个,原子云在 $1/e^2$ 处的直径为 2 mm.为了探测 698 nm 钟跃迁的谱线,用一束 14 mW 的激光束以驻波方式四次穿过原子云,探测光束束腰半径为 1.3 mm.当然,对于检测极度禁戒的跃迁,实验的难度很大,因而用一般的装置似乎希望渺茫.

存在的问题还有:谐振预期的多普勒宽度为 1.5 MHz(FWHM),比拉比频率(0.8 kHz)大三倍,因此预期只有 10^3 个原子与激光谐振;此外,^{3}P$_0$ 态原子的有效荧光检测,由于从该态无循环跃迁而具有难度;最后,还需仅在几百兆赫范围内从数据库得出 ^{3}P$_0$ 态的能量.

为了解决上述问题,首先通过测量在 689 nm 处 ^{1}S$_0$-^{3}P$_0$ 谱线的频率,以及分别在 688 nm 和 679 nm 处的 ^{3}P$_1$-^{3}S$_1$ 谱线与 ^{3}P$_0$-^{3}S$_1$ 谱线跃迁之间的频差,测定谐振频率,其准确度达 110 kHz[57].其次,通过直接激励,放大冷原子转移到 ^{3}P$_0$ 态的比例,其优点在于 MOT 的寿命是拉比振荡周期 40 倍.激光调谐到谐振时感生的 MOT 的泄漏,导致可检测的囚禁原子数的减少为 1%.

如图 6.21 所示,用 Drever-Hall 方式[48],将一台扩展腔激光二极管(ECLD1)锁定到高精细度的腔上[57];基于自参考飞秒掺钛蓝宝石激光器的方

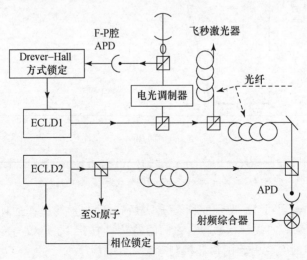

图 6.21　用于频率测量的实验装置.一台扩展腔激光二极管(ECLD1)锁定到高精细度的法布里-珀罗腔(精细系数 $f=27\,000$)上;100 μW 的激光输出功率送入用于绝对频率测量的飞秒激光器上;用于探测锶原子的第二台激光器(ECLD2)偏置锁相到 ECLD1 上;由雪崩光电二极管(APD)收集与射频参考混频的拍信号;通过光纤引入的噪声和频率偏置可忽略不计

案,用氢钟连续测量其频率[53].在平均时间为 1 s 时,这项测量的相对分辨率的典型值为 3×10^{-13}.第二台激光器(ECLD2)偏置锁相到 ECLD1 上.两台激光器之间的拍信号与一台射频综合器的输出进行混频,产生偏置锁相的误差信号,伺服控制的带宽为 2 MHz.采用这个方案,ECLD2 的光射到原子上时,通过使用射频综合器,可以调谐到在 1.5 GHz 的自由光谱区内的腔的双模之间的任何频率.实验中使用两台激光器,一台的调谐范围为 675 到 685 nm,另一台的调谐范围为 685 到 698 nm.

用比冷原子装置更简单的原子束测量了 $^1S_0$-$^3P_1$($F=9/2$)跃迁的频率,其值[57]为 434 829 342 950(100)kHz,不确定度主要由磁场的统计噪声和不完善所决定.用冷原子完成了在 $^3P_0$ 与 $^3P_1$ 之间的精细结构分裂的测定.在 $^1S_0$-$^1P_1$ 跃迁上的囚禁和循环中,原子最后发射一个自发辐射光子,将原子带入 $^1D_2$ 态.这个态具有两个主要的衰变方式:衰变到 $^3P_1$ 和 $^3P_2$ 态.在 $^3P_1$ 态上的原子衰变返回基态,并保持在阱内;而在亚稳的 $^3P_2$ 态上的原子则丢失了.这个过程将限制 MOT 的寿命在 50 ms 量级.通过改进逃逸过程,可以进行精细结构测量.如果激光与加在阱上的 $^3P_1$-$^3S_1$ 跃迁的某个超精细分量谐振,相应于 $^3P_1$ 态上的原子将抽运到 $^3P_2$ 和 $^3P_0$ 的亚稳态上.它们逃逸出阱外,而不是衰变返回基态,这减少了囚禁原子的数量.图 6.19 示出了 MOT 的荧光与在 $^3P_1$($F=9/2$)-$^3S_1$($F=11/2$)688 nm 谐振的失谐函数关系.

用相同技术直接检测 $^3P_0$-$^3S_1$ 跃迁是不可能的,因为 $^3P_0$ 在 MOT 中并无布居数.而第一个信号是由 679 nm 的激光接近 $^3P_0$-$^3S_1$ 谐振时感生的 $^3P_1$-$^3S_1$ 跃迁的光频移检测而获得的.

用 1.8 mW/mm^2 的强度,观测到失谐 100 MHz 时的光频移为 100 kHz.679 nm 的失谐小于 688 nm 的谐振宽度,由于相干布居囚禁(CPT),谐振轮廓中出现凹陷:当两个激光的频差与原子精细结构匹配时,存在与 $^3S_1$ 无耦合的 $^3P_1$ 和 $^3P_0$ 的相干叠加[52].在这暗态中的原子不会抽运到 $^3P_2$,但在几十微秒内由于 $^3P_1$ 的不稳定而衰变返回基态,它们都保持在 MOT 中.当 CPT 凹陷位于 688 nm 的谐振中心时,679 nm 的激光调谐到谐振处.图 6.22(b)中示出了这种类型中的观测信号.用两台激光器锁定到谐振处,实现了无光频移的精细结构测量.测量频率值为 5 601 338 650(50)kHz,不确定度由 MOT 的磁场梯度引起.按这些测量结果,$^1S_0$-$^3P_0$ 跃迁的预期频率值为 429 228 004 300(110)kHz[56].

为了直接观测,用一台激光器调谐到谐振处,在 MOT 中感生出 $^1P_0$ 态.如果传递到 $^3P_0$ 的速率是恒定的,则原子一旦在 $^3P_0$ 态,就逸出了囚禁区,这导致

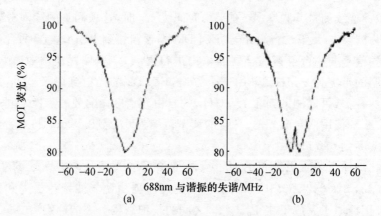

(a) 　　　　　　　　　　　　　(b)

图 6.22　688 nm 激光在 $^3P_1(F=9/2)$-$^3S_1(F=11/2)$ 跃迁处扫描时的相对 MOT 荧光信号.
(a) 只有 688 nm 激光；(b) 用另一台 679 nm 激光调谐到 $^3P_0(F=9/2)$-$^3S_1(F=11/2)$ 谐振
处. 在(b)的情况下，观测到 CPT 凹陷. 688 nm 和 679 nm 激光的功率分别为 5 μW/mm^2
和 2 mW/mm^2

相等比例的原子逸出 MOT. 囚禁原子数以同样的百分数递减.

图 6.23 中示出了囚禁原子的荧光对 698 nm 激光谐振失谐的函数关系. 由
于驻波结构，预期谐振中心处为窄的亚多普勒结构，分别表示激光脉冲的载波
包络的偏置频率和重复频率. 铯原子钟的偏置频率通过 GPS 时间参考国际原
子时.

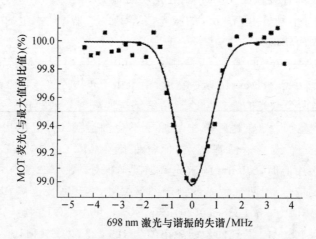

图 6.23　直接观测 $^1S_0$-$^3P_0$ 跃迁. 由于原子的有限温度，
谱线被多普勒效应加宽到 1.4 MHz(FWHM)

图 6.23 和图 6.24(a)[84]分别示出了激光的空间干涉图样形成的势能晶格,它能对超冷中性原子产生周期性的囚禁势,将锶原子约束在一个远小于激光波长的区域内,图 6.24(a)中所示的晶格称为光晶格. 图 6.24(b)中的 461 nm 处强的$^1S_0$-$^1P_0$($F=9/2$)循环跃迁可进行原子预冷,然后用 689 nm 线宽为 7 kHz 的$^1S_0$-$^3P_1$相互组合谱线完成第二步冷却. 接着,对可能的钟跃迁作考查,包括同位素^{87}Sr 原子的超精细耦合所允许的$^1S_0$-$^3P_0$跃迁. 用半经验扰动理论并根据超精细数据导出的自然线宽约为 1 mHz[46,50].

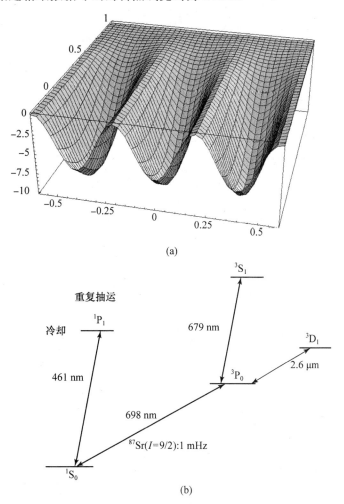

图 6.24 (a) 光晶格示意图;(b) ^{87}Sr 的钟跃迁及抽运部分能级图[84]

为了测定频率,将激光器锁定到$^1S_0$-$^3P_0$跃迁上,用 140 ms 的周期交替地测量谐振两侧的频率值.最终的误差信号积分并反馈到驱动 ECLD2 偏置锁相的综合器上.平均频率为 429 228 004 235 kHz,在 2 小时的积分后,剩余不确定度为 20 kHz.在此量级上,可忽略系统效应.由于驻波结构,可忽略一阶多普勒效应;MOT 场梯度感生的塞曼效应小于 1 kHz;由于$^1S_0$和$^3P_0$能级的朗德因子是10^{-4}量级,因为不理想的蓝光消光引起的光频移也估计小于 1 kHz.表 6.4 汇集了间接和直接测量结果[53],并证明两者符合很好.表 6.5 列出锶原子光晶钟的系统修正和不确定度.

表 6.4 ^{87}Sr 跃迁频率的测量结果汇总表(对所有原子态 $F=9/2$)

跃迁		频率/kHz
$5s^2\,^1S_0$-$5s5p\,^3P_1$		434 829 342 950±100
$5s^25p\,^3P_0$-$5s5p\,^3P_1$		5 601 338 650±50
$5s^2\,^1S_0$-$5s5p\,^3P_0$	间接测量	429 228 004 300±110
	直接测量	429 228 004 235±20

上述 Sr 原子谱线的直接检测技术也能扩展用于其他原子,例如,Yb 原子的方案.Yb 原子囚禁在$^1S_0$-$^3P_1$跃迁上,其自然宽度为 200 kHz,MOT 的寿命远比蓝色 Sr 的 MOT 寿命长,可长达几秒,禁戒谱线的衬比度则可接近 100%.

观测$^1S_0$-$^3P_0$跃迁是实现用囚禁中性原子的光频标准的第一步.下一步显然是消除光频移的偶极子囚禁光束的波长测量.这项测量要求比上述测量具有更好的频率分辨率,即有比 698 nm 处的冷原子更高的激光强度.

在这类光频标准中,如果在光阱中的自发发射速率小于每秒 1 次,则其谱线 Q 值可高达10^{15}.当激光强度为8×10^7 W/m^2,囚禁振荡频率可达 50 kHz,自发发射速率可达 0.4 s^{-1}.若 Q 值为10^{15},适当的囚禁原子数为10^6量级,最终能达到的性能,其准确度的数量级将优于上述装置.其中,用于探测原子的激光的光频移将是一个决定性的重要因素[53].工艺上精良的超稳定激光器作为宏观谐振腔,用作频率参考时,在傅里叶频率处具有的 $1/f$ 噪声低于几赫[58,59].可以采用一阶伺服控制到原子跃迁上作为解决上述问题的方法,对于频率稳定度而言,采用分离装置是最佳的.

表 6.5　锶原子光晶格钟的系统修正和不确定度[53]

效　　应	修正/Hz	不确定度/Hz	
		已实现	能实现
一阶多普勒频移	0	3×10^{-2}	$< 10^{-3}$
二阶多普勒频移	0	2×10^{-6}	$< 2 \times 10^{-6}$
反冲频移	0		
一阶塞曼效应	0	10	10^{-3}
碰撞频移	0.6	2.4	10^{-5}
黑体频移	2.4	0.1	3×10^{-3}
探测激光光频移	0.1	0.01	10^{-3}
标量光频移	-3.8	4	10^{-3}
矢量光频移	0	10^{-3}	10^{-3}
张量光频移	0	10^{-3}	10^{-3}
四阶光频移*	0	10^{-3}	10^{-3}
铯钟偏差	-45	3	
频率测量	0	9	
系统总计	-45.7		
总不确定度		15	4×10^{-3}

* 这项估计未包含谐振贡献.[57]

一阶多普勒频移是由于钟激光与晶格势之间的相对运动产生的,这通常是由钟激光传播中,光纤的振动或空气扰动引起的.取钟激光的线宽(~10 Hz)为多普勒宽度,在 10^5 次测量平均后,频率不确定度可减小到 30 mHz.通过光纤相位噪声消除技术,从镜子表面反射作参考形成晶格势的驻波,可使多普勒频移有效地稳定到小于 1 mHz[60].

限制在三维晶格势中的原子,在原子间距约为 $\lambda_L / 2 \approx 400$ nm 时,原子间相互作用假设为谐振偶极矩-偶极矩相互作用.对于 $T = 293$ K,温度不均匀度为 $\Delta T = 0.1$ K 时,黑体频移标量为 $\nu_B \approx 3 \times 10^{-10} T^4$ Hz,它所引入的不确定度为 3 mHz.图 6.25 所示频率测量是在 813.4270 nm 的晶格激光波长处进行的,最终发现它比实际的幻波长要长 0.007 nm.对由此波长差引入的斯塔克频移作了修正.在实现的三维光晶格中,我们可用一个相位稳定的光晶格,其中三维激光的交汇点是由折叠镜的单线偏振的驻波所构成的[60].处在这种结构时,由于囚禁光场的振幅和相位对每个晶格是相互关联的,预期极化强度有很高的稳定度.

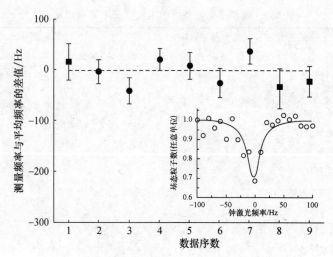

图 6.25　在光晶格中，Sr 原子 $^1S_0$-$^3P_0$ 跃迁的绝对频率测量，
插图表示分辨线宽为 27 Hz 的典型钟跃迁.

晶格钟方案也能用于其他二价原子，只要这些原子在两个长寿命态之间具有超精细混合态感生的 $J=0 \rightarrow J=0$ 跃迁，例如，用于 ^{43}Ca[61]，^{171}Yb[62] 和 ^{199}Hg 原子等. 用不同原子样品的晶格钟之间的频率比对，使我们可以研究精细结构常数随时间的变化.

§6.12　离子和原子光频标进一步发展的极限和应用

综上所述，光频标准的性能显然已很快地达到了最佳微波标准的极点. 较好的稳定度图已显示：光频标准的频率稳定度在分钟（min）的取样时间内可达 10^{-15} 量级. 用飞秒梳参考铯喷泉标准对光频标准作绝对频率测量的不确定度现已接近铯喷泉的不确定度. 在不久的将来，受铯限制的囚禁离子光频标准也能实现这个目标. 一旦出现这种局面，我们可以在用相同的离子或原子的各个系统之间进行频率比较，其中控制每个系统的参数可以改变，从而检测在固定条件下的系统具有的频移. 用飞秒梳技术进行光频之间的比较，精度能达 10^{-19} 量级[63].

频率系统及各种光频标准的不确定度的研究已进入极限阶段，这将与未来的秒定义有关. 选择何种离子或原子作为未来定义的自然候选者目前还没有明确，因为尚难以预测哪种装置具有明显的优点. 鉴于以上考虑，国际时间频率组织已发表了关于秒的次级表示的概念,它可以追溯到铯频率基准,并具有一定的准确度,在最佳情况下,与铯频率基准具有相等的准确度.目前仅有一个已接受的次级表示是铷微波喷泉标准.然而,似乎还只有很少的光频标准可作为光频次级表示,这些标准的性能应非常接近铯限制的情形.对光频无论选择离子还是原子,它们都应达到光频标准的高准确度,即在几年内频率复现性达到 $10^{-17} \sim 10^{-18}$ 量级.

当频率标准的复现性提高到优于 10^{-15} 量级时,最大的全球环境限制的参数是引力红移.红移系数在钟之间随高度差而变化是每米 1×10^{-16}.因此,两台钟之间的 1 cm 高度差的引力红移为 10^{-18} 量级.由此可见,要实现 10^{-18} 量级内的性能是非常困难的.远程光钟之间的比对将面临很大的挑战.通过双向卫星时间传递,铯喷泉基准远程比对的准确度为 1×10^{-15},而这是在一个月的数据比对的扩展周期内实现的.

说明光频标准的预期性,能对标准和科学技术向前发展产生重要影响.在全球和深空卫星航行领域的发展中,未来导航系统的测量系统将会配用光频标准.从科学前景来看,光频标准测量上的改进,在测定基本常数及其随时间的恒定性、在物理学(例如相对论)的精密检验方面将起到重要的作用.近来,Cs 和 Rb 与 H,Hg^+,Yb^+ 等光频标准的在一二年内的比对业已表明,精细结构常数 α 在一年内的恒定性为 10^{-15} 量级.改进的光频标准将使这个极限进一步减小.

半个世纪以来,由于原子光谱和原子钟的发展,频率标准提高了约 10^5 量级,而光频标准的精度可能达到 10^{-18} 量级,这充分说明,光频标准在未来的科学技术发展中具有潜在领先的地位.

§6.13 光氢钟的发展趋势

自从 18 世纪拉瓦锡确认了氢的化学性质以来,氢就确立了它在科学中的特殊地位.在 20 世纪 60 年代初期,由于激光技术的形成,光谱学发生了革命性的进展.T. W. Hansch 推动了这场革命,并成为该领域的一个领袖.过去几十年内在他的研究中,氢的光谱学尤其是 1S-2S 跃迁的双光子光谱学,已成为一个连续的主题.这几十年内,测量的准确度提高了近一百万倍,包括采用他最近发展的光频计量学的技术.本节描述最近创建的超冷氢的技术及其进展,由此可以获得更高的光谱学精度,并可能研制氢的光原子钟.

6.13.1　囚禁氢的研究

研究冷却和囚禁氢已有多年历史,许多论文中曾有过讨论[64].其中在氢中的玻色-爱因斯坦凝聚(BEC)的研究是在 1998 年实施的[65];这项探索也同时奠定了应用原子理论来囚禁氢的超高分辨光谱学的基础,包括基本结构和原子相互作用,以及研制可能的光频标准.

1989 年报道了关于囚禁氢的 1S-2S 跃迁的双光子光谱学的工作,几年后获得了第一个信号[66].而无多普勒以及多普勒敏感的信号已提供了关于囚禁气体的大量信息[67],并已用于检测玻色-爱因斯坦相位跃迁[65].而研究表明,囚禁的亚稳态 2S 原子的高密度非常适合进行光谱研究.

双光子光谱学的"眼睛"揭示了冷却氢的囚禁云通过特征的尖形谐振线[61,64].宽度由穿过激光束的渡越时间所确定,温度越低,线宽越窄.在谐波囚禁的情况下,原子能以囚禁频率重复穿过激光光束,类似于 Ramsey 结构中的结果,在光谱上叠加边带[68].

在很低的温度下,原子间的相互作用效应在跃迁频率的位移中所起的作用变得明显.这个较小的位移可认为是冷碰撞频移,在精密频率测量中是重要的,以前在氢微波激射器[69]和原子喷泉钟[70,71]中已观测到.根据精密测量的观点,冷碰撞位移是有害的,因为它限制了可以有效使用的密度.然而在 BEC 实验中,这项位移是有益的,因为它提供了密度的诊断.

6.13.2　超冷氢的高分辨光谱学

关于超冷氢光谱学的问题,研究主要在两个方面:其一是精密测定 1S-2S 的跃迁频率;其二是与激发亚稳的超冷 2S 原子到更高的态相关的许多研究.

Hansch 的工作[72]利用了 1S-2S 跃迁频率,为光频计量学的发展提供了很好的方法,同时跃迁所含的一个潜在应用就是用于建立光频标准.冷原子束已实现的实验分辨率可以达到自然线宽所允许的最终分辨率,由此实验测量上可以得到很大的改进.

超冷囚禁氢的优点是,人们可以实现与自然寿命相当的相干时间,约为 122 ms.其中最大的加宽源是塞曼位移、交流斯塔克位移以及光电离位移,超冷囚禁技术使其可控制到自然线宽的水平[73].

通常,这项工作的分辨率受到 243 nm 激光源频率抖动的限制.而我们已观测到的谱线已窄至 3 kHz(FWHM).这个信号速率已高至足以使其中心频率的准确度达到约 5×10^{-14}(积分时间为 1 s),参见图 6.25.

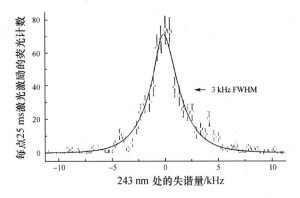

图 6.25　超冷氢的 1S-2S 双光子谱,50％循环.分辨率受到
激光稳定度的限制,拟合线是激光线宽与尖线形的卷积

超高分辨光谱学要求超稳定的激光器,幸而,在此领域已有很大的进展.锁定在外参考腔上的激光器[74],对于在阱中的 Hg^+,其分辨率已达 10^{-16} 量级[1].

6.13.3　冷碰撞频移

相邻原子间的相互作用会使谱线产生位移和加宽.这可以用产生平均场能量位移的多体图像进行描述,能量位移为 $\Delta E_c = (4\pi h^2 a_{e,g}/m)n_g$,式中 $a_{e,g}$ 是原子在 e 和 g 态中的 s 波散射长度,m 是原子质量,n_g 是 g 态原子的密度.根据原子理论的观点,在冷碰撞中的这个结果,包含的频移是原子态的平均场位移之和.对氢原子的 1S-2S 跃迁,这是很简单的,因为多数原子保留在 1S 态中.

对氢而言,1S-2S 相互作用是极小的.1S-2S 相互作用是观测频移的主要来源(见图 6.26).测量的位移为 $3.8(8)\times10^{-10}$ Hz/cm^{3}[67].这项测量与 $a_{1S-2S} = -2.3$ nm 的理论计算[76]或更近的结果 -3.0 nm[77]符合很好.因此可将这项位移用于测定在玻色-爱因斯坦相位跃迁中样品的密度.

6.13.4　2S-nS 跃迁

氢的光谱中包含了由里德伯常数、兰姆移位和其他 QED 修正因子以及核形状所决定的全部结构.必须测定两个以上的跃迁才能整理上述这些贡献.1S-2S跃迁对核效应最敏感,已由慕尼黑小组作了测量.然而,最终的精度是由第二个跃迁所限制的,通常是双光子跃迁 2S-nS/nD($n=8,10,12$)之一,巴黎小组对此已广泛地作了研究[31],实验中使用了一亚稳氢束.这些跃迁之一所达到的最佳准确度为 8×10^{-12}(5 kHz).冷囚禁具有将氢双光子 2S-nS 跃迁提高准

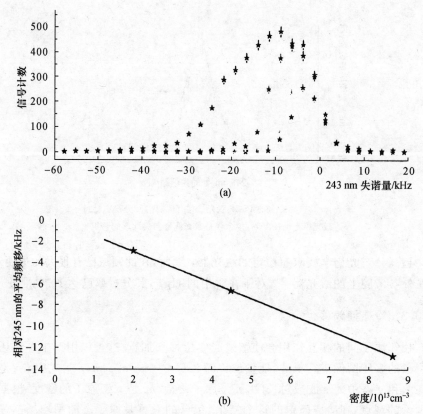

图 6.26　用初始的最大密度 $8.8 \times 10^{13}\,\mathrm{cm}^{-3}$ 的单个 $60\,\mu\mathrm{K}$ 样品观测的冷碰撞频移.
最远的红移谱相应于最大密度,最低密度处的谱显示了特征的双指数线形

确度一个量级以上的潜力.

　　亚稳原子束实验的精度主要取决于亚稳原子的短相互作用时间. 对于长度 $0.6\,\mathrm{m}$ 和原子平均速度为 $3000\,\mathrm{m/s}$ 的原子束,相互作用时间仅约 $200\,\mu\mathrm{s}$. 有效激励速率要求的典型激光强度为 $5\,\mathrm{kW/cm^2}$. 这个强度产生的交流斯塔克位移为几百 kHz,测量准确度因而受位移的不确定度的限制.

　　由于超冷囚禁的 2S 原子可以在扩展时间中与激光相互作用,激光强度低到 $100\,\mathrm{W/cm^2}$,就足以驱动双光子跃迁.

　　2S-nS 跃迁的冷碰撞频移是不确定度的潜在来源. 这项误差源尚无理论公式可预言,因此必须进行实验测量. 然而若散射长度与 1S-2S 散射长度相当,冷碰撞频移将不是一个极限因素.

　　一般建议把实验的出发点定在冷 2S 原子云. 在 MIT 的实验中已实现了大于 10^{10} 个 2S 原子/秒的可观测数目. 亚稳态寿命的测量给出了 $20\,\mathrm{mV/cm}$ 阱中的剩余电场的上限.

　　图 6.27 中示出了用于频率测量许多可能的方案之一. 972 nm 的倍频二极管激光器锁定到 486 nm 的染料激光器上, 后者是驱动 1S-2S 跃迁的主要激光器. 由锁模激光器产生的频梳用于测量 972 nm 二极管激光与 2S-10S 跃迁所需要的 759 nm 激光之间的频差. 应注意这个实验提供了它自身的频率标准, 因为 1S-2S 跃迁可以作光频参考.

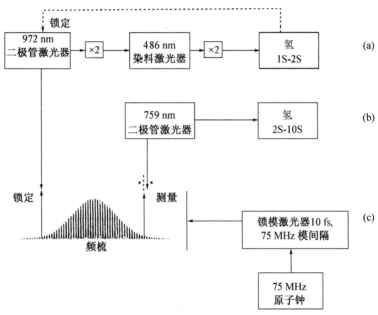

图 6.27　利用新发展的由锁模激光所产生的频梳后, 2S-10S 跃迁相对于 1S-2S 跃迁的频率测量的可能装置. 测量是在同一阱中同一时间进行的. (a) 1S-2S 跃迁作为频率参考; (b) 2S-10S 跃迁由二极管激光驱动; (c) $\nu_{1S\text{-}2S}/8$ 和 $\nu_{2S\text{-}10S}/2$ 之间的频差用光梳测量. 这个方案也可用于其他的 2S-nS 跃迁

　　这项简单的频率测量研究应允许我们来观测 $n=3$ 和更高的其他的 2S-nS 跃迁. 对一系列的跃迁进行测量将提供用不同方法所得结果的互相校核.

　　除精密频率计量学外, 2S-nS/P/D 谱可以提供关于激发态原子的散射长度的大量信息, 对于亚稳碰撞过程和光缔合过程也应能作观测. 总之, 在囚禁的超冷氢研究中存在许多科学机遇.

6.13.5　氢原子光学频率标准

　　1S-2S跃迁的内禀性质使氢原子成为光频标准的合适候选者,其优点体现在自然线宽对磁场不敏感以及无多普勒双光子光谱术.超冷氢工作的结果说明了光氢钟的可行性.

　　引入锁模激光器产生的频梳使频率计量学领域获得飞速发展,不仅开辟了光频测量的新的可能性,而且可以光频的稳定度和测量精度产生微波频率.最近的实验已表明,锁模激光的光谱可以大于一个倍频程.梳的低频端的二次谐波可以锁定到高频端.这样梳的一个模锁定到稳定的光频,不仅确立了所有模的绝对频率,而且将光跃迁的稳定度传递到梳的重复率上,其重复率可选在1 GHz左右.

　　目前认为,对每个高精度原子频标(微波或光频标)而言,冷碰撞频移是一项关键的结果,对密度为 $10^9/cm^3$ 的氢而言,1S-2S跃迁的频移约为 0.4 Hz,相对频移为 1.7×10^{-16},与在典型密度 $3 \times 10^6/cm^3$ 下的工作的铷喷泉钟具有相同量级的相对频移.

6.13.6　最终的精度:双光子激光钟

　　原子钟或频标的本质,是以内禀高分辨率对原子谐振实现一种接近理想的观测.要展现准确度达 1×10^{-18} 的范围内光钟的全部潜力,要求光学或紫外激光源的短期稳定度达到毫赫或亚毫赫的量级,这是一项艰巨的挑战.然而,如果光频标本身是有源的而不是无源的,即标准本身是一台激光器,就可以面对这项挑战,在微波领域中的氢微波激射器的连续可用性已证明了一台有源装置的优点.

　　原则上,运行在氢的 1S-2S 跃迁上的双光子激光器可以作为一个光频标准,它的自然线宽是诱人的.双光子激光器的原理是自发的单光子辐射到一个中间态.然而对氢而言,仅存在一个这样的态即 $^2P_{1/2}$,跃迁频率很低,自发发射可忽略不计.

　　在超冷氢中的 2S 原子建立大的布居数,这项技术的发展有可能使得双光子激光器可以实现.我们在此对这类装置作一个量级的估计.

　　我们假定 2S 原子的全部布居数反转是保持在 n_{2S} 的密度,则功率辐射为

$$P_{rad} = \hbar\omega\Gamma_{rad}n_{2S}V, \qquad (6.13.1)$$

式中 Γ_{rad} 是辐射速率,V 是系统体积.在驻波中由双光子吸收的 1S-2S 跃迁的辐射速率为[79]

$$\Gamma = \frac{85.7}{\Delta\omega}I^2 cm^4 \cdot W^{-2} \cdot s^{-2}, \qquad (6.13.2)$$

式中 $\Delta\omega$ 是均匀线宽. 取 $\Delta\omega$ 为自然衰变速率, $\gamma_{2S}=8.2\ \text{s}^{-1}$, 则跃迁对 $I_{\text{sat}}=0.89\ \text{W/cm}^2$ 是饱和的 ($\Gamma_{\text{rad}}=\gamma_{2S}$). 我们考虑一谐振器, 设其面积 A, 长度 L 和精细系数 F, 则辐射密度是 $I_{\text{rad}}=P_{\text{rad}}F/A$. 通过取 $I_{\text{rad}}=I_{\text{sat}}$, $\Gamma_{\text{rad}}=\gamma_{2S}$, 则可得

$$n_0 = \frac{0.89\ \text{W/cm}^2}{\hbar\omega\gamma_{2S}LF}. \tag{6.13.3}$$

代入数值, 取最佳值 $F=100$, $L=100\ \text{cm}$, 可得 $n_0=1.5\times10^{15}\,\text{cm}^{-3}$. 1S 态的玻色凝聚中已实现了比该值大的密度. 我们可以认为, 使粒子数反转达到激光作用的程度是可以实现的. 然而, 2S 原子的密度将由于淬灭碰撞而几乎同时衰变. 例如计算表明, 淬灭速率约为 $10^{-9}\,\text{cm}^3/\text{s}^{[80]}$. 在密度为 $10^{15}\,\text{cm}^{-3}$ 时, 2S 态的寿命很短, 约为 $1\ \mu\text{s}$.

参 考 文 献

[1] Rafac R J, Young B C, Beall J A, Itano W M, Wineland D J, Bergquist J C. Phys. Rev. Lett. , 2000, 85:2462.

[2] Bergquist J C et al. //Gill P. Proc. Sixth Symposium on Frequency Standards and Metrology. World Scientific, Singapore, 2002: 99—106.

[3] Diddams S A, Udem T, Bergquist J C, Curtis E A, Drullinger R E, Hollberg L, Itano W M, Lee W D, Oates C W, Vogel K R, Wineland D J. Science, 2001, 293:825.

[4] Niering M et al. Phys. Rev. Lett. , 2000, 84:5496.

[5] Riehle F, Wilpers G, Binnewies T, Helmcke J. // Gill P. Proc. Sixth Symposium on Frequency Standards and Metrology. World Scientific, Singapore,2002.

[6] Curtis E A et al. // Gill P. Sixth Symposium on Frequency Standards and Metrology. World Scientific, Singapore, 2002.

[7] Stenger J, Tamm Chr, Haverkamp N, Weyers S, Telle H R. Opt. Lett. , 2001, 26:1589.

[8] Bize S et al. Phys. Rev. Lett. , 2003, 90:150802.

[9] Hansch T W, Schawlow A L. Opt. Comm. , 1975, 13:68.

[10] Wineland D J, Dehmelt H G. Bull. Am. Phys. Soc. , 1975, 20:637.

[11] Diedrich F, Bergquist J C, Itano W M, Wineland D J. Phys. Rev. Lett. , 1989, 62:403.

[12] Becker Th, Von Zanthier J, Yu Nevsky A, Schwedes Ch, Skvortsov M N, Walther H, Piek E. Phys. Rev. A, 2001, 63:051802.

[13] Tamm Chr, Engelke D, Buehner V. Phys. Rev. A, 2000, 61:053405.

[14] Roberts M, Taylor P, Barwood G P, Rowley W R C, Gill P. Phys. Rev. A, 2000, 60:020501R.

[15] Bernard J E, Madej A A, Marmet L, Whitford B J, Siemsen K J, Cundy S. Phys. Rev. Lett. , 1999, 82:3228.

[16] Barwood G P, Huang G, Klein H A, Gill P, Clarke R B M. Phys. Rev. A, 1999, 59: R3178.

[17] Urabe S, Watanabe M, Imajo H, Hajasaka K, Tanaka U, Ohmukai R. Appl. Phys. B, 1998, 67:723.

[18] Gill P. Optical frequency standards. Metrology, 2005, 42:S125-S127.

[19] Oskay W H et al. 2005 19th European Time and Frequency Forum(EFTF) (Besancon, 2005) Conference Abstract. 2005: 72; Udem Th, Diddams S A, Vogel K R, Oates C W, Curtis E A, Lee W D, Itano W M, Drullinger R E, Bergquist J C, Hollberg L. Phys. Rev. Lett. , 2005, 86:4996.

[20] Von Zanthier J. Becker Th, Eichenseer M, Yu Nevsky A, Schwedes Ch, Piek E, Walther H, Holzwarth R, Reichert J, Udem Th, Hansch T W. Opt. Lett. , 2000, 25: 1729.

[21] Margolis H S, Barwood G P, Huang G, Klein H A, Lea S N, Szymaniec K, Gill P. Sciences, 2004, 306:1355.

[22] Hosaka K, Webster S A, Blythe P J, Stannard A, Margolis H S, Lea S N, Huang G, Choi S-K, Rowley W R C, Gill P, Windeler R S. IEEE. Trans. Instrum. Meas. , 2005, 54:759.

[23] Kjaergaard N, Hornekar L, Thommesen A M, Videsen Z, Drewsen M. Appl. Phys. B, 2000, 71:207.

[24] Gulde S, Rotter D, Barton P, Schmidt-Kaler F, Blatt R, Hogervorst W. Appl. Phys. B, 2001, 73:861.

[25] Fischer E. Z. Phys. , 1959, 156:1.

[26] Schrama C A, Piek E, Smith W W, Walther H. Opt. Commun. , 1993, 101:32.

[27] Sinclair A G, Wilson M A, Gill P. Opt. Commun. , 2001, 101:32.

[28] Dicke R H. Phys. Rev. , 1953, 89:472.

[29] Dehmelt H. IEEE Trans. Instrum. Meas. , 1982, 31:83.

[30] Schmidt-Kaler F et al. Phys J. B: At. Mod. Opt. Phys. , 2003, 36:623.

[31] Wineland D J, Bergquist J C, Bollinger J J, Drullinger R E, Itano W M. // Gill P. Sixth Symposium on Frequency Standards and Metrology. World Scientific, Singapore, 2002: 361.

[32] Hollberg L, Oates C W, Curtis E A, Ivanov E N, Diddams S A, Udem T, Robinson H G, Bergquist J C, Rafac R J, Itano W M, Drullinger R E, Wineland D J. Optical frequency standard and measurement. (内部资料)

[33] Udem T, Diddams S A, Vogel K R, Oates C W, Curtis E A, Lee W D, Itano W M,

Drullinger R E, Bergquist J C, Hollberg L. Phys. Rev. Lett. , 2001, 86:4996.

[34] Itano W M. J. Res. Natl. Inst. Stand. Technol. , 2000, 105:829.

[35] Osaka W H, Itano W M, Bergquist J C. Phys. Rev. Lett. , 2005, 94:163001.

[36] Roberts M, Taylor P, Barwood G P, Gill P, Klein H A, Rowley W R C. Phys. Rev. Lett. , 1997, 78:1876R.

[37] Blythe P J, Webster S A, Hosaka K, Gill P. J. Phys. B: At. Mol. Opt. Phys. , 2003, 36:981.

[38] Webster S A, Hosaka K, Blythe P J, Magolis H S, Lea S N, Huang G, Rowley W R C, Thompson R C, Klein H A, Gill P. 34th Mtg. of APS Division At. Mol. Opt. Phys. (Boulder, CO, May 2003) Paper D1. 183.

[39] Madej A A, Sankey J D. Opt. Lett. , 1990, 15:634.

[40] Dube P, Marmet L, Madej A A, Bernard J E. Conf. on Precision Electromagnetic Measurements CPEM Digest, 2004: 283.

[41] Gill P, Barwood G P, Huang G, Klein H A, Blythe P J, Hosaka K, Thompson R C, Webster S A, Lea S N, Magolis H S. Phys. Scr. , 2004, T112:63.

[42] Margolis H S, Huang G, Barwood G P, Lea S N, Klein H A. Rowley W R C, Gill P. Phys. Rev. , 2003, A 67:032501.

[43] Boshier M G, Barwood G P, Huang G, Klein H A. Appl. Phys. , 2000, B 71:51.

[44] Osaka W H, Itano W M, Bergquist J C. Phys. Rev. Lett. , 2005, 94:163001.

[45] Barwood G P, Margolis H S, Huang G, Gill P, Klein H A. Phys. Rev. Lett. , 2004, 93:133001.

[46] Schnatz H, Lipphardt B, Degenhardt C, Piek E, Schneider T, Tamm Chr. IEEE Intrum. Meas. , 2005, 54:750.

[47] Ido T, Loftus T H, Boyd M M, Ludlow A D, Holman K W, Ye J. Phys. Rev. Lett. , 2005, 94:153001.

[48] Drever R W P, Hall J L, Kowalski F W, Hough J, Ford G M, Munley A J, Ward H. Appl. Phys. B, 1983, 31:97.

[49] Salomon C, Hils D, Hall J L. J. Opt. Soc. Am. B, 1988, 5:1576.

[50] Young B C, Rafac R J, Beall J A, Cruz F C, Itano W M, Wineland D J, Bergquist J C. // Blatt R. Laser Spectroscopy 14th Int. Conf. World Scientific, Singapore, 2002: 67—70.

[51] Katori H. // Gill P. Proc. Sixth Symposium on Frequency Standards and Metrology. World Scientific, Singapore, 2002: 323—330.

[52] Pal'chikov V G, Domnin V G, Novocelov A V. J. Opt. B:Quantum Semiclass. Opt. , 5:S131.

[53] Takamotol M, Hong F L, Higashil R, Katori H. An optical lattice clock. Nature,

2005，436：03541．

[54] Udem T. Light-insensitive optical clock. Nature, 2005, 436.

[55] Takamoto M, Katori H. Spectroscopy of the $^1S_0$-$^3P_0$ clock transition of 87Sr in an optical lattice. Phys. Rev. Lett. , 2003, 91：223001.

[56] Ido T, Katori H. Recoil-free spectroscopy of natural Sr atoms in the Lamb-Dick regime. Phys. Rev. Lett. , 2003, 91：053001.

[57] Katori H, Takamoto M, Pal'chikov V G, Ovsiannikov V D. Ultrastable optical clock with natural atoms in an engineered light shift trap. Phys. Rev. Lett. , 2003, 91：173005.

[58] Wilpers G et al. Optical clock with ultracold natural atoms. Phys. Rev. Lett. , 2002, 89：230801.

[59] Oates C W, Curtis E A, Hollberg L. Improved short-term stability of optical frequency standard: approaching 1 Hz in 1 s with the Ca standard at 657 nm. Opt. Lett. , 2000, 25：1603.

[60] Ma L S, Jungner P, Ye J, Hall J L. Delivering the same optical frequency at two places: accurate cancellation of phase noise introduce by an optical fiber or other time-varying path. Opt. Lett. , 1994, 19：1777.

[61] Degenhardt C, Stoehr H, Sterr U, Riehle F, Lisdat C. Wavelength dependent "ac Stark shift of the $^1S_0$-$^3P_1$ transition at 657 nm in Ca". Phys. Rev. A, 2004, 70：023414.

[62] Porsev S G, Derevianko A, Fortson E N. Possibility of an optical clock using the 6^1S_0-$6^3P_0^0$ transition in ^{171,173}Yb atoms held in an optical lattice. Phys. Rev. A, 2004, 69：021403.

[63] Ma L S et al. Science, 2004, 303：1843.

[64] 对自旋偏振氢的早期工作的评述可参见 Greytak T J, Kleppner D. // Grynberg G, Stora R. New trends in atomic physics. Nerth-Iiolland, Amsterdam, 1981; Silvera I F, Walraven J T M. // Brewer D F. Progress in low temperature physics, Vol. X. North-Holland, Amsterdam, 1986; Walraven J T M. // Oppo G-L, Barnett S M, Riis E, Wilkinson M. Quantum dynamics of simple systems. Institute of Physics Publishing, Bristol, 1994.

[65] Fried D G, Killian T C, Willmann L, Landhuis D, Moss S C, Kleppner D, Greytak T J. Phys. Rev. Lett. , 1998, 81：3811.

[66] Cesar C L, Fried D G, Killian T C, Polcyn A D, Sandberg J C, Yu I A, Greytak T J, Kleppner D, Doyle J M. Phys. Rev. Lett. , 1996, 77：255.

[67] Killian T C, Fried D G, Willmann L, Landhuis D, Moss S C, Greytak T J, Kleppner D. Phys. Rev. , 1998, 81：3807.

[68] Killan T C, Fried D G, Cesar C L, Polcyn A D, Greytak T J, Kleppner D. //H. B. van Linden van dcn llcnvell, Walraven J T M, M. W. Reynolds. Atomic Physics 15. World Scientific, Singapore 1996: 158.

[69] Verhaar B J, Kochnan J M V A, Stoof H T C, Luiten O J. Phys. Rev. A, 1987, 35: 3825.

[70] Gibble K, Chu S. Phys. Rev. Lett. , 1993, 70:1771.

[71] Kokkehnans S J J M F, Verhaar B J, Gibble K, Heinzen D J. Phys. Rev. A, 1997, 56:R4389.

[72] Niering M, Holzwarth R, Reichert J, Pokasov P, Udem Th, Weitz M, Hansch T W, Lemode P, Santarelli G, Abgrall M, Lanrent P, Salomon C, Clairon A. Phys. Rev. Lett. , 2000, 84:5496.

[73] Kleppner D. //L. F. Bassani, M. Inguscio, T. W. Hansch. Proc. Symposium the Hydrogen Atom. Springer, Heidelberg, 1989.

[74] Young B C, Cruz F C, Itano W M, Bergquist J C. Phys. Rev. Lett. , 1999, 82:3799.

[75] Jamicson M, Dalgarno A, Doyle J M. Mol. Phys. , 1996, 87:817.

[76] Orhkowski T, Staszewska G, Wolniewicz L. Mol. Phys. , 1999, 96:1445.

[77] Schwob C, Jozefowski L, de Beauvoir B, Hilico L, Biraben F, Acef O, Clairon A. Phys. Rev. Lett. , 1999, 82:4960. references therein.

[78] Diddams S A, Jones D J, Ye J, Cundiff S T, Hall J L, Ranka J K, Windeler R S, Holzwarth R, Udem T, Hansch T W. Phys. Rev. Lett. , 2000, 84:5102.

[79] Holzwarth R, Udem T, Hansch T W, Knight J C, Wadsworth W J, Russell P S J. Phys. Rev. Lett. , 2000, 85:2264.

[80] Fertig C, Gibble K. Phys. Rev. Lett. , 2000, 85:1622.

[81] Sortais Y, Bize S, Nicolas C, Clairon A, Solomon C, Wiliams C. Phys. Rev. Lett. , 2000, 85:3117.

[82] Bassani F, Forney J J, Quattopani A. Phys. Rev. Lett. , 1977, 39:1070.

[83] Blythe P J, Webster S A, Magolis H S, Lea S N, Huang G, Choi S K, Rowley W R C, Gill P, Windeler R S. Phy. Rev. A,67: 020501.

[84] Katori et al. Phys. Rev. Lett. , 2003,91:173005.

第七章　光频测量及传统光频链测频技术

§7.1　光频测量概述

　　1967 年以来,在计量科学研究中开创了一个崭新的领域,即光频绝对测量的研究[1,2].美国麻省理工学院首先测量了 100 GHz 量级远红外激光的频率,不确定度约为 10^{-9} 量级[1];随后,美国国家标准局(NBS)将频率测量的上限扩展到 88 THz 的近红外范围,其不确定度也减小到 6×10^{-10}[3]. 1973 年,NBS 率先发表了甲烷稳定的氦氖激光谱线的频率值,与其测量的该谱线的真空波长值相结合,得到了真空中光速的准确测量值,不确定度达到了当时 ^{86}Kr 长度基准的极限[3,4].这项重要成果被国际公认为光速测量中的重大突破,为长度单位米的重新定义及真空中光速采用国际约定值奠定了良好的基础.

7.1.1　光频标准的绝对测量和传统光频链

　　传统的光频绝对测量方法是指以时间单位铯频率基准为参考,通过逐级倍频和混频,对红外、可见直至紫外激光谱线的频率进行测量,最终得到光频的绝对值.在测量中,需将激光频标信号的频率与从微波频标取得的高次谐波信号的频率进行比较.由于微波频率为 GHz 量级,而被测的光频标准为 500 THz 量级,两者相差五个数量级,直至 20 世纪末以前,直接从微波信号得到 10^5 的高次谐波是不现实的,因此需要分成若干级进行,这是用过渡激光器与倍频或分频混频器件组成的测频系统完成的.即用前级信号源的谐波与后级激光的基波在非线性谐波混频元件中产生中频信号,中频范围约在 100 MHz 量级,这个差频值可用频率计直接计数测量.因此,由前级信号的频率值就可准确地得到后级激光谱线的频率值.这种多级测量的系统形成了一个测量链,称为光频综合测量链,简称光频链.光频链是一个庞大而复杂的高技术综合系统,集各个波段的过渡激光器、激光频标、微波频标、非线性混频元件及频率相位锁定和测量系统的大成.在近三十年内,世界上还只有少数几个国家完成了传统光频链的测量.这项精密测量的结果已对计量单位的复现和提高产生了巨大的影响,进而使已经实现的微波频率的综合成果能在光频段付诸实施.

1980 年前后,法[5]、苏[6,7]、英[8]等国将美国 NBS 1973 年甲烷谱线频率的测量研究作了改进和提高,不确定度减小到 3×10^{-11}. 1982 年,NBS 又进一步将频率测量的上限扩展到可见光频段,先后测量了 520 THz (576 nm)碘稳定的染料激光和 474 THz (633 nm)碘稳定的氦氖激光谱线的绝对频率值[9],其不确定度均为 1.6×10^{-10}.

此外,一些国家利用上述激光的绝对频率值,通过测量激光真空波长比(等于光频标准比),获得了 612 nm 碘稳定的氦氖激光及 515 nm 碘稳定的氩离子激光谱线的频率值. 这些频率比的不确定度达到了 1×10^{-9} 的量级.

在光频标准的上述绝对和相对测量的基础上,1983 年 10 月召开的第 17 届国际计量大会通过了用真空中光速的约定值和激光的频率值重新定义长度单位米. 如第二章所述,在复现方法中推荐了五种激光谱线的频率和波长值,推荐的光频标准和波长值的不确定度在 2×10^{-10} 至 1×10^{-9} 之间.

1992 年,法国 LPTF[10]用新的光频链重新测量了 633 nm 碘稳定激光谱线的频率值,其不确定度达 2.5×10^{-11};通过真空波长比测量的其他可见光频率值也相应达到 10^{-10} 量级;甲烷谱线的超精细分量的频率稳定和测量使其不确定度达到 1×10^{-12} 的量级. 这些成就使国际米定义咨询委员会(CCDM)于 1992 年将频率推荐值扩展到八条谱线[11],比 1983 年增加了三条谱线,相应的不确定度也均有所提高. 1996 年,德国 PTB[12]用近十级倍频的光频链完成了 657 nm ^{40}Ca 束稳定的染料激光的频率测量,其不确定度达到 6×10^{-13},为 20 世纪光频标准测量的最高水平. 德国马克斯-普朗克量子光学研究所(MPQ)[13]和法国 LPTF[14]分别测量了氢的 1S-2S 跃迁谱线和 778 nm Rb 的双光子跃迁及氢的 2S-8S 跃迁的有关谱线,并由此得到了里德伯常数的准确数值,不确定度 10^{-12} 量级. 上述频率测量的成果极大地丰富了超精细光谱线频率定标的范围及精度. 1997 年的第九届 CCDM 会议将复现米定义的频率推荐值扩展到 12 条谱线,推荐值的波长从 10 μm~243 nm,相应的频率从 28~29 THz 至 1233 THz,覆盖了红外波段至紫外波段极为宽广的范围,不确定度在 $10^{-13}\sim10^{-11}$ 量级.

频率是目前所有测量中准确度最高的物理量,少数国家的频率基准的不确定度已达 10^{-15} 的量级. 分析表明,光频标准测量的不确定度取决于两个重要方面:一是时间频率基准的不确定度;二是光频标及光频测量的不确定度. 传统光频链测量的极限是前者,后者尚未达到相应量级.

20 世纪末之际,激光频率链测量的最低不确定度已达到 6×10^{-13} 的量级,正在向 1×10^{-13} 量级迈进,同时,新一代的光频测量方法正在兴起. 与上述谐波倍频混频方法相对照,出现了用晶体非线性效应的和频及差频的方法. 例如,用 780 nm

铷稳定的半导体激光与 532 nm 碘稳定的固体激光谱线的和频,使其与 633 nm 氦氖激光谱线的倍频作差频测量的方法,已实现了 532 nm 碘谱线的频率测量.其频率关系可用下式表示

$$\nu(780\ \mathrm{nm}) + \nu(532\ \mathrm{nm}) \approx 2\nu(633\ \mathrm{nm}). \qquad (7.1.1)$$

当时,这项测量的不确定度达到 7×10^{-11} 量级.1997 年,CCDM 已用这项测量结果首次推荐固体激光频标作为复现米定义的激光谱线.

式(7.1.1)中的测量还依赖于 $\nu(780\ \mathrm{nm})$ 的数值和不确定度,它也需用频率链的方法得到准确的频率值.美国 JILA[15] 进行这项测量时是从英国 NPL 获得这个数值的,因而测量不确定度受到一定的影响.为了降低测量的不确定度,可以利用另一个和频关系式

$$\nu(780\ \mathrm{nm}) + \nu(3.39\ \mu\mathrm{m}) \approx \nu(633\ \mathrm{nm}). \qquad (7.1.2)$$

式(7.1.1)和(7.1.2)的两个方程中有四个频率值,需有两个已知频率值,就能得到另两个被测频率值.其中,$\nu(3.39\ \mu\mathrm{m})$ 和 $\nu(633\ \mathrm{nm})$ 分别为甲烷稳定激光和碘稳定激光的频率值.CCDM 的 1992 年推荐值的不确定度分别可达 1×10^{-12} 和 2.5×10^{-11} 的量级,它们是在频率或长度测量中实用价值最大的谱线.利用这两者的频率值及以上两个方程,就能得到两个非常重要的新谱线的频率值,其不确定度可望达到与 $\nu(633\ \mathrm{nm})$ 相同的量级.

上述两条新谱线具有广泛的科学意义和应用价值.532 nm 碘稳定的固体激光谱线已在第三章中作了介绍;与 780 nm 相近的 778 nm 谱线是铷的双光子吸收的谱线,它与氢的 2S-8S 跃迁的频率非常接近.用 778 nm 铷线稳定的 LD 可测量氢的 2S-8S 跃迁的频率值,进而得出里德伯常数的准确值,它的意义已在第六章中作了介绍.此外,光通信波段的 1.5 μm LD 在通信工业中已广泛应用,也需要建立它的频率和波长标准,其倍频恰好是 778 nm 的铷线.上述几个光频标准之间的巧妙关系,在频率测量及其应用方面有十分重要的意义.

7.1.2 光频测量的新发展

上述光频链及和频方法已取得了卓有成效的结果,但这种方法也还存在一些根本的弱点.光频链以及和频或差频测量的频率值,只是某一条吸收谱线的频率,可称为点频值.例如测量了 633 nm 碘稳定激光谱线的频率值,甚至还不能将其扩展到 634 nm 谱线的频率,这种状况使频率测量的实用化受到较大的限制.

用通俗的比喻来说,用代数的四则运算(包括加减乘除)可得出任一个实数.以上频率测量中,和频相当于加法,差频相当于减法,倍频或谐波混频相当

于乘法,即已实现了加减乘的运算.如能再实现除法运算,就能对较宽的频带进行测量.

20世纪90年代初,有人提出了光频进行除法运算的概念[16].设有频率ν_1,ν_2和ν_3,令

$$\nu_1 + \nu_2 = 2\nu_3, \tag{7.1.3}$$

式(7.1.3)中左边为和频,右边为倍频,这是用7.1.1小节中介绍的方法均能实现的.在等式(7.1.3)两边除以2,即得$\nu_3 = (\nu_1 + \nu_2)/2$,相当于实现了除法运算.式中的频率$\nu_3$处于频率$(\nu_1 + \nu_2)$的中间,将这种运算进行若干次就能达到预期的被测频率.随后,用光学参量振荡器(简称OPO)可实现分频,即将频率除以2.1995年前后,日本计量研究所(NRLM)[17]用Nd:YAG激光器输出的1064 nm激光的倍频532 nm绿光,经过OPO技术获得了绿光的分频输出1064 nm.将分频输出的1064 nm与原基频输出的1064 nm进行拍频检测,其符合达到mHz量级.这个实验证明了与倍频类似,分频技术是严格地实现了频率的除法,其测量不确定度在10^{-16}量级.在目前的测量水平上,这是可以忽略不计的.在此期间,非线性光学的另一项技术也在光频测量领域内得到应用,即光学梳状发生器(简称OFCG).OFCG的核心元件也是非线性晶体,一端输入锁相的微波源,例如频率约10 GHz;轴向通过基频激光,由此可产生一系列梳状频率,其频率间隔严格地为输入的微波频率,梳状频率的个数可达$10^2 \sim 10^3$量级.

采用上述OPO与OFCG技术,并与上节所述的和差倍频技术相结合,即可完成频率的四则运算.由于OFCG技术能将测量频率扩展到THz量级的范围,因此就能将测量的点频扩展到较宽的频带.

世纪之交,在光频测量技术的研究中,出现了新的重大突破.1999年,德国MPQ[18]率先用稳频飞秒锁模激光器进行了光频的绝对测量,使飞秒激光器的脉冲重复率在稳定后,具有非常准确的频梳性能,把上述频率的四则运算集合于飞秒激光的频梳上,成为测量光频标准的一把万能而精密的尺子,从而开创了不用倍频或分频的光频链技术而直接进行测量的全新方法.它从根本上克服了传统方法测量点频的缺点,原则上可将测频对象扩展为任意频段和任意频率.这项技术很快在美国JILA得到相应的发展,并直接测量了532 nm碘稳定的Nd:YAG激光的频率,不确定度降低了一个量级.这项技术的发展和应用,为光频标准测量的精度的提高和测频范围的拓宽作出新的杰出贡献,使光频技术得到广泛应用的梦想成真.

飞秒激光新的光频测量技术的发展十分迅速,而在发展这些技术中,532 nm碘稳定的固体倍频激光器是必不可少的光源.其原因是它具备了一定输出功率

（单频可达 $100\ \mathrm{mW}$ 以上），有红外和可见的双色性，以及频率稳定度及复现性均佳的优越性，决非氦氖激光器及其他稳频激光器所能比拟.

本章将先介绍传统测量技术的成就，它是光频测量的重要基础. 第八章中将对飞秒激光光频测量的原理及发展逐节进行介绍.

§7.2   光频链的测量原理和实验

7.2.1   光频链的测量原理

在光频链中，测量光频标准的原理是将微波或激光频率的逐级倍频和混频进行综合. 低频端已知的微波频率 f_{M} 在混频器件内获得其谐波 nf_{M}，以及与激光基波频率 f_{L} 的差拍信号，如下式所示

$$f_{\mathrm{L}} = nf_{\mathrm{M}} \pm \Delta f. \qquad (7.2.1)$$

在气体激光情况下，f_{L} 的调谐范围约为 10^{-8} 量级，通过改变 f_{M} 可以确定 n 和 Δf 的符号. 应用 GHz 量级的频谱分析仪可以进行差拍信号的观测. f_{L} 通常是远红外激光的频率，应用式 (7.2.1) 可以测量有关的远红外光频值.

在激光器之间进行的频率测量中，需要检测已知低频激光的谐波 nf_{L1} 与未知高频激光基波 f_{L2} 之间的差拍. 由于很难使差拍 Δf 进入小于 $100\ \mathrm{MHz}$ 的量级，通常还需用微波频率 f_{M} 进行补差. 其频率关系如下式所示

$$f_{\mathrm{L2}} = nf_{\mathrm{L1}} \pm f_{\mathrm{M}} \pm \Delta f, \qquad (7.2.2)$$

式中 f_{L2} 和 f_{L1} 分别为未知和已知激光频率.

在用式 (7.2.2) 式不能得到合适的差频时，可按下式引入第三束激光的频率

$$f_{\mathrm{L3}} = n_1 f_{\mathrm{L1}} \pm n_2 f_{\mathrm{L2}} \pm f_{\mathrm{M}} \pm \Delta f, \qquad (7.2.3)$$

式中 f_{L3} 是未知频率，f_{L1}，f_{L2} 和 f_{M} 是已知频率. 在一束激光的频率接近另两束需要比对的激光频率时，也可采用三束激光器. 这时，n_1 和 n_2 分别为 $+1$ 和 -1.

在以近红外或可见光波段的光频标准为测量目标时，需要将上述关系式结合在一起，形成频率综合的光频测量链. 频率链的结构与所用的激光器及非线性混频元件的具体参数有关.

7.2.2   用于光频测量的非线性混频器件的基本性能

用于光频测量的非线性混频元件可分为两类：一类是点接触非线性器件，如肖特基二极管（SD）、约瑟夫森结（JJ）和金属-绝缘体-金属（MIM）二极管等；

另一类是大块非线性晶体,用于产生二次谐波或两个辐射的和频或差频.前者用于远红外至近红外波段,后者用于近红外至可见光波段.

上述两种器件混频效应的机制虽然不同,但在频率测量的应用中具有一些共同点.通常,产生非线性效应的形式为

$$I = f(E), \tag{7.2.4}$$

上式是通过点接触二极管上的电流 I 与所加电压 E 的关系,或表示透明介质的光学偏振强度 I 与外加电磁场 E 的关系,在 $E+\delta E$ 时的 I 值可表示为

$$I(E + \delta E) = f(E) + \delta E f'(E) + \delta^2 E f''(E)/2 + \delta^3 E f'''(E)/3,$$

$$\tag{7.2.5}$$

在输入的频率信号为 ω_{01} 和 ω_{10} 时,有下式成立

$$\delta E = E_{10}\sin\omega_{10}t + E_{01}\sin\omega_{01}t. \tag{7.2.6}$$

由此可见,仅当二阶或多阶导数不为零时才能产生混频.含有 $(\delta E)^k$ 的 k 阶导数具有与 $\sin(j\omega_{10} \pm l\omega_{01})$ 有关的项.其中 j 和 l 是满足 $j+l=k$ 的整数.由此,通过点接触器件的电流可以展开为各项线性组合之和

$$l = \sum_{m,n} l_{mn}\exp[\mathrm{i}(m\omega_{10} + n\omega_{01})t], \tag{7.2.7}$$

式中 l_{mn} 为一复系数,m 和 n 为任意整数.显然,各种器件具有不同的特性,在频率 $(m\omega_{10} + n\omega_{01})$ 处对偏振或电流分量具有不同的振幅,图 7.1 示出了非线性器件的输入频率和输出频率的关系.

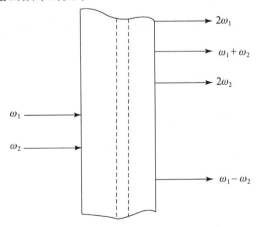

图 7.1 非线性器件的输入与输出频率

有些混频元件可以表示为无损耗的非线性电容器或电感器.在两个频率 ω_{01} 和 ω_{10} 处辐射的相互作用会在频率 $m\omega_{10} \pm n\omega_{01}$ 处产生辐射.若非线性是单值

的,可得以下关系

$$\sum m P_{mn}/(m\omega_{10} + n\omega_{01}) = 0, \tag{7.2.8}$$

$$\sum n P_{mn}/(m\omega_{10} + n\omega_{01}) = 0, \tag{7.2.9}$$

P_{mn} 为在频率处的时间平均功率,其符号正或负分别代表为输入或输出器件的功率.

非线性效应产生谐波后,转换为交流功率,则有

$$P_m \leqslant P_0, \tag{7.2.10}$$

式中 P_0 和 P_m 分别表示基波和谐波功率.在外回路使其他谐波的功率均受排除时,对 m 次谐波的转换为 1 是可能的.外回路的这种效应可用式 (7.2.9) 解释. m 次谐波是由 m 阶导数,或者说,由 $m-1$ 次谐波和基波在器件中的混频产生的. $m-1$ 次谐波的功率若未被外回路吸收,则就提供给 m 次谐波.

对两个波的和频或在高边带上的转换,如对无损耗介质中的光子转换所预期的,和频的输出功率与入射波的输入功率之比等于两者的频率比,即

$$P_{\text{out}}/P_{\text{in}} = (\omega_{01} + \omega_{10})/\omega_{10}. \tag{7.2.11}$$

对两个波的差频或在低边带上的转换,关系式变为

$$P_{\text{out}}/P_{\text{in}} = -(\omega_{01} - \omega_{10})/\omega_{10}. \tag{7.2.12}$$

有些混频元件可以表示为无损耗的非线性电阻器件,如理想的整流器.它在某一个电压方向上电阻为零,其他方向上为无限大.这种器件可视为谐波发生器,它具有以下性能:

(1) 为了在要求的频率处获得耦合功率输出,至少有 75% 的功率在外回路中作为直流消耗.当在外回路中只有二次谐波时,直流消耗的比例最小.

(2) 转换到 n 次谐波的功率系数小于 $1/n$.

7.2.3 非线性器件的测量应用

(1) 约瑟夫森结(简称 JJ 结)

JJ 结需在液氦温度下工作,它与室温下的点接触器件的性能完全不同.通过两个超导体之间小的金属通道或薄绝缘体势垒形成某种弱接触,如将铌片置于低温杜瓦瓶内,就能形成超导的电子隧道(JJ 结).JJ 结的约瑟夫森方程为

$$I_s = I_0 \sin\phi, \tag{7.2.13}$$

$$\partial\phi/\partial t = 2eV/h, \tag{7.2.14}$$

式中 I_s 是超导电流,I_0 是零电压时的最大电流,ϕ 是两块超导体中的波函数之间的相位差,V 是超过势垒的电压,h 是普朗克常数.

JJ 结的主要优点是它只需要很小的辐射功率,测量的频率可达 THz 的量级.

(2) MIM 二极管

MIM 二极管是由一根很细的钨触须微接触镍柱而形成的. 由于其快速电阻机制,使它的响应很宽. 电子通过很薄的吸收层或隔离金属的表面氧化层,与柱上很小的扩展电阻(小于 $0.1\ \Omega$)相结合. 图 7.2 中示出了电子隧道过程和 $V\text{-}I$ 特性曲线. 在采用多晶金属时,$V\text{-}I$ 特性曲线具有不对称性. 对 n 次谐波的混频,在 f_2-nf_1 处的差拍信号预期是直流偏压的函数,这些函数曲线有 n 个零值,即在奇次谐波的情况下接近于零偏压. MIM 二极管所用的电阻通常很低,约为 $50\ \Omega$. 接触半径和势垒厚度分别为 $100\ \text{nm}$ 和 $1\ \text{nm}$,所得的势垒并联电容为 $0.1\sim1\ \text{pF}$. 在高阶混频时,例如 12 次混频的情况下,只有镍和石墨可以作为 MIM 二极管的柱材料. 用钨作为触须材料的,具有较好的电学和机械性能,并易于进行电解.

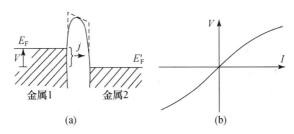

图 7.2　MIM 二极管势垒及 $V\text{-}I$ 特性曲线

MIM 二极管频率高于 $150\ \text{THz}$ 的混频,是在可见光的差拍实验中进行的,其频率的上限受到器件响应时间的限制.

§7.3　用光频链测量远红外及 CO_2 激光谱线的频率值

7.3.1　远红外激光谱线的频率测量

如 7.1 节所述,激光逐级倍乘的频率测量链是多年来绝对测量光频的主要方法. 三十年内,对于 CCDM 推荐过的十余条谱线,用这种方法先后直接测量了多种谱线的频率值. 它们是：$10~\mu m$ 的 CO_2 激光频标；$3.39~\mu m$ 甲烷稳定的氦氖激光频标；576 nm 碘稳定的染料激光频标；633 nm 碘稳定的氦氖激光频标；657 nm 钙束稳定的染料激光频标；778 nm 铷稳定的 LD 激光频标及紫外频段 243 nm 的氢原子谱线等.

频率链的第一级通常是锁定在微波频率基准上的 5 MHz 晶体振荡器, 采用例如铯原子频率基准作为测量的基础. 在要求稍低的情况下, 也可用铷原子频率标准代替铯基准.

频率链的第二级通常采用频率较高的锁相微波源, 其频率约在 70 GHz 至 100 GHz 之间. 在早期测量中采用速调管作为振荡源, 输出功率可达 100 mW 量级, 足以产生谐波级次较高的混频信号. 20 世纪 80 年代后, 常用耿氏 (Gunn) 振荡器取代, 它具有能长寿命工作的优点. 在频率高达 90 GHz 量级时, 其输出功率也能达到 $50 \sim 60$ mW 量级.

频率链的第三级和第四级采用远红外 (FIR) 激光器, 其波长在几十 μm 至 mm 量级之间. 用 CO_2 激光的 $9 \sim 11~\mu m$ 的辐射作为抽运光源, 有 60 多种气体介质可以产生丰富的远红外辐射谱线, 波长约在 $20 \sim 2000~\mu m$ 范围内, 输出功率在 μW 至 100 mW 量级.

早期测量中采用放电型的长腔激光器, 其腔长约为 8 m. 例如, 采用 HCN 和 H_2O 激光器. 前者的波长为 $337~\mu m$ 和 $311~\mu m$, 相应的频率分别为 890 GHz 和 964 GHz[1]; 后者的波长为 $28~\mu m$, 频率为 10.7 THz[22,23]. 需要采用两级远红外激光器, 是因为每级的谐波倍频级次均在 12 次以下.

20 世纪 80 年代后, 逐渐用光抽运的 FIR 激光器代替放电型的长腔激光器. 其中, 甲醇 (CH_3OH) 激光器[24] 使用较多, 甲醇分子具有非对称陀螺结构, 它有 12 个本征振动模, 其中 C—O 键的拉伸振动能量与 CO_2 激光辐射相近, 因此特别适于由 CO_2 激光抽运而发射远红外辐射. 此外, 甲醇激光器的激光谱线比较丰富, 而且适合谐波倍频的需要, 又有较高的单频输出功率. 波长为 $70.5~\mu m$ (频率为 4.25 THz) 的谱线的三次谐波与 CO_2 激光的频率相符合, 因此已在频率测量中得到广泛应用.

由于远红外激光器在光频链中只是过渡激光器, 而非激光频标, 通常并无吸收谱线作其参考标准. 因此, 测量结果一般在 $10^{-8} \sim 10^{-7}$ 量级, 也不作为国际推荐值使用. 表 7.1 中列出了早期发表的测量结果, 供读者参考使用.

表 7.1 远红外激光的频率和波长测量值

激光物质	波长/μm	频率值/GHz	不确定度	测量研究所	测量时间	参考文献
HCN	373	804.750 9	1×10^{-7}	美 MIT	1967	[2]
HCN	337	890.760 7	1×10^{-7}	美 MIT	1967	[2]
HCN	335	894.414 2	1×10^{-7}	美 MIT	1967	[2]
HCN	311	964.313 4	1×10^{-7}	美 MIT	1967	[2]
HCN	310	967.965 8	1×10^{-7}	美 MIT	1967	[2]
DCN	204	1 466.787	1×10^{-7}	美 MIT	1968	[19]
DCN	194.76	1 538.257	1×10^{-7}	美 MIT	1968	[19]
DCN	194.70	1 538.745	1×10^{-7}	美 MIT	1968	[19]
DCN	190.01	1 577.789	1×10^{-7}	美 MIT	1968	[19]
DCN	188.95	1 578.278	1×10^{-7}	美 MIT	1968	[19]
H_2O	118.65	2 527.952 8	10^{-7}	美 MIT	1967	[20]
D_2O	84.29	3 577.143	10^{-6}	美 MIT	1969	[21]
H_2O	78.44	3 821.775		美 NBS	1970	[22]
H_2O	28	10 718.073	2×10^{-7}	美 NBS	1970	[22]
H_2O	28	10 718.068 6		美 NBS	1972	[23]
H_2O	28	10 718.068 71	3×10^{-9}	英 NPL	1973	[23]
CH_3OH	70.5	4 251.674 0	1.6×10^{-7}	英 NPL	1980	[24]
CH_2F_2	184.3	1 626.602 95	1×10^{-6}	前苏联 ITP	1989	[25]
CH_2F_2	214.6	1 397.120 22	1×10^{-6}	前苏联 ITP	1989	[25]

7.3.2 CO_2 激光谱线的频率测量

频率链的第五级采用 CO_2 激光器,它属于中红外波段,约在 $9\sim11\ \mu m$, $28\sim32$ THz. CO_2(包括其同位素 $^{13}CO_2$)的激光谱线几乎覆盖了上述波长范围内的很宽的波段[29],因此成为光频标准测量必不可少的过渡激光器. 如果将其频率进行稳定,就可测量其频率值. 因此,这可成为光频标准测量链中的一个重要的中间点,是从远红外往上扩展的第一个频率稳定的参考点. 在通常的实验中,CO_2 激光器的频率是稳定在腔外 CO_2 吸收室的荧光参考谱线上. 美国 NBS 于 1973 年发表了 CO_2 激光两条谱线的频率测量值:$9.33\ \mu m$ R(10) 和 $10.18\ \mu m$ R(30) 的频率值分别为[3]

$$f(CO_2, 9R(10)) = 32\ 134\ 266\ 891 \pm 24\ \text{kHz}, \tag{7.3.1}$$

$$f(CO_2, 10R(30)) = 29\ 442\ 483\ 315 \pm 25\ \text{kHz}. \tag{7.3.2}$$

测量结果表明其相对不确定度分别达 7.5×10^{-10} 和 8.6×10^{-10}. 随后,英国 NPL 于 1977 年后两次相继发表了 9R(12) 谱线 CO_2 激光的频率值[24,26]

$$f(CO_2, 9R(12)) = 32\ 176\ 079\ 482\ \text{kHz}, \tag{7.3.3}$$

两次的相对不确定度分别为 7×10^{-10} 和 4.2×10^{-10}.

1984 年,德国 PTB 测量了 CO_2 的 10P(28) 谱线的频率为[27]

$$f(CO_2, 10P(28)) = 29\ 770\ 668\ 156.3 \pm 2\ kHz, \tag{7.3.4}$$

其相对不确定度为 7×10^{-11}.

在 1979～1986 年间,苏联 VNIIFTRI 致力于 CO_2/OsO_4 的频率测量,不确定度从 1 kHz 减低到小于 100 Hz,其结果列于下式[7]:

$$f(CO_2/OsO_4) = 28\ 464\ 676\ 938.5 \pm 1\ kHz \quad (1979 \sim 1983\ 年),$$
$$\tag{7.3.5}$$

$$f(CO_2/OsO_4) = 28\ 464\ 676\ 938.787\ kHz \pm (95 \sim 97)\ Hz \quad (1986\ 年).$$
$$\tag{7.3.6}$$

在测量 CO_2 激光谱线的频率值的实验中,法国 LPTF 获得了最好的结果. 1985 年,法国 LPTF 将 10 R(12)CO_2 激光谱线的频率稳定在 OsO_4 吸收谱线上,其测量不确定度达到了 1.7×10^{-12}[28]. 1997 年 CCDM 首次推荐这条谱线作为复现米定义的新谱线,也使 CO_2 激光首次成为 CCDM 推荐的激光频标.

根据几条 CO_2 激光谱线的准确频率值,通过差拍测量,原则上可以获得所有其他 CO_2 激光谱线的频率值. 由于 C,O 的同位素分别为 $^{12}C, ^{13}C, ^{14}C$ 和 $^{16}O, ^{18}O$,其组合后 CO_2 有下列 7 种: $^{14}C\ ^{16}O_2$, $^{13}C\ ^{16}O_2$, $^{12}C\ ^{16}O_2$, $^{12}C\ ^{16}O\ ^{18}O$, $^{12}C\ ^{18}O_2$, $^{13}C\ ^{18}O_2$, $^{14}C\ ^{18}O_2$. 它们的波长范围为 8.9～12.3 μm. 根据大量的测量和计算的数据,美国麻省理工学院林肯实验室的 C. Freed 等人[29]列出了上述 7 种同位素分子各分支谱线的频率值. 表 7.2 中所列为国际推荐的 $^{12}C\ ^{16}O_2$ 的各个分支及各种同位素典型谱线的频率值. 表中所列的当时的参考频率采用 CO_2 激光 R(12) 支线的有关吸收线,而目前已推荐 R(10) 支线的有关吸收线的频率值,读者可根据两者的差值进行推算.

表 7.2　CO_2/OsO_4 激光的频率测量值

[参考频率:CO_2 R(12)/OsO_4, $f = 29\ 096\ 274\ 952.34\ kHz^*$]

$^{12}C^{16}O_2$ 谱线[同位素]	OsO_4 谱线[同位素]	频差 $[f(P_n, R_n) - f(R_{10})]$ /kHz	不确定度 u_0/kHz	频差 $[f(OsO_4) - f(CO_2)]$ /kHz	不确定度 u_0/kHz
P(22)	P(74)A1(5)	−802 127 930.97	0.09	−12 148.5	0.2
P(20)		−747 823 325.31	0.09	+9 228.6	0.2
P(18)		−694 298 622.35	0.08	−14 992	5
		−694 287 490.14	0.08	−3 855.2	0.1
	P(64)A1(2)	−694 228 479.73	0.08	+5 515	5

续表

$^{12}C^{16}O_2$ 谱线[同位素]	OsO_4	频差值 $[f(P_n,R_n)-f(R_{10})]$ /kHz	不确定度 (u_0/kHz)	频差值 $[f(OsO_4)-f(CO_2)]$ /kHz	不确定度 u_0/kHz
	P(64)A1(2)	−736 439 540.97	0.08	61 594	5
P(16)		−641 510 912.32	0.08	−43 197	5
		−641 434 335.52	0.08	+33 384.6	0.1
P(14)		−589 380 507.61	0.08	+3 218.6	0.2
P(12)	P(39)A1(3)	−538 005 458.32	0.08	+25 330.6	0.1
	P(39)A1(2)	−538 005 001.13	0.08	+25 782	5
P(10)		−487 427 074.66	0.08	−18 821.1	0.1
P(8)	P(30)A1(1)	−437 503 817.04	0.08	+11 864.7	0.1
P(6)		−388 374 844.21	0.08	−22 003	5
P(4)		−339 445 022.42	0.08	−25 299	5
		−339 937 689.31	0.08	−17 966	5
		−339 929 467.51	0.08	+9 744	5
R(2)		−176 145 049.73	0.08	+9 955	5
R(4)		−131 026 773.25	0.08	−15 760	5
R(6)		−86 634 255.43	0.08	−33 873.0	0.1
R(8)		−42 940 582.48	0.08	−16 145	5
		−42 920 080.32	1	+4 368	1
		−42 898 034.28	0.08	+26 402	5
		−42 894 454.93	0.08	+29 982	5
	R(26)A1(0)	−42 876 821.67	0.08	+47 615	5
		−42 876 683.59	0.08	+47 753	5
		−42 875 301.44	0.08	+49 133	5
		−42 875 199.98	0.08	+49 237	5
R(10)		0	0.07	−15 252.7	0.6
R(12)		+42 217 505.68		+558.1	0.1
R(14)		+83 689 586.76	0.08	+10 918.1	0.1
R(16)	R(49)A1(2)	+124 411 469.91	0.08	+13 237.9	0.1
R(18)		+164 349 984.55	0.08	−23 400	5
		+164 392 583.43	0.08	+19 342.6	0.1
		+164 394 642.25	0.08	+21 398	5
R(20)	R(67)	+173 576 376.40	0.08	−24 706.6	0.2
R(22)	R(73)A1(0)	+242 072 138.80	0.08	−6 788	5
		+242 088 910.50	0.08	+9 986.0	0.2
R(24)		+279 818 815.98	0.09	+15 102.1	0.1
R(26)		+316 756 631.75	0.09	−15 542.5	0.1

* CO_2 R(12)/OsO_4 谱线是 1997 年 CCDM 推荐的 10.3 μm 波段的参考频率,不确定度为 6×10^{-12},见本章表 7.9;2001 年 CIPM 将此推荐谱线更改为 CO_2 R(10)/OsO_4,其推荐值为:29 054 057 446.579 kHz,不确定度为 1.3×10^{-13}.(见第二章的表 2.2)

§7.4　甲烷谱线的频率测量

从 CO_2 激光的频率继续向高频扩展,进入近红外波段.这个波段的第一级就是 $3.39~\mu m$ 的甲烷谱线,它是近红外波段频率测量准确度最高的谱线.1973年,美国 NBS 的测量不确定度为 6×10^{-10}[3];1980 年前后,法、苏、英[5-8]等国将其不确定度减小到 3×10^{-11};1990 年前后,俄国又将不确定度达到 1×10^{-12} 量级.在光频链方法中它的频率是近红外、可见光及紫外光频标准测量的一个重要起点.根据它的频率值,可以向高频综合测量其他频段激光的频率值.

7.4.1　早期的甲烷谱线测量频率链

1973 年,美国 NBS 的 K. M. Evenson 等人[3]率先发表了 88 THz 甲烷谱线的频率测量结果.此前,他们已测量了 HCN[20],H_2O[21] 和 CO_2[3] 激光的频率值,完成了第一个从微波频率延伸到甲烷谱线的光频标准测量链.图 7.3 示出了方框图.图中右上方所示的是三台饱和吸收稳定的激光器,中间的 HCN 和 H_2O 激光器是过渡激光器,左上方三台激光器是偏频锁定激光器,它们的频率与稳定激光器的频率的固定频差为几 MHz 量级,但不存在频率调制.

链中所用的甲烷稳定氦氖激光器如第五章中所述,是 NBS 的 J. L. Hall 和 R. L. Barger(见第五章文献[9])研制的;两台 CO_2 激光器腔长为 1.2 m,包括直流激励的增益管和内吸收室,吸收室的压力为 0.02 Torr;光频标准稳定在 $4.3~\mu m$ 荧光辐射兰姆凹陷的零斜率点上;作为过渡激光器的 HCN,H_2O 和 He-Ne 激光器的输出为线偏振光,腔长为 8 m,其单模输出功率均大于 50 mW.由图 7.3 可见,频率链中所用的激光器共 8 台:He-Ne 激光器 2 台(图中的 ν_6 和 $\nu_6+\Delta\nu_6$);CO_2 激光器 4 台;HCN,H_2O 激光器各 1 台.

测量的第一步是从铯频率基准到稳定的 R(12)CO_2 激光器的频率综合链.链中的所有差频同时测量,或保持恒定.每台激光器或振荡器的辐射均分成几束,以便链中的全部拍频信号均可同时测量.图 7.3 中示出了两种测量方案:其一,混频器处于图中电键的 A 位置.HCN 激光通过 10.6 GHz 和 148 GHz 的速调管,将频率锁定到石英振荡器上,并且对 10.6 GHz 的速调管频率进行计数.H_2O 光频标准锁定到稳频 CO_2 激光器上,在 HCN 和 H_2O 激光之间的拍频用频谱分析仪监测.其二,混频器处于图中电键 B 位置.10.6 GHz 的速调管相位锁定在 74 GHz 速调管上,后者又锁定到自由运转的 HCN 激光上,再次计数 10.6 GHz 的速调管频率.与方案一相同,HCN 和 H_2O 激光之间的拍频用频谱分析仪监测.

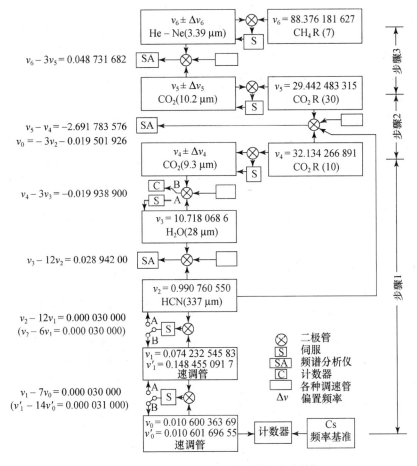

图 7.3 美国 NBS 测量甲烷谱线的频率综合链(频率单位：THz)

测量的第二步是两台 CO_2 激光器之间的差频测量. 将两台饱和吸收稳频的 CO_2 激光器的调制电压和振幅调整到使拍频宽度最小, 然后进行测量.

测量的第三步是最终完成甲烷谱线的频率测量, 后者的频率是相对于 CO_2 的 R(30) 谱线测量的. 8 m 的长腔 He-Ne 激光器和 10.2 μm 的 CO_2 激光器是分别用饱和吸收稳频的 He-Ne 激光器 和 CO_2 激光器进行偏频锁定的, 因此没有调制信号. 两者的拍频信号具有足够的信噪比, 约为 100, 可直接用计数器测量.

上述三步的测量结果为:

CO_2 的 R(10) 谱线的频率值 $\nu_4 = 32.134\ 266\ 891(14)\ THz$;   (7.4.1)

CO_2 的 R(30) 谱线的频率值 $\nu_5 = 29.442\ 483\ 315(25)\ THz$;   (7.4.2)

甲烷谱线的频率值 $\nu_6 = 88.376\ 181\ 627(50)\ THz$.   (7.4.3)

甲烷谱线频率测量的不确定度与 CO_2 激光器的频率稳定度和复现性有关，但与 CO_2 激光器频率的准确度并不直接相关，因为 CO_2 激光器在链中只是作为过渡激光器. CO_2 激光器在 $10^{-2}\ s \leqslant \tau \leqslant 10\ s$ 时，频率变化为 $3 \times 10^{-11} \tau^{-1/2}$，$\tau$ 是取样时间. 可以估计每一台 CO_2 激光器的频率复现性约为 2×10^{-10}. 其中未测出影响 CO_2 分子频率的频移，估计其附加不确定度约为 20 kHz，相应的相对不确定度为 7×10^{-11}. 此外甲烷饱和吸收稳定激光器的频率复现性与功率-频率曲线的斜率以及甲烷压力有关，对此有过详细的研究，不过即使作了修正，其不确定度尚在 1×10^{-10} 的量级. 考虑到其他测量中的不确定度，分析的测量总不确定度为 6×10^{-10}.

如图 7.4 照片所示，传统的光频链是十分庞大和复杂的装置，具有极大的难度，因而也不易推广应用.

图 7.4   美国 NBS 测量甲烷谱线的频率综合链的实验室照片，
照片中的两个平行的光柱是 8 m 长的远红外激光器

由于频率测量的不确定度可以减小到 10^{-13} 量级，因此这项测量还有进一步提高的潜力. 但就 20 世纪 80 年代而言，其测量结果比长度基准 ^{86}Kr 的不确定度 4×10^{-9} 减小了近两个量级，无疑在物理和计量学领域是一项重大突破，为光速精密测量和米的重新定义奠定了良好的基础.

7.4.2 甲烷谱线测量频率链的改进和提高

在美国 NBS 测量上述结果发表后,英国 NPL[8]、法国 LPTF[5]、苏联 VNI-IFTRI[6] 和 ILP[7] 以及德国 PTB[27] 均相继进行了测量.1980 年前后,他们的测量不确定度达到了约 3×10^{-11} 量级,即比 NBS 的测量结果提高了一个量级以上.

(1) 英国 NPL 的甲烷谱线频率测量

英国 NPL 的频率链颇具特色,图 7.5 示出了频率测量链的方案[8].由图可见,链中所使用的激光器减少到 4 台:He-Ne 激光器 2 台;CO_2 激光器 1 台;远红外激光器 1 台,采用了 CO_2 激光抽运的 CH_3OH(甲醇)激光器. 由微波至远红外频率仅用一级高阶倍频.而 NBS 的上述方案中,在 CO_2 激光器以下的微波至远红外的频率过渡需采用三级倍频.由此可见,这个方案在减少激光器和倍频级次上是颇具匠心的.

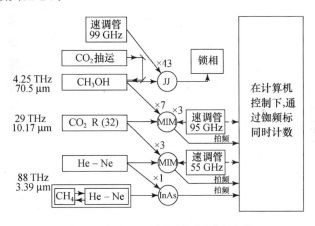

图 7.5 英国 NPL 测量甲烷谱线的频率链

链中的 CO_2 激光抽运的 CH_3OH 激光器的频率为 4.25 THz,相应的波长为 $70.5\,\mu m$,CO_2 激光抽运谱线是波长为 $8.68\,\mu m$ 的 P(34) 线;CO_2 激光器的频率为 29 THz,谱线为 R(32),波长为 $10.17\,\mu m$;从微波至远红外的谐波混频器件为铌-铌点接触 JJ 结;速调管频率为 99 GHz,在 JJ 结中通过 43 次谐波混频将 CH_3OH 激光的频率相位锁定到 99 GHz 上,这是通过特制的自然频率接近 300 kHz 快速锁相回路来实现的.

光频标准测量链中各级频率的关系由下列式子确定

$$f_{\mathrm{CH_3OH}} = 43f_{99} \pm \Delta f_{120}, \tag{7.4.4}$$

$$\Delta f_{120} = 120\ \mathrm{MHz}, \tag{7.4.5}$$

$$f_{\mathrm{R(32)}} = 7f_{\mathrm{CH_3OH}} - 3f_{95} \pm \Delta f, \tag{7.4.6}$$

$$f_{95} = 24nf_{15} \pm 60\ \mathrm{MHz}, \tag{7.4.7}$$

$$f_{\mathrm{He\text{-}Ne}} = 3f_{\mathrm{R(32)}} - f_{55} \pm \Delta f', \tag{7.4.8}$$

$$f_{55} = 24nf'_{15} \pm f_{60}, \tag{7.4.9}$$

$$f_{\mathrm{CH_4}} = f_{\mathrm{He\text{-}Ne}} \pm \Delta f''. \tag{7.4.10}$$

式中 $f_{\mathrm{CH_3OH}}$，$f_{\mathrm{R(32)}}$，$f_{\mathrm{He\text{-}Ne}}$ 和 $f_{\mathrm{CH_4}}$ 分别是 CH_3OH、CO_2、长腔 He-Ne 和 CH_4 稳定激光的频率；f_{99}，f_{95} 和 f_{55} 是速调管频率，其下标是以 GHz 为单位的频率值；Δf_{120}，Δf，$\Delta f'$ 和 $\Delta f''$ 是 4 个拍频值. 式 (7.4.4)，(7.4.6)，(7.4.8) 和 (7.4.10) 中的混频是分别用 JJ 结，两个 MIM 二极管和 InAs 光电二极管实现的. 式 (7.4.4) 相应于 f_{99} 相位锁定到 $f_{\mathrm{CH_3OH}}$ 的锁相回路的运行；式 (7.4.7) 和 (7.4.9) 是 f_{95} 和 f_{55} 相位锁定到两个可手动调整的 15 MHz 石英晶体振荡器 (QCO) 的频率 f_{15} 和 f'_{15}；f_{60} 是一个辅助晶体振荡器的频率. 实验中可将频率 f_{15} 和 f'_{15} 调整到使其保持在计数所需的滤波器带宽内的拍频 Δf 和 $\Delta f''$；$\Delta f''$ 是通过调整 He-Ne 激光进行调谐的. 由于自由运转激光器频率的漂移，上述这些调谐是必要的.

NPL 的测量是 5 台 He-Ne/CH_4 激光器的平均频率值，其结果为：

$$f_{\mathrm{CH_4}} = 88\ 376\ 181\ 616 \pm 3\ \mathrm{kHz}, \tag{7.4.11}$$

相对不确定度为 3×10^{-11}. 当时，NPL 的激光专家认为，这个结果与 1973 年美国 NBS 的测量结果[3] 符合较好. 由式 (7.4.3) 可见，NBS 测量的频率尾数为：627 ± 50 kHz；而式 (7.4.11) 测量的频率尾数为：616 ± 3 kHz；两者在 NBS 的测量不确定度范围内是符合的，其差值为：$+(11 \pm 50)$ kHz. 但也看到了与苏联 VNIIFTRI 的 Domnin 等人[31] 的测量结果相差较大，差值为：$-(30 \pm 10)$ kHz. 后来，经过其他实验室的多次测量和比对表明，NPL 的这个测量结果的偏差已远大于给出的不确定度. 这项改正直至 1992 年的 CCDM 推荐值中才得到确认[37].

（2）苏联的甲烷谱线频率测量

1979 年，苏联 VNIIFTRI 的 Domnin 等人[36] 测量甲烷谱线的频率值的尾数为：586 ± 10 kHz. 如上所述，与 NPL 的测量值相差甚远. 后来的测量结果表明，两者均有偏差. NPL 的值偏大，而 VNIIFTRI 的值偏小.

1981 年，苏联热物理研究所 (ITP) 的 Chabotaev 等人[6] 发表了该所建立的甲烷谱线频率测量链及其测量结果. 图 7.6 和 7.7 分别示出了 ITP 和 VNIIFTRI 频率链的方案,链中共有激光器 6 台:远红外激光器、CO_2 激光器和 He-Ne 激光器各 2 台.其中在远红外波段,一台为 HCOOH(甲醛)激光器,波长为 418.6 μm;另一台也是 70.5 μm 的 CH_3OH 激光器.CO_2 激光谱线分别为 10.07 μm 的 P(28) 和 10.18 μm 的 R(30).He-Ne 激光器中一台是甲烷稳定的,另一台是偏频锁定的. ITP 频率链有两个主要特点:其一是采用了全链锁相技术,其二是甲烷稳定的 He-Ne 激光器具有很高的频率稳定度和复现性.正是这两个特点使测量值更加准确,不确定度进而减小.

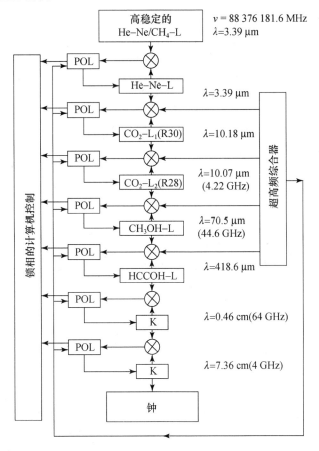

图 7.6 苏联 ITP 测量甲烷谱线的频率链.L:激光器;POL:偏频锁定

频率链中各级振荡频率之间的关系可用下式表示:

$$f_{CH_4} = 126f_X + 1\,386f_{K_5'} - 21f_{K_4} + 3f_{K_3} - 15f_{K_2} + f_{K_1} + 106\,\text{MHz}.$$

$$(7.4.12)$$

式中 f_X 是 X 波段的微波频标(图中标示的钟), f_{K1} 至 $f_{K'_5}$ 是频率链中所加的速调管的频率值,106 MHz 是甲烷的频率值 f_{CH_4} 与中间各级频率值之和的差值. ITP 的频率测量结果为

$$f_{CH_4} = 88\,376\,181\,603 \pm 3\ \text{kHz.} \tag{7.4.13}$$

1983~1985 年,VNIIFTRI 的频率测量(图 7.7)的最佳结果[32]为:

$$F_2^{(2)} \text{ 分量:} \quad f_{CH_4} = 88\,376\,181\,602.15 \pm 0.06\ \text{kHz,} \tag{7.4.14a}$$

$$\text{E 分量:} \quad f_{CH_4} = 88\,373\,149\,029.0 \pm 0.07\ \text{kHz.} \tag{7.4.14b}$$

1983 年 11 月,ITP 的频率复测结果[6]为:

$$f_{CH_4} = 88\,376\,181\,602.9 \pm 1.2\ \text{kHz.} \tag{7.4.15}$$

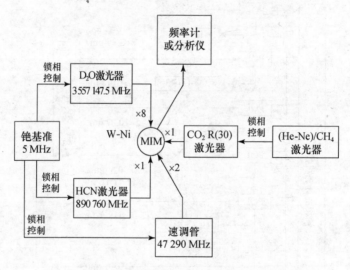

图 7.7 苏联 VNIIFTRI 测量甲烷谱线的频率链

(3) 法国 LPTF 的甲烷谱线频率测量

法国 LPTF 测量甲烷谱线的频率链中采用 6 台激光器,其中包括 2 台远红外激光器 HCN(0.89 THz)和 CH_3OH(4.25 THz),2 台 CO_2 激光器(28.771 THz 和 29.442 THz)及 2 台 He-Ne 激光器.

法国 LPTF 的甲烷谱线频率测量可分为两个时期:前期是 1980 至 1981 年,后期是 1985 年,其测量结果如下[41]:

$$1980 \text{ 年:} \quad f_{CH_4} = 88\,376\,181\,618 \pm 14\ \text{kHz,} \tag{7.4.16}$$

$$1981 \text{ 年:} \quad f_{CH_4} = 88\,376\,181\,612 \pm 11\ \text{kHz,} \tag{7.4.17}$$

$$1985 \text{ 年:} \quad f_{CH_4} = 88\,376\,181\,600.0 \pm 3.4\ \text{kHz.} \tag{7.4.18}$$

式(7.4.16)和(7.4.17)的平均值的尾数为 615 kHz,与 NPL 的 616 kHz 非常接近.因而当时形成了以英法为一方,苏联为另一方的数据对峙局面.1985 年,LPTF 的频率链经过改进后,复测结果明显倾向于与苏联的数据一致.LPTF 的改进频率链以及与苏联的频率链的国际比对将在下节介绍.

(4) 1983 年前的甲烷谱线频率测量汇集

自 1973 年至 1983 年的十年间,各国用光频测量链方法对甲烷谱线的频率进行了频繁的测量.表 7.3 汇集了一系列重要的结果,这些结果是 1983 年通过新的米定义时推荐甲烷谱线频率值的基础.表中最后一行的数值是 1983 年国际计量委员会(CIPM)的推荐值[11].

表 7.3 1983 年前甲烷谱线频率测量汇集表

甲烷谱线	测量年份	测量研究所和国家	频率值/kHz	不确定度
F_2^2	1973	NBS(美)[3]	88 376 181 627	6×10^{-10}
F_2^2	1976	NPL(英)[35]	88 376 181 608	5×10^{-10}
E	1976	NPL(英)[35]	88 373 149 053	2×10^{-10}
F_2^2	1979	VNIIFTRI(苏)[36]	88 376 181 596.4	1.1×10^{-10}
F_2^2	1979	NRC(加)	88 376 181 570	2.3×10^{-9}
F_2^2	1980	LPTF(法)[41]	88 376 181 618	1.6×10^{-10}
F_2^2	1980	NPL(英)[8]	88 376 181 616	3×10^{-11}
F_2^2	1981	ITP(苏)[6]	88 376 181 603.0	3×10^{-11}
F_2^2	1981	VNIIFTRI(苏)[42]	88 376 181 603.4	1.6×10^{-11}
E	1981	VNIIFTRI(苏)[42]	88 373 149 033.3	2×10^{-10}
F_2^2	1981	LPTF(法)[41]	88 376 181 612	1.2×10^{-11}
E	1981	ITP(苏)[6]	88 373 149 031.2	1.4×10^{-11}
F_2^2	1983	CIPM 推荐值[11]	88 376 181 608	4.4×10^{-11}

§7.5 甲烷谱线测量频率链的国际比对

7.5.1 概述

1983 年前英、法和苏联的甲烷谱线频率测量结果,在测量不确定度范围内存在明显的差异.因此,甲烷谱线测量频率链需要进行国际比对.

首次比对是在 VNIIFTRI 和 BIPM 之间进行的.1979 年,在莫斯科进行了 BIPM 可搬运的激光器 B.3 和 B.6 与 VNIIFTRI 研制的固定式激光器之间的比对[36].这次比对中,用 VNIIFTRI 新研制的激光增益管,其管径为 3.4 mm,充气气压较高,替换了 B.3 中传统放电管后,得到的一个重要结果是,在 B.3 中观测到了明显的频移. 频移近似为＋6 kHz, 与调制宽度有较小的关系. 图 7.8 中示出了比对的测量结果(BICH4-6 为 BIPM 甲烷稳频激光器的编号), 图中所示 B. 3 激光器采用新增益管时的频率随调制振幅峰-峰值变化的曲线. 由于新的低噪声增益管能在很宽的放电电流范围内运转, 因此用这支激光管可以测量相应的功率频移. 比对实验中发现, 放电电流从 3 mA 变到 6 mA 时, 由于激励水平的提高, 产生的相对频移为$4×10^{-11}$.

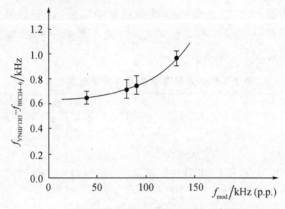

图 7.8 苏联 VNIIFTRI 光频标准与调制宽度的测量曲线.
p. p. 表示调制振幅的峰-峰值.

1985 年, 在 BIPM 进行了第二次国际比对[41]. 比对是在 VNIIFTRI 新研制的可搬运 M101 激光器[44]与 BIPM 的 B. 3 和 B. 6 之间进行的. 这次比对的重要性在于, 它是联系两个光频链的测量结果的比对. 1983 年, 在 LPTF 用 B. 3 进行了绝对频率测量, 1985 年, 在 VNIIFTRI 用 M101 也进行了绝对频率测量[43]. 由于 1984 年 BIPM 的 B. 3 和 B. 6 的放电管进行了重大改进, 其稳定的频率可能会有变化. 这次比对的结果应能对上述可能的频移及其他有关效应作出合理的解释.

这次比对表明, 在严格控制激光器的运转条件下, 可使 He-Ne/CH$_4$ 激光的中期频率稳定度获得很好的结果, B. 3-M101 的频差的标准偏差为 $1.7×10^{-12}$. 但频率复现性与许多参数有关, 例如: 输出功率, 吸收介质的气体透镜效应, 放电管的工作条件, 光学腔的设计腔的总损耗. 由于每台激光器的上述参数不尽相同, 导致 B. 3, M101 及其他激光器具有不同的调制或功率频移. 因此, 不难理解 M101-B. 6 的平均频差达 $7.7×10^{-11}$.

7.5.2 在 LPTF 进行的频率链比对和绝对频率测量

1986 年在 LPTF 也进行了频率链比对, 在比对中, 进行了 15 组频率重复测

量. 从而可以确定在 M101,B.3 和 B.6 彼此之间的平均频差为[45]:

$$f(\text{M}101) - f_c(\text{B.3}) = +4.07\ \text{kHz}, \quad s = 0.15\ \text{kHz}, \quad (7.5.1)$$

$$f(\text{M}101) - f_c(\text{B.6}) = +6.77\ \text{kHz}, \quad s = 0.53\ \text{kHz}, \quad (7.5.2)$$

$$f_c(\text{B.3}) - f_c(\text{B.6}) = +2.7\ \text{kHz}, \quad s = 0.4\ \text{kHz}, \quad (7.5.3)$$

式中 s 是一组测量的标准偏差;下标 c 表示伺服控制所需的光电二极管置于吸收室端.

由上述测量可以得出以下结论:

(1) $f(\text{M}101)$ 的频率高于 $f_c(\text{B.3})$ 和 $f_c(\text{B.6})$. 其原因可能是: M101 伺服控制所需的光电二极管置于激光管端,而 B.3 和 B.6 置于吸收室端;或每台激光器的放电管相对其阈值处于不同的运转条件.

(2) $f_c(\text{B.3})$ 和 $f_c(\text{B.6})$ 在上述测量中的频差与 1984 年 12 月的测量相比有明显差异,原因是 B.6 的频率在这次比对中显著增大.

根据这次比对所得到的 $f(\text{M}101)$ 和 $f_c(\text{B.3})$ 的平均频差及在 VNIIFTRI 对 M101 测量的平均频率,可得 B.3 的频率为

$$f_c(\text{B.3}) = 88\ 376\ 181\ 602.5 \pm 1.8\ \text{kHz}. \quad (7.5.4)$$

1983 年,LPTF 测量 B.3 的频率为

$$f_c(\text{B.3})_{\text{LPTF-83}} = 88\ 376\ 181\ 598.0 \pm 1\ \text{kHz}. \quad (7.5.5)$$

上述两次测量的差异原因可作如下解释: (1) 1984 年对 B.3 的放电管所作的改进,可能引起其频率的偏移;(2) LPTF 和 VNIIFTRI 的频率链中存在 B 类不确定度[①];(3) 在 VNIIFTRI 测量 M101 的频率是以与稳定在 E 分量上的 He-Ne/CH$_4$ 的比对结果为依据,1981 年测量了 E 分量的绝对频率.

为了进一步比对 LPTF 和 VNIIFTRI 的频率链测量的结果,1985 年又进行了一次重要的比对[43]. 比对中,采用了 VNIIFTRI 可搬运的 M101 He-Ne/CH$_4$ 激光器. M101 在 LPTF 先后两次用频率链测量其频率值,而在两次测量中间则用 VNIIFTRI 的频率链测量其频率值. 这次比对实验发现,两个频率链之间的频差仅在 100 Hz 以内(1.1×10^{-12}). 这个结果表明,可搬运的 M101 的中期频率稳定度极高. 它在往返 LPTF 前后期间,在 LPTF 与在 VNIIFTRI 进行的频率测量的标准偏差和频率漂移分别达 6×10^{-13} 和 3×10^{-13}.

---

① 测量的不确定度可分为 A,B 两类评定方法,A 类评定所得的不确定度分量的方差估计值记为 u^2,由重复观测列算得,即熟知的统计方差 σ^2 的估计值;B 类评定所得的不确定度分量的估计方差 u^2 依据有关信息评定而得,即由一个认定的或假定的概率密度函数得到. 详见: 施昌彦等,《测量不确定度评定与表示指南》,中国计量出版社,2000 年.

图 7.9 示出了 LPTF 频率链的装置. $CO_2R(12)$ 激光器用伺服回路稳定在外腔 F-P 中的 OsO_4 的饱和吸收线上[43]. 这种稳频激光的频率稳定度比 CO_2 的饱和荧光稳频要高 100 倍. 1997 年 CCDM 推荐它作为新的激光频标, 第五章中对其性能已作了介绍. 例如, 在 100 s 取样时间的阿仑偏差为 1.2×10^{-14}, 频率复现性约为 10^{-12}, 准确度为 3×10^{-12}.

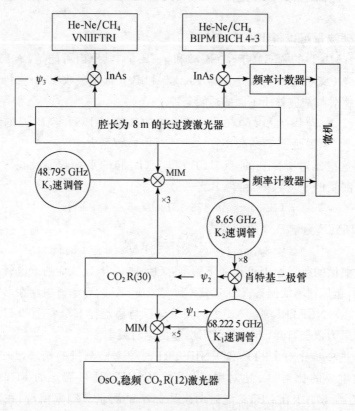

图 7.9　法国 LPTF 锁相频率链的方案

如图 7.9, $CO_2R(30)$ 激光器相位锁定在 $CO_2R(12)/OsO_4$ 激光器上, 其偏置频率由速调管 K_1 的五次谐波提供, K_1 的频率为 68.222 5 GHz. 两者通过 MIM 二极管耦合, 其拍频信号用于与由铯钟产生的 70 MHz 中频比对来锁定 K_1. 通过 K_1 与频率为 8.65 GHz 的 X 带速调管 K_2 的混频产生的拍频信号, 与同一铯钟产生的信号进行锁定. 用与 22.5 MHz 中频的比对来锁定 $CO_2R(30)$ 激光器频率. 8 m 长的 He-Ne 过渡激光器的频率则与 $CO_2R(30)$ 激光器的三次谐波进行混频. 用频率为 48.795 GHz 的锁相速调管对上述激光拍频进行频率计数. 测量中的所有中频均由 HP5061 铯钟提供.

InAs 光电二极管用于检测 He-Ne 过渡激光器与 M101 之间的 30 MHz 拍频, 使前者偏频锁定在 M101 上. 用第二个 InAs 光电二极管, 可进行 BIPM 的 B.3 与 He-Ne 过渡激光器之间的比对. 通过同时对 He-Ne 过渡激光器与 CO_2 激光器及与 B.3 的差频计数, 可以得到两台 He-Ne/CH_4 激光器的频率值, 并确定由这些激光器或频率链产生的频率变化.

根据 1983 年在 LPTF 进行的 CO_2 R(10)/OsO_4 激光器的绝对频率测量[43] 结果

$$f(CO_2\ R(10)/OsO_4) = 29\ 054\ 057\ 446.66 \pm 0.05\ \text{kHz},\quad (7.5.6)$$

以及 1986 年在 LPTF 进行的准确测量的 R(12)/OsO_4 与 R(10)/OsO_4 频差

$$f(CO_2\ R(12)/OsO_4) - f(CO_2\ R(10)/OsO_4) = 42\ 217\ 505.68 \pm 0.05\ \text{kHz},$$
$$(7.5.7)$$

得出频率链的起始值为

$$f(CO_2\ R(12)/OsO_4) = 29\ 096\ 274\ 952.34 \pm 0.07\ \text{kHz}.\quad (7.5.8)$$

因此, 在锁相回路运行时, 其间的频率关系可表示为

$$f(K_1) = (8 \times 8.65 \times 10^3 + 22.5)\ \text{MHz},\quad\quad\quad (7.5.9)$$
$$f[CO_2\ R(30)] - f[CO_2\ R(12)/OsO_4] = [5f(K_1) + 70]\ \text{MHz},$$
$$f(M101) = 3 \times f[CO_2\ R(30)] + (48.795 \times 10^3\quad 30 \pm 4.999\ 973)\ \text{MHz}$$
$$\quad\quad + f[CO_2\ \text{激光器 -He-Ne 过渡激光器拍频}],\quad (7.5.10)$$
$$f(B.3) = f(M101) + (30 \pm 4.999\ 973)\ \text{MHz}$$
$$\quad\quad - f(\text{He-Ne 过渡激光器 -B.3 拍频}).\quad (7.5.11)$$

1986 年 9 月 10 日至 17 日进行的比对, 完成了 185 组测量. 每组包括约 10 个数值, 每个值是用 1 秒计数的平均值. 图 7.10 示出了这次比对的全部结果, 其中表示了 M101 和 B.3 所进行的平均频率测量.

由图 7.10 可见, M101 的中期频率稳定度极好. 测量 185 组中, 单组的标准偏差为 50 Hz, 相当于 6×10^{-13}. LPTF 频率测量得到的最终值为

$$f(M101) = 88\ 376\ 181\ 602.04 \pm 0.22\ \text{kHz},\quad (7.5.12)$$

式中的不确定度是根据 LPTF 频率链的 B 类不确定度(70 Hz)和单组标准偏差综合得到的标准偏差.

往返 LPTF 前后 M101 激光器的频率与在 VNIIFTRI 保持连续运转的参考激光器的频率作了比对. 由这些测量结果及 1985 年 12 月两台激光器的绝对频率的测量结果, 可得其往返 LPTF 前后的频率值分别为:

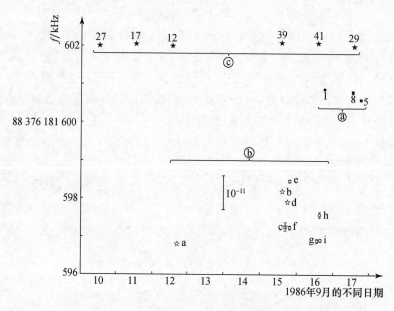

图 7.10　M101 和 B.3 的频率测量结果

ⓐ组(黑圆点)示出了用放在激光器的激光管一侧的 InSb 光电接收器取得的 B.3 频率测量结果. 黑圆点下方的数字是每次测量所进行的组数. ⓑ组示出了用两个放在激光器吸收室一侧的光电接收器(InAs 和 InSb)所取得的频率测量结果. 其中星号所示相应于采用 InAs 接收器,圆点所示相应于采用 InSb 接收器,英文字母表示 B.3 激光器运行条件的重大变化:a. 用 InAs 接收器的首次测量(10 组);b. InAs 接收器改变位置(10 组);c. B.3 激光器重新充气(9 组);d. 放电管重新组装(10 组);e. 用 InSb 接收器代替 InAs 接收器(8 组);f. InSb 接收器改变位置(2 组);g. 最后的重复测量(13 组);h. InSb 接收器的位移导致伺服输出较低的直流信号(≈÷2)(8 组);i. InSb 接收器改变位置(2 组). ⓒ组(黑星号)示出了每天取得的 M101 平均频率测量结果. 星号上方的数字是每次测量的组数. 对ⓐ,ⓑ,ⓒ的每一组,垂直杆相应于每组的标准偏差

$$f(\text{M101}) = 88\ 376\ 181\ 601.93 \pm 0.15 \text{ kHz (前)}, \qquad (7.5.13)$$

$$f(\text{M101}) = 88\ 376\ 181\ 601.99 \pm 0.15 \text{ kHz (后)}. \qquad (7.5.14)$$

上述两式是在往返 LPTF 前后得到的. 在 LPTF 比对期间,M101 由 VNIIFTRI 频率测量得出的平均频率值可预计为:

$$f(\text{M101}) = 88\ 376\ 181\ 601.94 \pm 0.15 \text{ kHz}, \qquad (7.5.15)$$

其综合不确定度为 1.7×10^{-12}. 这个数值是 1986 年 11 月在 VNIIFTRI 完成的测量结果. 由于 M101 具有极好的中期频率稳定度,可以根据在 VNIIFTRI 及 LPTF 进行的频率测量结果,来估计甲烷谱线在两次测量之间的频率值.

$$f_c(\text{B.3}) = 88\ 376\ 181\ 597.56 \pm 0.61 \text{ kHz}, \qquad (7.5.16)$$

$$f_c(B.3) = 88\ 376\ 181\ 597.47 \pm 0.68\ \text{kHz}, \tag{7.5.17}$$
$$f_c(B.3) = 88\ 376\ 181\ 597.52 \pm 0.64\ \text{kHz}. \tag{7.5.18}$$

对光电管置于激光管端时的相应频率 $f_1(B.3)$,有

$$f_1(B.3) = 88\ 376\ 181\ 600.75 \pm 0.24\ \text{kHz}, \tag{7.5.19}$$
$$f_1(B.3) - f_c(B.3) = +(3.23 \pm 0.61)\ \text{kHz}, \tag{7.5.20}$$
$$f(M101) - f_1(B.3) = +(1.25 \pm 0.11)\ \text{kHz}, \tag{7.5.21}$$
$$f(M101) - f_c(B.3) = +(4.53 \pm 0.58)\ \text{kHz}. \tag{7.5.22}$$

为了估计 He-Ne/CH$_4$ 激光频标的频率复现性,可用 LPTF 的频率链对激光器 B.3 进行各种实验,其结果示于图 7.11 中.实验中具有值得注意的频移是:当光电接收器置于谐振腔"吸收室端"时,将 InSb 接收器移动时,其频移分别为 1.42 kHz(1.6×10^{-11})和 1.54 kHz(1.7×10^{-11}).这与以前见到报道的结果[31,32]是相符合的.为了研究这项频移的原因,实验中将伺服所需的光电接收器置于激光管端,在 M101-B.3 的激光电源放电电流分别为 4 mA 和 5 mA 时,两者的激光频差为

$$f(M101) - f_1(B.3) = +(1.25 \pm 0.11)\ \text{kHz}\ (4\ \text{mA}), \tag{7.5.23}$$
$$f(M101) - f_c(B.3) = +(4.53 \pm 0.58)\ \text{kHz}\ (5\ \text{mA}). \tag{7.5.24}$$

在相同条件下,光电接收器置于"激光管端"和"吸收室端"时,M101 和 B.3 所引起的平均频率变化系数分别为 $+(110 \pm 15)$ Hz·mA 和 $-(640 \pm 40)$ Hz·mA.

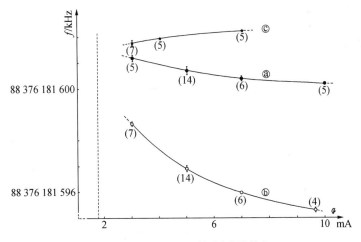

图 7.11 M101 和 B.3 的功率频移效应

我们注意到,当光电接收器置于"激光管端"时,B.3 的上述激光功率效应与以前所观测到的频移[36]有所不同.这可能是由于 BIPM 与 LPTF 的实验室温

度差异引起的谐振腔失准的结果,BIPM 的室温为 20℃,而 LPTF 的室温为 25～30℃.B.3 的性能变化已被调制效应的实验研究所证实.实验中,InSb 接收器置于谐振腔"吸收室端",其结果示于图 7.11 中.1984 年 12 月的实验发现,在调制的峰—峰宽度约为 1.0 MHz,宽度从 $-(40\pm15)$ Hz 变为 $-(260\pm10)$ Hz 时,平均频移为 100 kHz.

值得注意的是,尽管 M101 和 B.3 的设计和运转条件有较大差别,若将功率效应的曲线外插至零功率点(即消除功率频移),则两台激光电源约为 1.7 mA 时的阈值水平,两者的频差可以很小,这可能是获得甲烷跃迁频率非常可靠量值的一种方式;另一种方式是考虑修正由于输出效应引起的频差.从 1986 年 LPTF 的实验及之前一些实验得到的绝对频率测量的结果,可以得出以下结论:

(1) 尽管放电管作了更新,1983 年与 1986 年在 LPTF 进行的绝对频率测量中,B.3 的频率并无较大变化,分别为

$$f(B.3) = 88\ 376\ 181\ 598.0 \pm 1\ \text{kHz}, \tag{7.5.25}$$

$$f(B.3) = 88\ 376\ 181\ 598.052 \pm 0.64\ \text{kHz}. \tag{7.5.26}$$

(2) 实验环境不同,及 M101 和 B.3 的放电管更换,没有导致频差的重大变化,1985 年在 BIPM 及 1986 年在 LPTF 测得频差分别为 $+(4.07\pm0.15)$ kHz 和 $+(4.53\pm0.58)$ kHz.这证实了以上(1)的论断,也使我们相信,在精密控制影响甲烷吸收峰线形的各种参数后,这种激光频标的中期频率稳定度可以得到提高.

(3) 由上述(1),(2)可见,M101 具有很高的中期频率稳定度,LPTF 和 VNIIFTRI 的频率链具有极好的频率复现性.

综上所述,可见:两条光频链进行 LPTF-BIMP 首次比对不确定度达 1×10^{-12},M101 在两条频率链的绝对频率测量之间的符合程度处于两链的不确定度之内.测量期间发现,在尽量保持稳定运转条件的情况下,CO_2/OsO_4 和 He-Ne/CH_4 激光器的中期频率复现性为 10^{-13} 量级.

另一方面,用 BIPM He-Ne/CH_4 激光器完成的实验,显示了改变各种参数所引起的最大频移.这些效应可以解释 CIPM 推荐的平均值 $f=88\ 376\ 181\ 608$ kHz[8] 与后来的绝对频率测量值 $f=88\ 376\ 181\ 600$ kHz[41] 以及用另一种技术测量的频率值 $f=88\ 376\ 181\ 586\pm1$ kHz[26] 之间差异的原因.解释 15 年内所作的绝对频率测量的差异的一个办法,是用 M101 激光频标所具有性能,实现在世界范围内进行频率链的系统比对.

7.5.3　其他的频率链比对结果

1988 年 11 月至 12 月,在加拿大 NRC 进行了频率链的第二次比对,激光器 M101 和 B.3 参加了比对. 比对前,先在 VNIIFTRI 频率链上测量 M101 频率值为

$$f_{\mathrm{VNI}}(\mathrm{M101}) = 88\ 376\ 181\ 601.490 \pm 100\ \mathrm{Hz}, \tag{7.5.27}$$

而在 NRC 的测量中,M101 与 VNIIFTRI 的 VB 和 BIPM 的 B.3 的频差分别为

$$\Delta f(\mathrm{M101\text{-}VB}) = 811 \pm 40\ \mathrm{Hz};$$
$$\Delta f(\mathrm{M101\text{-}B.3}) = 712 \pm 45\ \mathrm{Hz}. \tag{7.5.28}$$

其绝对频率值为

$$f_{\mathrm{NRC}}(\mathrm{M101}) = 88\ 376\ 181\ 601.290 \pm 300\ \mathrm{Hz}, \tag{7.5.29}$$

两条频率链的差值为 200 Hz. 比对后回到 VNIIFTRI 复测时,并未发现 M101 与 $f_{\mathrm{VNI}}(\mathrm{M101})$ 有明显的变化,即在 3×10^{-12} 范围内符合.

1989 年,M101 在德国 PTB 的频率链上进行了比对,B.3 也参加了比对. 测量结果为:

$$f_{\mathrm{PTB}}(\mathrm{M101}) = 88\ 376\ 181\ 602.320 \pm 100\ \mathrm{Hz}. \tag{7.5.30}$$

由式(7.5.27),(7.5.29)和(7.5.30)可见,通过 M101 在苏、德、法的三条频率链之间比对表明,其符合程度为 $\pm 200\ \mathrm{Hz}(3 \times 10^{-12})$ 以内. 在 LPTF 的比对测量中,差频可达 1×10^{-12} 量级. 这是光频标准测量中的一项杰出成就,也是频率链与可移动 He-Ne/CH$_4$ 频标的极好复现性完美结合的结果. 现在,尚不能用飞秒激光测频方法代替这项测量.

表 7.4 列出了 1986 年至 1993 年间,甲烷谱线频率测量的结果,其中比对测量是指频率链测量的比对结果,独立测量是指单独用某一条频率链测量的结果.

表 7.4　1986 年后甲烷谱线频率测量及推荐值汇总表

测量方式	测量年份	被测激光器	频率值/kHz	不确定度
比对测量	1986	M101(苏),LPTF(法)	88 376 181 602.04	2.5×10^{-12}
比对测量	1986	B.3(BIPM),LPTF(法)	88 376 181 597.52	7×10^{-12}
比对测量	1986	B.3(BIPM),LPTF(法)	88 376 181 600.75	2.7×10^{-12}
比对测量	1988	M101(苏),NRC(加)	88 376 181 601.29	3.4×10^{-12}
比对测量	1989	M101(苏),PTB(德)	88 376 181 602.32	1.1×10^{-12}
独立测量	1985	LPTF(法)	88 376 181 600	4×10^{-11}
独立测量	1986	PTB(德)	88 376 181 586.9	1.1×10^{-11}
独立测量	1987	VNIIFTRI(苏)	88 376 181 598.9	1.1×10^{-11}

续表

测量方式	测量年份	被测激光器	频率值/kHz	不确定度
独立测量	1988	IT(苏)	88 376 181 600.7	6×10^{-12}
独立测量	1989	IT(苏)	88 373 149 600.46	1×10^{-12}
比对测量	1993	ILP(俄),PTB(德)	88 376 181 598.991	3×10^{-13}
CIPM 推荐值	1992		88 376 181 600[37]	4.4×10^{-12}
CIPM 推荐值	1997		88 376 181 600.18[38]	3×10^{-12}
CIPM 推荐值	2001		88 376 181 600.18[39]	3×10^{-12}

§7.6　633 nm 碘稳定激光的绝对频率测量

7.6.1　可见光频率测量概述

光频标准测量从红外向可见光频段扩展的研究经过了艰难的历程,主要受到过渡激光器和测量方法的限制.在 100 THz 以上的频段,一般只能采用非线性晶体倍频或混频的方法来逐级向上过渡.其中,过渡激光器应具备两个基本要求:(1) 具有一定的频率可调谐范围;(2) 具有可进行倍频或混频的单模输出功率.当时,能符合上述两个条件的是色心激光器和半导体激光器,前者的激光物质是色心晶体,它需要在液氮温度及低真空下运转.20 世纪 80 年代初,美国 NBS 率先采用 $KCl:Li(F_2{}^+)A$ 心的色心激光器,将频率测量的上限扩展到约 130 THz 的频段.利用这台色心激光器的可调谐特性,测量了 CO 的吸收谱线的频率,其频率范围在 125.3~128.6 THz,不确定度在 $10^{-10}\sim10^{-9}$ 量级.此后的十多年内,法国和德国测量可见光频率段的频率链中,也均采用了色心激光器.这是因为在可见光频率链中波长约为 2.3~2.6 μm 的过渡激光器中,虽然色心激光器存在使用条件较为苛刻的缺点,但当时尚无其他激光器可以代替.

在频率更高的 1.2~1.3 μm 波段,可以采用半导体激光器(LD)作为过渡激光器.与上述色心激光器相比,LD 有明显的优点,但输出功率还不易达到色心激光器的水平.随着技术的发展,估计也不难解决.

7.6.2　633 nm 碘稳定激光的首次绝对频率测量

美国 NBS 于 1982 年率先将绝对频率测量的上限扩展到可见光范围.这项测量实际上是以稳频 CO_2 激光器为起点,该激光的频率值是通过 88 THz 的甲烷稳定激光进行测定的.

首先测量 520 THz(576 nm)^{127}I$_2$ 的 17-1 带 P(62)跃迁 o 分量的频率值为[46]：

$$f[17\text{-}1, P(62), o] = 520\ 206\ 808\ 547\ \text{kHz}, \qquad (7.6.1)$$

其不确定度为 1.6×10^{-10}.

为了测量光频和波长标准中最实用的 473 THz(633 nm)^{127}I$_2$ 稳定的 He-Ne 激光器的绝对频率值,选择了四波混频方案,共采用了七台大型激光器才实现了这一目标. 图 7.12 和 7.13 分别示出了四波混频的能级及测量频率链的原理.

由图 7.12 中的能级叠加可知,260 THz(1.15 μm),125 THz(2.39 μm)和 88 THz(3.39 μm)的频率之和精确地等于 473 THz(633 nm)的频率值. 因此,设计了如图 7.13 所

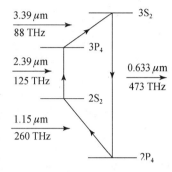

图 7.12   Ne 原子四波混频测量原理的能级图

示的光频测量链. 图中上方是上述三个频率值的激光器,通过一棱镜将三者的光束会聚到一支 He-Ne 和频管中. 从管中射出四束激光光束,其中三束的频率与入射激光相同,另一束为和频 633 nm 的输出. 将四束激光光束再用棱镜分

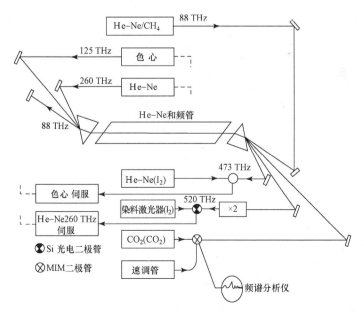

图 7.13   可见光频率链激光器配置原理

开,分别与四种波长相应的稳频激光器进行差拍,将差拍信号锁定并用于对光频标准进行控制.例如,和频输出与一台 633 nm 碘稳定激光的差拍用于控制 2.39 μm 的色心激光器的频率;260 THz He-Ne 激光的倍频与 520 THz 碘稳定激光的差拍用于控制 260 THz 的 He-Ne 激光器的频率;3.39 μm 的 He-Ne 激光的频率是用甲烷饱和吸收稳定激光控制的.因此,三台激光都实现了频率稳定.i 分量的频率测量的结果为:

$$f[11\text{-}5, R(127), i] = 473\ 612\ 214\ 830 \pm 74\ \text{kHz}, \qquad (7.6.2)$$

其不确定度与 520 THz 碘谱线相同,为 1.6×10^{-10}.

7.6.3   633 nm 碘稳定激光的绝对频率测量改进和提高

1983 年,美国 NBS 发表 633 nm 碘稳定激光的首次绝对频率测量结果,此后近十年内,没有其他国家重复这个实验.1993 年,法国 LPTF[47] 用 CO_2/OsO_4 光频标准作为起点,精密测量了 633 nm 碘稳定激光频标的绝对频率值,其不确定度达 2.5×10^{-11},与 1983 年 NBS 的结果[46] 相比,不确定度降低了接近一个量级.

图 7.14 示出了 LPTF 从 29 THz 至 473 THz 的光频链,整个装置放在两个光学平台上.R(26) CO_2 光频标准锁定在 OsO_4 的饱和吸收谐振线上,其 100 s 积分时间的短期频率稳定度优于 10^{-13} 量级,频率复现性约为 7×10^{-13}.如 7.3 节所述,与 R(26) CO_2 激光相符合的 OsO_4 吸收谱线的频率值,LPTF 已用频率链作了测量,其不确定度约为 2×10^{-12}.用此光频链测量 R(26) CO_2/OsO_4 激光的频率值为:

$$f(\text{R}(26)CO_2/OsO_4) = 29\ 370\ 814\ 078.410 \pm 0.08\ \text{kHz}. \qquad (7.6.3)$$

这是测量 633 nm 碘稳定光频标准的参考标准.

由图 7.14 可见,两条 ${}^{12}C^{16}O_2$ 激光谱线的综合接近等于 He-Ne/I_2 光频标准的 1/4,即

$$3f[\text{R}(40)] + f[\text{R}(38)] \approx (1/4)f[\text{He-Ne}/I_2]. \qquad (7.6.4)$$

如图 7.14,用毫米波和 X 带速调管经 MIM 二极管谐波混频技术,将 R(40) 和 R(38) CO_2 激光器相位锁定到作为参考的 R(26) CO_2 激光器上.用于 CO_2 激光器相位锁定的所有频率都由铯钟综合提供.两束 R(40) 和 R(38) CO_2 激光光束聚焦到 MIM 二极管上,与 KCl:Li 色心激光器(CCL)的光束混频.在 MIM 二极管上,R(40) 和 R(38) CO_2 激光的功率约分别为 150 mW 和 50 mW,CCL 的功率为 10~15 mW,由此可在 100 kHz 带宽内产生 15~20 dB 的信噪比的拍频信号.

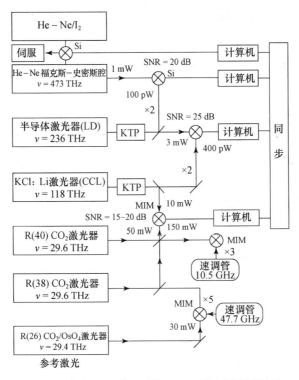

图 7.14　法国 LPTF 从 29 THz 至 473 THz 的频率综合链

　　上述 KCl:Li 色心激光器(CCL)是 Burleigh FCL20 型的产品,用 3.5~3.8 W 的 647 nm Kr$^+$ 激光抽运,在 2.532 μm 处的最大单模输出功率为 20 mW. 为了使自由运转的线宽压缩到 1 MHz,用 Pound-Drever 技术[42],将 CCL 稳定到用超低膨胀 (ULE)玻璃制作的 F-P 腔上,腔的精细度为 150,自由光谱区为 500 MHz. 稳频采用 LiTaO$_3$ 晶体的腔外相位调制技术,调制频率为 11 MHz,调制深度为 0.6. ULE 腔需进行隔振,并将温度控制在 3 mK 范围内,作为本机稳定参考腔. 激光伺服系统的回路带宽为 500 kHz,足以将频率扰动的频谱密度降低到 30 Hz^2/Hz 的闪烁噪声的极限水平.

　　CCL 的频率经 II 类准相位匹配晶体(KTP)倍频,在输入功率为 15~17 mW 时,1.265 μm 辐射的输出约为 600 pW,与 1.265 μm InGaAsP 倍频的 3 mW 输出在接收器中差拍,在 100 kHz 带宽内产生 25~30 dB 信噪比的拍频信号. 为了压缩半导体激光(LD)的线宽,将其输出耦合到一共焦 F-P 腔内. 另一类似的 LD2 注入锁定在与此腔耦合的 LD1 系统上. LD2 输出功率可达 9 mW,经 KTP 晶体倍频的输出功率为 100 pW,将其一束输出与 1 mW 的福克斯-史密斯腔的 He-Ne 激光光束在 Si 雪崩光电二极管上混频,另一束输出与 CCL 的倍频福克斯-史密斯腔的输出在 InGaAs 快速光电二极管上混频.

由于测量要求的分辨率约为 10^{-12} 量级,需要精密的计数和锁相技术.直接的拍频计数要求在 100 kHz 带宽内的信噪比达 40～50 dB,锁相回路只要求与激光线宽相同的带宽内信噪比为 10 dB.实验中所用的 CO_2 激光器的线宽约为 1 kHz,两台 R(40) 和 R(38) CO_2 激光器通过与微波振荡器的谐波混频,相位锁定在 R(26) CO_2/OsO_4 激光器上.为了简化测量,从 2.53 μm 至可见光的链未进行相位锁定,而采用在 10 ns 期间将三个拍频信号同时计数.因此,测量准确度接近相干相位锁定的方法.

图 7.15 示出了测量结果的直方图及高斯拟合曲线.结果的标准偏差等于 He-Ne 激光积分时间为 1 s 时的阿仑偏差.这就表明,在两天的测量期间,光频标准在 7×10^{-12} 量级上并无系统变化.图 7.16 中示出了 200 次连续测量中阿仑偏差的平方根,即示出了法国 INM12 和 BIPM4 两台碘稳定激光器之间的拍频的标准偏差,由图可见的两种标准偏差之间的符合表明,测量链并无较大的频率噪声,保证了分辨率达到 10^{-12} 量级.因此,测量准确度仅受到 INM12 激光本身频率复现性的限制.

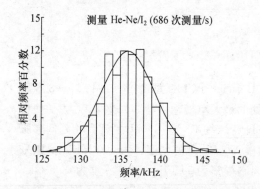
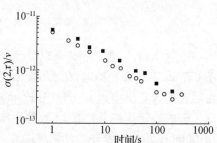

图 7.15　两天测量的数据直方图及高斯拟合曲线　　图 7.16　INM12-BIPM4 之间拍频的阿仑偏差

INM12 激光器锁定在碘的 11-5 带 R(127) 线的 f 分量上的频率测量值为:
$$f(11\text{-}5, R(127), f) = 473\ 612\ 353\ 586.9 \pm 5 \text{ kHz}, \tag{7.6.5}$$
其测量不确定度为 1×10^{-11}.但是,由于 INM12 激光器的频率复现性大于这个数值,因此,CCDM 将其频率不确定度规定为 2.5×10^{-11}.

上述频率值与 1983 年美国 NBS 的测量值[46]相比,其不确定度降低 10 倍,而频率值减小了 137 kHz,这项频差值已远大于 NBS 的测量不确定度的 2 倍.这充分表明当年 NBS 的测量值存在较大的系统误差.

§7.7　657 nm ^{40}Ca$^+$ 谱线的可见光频率测量

1984 年,德国 PTB 发表了从 Cs 钟至 CO$_2$ 频率链的测量结果[27],7.3 节中已作了介绍.1996 年,他们又致力于由 10 μm 的 P(12) CO$_2$ 光频标准出发,向 ^{40}Ca$^+$ 谱线的可见光频率扩展的研究.图 7.17 示出了可见光频率链的方案[49],其中,测量对象是 657 nm ^{40}Ca$^+$ 的相互组合谱线,它是可见光频段极好的光频标准.

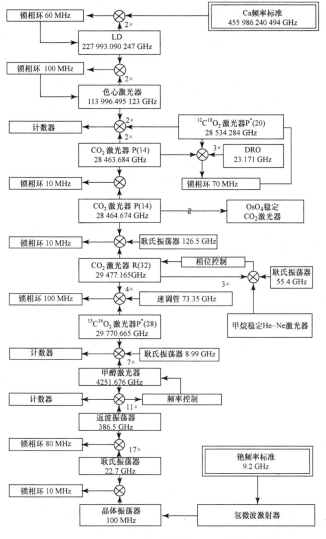

图 7.17　PTB 测量 Ca$^+$ 谱线的可见光频率链方案

由图 7.17 所示的频率链,可以同时测量 3.39 μm 甲烷稳定的 He-Ne 激光的频率,10.6 μm OsO$_4$ 稳定的 CO$_2$ 激光的频率和 657 nm Ca 激光频标的频率. 该频率链包含 7 个中间过渡振荡器,通过谐波混频将其频率进行相干相位比较. 从 CO$_2$ 激光器向上延伸的部分是链的高频部分,第一级使用两台 CO$_2$ 激光器,其中之一是 ^{12}C^{18}O$_2$ 的 P(20) 谱线,频率约为 $\nu=28\,534.3$ GHz,锁定到 Cs 钟上. 两台 CO$_2$ 激光器之间的差频与 23.2 GHz 耿氏振荡器的三次谐波在 MIM 二极管中混频,得到 100 MHz 的中频信号,用于测量 CO$_2$ 激光的频差. 在第二个 MIM 二极管上检测的是 ^{12}C^{16}O$_2$ 的 P(14) 谱线,频率约为 $\nu=28\,464.7$ GHz. P(14) 谱线的频率经 CO$_2$ 以下的频率链,进行两台 CO$_2$ 光频标准二次谐波的和频与 2.6 μm 色心激光器(CCL)辐射及 69.5 GHz 的微波源的混频. 第二级是在非线性晶体 LiIO$_3$ 中进行 CCL 的倍频,获得 1.3 μm 的输出. 第三级是 1.3 μm 的 LD 在另一个 LiIO$_3$ 中倍频获得 Ca$^+$ 谱线的相应频率. 在第一级中,入射到 MIM 二极管上的 CO$_2$ 激光和 CCL 的功率分别为 300 mW 和 20 mW,在 100 kHz 内的信噪比为 15 dB,最佳可达 25 dB;第二级中的晶体长 15 mm,切割角度为 18°,在最佳聚焦和角度调谐条件下,50 mW 的 CCL 能获得 500 pW 的倍频输出,混频信号的信噪比为 42 dB;第三级中采用连续 LD,激光介质为 NdP$_5$O$_{14}$ 晶体,腔型为折叠的三镜驻波腔结构,用利特罗装置的光栅选模. 输出功率为 1 mW 时,在 15 mm 长的 LiIO$_3$ 中倍频,其倍频功率为 50 pW,混频信号的信噪比可达 29 dB. 链中所用的参考频率均由 Cs 原子钟导出. 整个链可分为三部分:链的上部为从 Ca 光频标准至色心激光;链的下部是从氢钟输出的 100 MHz 标准频率锁定直至 4 THz 的甲醇激光器;链的中部包含了所有的 CO$_2$ 激光器,为了提高其频率稳定度,均锁定在甲烷稳定的 He-Ne 激光器上. 为了得到 Ca 跃迁的频率值,对甲醇激光器与返波振荡器及 CO$_2$ 激光器之间的拍频以及两台 CO$_2$ 激光器与 CCL 之间的拍频均用计数器进行同时计数. 这种方法可跟踪所有中间过渡激光器的相位,从而获得真正的相位相干测量.

上述方法用约 3 小时的积分时间,在相位相干模式中进行频率测量链的运行. 染料激光相继稳定在 Ca 原子喷射束的高频和低频反冲分量上. 采用激光光束反向的方法,极大地补偿了光学相位误差引起的频移[51,52]. 稳定在喷射束的光频标准相对无扰 Ca 原子的相互组合跃迁的频率偏离为 10^{-12} 量级,这项频偏主要是由于二阶多普勒和微小的剩余一阶多普勒效应产生的. 用激光冷却和俘获的 Ca 原子,可从本质上减小此频偏对不确定度的贡献. 因此,可将激光光束分离出一部分,其频率稳定在储存于磁光阱(MOT)中的 10^6 量级的 Ca 原子所提供的吸收线上. 稳频的误差信号是用时间分离场激励的光学 Ramsey 条纹得出的.激励激光的频率被声光调制器(AOM)所控制.在光频标准测量期间,同时测量光束与储存原子之间的频偏.

图 7.18 示出了近似 30 分钟期间光频标准稳定在低频反冲分量上的频率数据.图中上下曲线分别表示在 MOT 中储存的静止原子和喷射束的频率值.每组数据的分布均是高斯分布,线宽 FWHM 约为 900 MHz,频率测量不确定度的统计部分为 20 Hz 量级.热原子与 MOT 中储存的原子频率之间的频差约为 3.4 kHz,而二阶多普勒效应的贡献的预期值为

$$\Delta\nu_D = -(1/2)\nu_0(v/c)^2 \leqslant -2\ \text{kHz}. \tag{7.7.1}$$

由于 MOT 囚禁激光的场在频率测量期间并未完全关闭,MOT 中的原子具有很小的交流斯塔克频移.在频率测量后的几天内测量了这项频移为 0.84 kHz,频差是热束中的剩余一阶多普勒频移引起的.

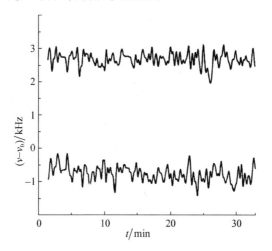

图 7.18　稳定在喷射束中原子(图下方)和 MOT 中原子(图上方)的低频反冲分量上的频率数据.

图 7.19 所示的被测光频标准分别稳定在束(黑点)和 MOT(方块)上,阿仑标准偏差作为积分时间的函数与 MOT 相应的数据(直线)进行了拟合.MOT 的阿仑标准偏差是由频率的白噪声所确定的,它与 $\tau^{-1/2}$ 成正比,其稳定度受到囚禁原子的信噪比(SNR≈10)和选择谱线的分辨率($\delta\nu\approx 10$ kHz)的限制.当积分时间为 1 s 时,估计的频率稳定度为

$$\delta\nu/\nu \approx 2.2 \times 10^{-12}, \tag{7.7.2}$$

这与 1.6×10^{-12} 的拟合值符合很好.由此可得高低频率反冲分量的平均值为

$$\nu = 455\ 986\ 240\ 493.95 \pm 0.43\ \text{kHz}. \tag{7.7.3}$$

上式由德国PTB在1995年2月、5月和12月相继进行了独立的测量,结果表明三次测量符合极好.1994年,PTB测量^{40}Ca$^+$组合谱线的频率为$\nu=455\,986\,240.5\,\mathrm{MHz}$,不确定度为$4.5\times10^{-10}$[51].由此可见,(7.7.3)式的测量结果比1994年提高了两个量级以上,其相对不确定度优于1×10^{-12}.这个不确定度考虑了频率测量时激光频标的不确定度,而^{40}Ca$^+$的光频标准的不确定度可能达到10^{-15}量级.原则上,相位相干的频率测量链并不引入附加的不确定度.在1996年6月的CPEM '96会议上,PTB的报告中发表的^{40}Ca的频率测量不确定度为6×10^{-13}[54].这是20世纪可见光频率测量中不确定度最好的结果:

$$\nu = 455\,986\,240\,494.13 \pm 0.12\,\mathrm{kHz}. \tag{7.7.4}$$

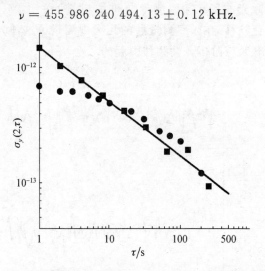

图 7.19 被测光频标准的阿仑标准偏差,图中 τ 是积分时间,
黑点表示喷射束,方块表示储存原子,直线是对 MOT 数据的拟合.

§7.8 778 nm 铷稳定激光的频率测量

1993 年,法国玛丽-居里大学赫兹光谱实验室(CNRS)、BIPM 和法国国家计量院(INM)联合进行了铷的 $5S_{1/2}$-$5D_{3/2}$ 双光子跃迁超精细分量的频率测量[56].铷的 $5S_{1/2}$-$5D_{3/2}$ 和 $5S_{1/2}$-$5D_{5/2}$ 跃迁的波长分别约为 777.98 nm 和 77.7.89 nm,其频率非常接近 3.39 μm He-Ne/CH$_4$ 和 633 nm He-Ne/^{127}I$_2$ 激光的频差.实际上,剩余频差对 $5S_{1/2}$-$5D_{3/2}$ 和 $5S_{1/2}$-$5D_{5/2}$ 跃迁分别约为 5 GHz 和 50 GHz.

在 $5S_{1/2}$-$5D_{3/2}$ 谱线情况下,已测量了每个超精细谱线的绝对频率.图 7.20

示出了测量用的实验装置. 用第一台掺钛蓝宝石激光器 TiS1 观测铷的跃迁信号. 测量原理是以 TiS1 的频率与 He-Ne/CH$_4$ 频率 ν(CH$_4$) 和 He-Ne/^{127}I$_2$ 频率 ν(^{127}I$_2$) 之间的频差进行比较. 其中, 标记为 INM12 的 He-Ne/^{127}I$_2$ 激光器用上节中介绍的 LPTF 频率链进行了频率测量, 结果为:

$$\nu(^{127}\text{I}_2) = 473\ 612\ 353\ 586.9 \pm 3.4\ \text{kHz}, \tag{7.8.1}$$

BIPM 的 He-Ne/CH$_4$ 激光器的频率为:

$$\nu(\text{CH}_4) = 88\ 376\ 181\ 602.6 \pm 1\ \text{kHz}. \tag{7.8.2}$$

用第二台掺钛蓝宝石激光器 TiS2 来综合出 633 nm 的和频辐射, 即 TiS2 的辐射以及频率锁定在 He-Ne/CH$_4$ 上的第二台 3.39 μm He-Ne 激光的辐射进入 LiIO$_3$ 晶体. 两者的输入功率分别为 400 mW 和 20 mW, 其输出的和频 633 nm 的输出功率为 100 nW, 将其频率与标记为 LSH 的 He-Ne/^{127}I$_2$ 激光频标进行比较.

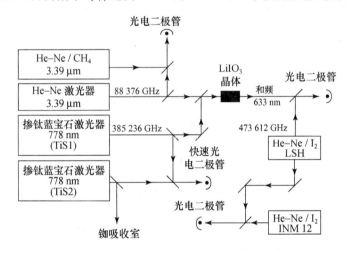

图 7.20　Rb 的 5S-5D 跃迁与激光频标进行频率比较的实验装置

　　为了进行频率测量, TiS1 稳定在铷的超精细分量上. 测量时, 对两台 He-Ne/^{127}I$_2$ 激光频标之间的拍频, 两台 3.39 μm He-Ne 激光之间的拍频, 633 nm 的和频输出与 He-Ne/^{127}I$_2$ 激光之间的拍频以及两台掺钛蓝宝石激光之间的拍频同时进行计数. 用 ν(^{127}I$_2$) 和 ν(CH$_4$) 以及上述的一系列拍频值, 就能得出铷跃迁的绝对频率值.

　　实验中, 对掺钛蓝宝石激光器的频率稳定度和复现性作了研究. 其 1 s 和 100 s 的阿仑偏差分别为 7×10^{-12} 和 7×10^{-13}; 在典型的实验条件下, 频率复现性仅为 2~3 kHz 量级.

根据以上实验测量,得到了 $5S_{1/2}$-$5D_{3/2}$ 跃迁全部超精细分量的绝对频率值. 为了测量 $5S_{1/2}$-$5D_{5/2}$ 跃迁的相应频率,采用了干涉测量技术. 因为在这种情况下,铷频率与 $\nu(^{127}I_2)$-$\nu(CH_4)$ 频率之间的频差约为 50 GHz,不能直接用差频检测. 测量结果经修正后分别示于表 7.5 和表 7.6 中.

表 7.5　778 nm Rb 的 $5S_{1/2}$-$5D_{3/2}$ 双光子跃迁的超精细分量的频率

[参考跃迁: $5S_{1/2}(F_g=3)$-$5D_{3/2}(F_e=5)$, ^{85}Rb, $f=385\ 285\ 142\ 378$ kHz]

超精细分量	测量频差值/kHz	不确定度 u_c/kHz
^{85}Rb		
$(F_g=3)$-$(F_e=1)$	−44 462 655	7
$(F_g=3)$-$(F_e=2)$	−44 459 151	7
$(F_g=3)$-$(F_e=3)$	−44 453 175	7
$(F_g=3)$-$(F_e=4)$	−44 443 871	7
$(F_g=2)$-$(F_e=1)$	−42 944 789	7
$(F_g=2)$-$(F_e=2)$	−42 941 283	7
$(F_g=2)$-$(F_e=3)$	−42 935 308	7
$(F_g=2)$-$(F_e=4)$	−42 926 004	7
^{87}Rb		
$(F_g=2)$-$(F_e=0)$	−45 047 389	7
$(F_g=2)$-$(F_e=1)$	−45 040 639	7
$(F_g=2)$-$(F_e=2)$	−45 026 674	7
$(F_g=2)$-$(F_e=3)$	−45 004 563	7
$(F_g=1)$-$(F_e=1)$	−41 623 297	7
$(F_g=1)$-$(F_e=2)$	−41 609 335	7
$(F_g=1)$-$(F_e=3)$	−41 587 223	7

表 7.6　778 nm Rb 的 $5S_{1/2}$-$5D_{5/2}$ 跃迁的超精细分量的频率

[参考跃迁: $5S_{1/2}(F_g=3)$-$5D_{3/2}(F_e=5)$, ^{85}Rb, $f=385\ 285\ 142\ 378$ kHz]

超精细分量	测量频差值/kHz	不确定度 u_c/kHz
^{85}Rb		
$(F_g=3)$-$(F_e=5)$	0	
$(F_g=3)$-$(F_e=4)$	4 718	9
$(F_g=3)$-$(F_e=3)$	9 228	9
$(F_g=3)$-$(F_e=2)$	13 031	9
$(F_g=2)$-$(F_e=1)$	15 771	14
$(F_g=2)$-$(F_e=4)$	1 522 595	9
$(F_g=2)$-$(F_e=3)$	1 527 094	9
$(F_g=2)$-$(F_e=2)$	1 530 887	9
$(F_g=2)$-$(F_e=1)$	1 533 631	11
$(F_g=2)$-$(F_e=0)$	1 535 084	26
^{87}Rb		
$(F_g=2)$-$(F_e=4)$	−576 001	9

超精细分量	测量频差值/kHz	不确定度 u_c/kHz
$(F_g=2)\text{-}(F_e=3)$	$-561\ 589$	9
$(F_g=2)\text{-}(F_e=2)$	$-550\ 112$	9
$(F_g=2)\text{-}(F_e=1)$	$-542\ 142$	9
$(F_g=1)\text{-}(F_e=3)$	$2\ 855\ 755$	9
$(F_g=1)\text{-}(F_e=2)$	$2\ 867\ 233$	9
$(F_g=1)\text{-}(F_e=1)$	$2\ 875\ 200$	9

上述测量中,在 $5S_{1/2}$-$5D_{3/2}$ 跃迁情况下,不确定度约为 5 kHz,主要误差来自两台 He-Ne/$^{127}I_2$ 激光器. 在 $5S_{1/2}$-$5D_{5/2}$ 跃迁情况下,由于干涉测量技术而引入的总不确定度约为 8 kHz. 在 ^{85}Rb 的情况下,$5D_{5/2}$ 能级的超精细结构较小,并存在一些低分量的叠加,后者的总不确定度可达 26 kHz. 总之,在最好的情况下,测量不确定度为 1.3×10^{-11},主要是由所用的激光频标产生的. 如果采用光频标准链的方法进行绝对频率测量,无疑还有进一步减小不确定度的潜力.

2001 年 CCL 对 Rb$5S_{1/2}$-$5D_{5/2}$ 跃迁频率的推荐值为 385 285 142 375 kHz[58,59,39],不确定度为 1.3×10^{-11}.

§7.9 氢的 1S 和 2S 能级与高能级之间跃迁的频率测量

7.9.1 概述

氢原子由一个质子和一个电子组成,是最简单的原子系统,因而是理论和实验物理学家特别感兴趣的研究对象.用对氢原子的理论计算及相关的物理实验,可以检验描述原子的量子理论的正确性,精密测量作为光谱基础的里德伯常数.氢原子的理论和实验研究已持续了一百余年,由于实验精度所限,测量氢原子能级跃迁的频率值很难突破 10^{-10} 量级.20 世纪 90 年代初高分辨激光光谱学及光频标准测量技术的迅速发展,使这项研究有了很大的突破,测量准确度从 10^{-11} 逐步提高到 10^{-13} 量级.法国 LPTF 和德国马克斯-普朗克量子光学研究所(MPQ)是最有代表性的两个研究组,前者测量氢原子的 2S-8S/8D 的跃迁频率[60,61],这个频率与上节介绍的 778 nm Rb 的双光子跃迁频率相近;后者直接测量氢原子的 1S-2S 能级的跃迁频率[62].他们近年来的测量精度和发表的结果,大有竞相争鸣,互不示弱之势,我们在此分别进行简单介绍.这些成果可用于精密测量里德伯常数的数值,将在第八章中介绍.

7.9.2　光频间隔分频链作相位相干测量的方案

采用可见光频率分频的新概念,具有明显的优点.通过伺服控制,激光器可以锁定在两个给定频率 f_1 和 f_2 之间的中点频率 f_3,则二次谐波 $2f_3$ 与和频 $f_1 + f_2$ 之间的拍频为零.这种光频间隔分频器进行 n 级的分频,相当于任意频率间隔可以除以 2^n 的因子,直至拍频到微波计数技术可接收的范围.

德国 MPQ 长期从事氢原子的 1S-2S 能级的频率测量及里德伯常数的精密测量,1996 年首次发表了相位相干的多级光频间隔分频链的研究结果[62].图7.21示出了他们的实验方案.其中,采用的红外激光参考频率 f 是由俄罗斯科学院新西伯利亚分院的激光物理研究所(ILP)研制的 3.39 μm He-Ne/CH$_4$ 激光器产生的,用德国 PTB 的光频链进行了标定;该实验还包括一台波长接近 1.69 μm 的 NaOH:OH$^-$ 色心激光器,相位锁定到由晶体 AgGaSe$_2$ 产生的二次谐波 $2f$ 上.色心激光的输出频率在晶体 LiIO$_3$ 中倍频,获得波长接近 848 nm 的 $4f$ 信号.

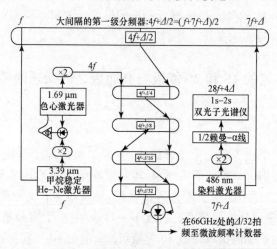

图 7.21　用于测量氢原子的 1S-2S 能级的新频率链

第一个分频级找到 f 与 $7f + \Delta$ 之间的中点,将一个 LD 锁定到频率 $4f + \Delta/2$ 上.$4f$ 与 $4f + \Delta/2$ 之间的间隔 $\Delta/2$ 进一步用四级分频减小其频率值.最终的间隔 $\Delta/32 \approx 66$ GHz 可用商售快速光电二极管和微波频率计数器测量,整个系统可以在几小时内保持锁定.测量结果为

$$f_{\text{1S-2S}} = 2\,446\,061\,413\,187.34\,(84)\,\text{kHz}, \qquad (7.9.1)$$

测量不确定度为 8.5×10^{-13}.

测量值除以 2 为 1997 年 CCDM 的 1S-2S 跃迁的国际推荐值[36]:

$$f_{1S-2S} = 1\ 233\ 030\ 706\ 593.7\ \text{kHz}. \tag{7.9.2}$$

从中红外或近红外波段向上扩展到可见光波段,还需采用两台近红外激光器. 从 20 世纪 80 年代初期至 90 年代中期的十多年间,这个波段所用的近红外激光器是色心激光器. 由于色心激光器在 2.3～2.6 μm 波长范围内可连续调谐,具有单频输出功率较大、线宽较窄等优点,因此成为测量可见光光频标准的测量链中必备的过渡激光器. 1982 年,美国 NBS 采用 2.3 μm 的 KCl:Li 色心激光器进行了可见光的频率测量;此后,1992 年和 1996 年,法国 LPTF 和德国 PTB 分别用 2.52 μm 和 2.6 μm 的 KCl:Li 色心激光器进行了相应的可见光频率测量. 在色心激光器与可见光激光器之间,还需用波长在 1.25～1.3 μm 之间可调谐的 LD 作为过渡激光器. 由于这个波段 LD 的单频输出功率较小,其倍频输出仅在 nW 量级,在测量上具有较大的难度.

2000 年,德国 MPQ 与法国 LPTF 合作,采用锁模激光器发射的激光频梳和铯原子喷泉钟,首次实现了用 70 fs 脉宽的飞秒激光器测量氢的 1S-2S 跃迁的频率,测量结果为[63]

$$f_{1S-2S} = 2\ 466\ 061\ 413\ 187\ 103(46)\ \text{Hz}. \tag{7.9.3}$$

测量不确定度降低 60 倍,达 1.4×10^{-14},成为目前光频测量中不确定度最小的跃迁. 2001 年,CCL 将此值除以 2 作为 1S-2S 双光子跃迁的国际推荐值[39]:

$$f = 1\ 233\ 030\ 706\ 593.7\ \text{kHz}. \tag{7.9.4}$$

§ 7.10　674 nm 锶单离子(Sr⁺)激光频标的频率测量

7.10.1　相对于 633 nm 碘稳定激光频标的频率测量链

为了测量 674 nm 锶单离子激光频标的绝对频率值,加拿大国家研究委员会(NRC)建立了相对于 633 nm 碘稳定激光频标的频率测量链[64]. 频率测量链中,使用了一台 29 THz 的 CO_2 激光器,它与以 633 nm 碘稳定激光器为参考的 474 THz 的辐射的混频,产生了 nW 量级的 445 THz 的辐射,可以用于频率测量. 最初,29 THz CO_2 激光器的参考谱线为 $^{15}NH_3$ 吸收线;后来发现,邻近的 OsO_4 吸收线具有更高的分辨率和更小的频移,从而可以减小频率测量的不确定度. 由此得到的 $^{88}Sr^+$ S-D 跃迁谱线的中心频率值为[65]

$$f_{S-D} = 444\ 779\ 044\ 041 \pm 39\ \text{kHz}. \tag{7.10.1}$$

采用新的 OsO_4 稳定的 29 THz CO_2 激光频标后,预期其复现性可低于 kHz 量级. 因此, 频率测量的准确度仅受 633 nm 碘稳定激光频标不确定度 (2.5×10^{-11}) 的限制. 一旦用铯基准实现更高精度的 $^{88}Sr^+$ S-D 跃迁谱线的频率测量时, 上述方法也能用于 633 nm 碘稳定激光频标的绝对频率测量.

7.10.2 用相位相干频率链进行频率测量

1997 年, NRC 发表了采用相位相干频率链进行频率测量的新结果[65]. 一台频率稳定的 Tm:YAG 激光器[66] 运行在接近 445 THz 的 1/3 频率处, 该激光器的频率通过三分频的方法相位锁定到 445 THz 的光源上. 其中, 第一级是将 148 THz 的 Tm:YAG 激光倍频, 产生的辐射频率为 296 519 600.2 MHz; 第二级是 148 THz 的辐射与 445 THz 的辐射在晶体中混频后产生差频 296 519 655.2 MHz; 这两束辐射在光电二极管中检测到的拍频值为 55 MHz. 而 148 THz 的频率值可用 CO_2 激光的五倍频进行测量, 在钨镍点接触二极管上检测其混频信号, 即

$$f(148\,THz) - 5f(CO_2/OsO_4) = 1.5251\,GHz, \qquad (7.10.2)$$

1997 年秋, NRC 用上述频率链完成了这项测量, 得到了 $^{88}Sr^+$ S-D 塞曼多重线的中心频率值为[59]

$$f_{S\text{-}D} = 444\,779\,044\,093 \pm 20\,kHz, \qquad (7.10.3)$$

为了提高测量的准确度, 必须使被测激光及上述 445 THz 激光具有很高的频率稳定度, NRC 采用了腔稳定的 445 THz 半导体激光, 在平均时间为 100 s 时相对于综合激光的阿仑偏差为 1×10^{-12}; 在更长的时间内, 由于锁定半导体激光的隔离参考腔会有小的漂移, 激光稳定度中可观测到的漂移显然大于腔的长期漂移, 腔的长期漂移是腔和稳频装置的电光调制器之间光程中的背景反射信号使伺服锁定点产生漂移而引起的, 在 100 s 内低于 5×10^{-13} 量级, 用软件稳频伺服系统可以直接跟踪.

1997 年, 英国 NPL 也发表了锶单离子的频率测量的结果[60], 测量的平均值为[53]

$$f_{S\text{-}D} = 444\,779\,043\,98 \pm 0.06\,MHz, \qquad (7.10.4)$$

不确定度为 1.3×10^{-13}, 主要是由 He-Ne/I_2 激光频标产生的, 这个频标曾与 BIPM 的同类频标进行过多次比对. 上述两个结果 (7.10.3) 和 (7.10.4) 在不确定度范围内是符合的, 测量的不确定度受到频率链中的 He-Ne/I_2 的准确度及整个相位锁定时的有限周期所限制. 1997 年, CCDM 采用 NRC 与 NPL 测量值的加权平均作为国际推荐值[65]:

$$f_{Sr^+} = 444\,779\,044.04\,MHz, \qquad (7.10.5)$$

标准不确定度为 4.5×10^{-11}.

§7.11 用和频的测量方法

7.11.1 和频与倍频结合的测量方法

采用和频与倍频相结合的测量方法,可以用原来光频链测量中的已知频率的激光谱线,获得待测激光谱线的频率值.例如,在 7.1 节(7.1.1) 式中所列,三个频率中有两个频率为已知值时,即可得出另一个待测的频率值.可用下列方程来测量光通信中经常应用的激光谱线

$$\nu(1.064 \ \mu m) + \nu(1.556 \ \mu m) \approx \nu(633 \ nm), \tag{7.11.1}$$

式中的 $\nu(633 \ nm) = 473 \ 612 \ 214$ THz, $\nu(1.064 \ \mu m) = (1/2)\nu(532 \ nm) = 281 \ 630 \ 112$ THz.根据日本东京工业大学的频率稳定和测量的结果[54],用 HCN 饱和吸收稳定的 LD,其频率值为

$$\nu_{HCN} = 192 \ 622 \ 446 \ \text{THz}. \tag{7.11.2}$$

由式(7.11.1)和(7.11.2)相比可得

$$\nu(1.064 \ \mu m) + \nu_{HCN} = \nu(633 \ nm) + \Delta\nu, \tag{7.11.3}$$

式(7.11.3)中的 $\Delta\nu = 640.344$ GHz. 由 8.1 节中将介绍的 OFCG 技术可知,对于 1 THz 量级的频率,完全可用 OFCG 方法进行测量.这项测量的不确定度可达到或优于 1×10^{-10} 量级,由此可以建立光通信波段的精密频率标准.

7.11.2 532 nm 碘跃迁谱线的频率测量结果

(1) 532 nm 碘跃迁谱线的频率测量

532 nm 碘跃迁谱线的绝对频率可以用几种不同方法进行测量.一种方法是 633 nm 碘稳定 He-Ne 激光与 3.39 μm 甲烷稳定 He-Ne 光频标准之和近似等于 532 nm 碘稳定固体倍频激光的频率,其差值约为 1.3 THz;另一种方法是根据 778 nm Rb 的双光子跃迁($5S_{1/2}$-$5D_{5/2}$)与 532 nm 碘稳定激光之间的频差近似等于 3.39 μm 甲烷稳定 He-Ne 光频标准,其差值约为 1.2 THz. 在这两种方法中,可以应用的激光功率均很小,因而更方便的是采用 780 nm Rb 的 D_2 线,因为 D_2 线频率与 532 nm 碘稳定光频标准的和频与 633 nm 碘稳定 He-Ne 激光的倍频之间的频差仅为 263 GHz,这个频差可以用肖特基二极管直接测量.然而,肖特基二极管对紫外光不够灵敏,因而需通过第二台辅助激光器调谐偏离 Rb 线,将 263 GHz 的频率向 780 nm 移动.通过对紫外拍频(MHz 范围)和 263 GHz 红外拍频的同时计数,可以测量 532 nm 碘稳定光频标准.其中,应消除辅助激光

的任何频率漂移,这在紫外和红外拍频中同样都会出现. 这种方法的频率准确度主要由 Rb D_2 线的不确定度所决定. 在英国 NPL 的频率测量中[55],由于采用干涉方法,其不确定度为 ± 60 kHz. 实验表明,美国 NIST 的肖特基二极管能测量约 1 THz 的频率,通过 Rb 的 D_2 线与双光子跃迁之间的频差的绝对测量,Rb D_2 线绝对频率的不确定度可改进到 ± 40 kHz. 所采用的测量方法是纯粹的频率测量方法.

(2) 532 nm 碘跃迁谱线的频率测量结果

1995 年,美国 JILA[71] 发表了他们的测量结果,如图 7.22 所示,图中的 532 nm Nd:YAG/I_2 激光器已在第三章中作了描述. 其中的 633 nm He-Ne 激光器的单模输出功率为 0.7 mW,用聚集腔中的 KTP(KTiOPO$_4$,磷酸氧钛钾)晶体倍频,其相位匹配温度约 47°,产生 316 nm 的输出功率约为 100 nW. He-Ne 激光器相位锁定到碘稳定激光器上,其偏置频率为 88 Hz. 在第二个 KTP 晶体中,进行 532 nm Nd:YAG/I_2 激光与 780 nm 掺钛蓝宝石激光的和频,产生 μW 量级的 316 nm 输出. 上述倍频及和频产生的两束紫外激光进入光电倍增管(PMT)内,由于拍频信号较弱,通过相位跟踪技术产生约 20 MHz 的拍频复制信号,以便测量时进行有效的计数.

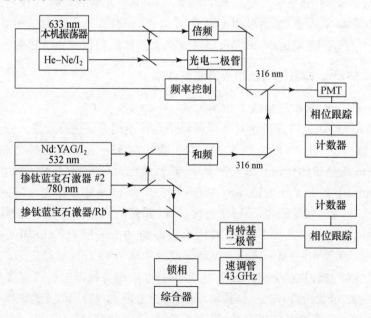

图 7.22   用倍频及和频方法测量 532 nm Nd:YAG/I_2 光频标准的方案

第二台 780 nm 掺钛蓝宝石激光器的频率锁定在 Rb 的 D₂ 线的超精细分量上,两束 780 nm 红外光束会合到肖特基二极管内. 在二极管上直接注入 43 GHz 微波,获得 263 GHz 的拍频信号. 43 GHz 微波是用速调管产生的,其相位锁定在频率综合器的 12 次谐波上. 由于在高阶倍频中,拍频的准确度受频率综合器中所用时基的灵敏度限制,其比例为 26 kHz/Hz,因此如光频测量的准确度要优于 1 kHz,综合器内部的时基必须保持到优于 40 mHz.

Rb 吸收的稳频技术是与第五章中介绍的碘吸收稳频技术相类似的. 778 nm 波段的激光为 Rb 吸收的双光子跃迁,绝对频率的准确度已达 5 kHz,由此测量了 Rb 的 D₂ 线与双光子跃迁之间约为 1.05 THz 的频差. 测量如此高的频率的方法是,在肖特基二极管上注入 65 mW 的 91 GHz 微波进行混频,当两路激光调谐到可以检测时,激光之间的频差为微波频率的倍数.

有 9 个以上的多普勒加宽跃迁位于 Nd:YAG 激光倍频的调谐范围内,其中,R(56)32-0 跃迁具有很强而很窄的超精细分量,将其 a_{10} 分量作为主要参考线,因为它相对孤立而又位于多普勒曲线中心. 对这些分量测量时,碘室温度稳定在 (-20 ± 0.1)℃. 抽运功率为 500 μW,探测功率为 200 μW. 测量结果如表 7.7 所列.

表 7.7 532 nm R(56)32-0 线各分量的频率测量值

分量	F'	I	测量值/MHz	计算值/MHz	测量值减去计算值/kHz
a_1	57	2	−571.546 776	−571.545 724	−1.052
a_2	53	4	−311.848 288	−311.847 728	−0.560
a_5	58	2	−260.176 900	−260.176 054	−0.855
a_6	56	2	−170.066 022	−170.064 365	−1.657
a_7	61	4	−154.551 039	−154.548 713	−2.326
a_8	54	4	−132.915 891	−132.915 011	−0.880
a_9	55	4	−116.199 435	−116.197 377	−2.058
a_{10}	59	4	0.000 000	0.000 000	0.000
a_{11}	60	4	126.513 402	126.512 815	0.587
a_{12}	57	4	131.210 847	131.212 815	−1.978
a_{13}	55	2	154.490 700	154.489 932	−0.768
a_{15}	56	4	286.410 404	286.413 056	−2.652

由于表 7.7 中分量 a_3 和 a_4 是未分辨的双线,因此未包括在拟合之内;a_{14} 未获数据. 测量与计算的分量之差列在最后一栏,其标准偏差仅为 1.12 kHz.

Rb 的交叉线的频率 f_{dfx} 和 d 线的频率 f_d 直接用双光子跃迁 $5S_{1/2}$-$5D_{5/2}$ $(F=2\rightarrow F=4)$ 作参考进行测量,其绝对频率值为 385 242 216 362$\pm$5 kHz[58]. 测量 780 nm D₂ 线的绝对频率值为

$$f_{\text{dfx}} = 384\ 227\ 981.879\ \text{MHz} \pm 30\ \text{kHz}, \qquad (7.11.4)$$

$$f_{\text{d}} = 385\ 227\ 848.543\ \text{MHz} \pm 25\ \text{kHz}. \qquad (7.11.5)$$

由此得出的 R(56)32-0 跃迁 a_{10} 分量的绝对频率值为

$$f(a_{10}) = 563\ 260\ 223.481\ \text{MHz} \pm 40\ \text{kHz}. \qquad (7.11.6)$$

其误差来源如下：He-Ne/I_2 倍频系统的估计误差为 ± 15 kHz，2000 个测量点的标准偏差为 ± 5 kHz，链的复现性为 ± 30 kHz，Rb 的交叉线的频率测量的准确度为 ± 30 kHz，因此总的均方根误差为 ± 40 kHz.

　　美国 JILA 采用上述方法也测量了相邻的 8 个跃迁（谱线 1104 至 1111）的频率值，如表 7.8 所示，其中也列出了由 CCDM 推荐的数值，标准偏差为 2 kHz.

表 7.8　532 nm 碘分子振转跃迁的频率和波长值

（根据 CCDM-97 推荐值计算，表中黑体字是原推荐数据）

谱线	跃迁分支	频率值/MHz	波长值/fm	YAG 温度/℃	Δ/kHz
1097	R(87)33-0, a_1	563 148 288.31			$-111\ 935\ 173.1$
1098	R(58)32-0, a_1	563 158 063.50			$-102\ 159\ 978.2$
1099	P(55)32-0, a_1	563 161 456.89			$-98\ 766\ 591.0$
1099	P(104)34-0, a_1	563 162 153.70			$-98\ 069\ 775.0$
1100	P(84)33-0, a_1	563 164 293.62			$-95\ 929\ 863.0$
1101	R(122)35-0, a_1	563 169 241.76			$-90\ 981\ 724.1$
1101	R(145)37-0, a_1	563 175 230.62			$-84\ 992\ 863.0$
1103	P(132)36-0, a_1	563 186 706.39			$-73\ 517\ 088.1$
1104	R(57)32-0, a_1	563 209 276.60	532.298 951.81		$-50\ 946\ 880.4$
1105	P(54)32-0, a_1	563 212 634.59	532.295 398.15		$-47\ 588\ 892.5$
1106	P(119)35-0, a_1	563 223 383.32	532.284 023.06	45.5	$-36\ 840\ 161.5$
1107	R(86)33-0, a_1	563 228 033.08	532 279 102.35	44.5	$-32\ 190\ 404.0$
1108	R(106)34-0, a_1	563 229 788.72	532.277 244.40	44	$-30\ 434\ 761.5$
1109	R(134)36-0, a_1	563 243 048.80	532 263 210.57	39	$-17\ 173\ 680.4$
1109	P(83)33-0, a_{21}	563 244 541.41	532 261 630.04	39	$-15\ 682\ 074.1$
1110	**R(56)32-0, a_{10}**	**563 260 223.48**	**532 245 036.14**	**31**	**0**
1111	P(53)32-0, a_1	563 262 783.19	532 242 284.94	30.5	$+2\ 599\ 708.0$

§7.12　传统光频链测量总结

　　本章所介绍的传统光频测量链的发展始于 1967 年，当时美国麻省理工学院（MIT）Hocker 等人[1] 首次用微波频率测量了两台远红外波段 804 GHz 的 HCN 激光的频率，测量不确定度为 1×10^{-7}. 在此后的 30 余年内，测量的谱线从远红外波段,逐步扩展到中红外的 CO_2 谱线、近红外的甲烷谱线和乙炔谱线;首次可见光波段的碘吸收谱线的测量是美国 NBS 的 Jennings 等人[9]完成的;1996 年,德国的 Hansch 等人[62]首次发表了相位相干的多级光频间隔分频链的研究结果,将测量的谱线扩展至紫外的氢原子跃迁谱线.至此,传统光频测量链的测量波长范围为从 10 μm 至 243 nm,相应的频率从 30 THz 至 1233 THz.测量不确定度从 10^{-7} 量级减小到 6×10^{-13} 的水平.

在光频测量系统发展的过程中,有一些重要的发现和技术的进展,包括超快 MIM 二极管、肖特基二极管光混频器、红外激光器技术以及非线性光学等.实际上,这些努力最大的副产品是贯穿整个电磁谱的稳频激光源的发展.它们可以用于毫米波、远红外、红外和可见光范围内的原子和分子的光谱学研究.据精密红外光谱学得到的结果,对了解分子结构以及基本的、污染物质和大气成分的化学是很有价值的.由光频计量学所得的结果获得应用的例子很多,其中包括用准确频率的稳频红外激光器测量了一些分子的吸收谱线.根据精密的实验测量和分子模型,就能确定从 488 cm^{-1} 至 4400 cm^{-1}(14.6~132 THz)谱区内三万多个红外分子跃迁的频率,其精度达到 8 位[85].同样,美国 NIST 的 Evenson 及其同事们测定了许多分子样品和基团的精密分子频率和结构[86].由 Evenson 实验室根据光频链导出了两类光谱方法是:Tu-FIR 激光光谱学和 LMR.Tu-FIR 用 MIM 二极管作为混频器在两台 CO_2 激光器之间产生差频,加上可调谐的微波综合器来产生和发射精密可调谐的远红外光束.Tu-FIR 在远红外的分子光谱学中是非常有用的.另一方面,在没有许多可调谐的红外和远红外激光器的情况下,LMR 用大磁场来调谐分子跃迁使其谐振.

更为重要的应用是激光频率稳定方法的发展,如稳定到法布里-珀罗参考腔上、Pound-Drever-Hall 方法、调制锁定、光学相位锁定回路、激光频率稳定到原子分子跃迁上以及精密光频计量学的通用技术.这些技术现已广泛地应用于光频测量领域内,例如引力波干涉仪.

1997 年,米定义咨询委员会(CCDM)更名为长度咨询委员会(CCL)并推荐了 12 种吸收谱线的频率值及相应的真空波长值,表 7.9 中列出了这些推荐值[37].我们可以认为,这个推荐表是传统光频链 30 年的结晶,也是这种方法发展到了顶峰的展示.30 年中,传统光频链为光频测量及长度与时间单位的统一作出了不可磨灭的贡献.

图 7.23 示出了自 1967 年至本世纪初光频测量不确定度随时间的变化.由图可见,20 世纪 70 年代初的测量不确定度约为 10^{-7} 量级;70 年代中约为 10^{-10} 量级;80 年代初约为 10^{-11} 量级;80 年代中至 90 年代初约为 10^{-12} 量级;90 年代中期至上世纪末达到 10^{-13} 量级;但在改进和发展中也表现了它的一些致命的

表 7.9 1997 年国际长度咨询委员会(CCL)推荐的 12 类光频标的参数表

序号	吸收物/激光或离子	跃迁	频率/MHz	真空波长/fm	相对不确定度(1σ)
1	^1H	1S-2S 双光子跃迁	1 233 030 706 593.7	243 134 624.626 0	8.5×10^{-13}
2	$^{127}I_2/Ar^+$	P(13)43-0, a_3(s)	582 490 603.37	514 673 466.4	2.5×10^{-10}
3	$^{127}I_2/Nd:YAG$	R(56)32-0, a_{10}	563 260 223.48	532 245 036.14	7×10^{-11}
4	$^{127}I_2/He-Ne$	R(12)26-0, a_{10}	551 579 482.96	543 516 333.1	2.5×10^{-10}
6	$^{127}I_2/He-Ne$	R(47)9-2, a_7(o)	489 880 354.9	611 970 770.0	3×10^{-10}
7	$^{127}I_2/He-Ne$	R(127)11-5, a_{13}(f)	473 612 214 705	632 991 398.22	2.5×10^{-11}
8	$^{40}Ca/LD$	$S_0-^3P_1$, $\Delta m_J=0$	455 986 240.494 15	657 459 439.291 7	6×10^{-13}
9	$^{88}Sr^+/LD$	$5^2S_{1/2}-4^2D_{5/2}$	444 779 044.04	674 025 590.95	1.3×10^{-10}
10	$^{85}Rb/LD$, 双光子跃迁	$5S_{1/2}(F_g=3)-$ $5D_{5/2}(F_e=5)$	385 285 142.378	778 105 421.22	1.3×10^{-11}
11	$CH_4/He-Ne$	P(7), ν_3, $F_2^{(2)}$	88 376 181 600.18	3 392 231 397.327	3×10^{-12}
12	$OsO_4/^{12}C^{16}O_2$	R(12)激光谱线	29 096 274 952.34	10 303 465 254.27	6×10^{-12}

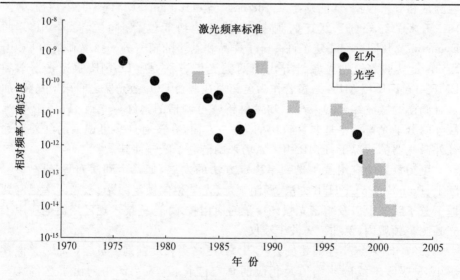

图 7.23 1999 年之前的光频测量不确定度随年代的变化趋势

弱点,它的成就及缺点促使了一项新技术的产生,即用飞秒激光梳的新方法,它使测量不确定度达到了 10^{-14} 量级,并在向 10^{-15} 量级迈进.我们将在第八章全面介绍这项光频测量新技术的重大突破所带来的成就.

表 7.9 列出的测量不确定度主要是 20 世纪 90 年代的结果;1999 年后的结果是光频梳出现后的成绩,将在第八章中介绍.

参 考 文 献

[1] Hocker L O, Javan A, Rao D R, Frenkel L, Sullivan T. Absolute frequency measurement and spectroscopy of gas laser transitions in the far infrared. Appl. Phys. Lett. , 1967, 10:147.

[2] Bay Z, Luther G G, White J A. Measurement of an optical frequency and speed of light. Phys. Rev. Lett. , 1972, 29:189.

[3] Evenson K M, Wells J S, Peterson F R, Danielson B L, Day G W. Appl. Phys. Lett. , 1973, 22:192.

[4] 霜田光一, Jan J. Appl. Phy. , 1973, 12:1222.

[5] Clairon A, Dahmani B, Rutman J. New Measurements of the Frequency of the Stabilized $^{13}CO_2$ P(28), CO_2 R(30) and He-Ne/CH$_4$ Lasers. CPEM'80.

[6] Chebotaev V P. Optical Time Scale. Journal de Physique, 1981, 8:505. Bagayev S N, Borisov B D, Gol' Dort V G, Yu Gusev A et al. An optical standard of time. Avtometrya, 1983, 3:37—58.

[7] Domnin Y S. Laser frequency standard and measurements. (内部资料)

[8] Knight D J E, Edwards G J, Pearce P R, Cross N R. Measurement of the frequency of the 3. 39 μm methane-stabilized laser to ± 3 parts in 10^{11}. IEEE Tran. Instru. Meas. , 1980, 29:257.

[9] Jennings D A, Pollock C R, Petersen F R, Drullinger R E, Evenson K M, Wells J S, Hall J L, Layer H P. Opt. Letters, 1983, 8:136.

[10] Acef O, Zondy J J, Abed M, Laurent Ph, Rovera D G, Gerard A H, Clairon A, Millerioux Y, Juncar P. Optical frequency synthesis chain: frequency measurement at 473 THz of a He-Ne/I$_2$ laser. (in France) Bulletin du Bureau National de Metrology, 1993, 91:7.

[11] Quinn. Metrologia, 1984, 19:163.

[12] Schnatz H, Lipphardt B, Helmcke J, Riehle F, Zinner G. First phase-coherent frequency measurement of visible radiation. Phys. Rev. Lett. , 1996, 76:18.

[13] Udem T, Huber A, Weitz M, Leibfried D, Konig W, Prevedelli M, Dimitriev A, Geiger H, Hansch T W. Phase-coherent measurement of the hydrogen 1S-2S frequency with an optical frequency interval divider chain. IEEE Trans. Instru. Meas. , 1997, 46: 162.

[14] Zondy J J, Touahri D, Hilico L, Abed M, Clairon A. Absolute frequency measurement of a diode laser locked on a hyperfine component of $5S_{1/2}$-$5D_{5/2}$ two-photon transitions of rubidium (λ=778. 1 nm, ν=385. 3 THz). SPIE, 2378:149.

[15] Eickhoff M L, Hall J L. Optical frequency standard at 532 nm. IEEE Trans. Instr.

Meas. , 1995, 44:155.

[16] Wong N C. Optical frequency division using an optical parametric oscillator. Opt. Letters, 1990, 15:1129.

[17] Slyusarev S, Ikegami T, Ohshima S, Sakuma E. A low threshold and stable optical parametric oscillator for optical frequency division. SPIE, 1995, 2379:192.

[18] Reichert J, Holzwarth R, Udem Th, Hansch T W. Measuring the frequency of light with mode-locked lasers. Optics Comm. , 1999, 172:59.

[19] Hocker L O, Rao D R, Javan A. Phys. Lett. A, 1967, 24:690.

[20] Hocker L O, Small J G, Javan A. Phys. Lett. A, 1969, 29:321.

[21] Evenson K M, Wells J S, Matarress L M, Elwell L B. Appl. Phys. Lett. , 1970, 16:159.

[22] Evenson K M, Wells J S, Matarress L M, Elwell L B. CPEM'72, Bouldeer, Colorado, U. S. A, 1972.

[23] Blaney T G, Bradley C C, Edwards G J, Knight D J E. Absolute frequency measurement of a Lamb-dip stabilized water vapour laser oscillating at 10. 7 THz (28 μm). Phys. Lett. A, 1973, 43:471.

[24] Blaney T G, Cross N R, Knight D J E, Edwards G J, Pearce P R. Frequency measurement at 4. 25 THz (70. 5 μm) using a Josephson harmonic mixer and phase-lock techniques. J. Phys. D:Appl. Phys. , 1980, 13:1365.

[25] Zakhar'yash V F, Klement'ev V M, Timchenko B A, Yumin V V. Absolute measurement of the CH_2F_2 line frequencies at $\lambda = 214$. 6 and 184. 3 μm. Quantum Electronics (in Russian), 1988, 15:1923.

[26] Blaney T G, Bradley C C, Edwards G J, Jolliffe B W, Knight D J E, Rowley W R C, Shotton K C, Woods P T. Measurement of speed of light: I. introduction and frequency measurement of a carbon dioxide laser. Proc. R. Soc. Lond. A, 1977, 355:61.

[27] Weiss C O. Frequency measurement chain to 30 THz using FIR Schottky diodes and a submillimeter backward wave oscillator. Appl. Phys. B, 1984, 34:63.

[28] Clairon A, Dahmani B, Filimon A, Rutman J. Precision frequency measurements of CO_2/OsO_4 and He-Ne/CH_4 stabilized lasers. IEEE Trans. Instrum. Meas. , 1985, 34:368.

[29] Freed C, Bradley L C, O'Donnell R G. Absolute frequencies of lasing transitions in seven CO_2 isotopic species. IEEE J. Quan. Electr. , 1980, 16:1195.

[30] Evenson K M, Wells J S, Matarress L M. Appl. Phys. Lett. , 1970, 16:251.

[31] Jennings D A, Peterson F R, Evenson K M. Appl. Phys. Lett. , 1975, 26:510.

[32] Domnin Yu S, Kosheljaevsky N B, Tatarenkov V M, Shumjatsky P S. Precise frequency measurements in submilimeter and infrared region. CPEM'80.

[33] Blaney T G et al. Measurement of speed of light. Nature, 1974, 251:46.

[34] Barger R L, Hall J L. Pressure shift and pressure broadening of mathane line at 3. 39 μm studied by laser-saturated molecular absorption. Phys. Rev. Lett. , 1969, 22:4.

[35] Rowley W R C, Jolliffe B W, Shotton B W, Wallard A J, Wood P T. Review: laser wavelength measurements and the speed of light. Opt. Quantum Electron. , 1976, 8:1.

[36] Domnin Yu S, Koshelyevskii N B, Tatarenkov V M, Shumytskii P S. Absolute frequency measurement of IR lasers. Pis'ma Zh. Eksp. and Teor. Fiz. (USSR), 1979, 30:273.

[37] Quinn T J. Mise en pratique of the definition of the metre (1992). Metrologia, 1992, 30:523.

[38] Quinn T J. Practical realization of the definition of the metre. Metrologia, 1997, 36:211.

[39] Quinn T J. Practical realization of the definition of the metre, including recommended radiations of other optical frequency standards (2001). Metrologia, 2003, 40:103.

[40] Clairon A, Van Lerberghe A, Salomon C, Ouhayoun M, Borde C J. Toward a new absolute frequency reference grid in the 28 THz range. Opt. Comm. , 1980, 35:368.

[41] Clairon A, Dahmani B, Filimon A, Rutman J. Precise frequency measurements of CO_2/ OsO_4 and He-Ne/CH_4 stabilized lasers. IEEE Trans. Instrum. Meas. , 1985, 34:265.

[42] Koshelyaevskii N B, Oboukhov A, Tatarenkov V M, Titov A N, Chartier J M, Felder R. International comparison of methane stabilized He-Ne lasers. Metrologia, 1981, 17: 3.

[43] Felder R, Chartier J M, Domnin Yu S, Oboukhov A S, Tatarenkov V M. Recent experiments leading to the characterization of the performance of portable (He-Ne)/CH_4 lasers, Part I: results of the 1985 international comparison BIPM-VNIIFTRI. Metrologia, 1988, 25:1.

[44] M101 Portable Frequency-Wavelength Laser Standard, Hayka'88.

[45] Clairon A, Dahmani B, Acef O, Granveaud M, Domnin Yu S, Pouchkine S B, Tatarenkov V M, Felder R. Recent experiments leading to the characterization of the performance of portable (He-Ne)/CH_4 lasers, Part II: result of the 1986 LPTF absolute frequency measurements. Metrologia, 1988, 25:9.

[46] Jennings D A, Pollock C R, Petersen F R, Drullinger R E, Evenson K M, Wells J S, Hall J L, Layer H P. Opt. Letters, 1983, 8:136.

[47] Acef O, Zondy J J, Abed M, Laurent Ph, Rovera D G, Gerard A H, Clairon A, Millerioux Y, Juncar P. Optical frequency synthesis chain: frequency measurement at 473 THz of a He-Ne/I_2 laser. (in France) Bulletin du Bureau National de Metrology, 1993, 91(7).

[48] Drever R W P, Hall J L, Kowalski F V, Hough J, Ford G M, Ward H. Laser phase and frequency stabilization using an optical resonator. Appl. Phys. B, 1983, 31:97.

[49] Schnatz H, Lipphardt B, Helmcke J, Riehle F, Zinner G. First phase-coherent frequency measurement of visible radiation. Phys. Rev. Lett. , 1996, 76:18.

[50] Morinaga A. Studies on stabilization of complex resonator He-Ne laser and hyperfine structure of iodine molecule. Bulletin of NRLM, 1983: 32, Supplement (No. 115).

[51] Snyder J J, Helmcke J, Zevgolis D. Longitudinal Ramsey-fringe spectroscopy in a calcium beam. Appl. Phys. B, 1983, 32:25.

[52] Morinaga A, Richle F, Ishikawa J, Helmcke J. A Ca optical frequency standard: frequency stabilization by means of nonlinear Ramsey resonances. Appl. Phys. B, 1989, 48:165.

[53] Kisters Th, Zeiske K, Riehle F, Helmcke J. Appl. Phys. B, 1994, 59:89.

[54] Helmcke J. IEEE Trans. Instru. Meas. , 1997, 46:613.

[55] Riehle F, Schnatz H, Lipphardt B, Zinner G, Trebst T, Helmcke J. The optical calcium frequency standard. IEEE Trans. Instru. Meas. , 1999, 48:613.

[56] Nez F, Biraben F, Felder R, Millerioux Y. Optical frequency determination of the hyperfine components of the $5S_{1/2}$-$5D_{3/2}$ two-photon transitions in rubidium. Opt. Comm. , 1993, 102:432.

[57] Touahri D, Acef O, Zondy J J, Hilico L, Nez F, Clairon A. LPTF frequency synthesis chain: results and improvement for the near future. CPEM'94 p. 325.

[58] Touahri D, Acef O, Clairon A, Zondy J J, Felder R, Hilico L, de Beauvoir B, Biraben F, Nez F. Frequency measurement of the $5S_{1/2}(F=3)-5D_{3/2}(F=5)$ two-photon transitions in rubidium. Opt. Comm. , 1997, 133:471.

[59] Rovera D G, Acef O. Optical frequency measurement relying on a mid-infrared frequency standard. // Luiten A N. Frequency measurement and control: advanced techniques and future trends. Berlin: Springer, 2001: 249—272.

[60] Nez F et al. Precise frequency-measurement of the 2s-8s/8d transitionsin atomic-hydrogen—new determination of the Rydberg constant. Phys. Rev. Lett. , 1992, 69:2326.

[61] Schwob C, Jozefowski L, de Beauvoir B, Hilico L, Nez F, Julien L, Biraben F, Acef O, Clairon A. Optical frequency measurement of the 2S-12D transitionsins in hydrogen and deuterium: Rydberg constant and Lamb shift determinations. Phys. Rev. Lett. , 1999, 82:4960.

[62] Udem T, Huber A, Weitz M, Leibfried D, Konig W, Prevedelli M, Dimitriev A, Geiger H, Hansch T W. Phase-coherent measurement of the hydrogen 1S-2S frequency with an optical frequency interval divider chain. IEEE Trans. Instru. Meas. , 1997, 46:162.

[63] Niering M, Holzwarth R, Reichert J, Pokasov P, Udem T, Weitz M, Hansch T W, Lemonde P, Santarelli G, Abgrall M, Laurent P, Salomon C, Clairon A. Measurement of the hydrogen 1S-2S transitionsins frequency by phase-coherent with a microwave cesium fountain clock. Phys. Rev. Lett. , 2000, 84:5496.

[64] Madej A A, Siemen K J. Absolute hetrodyne frequency measurement of the ^{88}Sr$^+$ 445 THz S-D single ion transition. Opt. Lett. , 1996, 21:824.

[65] Bernard J E, Whitford B G, Madej A A, Marmet L, Siemsen K J. Preliminary phase coherent frequency chain measurements of the 445 THz 3S$_{1/2}$-2D$_{5/2}$ ^{88}Sr$^+$ single ion transition. //NRC International Report No. 41373. National Research Council of Canada, Ottawa, Canada, 1997.

[66] Bernard J E, Whitford B G, Madej A A. A Tm:YAG laser for optical frequency measurements mixing 148 THz light with CO$_2$ laser radiation. Opt. Comm. , 1997, 140:45.

[67] Madej A A, Bernard J E, Whitford B G, Marmet L, Siemen K J. The strontium single ion optical frequency standard: preliminary absolute frequency measurements using a phase-locked optical frequency chain. CPEM'98, Conference Digest. Washington D C, July 6-10, 1998: 323.

[68] Madej A A, Siemsen K J, Marmet L, Bernard J E, Acef O. Locking the 474 THz He-Ne/I$_2$ standard to the 445 THz single Sr$^+$ trapped ion standard: hetrodyne frequency measurements using an OsO$_4$ stabilized 29 THz laser system. IEEE Trans. Instru. Meas. , 1999, 48:553.

[69] Ikegami T, Slyusarev S, Ohshima S, Sakuma E. Accuracy of an optical parametric oscillator as an optical frequency divider. Opt. Comm. , 1996, 127:69.

[70] Barwood G P, Gill P, Rowley W R C. Optically narrowed Rb-stabilized GaAlAs diode laser frequency standards with 1.5×10^{-10} absolute accuracy. SPIE, 1992, 1837:262.

[71] Jungner P, Eickhoff M L, Swartz S D, Ye J, Hall J L. Stability and absolute frequency of molecular iodine transitions near 532 nm. SPIE, 1995, 2378:23.

[72] Nez F, Biraben F, Felder R, Millerioux Y. Optical frequency determination of the hyperfine components of the 5S$_{1/2}$-5D$_{3/2}$ two-photon transitions in rubidium. Opt. Comm. , 1993, 102:432.

[73] Ye J, Ma L S, Daly T, Hall J. Highly selective terehertz optical frequency comb generator. Opt. Letters, 1997, 22:301.

[74] Ikegami T, Lyusarev S S, Ohshima S, Sakuma E. A CW optical parameter oscillator for optical frequency measurement, 1995. （内部资料）

[75] Ikegami T, Lyusarev S S, Ohshima S, Sakuma E. Accuracy of an optical parametric oscillator as an optical frequency divider. Opt. Comm. , 1996, 127:69.

[76] Slyusarev S, Ikegami T, Ohshima S, Sakuma E. Experimental confirmation of the accu-

rate performances of an optical frequency and an optical frequency comb generator. CPEM'96: 528.

[77] Hansch T W. // Bassani G F, Inguscio M, Hansch T W. The hydrogen atom. Springer, Berlin, 1989: 93.

[78] Udem Th, Reichert J, Holzwarth R, Hansch T W. Measuring the frequency of light with mode-locked lasers. Optics Communications, 1999, 172:59—68.

[79] Reichert J, Holzwarth R, Udem Th, Hansch T W. Accurate measurement of large optical frequency differences with a mode-locked laser. Optics Letters, 1999, 24:881.

[80] Diddams S A, Jones D J, Ma L, Cundiff S T, Hall J L. Optical frequency measurement across a 104 THz gap with a femtosecond laser frequency comb. Opt. Letters, 2000, 25:186.

[81] Ranka J K, Windeler R S, Stentz A J. Visible continuum generation in air-silica microstructure optical fibers with anomalous dispersion at 800 nm. Opt. Letters, 2000, 25:25.

[82] Diddams S A, Jones D J, Ye J, Cundiff S T, Hall J L. Direct link between microwave and optical frequencies with a 300 THz femtosecond laser comb. Phy. Rev. Letters, 2000, 84:5102.

[83] Holzwarth R, Reichert J, Udem Th, Hansch T W. Optical frequency metrology and its contribution to the determination of fundamental constants. Proceeding ICAP, 2000.

[84] Holzwarth R, Udem Th, Hansch T W, Knight J C, Wadsworth W J, Russell P St J. An optical frequency synthesizer for precision spectroscopy. July 2000 (内部资料).

[85] 数据发表在: http://physics. nist. gov/PhysRefData/wavenum/html/contents. html.

[86] 许多参考数据发表在: http://tf. nist. gov/general/publications. htm.

第八章 用飞秒的光频梳直接进行光频的绝对频率测量

20 世纪末,光频测量技术出现了重大突破,用飞秒的光频梳在微波频率与光学频率之间架起了直接沟通的桥梁,这是一种直接测频的崭新方法.它使第七章中所用的光频链方法得到极大的简化,从而使高精度的光频标的发展获得新生,并产生了一系列光频标新的推荐值.本章中将介绍相应的原理、方法和测量结果.

§8.1 光频梳状发生器技术

为了相干光波频率的准确控制、扫描和测量,需要有展宽的光频参考线作为标识.电光调制器(EOM)是一种光频参考的栅形发生器,用于准确地填补任何两个相干光源之间的频率间隙.由电光调制原理研制的一种装置称为光频梳状发生器(OFCG).它是一种法布里-珀罗型的电光调制器,能填补任何两个相干光源之间的频率间隙,间隙的频率范围可大于 1 THz. OFCG 是由光学谐振腔内有效的电光相位调制器构成的.在调制频率等于自由光谱区的整数倍时,由于光多次通过调制器,在光学腔内产生了光的许多高阶调制边带.由此产生的这些调制边带,它们的频谱犹如一把"梳子",可称之为光频梳(OFC)[1].

本节中介绍三种类型的 OFCG:大块整体型 OFCG;光波导型整体 OFCG;三镜型整体 OFCG[2].这三种结构均可以获得频率间隔大于 1 THz 的两台激光器之间的拍频信号,而采用一些新的方法可以提高拍频信号的信噪比.

图 8.1(a)示出了大块整体型 OFCG 的结构,其核心部件是两端镀以高反膜的大块 $LiNbO_3$ 电光晶体.为了实现在高频处高效的电光调制,晶体插入微波谐振腔内,以便将微波功率集中到晶体内.这种 OFCG 相当紧凑,腔内损耗很小.在 1.5 μm 或 780 nm 波长均能应用这种结构. 780 nm 的光学腔的精细度大于 300,调制深度高达 1 弧度.图 8.1(b)示出了这种 OFCG 产生的 OFC 谱的包络,可见包络的宽度达 7.6 THz,其中边缘的不连续跃变是由电光晶体的材料色散引起的.

材料色散是 OFCG 的重要问题. 即使两束不同波长的激光光束进入 OFCG, 也很难增大 OFCG 的总宽度, 因为总宽度受到材料色散的限制. 用高效相位调制器可增加最大宽度的色散极限. 与上述大块型相比, 光波导型电光调制器是更为有效的相位调制器. 图 8.2(a) 示出了这种结构, 它是两端镀高反膜的光波导型电光相位调制器. 光腔的精细度为 30, 调制深度高达 10 弧度. 图 8.2(b) 中示出了用五个不同波长的 LD 通过光纤耦合器同时进入时, 测量的包络的谱线轮廓. 五个包络的总频率宽度为 13 THz, 它能覆盖光传输系统的玻璃的光窗范围.

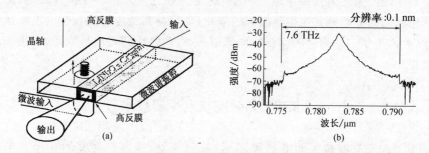

图 8.1 (a) 大块整体型 OFCG 的结构; (b) OFCG 产生的 OFC 谱的包络

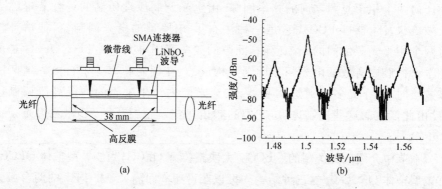

图 8.2 (a) 光波导型单块 OFCG 结构; (b) 不同波长谱线的包络

为了增大梳状发生的转换效率, 三镜型 OFCG 更合适. 图 8.3(a) 示出了它的结构, 在整体 OFCG 前放置第三块镜子[2]. 这块镜子与整体型 OFCG 前面的镜子形成再循环腔, 以增加入射光与 OFCG 的耦合效率. 图 8.3(b) 示出了有无第三镜测量的包络的谱线轮廓. 如图所示, 在 1.5 μm 波长处的 6.3 THz 范围内, 用三镜腔的 OFCG, 其强度增加 18 dB. 从输入激光光束至 OFCG, 总功率的转换效率从 0.3% 增大到 15%.

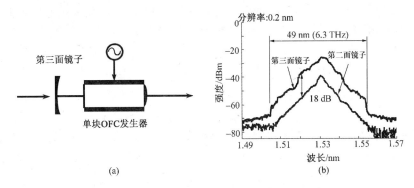

图 8.3　(a) 三镜型 OFCG 结构；(b) 包络的谱线轮廓的测量

OFCG 是只用一台激光器的简单系统,其性质是在载波周围具有等间隔的谱线.这些谱线是由电光调制器产生的调制边带.为增强光学与射频场的相互作用,将电光调制器置于低损耗腔内,与载波和所有的边带谐振.换言之,射频调制频率等于腔的自由光谱区(FSR)的整数倍.原则上,梳状频率范围仅由系统的色散所限制,可以在设计上加以考虑.

美国 JILA 的 Hall 等人[3]对 OFCG 提出一项改进:用短滤波腔代替一个腔镜,其输出与梳的一个边带谐振.如果滤波腔的自由光谱区(FSR)大于梳的宽度,则滤波腔在未达到要求边带时不发生谐振.因此,滤波腔将不改变梳状发生器的过程,直到谐振与边带之间具有很好的匹配.OFCG 的功率谱可表示为

$$P_k \propto \exp(-\mid k \mid \pi/\beta F), \tag{8.1.1}$$

式中 P_k 是第 k 个边带的功率,β 是 EOM 的调制指数,F 是加了晶体的腔的精细度.滤波的单一谱线可以很方便地用与可调谐激光的差拍混频来检测.对简单的 OFCG,第 k 个边带的信噪比(SNR)为

$$\mathrm{SNR}_k = \eta T P_k P_{\mathrm{ref}}/2eB \left(T \sum_k P_k + P_{\mathrm{ref}}\right), \tag{8.1.2}$$

而具有滤波腔的 OFCG 的信噪比为

$$\mathrm{SNR}_k = \eta T P_k P_{\mathrm{ref}}/2eB \left(\chi P_k + P_{\mathrm{ref}}\right), \tag{8.1.3}$$

式中 e 是电子电荷,B 是检测带宽,η 是检测器的效率(单位 A/W),P_{ref} 是参考激光的功率,T 是简单的 OFCG 输出耦合镜的功率透过率,χ 是滤波腔的谐振透过系数.采用滤波腔不仅将差拍项的信号提高了 χ/T 倍,通常 $T<1\%$,而且减小了用直流功率测定的噪声水平,因为在载波和低阶边带之间的功率分布是并不检测的.

JILA 实验中采用的电光调制器(EOM)是美国 New Focus 公司设计的产品,其中放在微波谐振腔中的晶体是 MgO：LiNbO$_3$,尺寸为 2 mm×2 mm×35.4 mm,两端镀以增透膜.EOM 置于图 8.4 中的三镜腔内,镜子是用焦距为250 mm 的相同透镜材料制作的,凸面镀 633 nm 的增透膜,平面镀 99.6% 的高反膜.用两块这样的镜子 M$_1$ 和 M$_2$ 组成的腔,后者的精细度为 680,每个镜子的透过率 T 分别为 20% 和 0.2%.腔的自由光谱区(FSR)为 EOM 频率的 1/16.当腔放置冷晶体时,精细度和透过率分别下降到 200 和 2%,相应于单程通过EOM 的损耗为 1.1%.由 M$_2$ 和 M$_3$ 组成的滤波腔的精细度为 400,FSR 为2 THz,效率为 30%,通过因子 $\chi/T\approx0.3/0.2\%=150$,可增大选择边带的输出功率.为了将腔锁定到输入光频标准上,用 PZT 将镜子 M$_1$ 抖动,其抖动振幅为腔线宽的 1/10,这将仅使边带稍有振幅调制.反射光则对抖动频率相敏检波而提供腔的鉴频信号.装在 M$_3$ 上的另一个 PZT 用来调谐滤波腔的带通频率.功率约 150 μW 的偏振稳定的 He-Ne 激光入射在 OFCG 上.OFCG 输出的一部分用直流的接收器光电二极管检测;另一部分与 633 nm 外腔可调谐半导体激光差拍混频后用雪崩光电二极管(APD)接收.

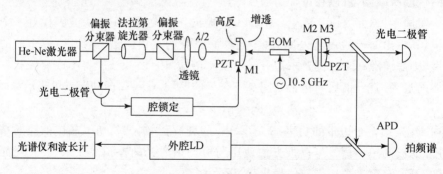

图 8.4　633 nm OFCG 的实验装置

图 8.5 示出了连续调谐滤波腔时 OFCG 直流检测的输出谱,从载波频率的一边来看,其宽度显然大于 1 THz.滤波腔的宽度 FWHM 约为 5 GHz,这足以分辨 10.5 GHz 的各个边带宽度.由于滤波腔调谐到与载波频率接近谐振,它开始干扰 OFCG 腔并影响激光-腔的锁定.这在图中的约 1.25 THz 处表现为斜率16 dB/THz 的下降.

将 633 nm 外腔 LD 约 15 μW 的功率用于 OFC 边带的差拍检测,其拍频谱示于图 8.6 中.图(a)是 LD 与 He-Ne 激光载波的 96 次边带之间的拍频,相应的频率间隙为 1 THz,分辨带宽 100 kHz 时的 SNR 为 26 dB.滤波腔的谐振相继也可调到边带为 48 次(505 GHz)和 144 次(1.515 THz)处,其 SNR 分别为 35 dB 和 20 dB,相应的拍频谱示于图 8.6(b).这个拍频信号很容易用由相位锁定在拍频信号上的电压控制的射频振荡器组成的跟踪滤波器计数.

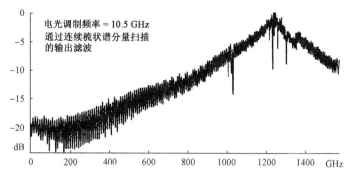

图 8.5　连续调谐滤波腔时 OFCG 直流检测的输出谱

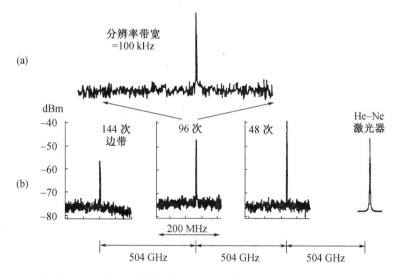

图 8.6　(a) LD 与 He-Ne 激光载波的 96 次(1 THz)边带之间的拍频;
(b) LD 与 48 次(505 GHz)、96 次和 144 次(1.515 THz)边带之间的拍频

由于滤波腔选出某一个边带,它对 OFCG 产生的低阶边带稍有影响.当一个边带中的能量耦合出腔外,OFCG 的其他能量很快下降.图 8.7 中示出了相应的情况,其中滤波腔的谐振位于 48 次边带的峰值,而 LD 的频率相继定位于 47 次,48 次和 49 次边带上.差拍检测表明,由于滤波腔的有限宽度,47 次边带

和 49 次边带的漏出功率分别小于 48 次主边带－17.7 dB 和－23.3 dB. 在提高滤波腔的效率和精细度后, 上述指标还可得到改进.

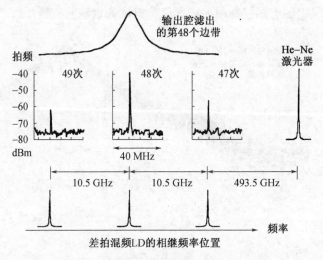

图 8.7   边带选择和梳状谱截止的滤波腔机制

上述检测表明, 633 nm 的 OFCG 已实现了频率大于 3 THz 的展宽. 在带宽为 100 kHz 时, 1.5 THz 的差拍信号的 SNR 可达 20 dB. 我们可以 633 nm 碘稳定氦氖激光的 R(127) 吸收谱线为中心, 测量在其周围的吸收很强而谱线很窄的碘吸收谱线. 在测量 532 nm 碘稳定的 Nd: YAG 光频标准中, 可以采用上述 OFCG 技术, 在和频测量中实现更加直接的方案.

§8.2   连续光参量振荡器

连续光参量振荡器(简称 CW OPO)是可高度相干和很宽调谐的光源, 其中以双谐振 OPO(DRO)性能更佳, 因为抽运单谐振的 OPO 需要极高功率的激光器. 然而, CW DRO 尚未成为实际应用的器件, 因为单个的信号——闲频模对振荡是不稳定的, 并难以进行调谐. 这些问题近来已经得到解决.

如上节所述, OFCG 可以有光频的几百个边带, 其频率间隔为 10 GHz 量级, 总带宽已达 5 THz 以上. 基于这些最新的技术, 一些国家正在研究新型的全固化频率链, 使用的激光器和非线性转换元件仅限于近红外和可见光波段.

使用双波长 Nd: YAG 激光器, 例如双波长单块环形激光器(MISER), 其绿光和红外的输出功率分别为 100 mW 和 5 mW, 将它作为 DRO 的抽运光源. 非线性晶体选用 KTP. 在频率简并的条件下,信号波长(λ_{sig})和闲频波长(λ_{idl})有

$$\lambda_{\text{sig}} \approx \lambda_{\text{idl}} \approx 1064 \text{ nm}. \tag{8.2.1}$$

连续振荡的阈值功率为 9 mW. 通过改变晶体 xy 平面上的相位匹配条件,可使输出波长的调谐范围达到从 1055 nm 至 1073 nm(宽度为 4.8 THz). 在强度稳定的条件下,可在几小时内保持无跳模的稳定输出. 信号与闲频之间的拍信号的线宽为 5 kHz.

日本计量研究所 Ikegami 等人[4]进行了有关实验,其 OFCG 采用微带线结构,输入功率为 30 mW,在光的传播方向上(y 轴)放置长 25 mm、宽 8 mm 的 z 切割的 LiNbO$_3$ 晶体. 微带线的宽度为 2.5 mm,使其在 $f_{\text{m}} = 9.2$ GHz 处振荡. 微波的谐振宽度为 200 MHz. 耦合进入 OFCG 的微波功率约为 4.5 W. 光腔长度取为 67 mm,其自由光谱区等于 $(1/6)f_{\text{m}}$. 在上述条件,可观测到约 45 个边带,带极大值的 10% 处的全宽约为 400 GHz.

为了确认 OPO 和 OFCG 的准确度,我们对其理论基础及有关实验进行讨论和分析.

OPO 的能量守恒要求满足以下等式:

$$\nu_{\text{p}} = \nu_{\text{s}} + \nu_{\text{i}}, \tag{8.2.2}$$

式中 ν_{p},ν_{s} 和 ν_{i} 分别为抽运、信号和闲置频率. 同时,它们满足以下等式

$$\nu_{\text{s}} - \nu_{\text{i}} = \Delta\nu, \tag{8.2.3}$$

式中 $\Delta\nu$ 是信号和闲置频率之间的拍频. 由以上两式可得

$$\nu_{\text{s}} = (1/2)(\nu_{\text{p}} + \Delta\nu), \quad \nu_{\text{i}} = (1/2)(\nu_{\text{p}} - \Delta\nu). \tag{8.2.4}$$

上述等式虽然应该成立,但需经测量证实. 因为 OPO 是一个包含晶体和腔等色散介质的复杂系统,存在频移的可能性. OPO 准确检验的实验装置如图 8.8 所示,其中,Nd:YAG 是激光光源,输出波长分为 1064 nm(红外)和 532 nm(绿光),后者作为 OPO 的抽运光源. 为了固定 $\Delta\nu$,信号与闲频之间的拍频相位锁定到由综合器提供的信号 f_{syn} 上.

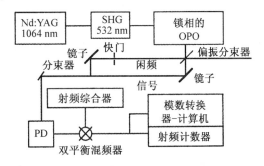

图 8.8   OPO 准确度检验的框图(详见图 8.9)

　　由于使用的是 II 类相位匹配晶体[①],信号与闲频光的偏振是相互垂直的. 用偏振分束器将两束光分离,闲频光与从 MISER 输出的基频红外光重合进入光接收器,其拍频值约为 2.6 GHz. 将此拍频通过与另一个射频综合器输出的信号混频,频率下转换到 1 Hz. 用计算机通过模数转换收集 1 Hz 的拍频信号数据,并计算功率谱密度. 由于谱的线宽低于 1 Hz,即证实了在二次谐波及光参量过程中保持了相位相干性. 由此可见,相位锁定的 OPO 可以考虑为相位相干的分频器.

　　用频率计数器直接测量 $f_{sig}(f_{idl})$ 与 Nd:YAG 激光器红外频率 f_{IR} 之间的拍频,其中参考光的频率为 f_{REF},用于估计 OPO 作为分频器的准确度. 在测量期间进行平均后可得

$$f_{IR} - f_{sig} - f_{REF} = -0.1 \pm 1.5 \text{ MHz},$$
$$f_{IR} - f_{idl} - f_{REF} = -0.3 \pm 1.6 \text{ MHz}.$$

(8.2.5)

这个结果在 1.5 MHz 的实验误差内与零相符合. OPO 作为分频器的准确度对测量频率而言可确保优于 6×10^{-13}[5]. 这个结果也应视为二次谐波与 OPO 合成过程的准确度.

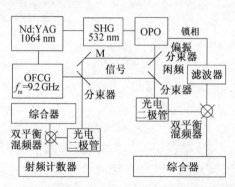

图 8.9　检验 OFCG 准确度的实验装置

由以上分析可知,OPO 是准确的分频器,Nd:YAG 激光器的红外频率是信号与闲频之间的中心频率. 此外,如果 OFCG 是一个理想的边带发生器,光的载波频率应处于 $+m$ 阶与 $-m$ 阶梳频的中心,其准确度也能用图 8.9 所示的实验装置进行检验. 图中 OFCG 的载波频率由红外基频光提供,OFCG 的输出分为两束:一束与信号光重合,另一束与闲频光重合. 信号光与 $+m$ 级梳状光之间的拍频用高速光电二极管检测,并与综合器的输出信号进行混频,将信号馈入用于相位锁定的双谐振 OPO(DRO)上. 在相位锁定的条件下,闲频光与 $-m$ 级梳状光之间的拍频用另一个高速光电二极管检测,其拍频信号用高分辨率频谱分析仪监测. 如果 OFCG 是一个理想的边带发生器,两个拍频信号应该相等,$-m$ 级梳状光应自动相位锁定. 调谐 DRO 使信号与闲频接近调制红外区的 $m = \pm 15$ 的边带,这时的信噪比可达 40 dB.

---

　　①　关于 II 类相位匹配晶体,可参见《非线性光学频率变换及激光调谐技术》,姚建铨著,科学出版社,1995 年,第 155 页.

典型的拍频约为 1.5 GHz,在 $+m$ 和 $-m$ 阶梳状边带与 DRO 输出之间的差频的所有周期测量内的总平均值为

$$[f_{\text{sig}} - (f_{\text{idl}} + mf_{\text{m}})] - [(f_{\text{idl}} - mf_{\text{m}}) - f_{\text{idl}}] = 0.27 \pm 9.6 \, \text{MHz},$$
$$(8.2.6)$$

上式表明,测量的检验准确度已优于 7×10^{-12}[6].

§8.3 光频测量方法的重大突破——基于锁模激光器的光频综合

8.3.1 概述

正如第七章中所述,从 20 世纪 70 年代初至 90 年代末的近 30 年间,光频测量获得了一系列重大的成果,直接测量了从近红外至紫外波段的绝对光学频率的数值,不确定度达到了 10^{-13} 量级. 但是,光频测量的方法还是存在着致命的缺点:只有很少的"参考"频率可以测量,更重要的是,如果光频之间的间隙超过 1 THz(约为光频的 0.2%),在已知频率与任意一个未知频率之间要架起桥梁是十分困难的. 即使采用本章前二节所述的 OFCG 和 OPO 技术,其测频带宽约为 5 THz,尚未能拓宽至整个可见光频段. 此外,建立可以实用的光频标准也有它自身的困难,因为绝对频率测量必须基于时间单位"秒",它是用铯原子的超精细跃迁的微波频率来定义的. 这要求有复杂的"时钟"来进行光频标准与微波频标之间的连接.

1999 年,出现了一种崭新的光频测量方法,它是基于脉宽为飞秒量级的锁模激光器产生的光频梳,这种方法是 30 年来光频技术发展的重大突破. 它为光频测量的历史掀开了革命性的篇章,堪称光频计量学发展中新的里程碑. 飞秒锁模激光器可以产生一系列固定间距的频率梳,它的频谱已覆盖了从近红外至可见光的很宽的范围,图 8.10 示出了它的频谱[15]. 由图 8.10 右下侧的黑带所示,其频率范围约为 230~600 THz,相应的波长范围约为 $1.15 \sim 0.5 \, \mu\text{m}$. 在第二章表 2.2 所推荐的 13 类频标中,除了最后 3 类(包括 $10.3 \, \mu\text{m}$ 的 CO_2/OsO_4, $3.39 \, \mu\text{m}$ 的 $He\text{-}Ne/CH_4$ 和 $1.5 \, \mu\text{m}$ 的 LD/C_2H_2)频标外,其他 10 类频标的频率值均可包含在内. 虽然前 5 类频标的频率在 688~1267 THz(相应的波长在 466~236 nm)范围内,但通过在可见光范围内的倍频很易达到 Yb^+ 和 Hg^+ 等光频标准的频率范围,H 原子和 In^+ 离子则需要更高次的谐波来实现频率测量. 图 8.10 中所示的 I_2, Rb, Ca, Hg^+ 等分子、原子和离子的频率均是目前国际推荐值所用的参考频率;图左方排列的 Cs, HCOOH, CH_3OH, CO_2, CH_4 和

C_2H_2 是从 Cs 钟出发,用传统的光频测量以及用 MIM 二极管和肖特基二极管作为高频元件接收混频信号进行测量的一系列过渡激光器,我们在第七章中已作了详细的介绍.

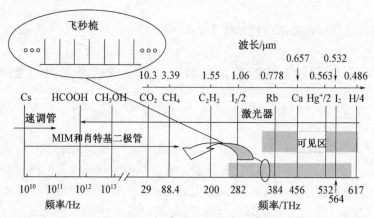

图 8.10   显示一些原子和分子参考跃迁的频率及频率范围的电磁波谱图.用锁模飞秒激光器,现在很容易连接从 Cs 至可见光谱线之间的频差.由锁模飞秒激光器产生的频梳覆盖了可见光区域,并通过差频传递到红外区(如图中大箭头所示)

8.3.2   用稳频的锁模飞秒激光器直接进行光频标准测量的原理

多年来,谐波倍频和分频链技术中的难点是:光频链的某个方案只能测量某一条激光的参考谱线的频率,在使用上具有很大的局限性;后来发展的 OFCG 技术,使测量频率可以扩展到约 10 THz 的频宽,其相应的波长宽度约在 6～7 nm 范围,使上述的局限性有所缓解,但并未从原理上全部解决用一台装置准确测量任何波段光频标准的可行方案.在微波领域,用一台频率计数器可以准确地测量任何频段的频率值,而在光频领域,这似乎还是一个遥远的理想.

1999 年,在光频标准测量的研究中,出现一种全新的技术[7],即采用锁模飞秒激光器实现了频率间隔高达 300 THz 的直接光频测量,这是近 30 年光频测量技术历史上的重大突破.只用一台脉宽为 10 fs 的稳频锁模激光器,就可以使射频和光频之间进行直接频率比对.被测的参考谱线可以是位于红外至可见波段很宽范围内的任意频率的谱线,准确度现已达 10^{-11}～10^{-14} 量级,并具有进一步提高的潜力.

用锁模激光器作为光频计量学的工具,首先是由德国的 Hansch 博士与其同事们在 20 世纪 70 年代后期用皮秒激光器作了说明[8].在这篇经典的论文中,用一台同步抽运的锁模染料激器来测量钠的精细结构分裂,分辨率达1 GHz量级.这些原始思想的基础是以锁模激光器作为一杆精密的"光频尺子"发射的频率梳.这种光频尺子的条纹标记是由锁模激光器发射的脉冲的重复率 f_r 所决定的,而偏置频率的概念对所有梳元素都是相同的,在 J. Eckstein[9] 的博士论文中,采用了"载波频率"的术语.1989 年,Hansch 在《氢原子》[10]一书中也提出过这种思想,但当时的锁模激光器脉宽仅为皮秒量级,用此方法测量光频的间隔仅为 GHz 量级.此后的近 10 年内,一直无人再进行这方面的深入研究.

十多年后,锁模激光梳在德国伽兴(Garching) Hansch 的实验室内又重新出现.如前所述,在 20 世纪 90 年代中期,间隔分频技术[11]用于测量光频,这是当时最准确测量氢的 1S-2S 跃迁的方法.然而,这项测量仍然需要一个辅助的光频标准作为参考,即 3.39 μm(88 THz)甲烷稳定的 He-Ne 激光器,以及五级分频的装置,才能将频率间隙减低到 2.1 THz,这是微波可计数的频率.整个系统需要用 16 个不同的伺服系统控制 14 台激光器(见第七章 7.9 节),可见是一个难度极高的复杂系统.

首创光频梳方法而获 2005 年
诺贝尔物理学奖的 Hansch 博士

在 1998～1999 年间,在克尔透镜的锁模激光器(简称 KLM)中发现了宽带梳,首次说明其频梳宽度约 20 THz[7,12],这项发现带来了实验研究中的根本变化,并被考虑应用于光频计量学领域.在过去的年代里,计量学家喜欢设计和应用精密控制的低功率(mW 量级)连续振荡器,而新的飞秒激光器开创了通过非线性克尔效应产生多次循环的光脉冲,它要求的峰值功率达 MW 量级.在频率计量学领域内,高度非线性激光能控制到与最佳的连续激光以某种方式进行比对,并达到相当高的水平,无疑是一项突破性的创举.这使光频计量学家与发展和使用飞秒激光的科学家之间,从几乎没有联系进入到紧密相联的阶段.

近年来,飞秒激光器改用 532 nm Nd:YVO$_4$ 连续激光作抽运光源,Nd:YVO$_4$ 连续激光与原来的氩离子激光相比具有明显的优点,使锁模激光器输出的稳定度得到很大改善;此外,采用特殊的光纤自相位调制技术后,谱线可展宽到红外至可见光一个倍频程的波段.在这两项技术改进后,1999 年,Hansch 等人[7]用脉宽为 70 fs 的稳频锁模激光器,率先测量了频率间隔为 20 THz 的光频标准;并在实验中证实了飞秒激光器在控制腔模频率后,其覆盖的频率范围内存在一系列稳定的频梳,激光腔的模间隔就是这些频梳的间隔,它具有可以与锁定激光腔的微波源相同的频率稳定度和复现性,因此光频段的任何一光频率也具有相同的频率稳定度和复现性,飞秒激光器稳定而均匀的频梳因而可以视为一把非常理想的尺子,用它可以度量在其覆盖频段内的任何被测频率.

克尔透镜锁模激光器能产生脉宽约为 5 fs 的脉冲列,如果短脉冲具有很高的峰值强度,这种激光器的损耗很小.对腔内会产生的快脉冲加宽的群速色散 $\partial^2 k/\partial\omega^2$,可以用一对色散棱镜来加以补偿.若具有高强度的稳定短脉冲能在腔内连续运转,克尔透镜锁模可视为与强度有关的机制,它可以锁定整个激光纵模之间的相对相位,使这些脉冲建立起叠加的效应,其强的振幅调制可考虑为激光模的边带.为了用它进行准确的测量,必须使参与锁模过程的整个光学带内的模间隔非常稳定.在无源腔中,腔长 L 与模间隔的关系为:$2Lk(\omega)=2n\pi$(n 为整数).腔内的色散可描述为波矢量 $k(\omega)$ 以某个中心频率 ω_0 展开,如下式所示,

$$k(\omega) = k(\omega_0) + \partial k/\partial\omega \mid_{\omega_0} (\omega - \omega_0) + (1/2)\partial^2 k/\partial\omega^2 \mid_{\omega_0} (\omega - \omega_0)^2,$$

$$(8.3.1)$$

要得到一个恒定的模间隔,上式中的级数除前两项之外均必须为零.如前所述,在时域中所指出的,第三项是与群速色散成正比的,它在克尔透镜锁模激光器中可以进行补偿.与恒定的模间隔偏离的剩余高阶项,与有源激光模的模推斥相抵消,即相邻模之间有注入锁定.因此,模间隔可用上式的第二项计算,即用群速 $v_g(=\partial\omega_0/\partial k)$ 表示为 $v_g/2L$,后者为脉冲在腔内往返时间的倒数.无源腔的模间隔在自由光谱区内等于 $c/2nL$,其中 n 为折射率.在这种表示中,色散已完全忽略不计.但在锁模激光器的相应表达式中,脉冲重复率 $f_r=v_g/2L$,它很易用射频准确度进行测量(因为这是决定锁模过程的调制频率),并精密地确定模间隔,它与群速相关.

锁模激光器的输出可以用以下的电场 $E(t)$ 的有关方程来描述,即

$$E(t) = A(t)\exp(-2\pi i f_c t) + \text{c.c.}, \qquad (8.3.2)$$

式中 $A(t)$ 是一个复数,是周期性的包络函数,对以某个光学载波频率 f_c 振荡的光场函数作振幅和相位调制.若包络函数 $A(t)$ 是严格的周期函数,则可表示为 f_r 的傅里叶级数,即

$$A(t) = \sum_q A_q \exp(-2\pi i q f_r t), \qquad (8.3.3)$$

电场则表示为

$$E(t) = \sum_{q=-\infty}^{+\infty} A_q \exp[-2\pi i(f_c + q f_r)t] + \text{c.c.} \qquad (8.3.4)$$

式(8.3.4)的频谱表示了以脉冲重复率 f_r 为其精密间隔的激光频梳,其中系数 A_q 含有与时间无关的模的强度和相对相位. 例如,由纯振幅调制的载波频率 f_c 组成的脉冲列将对应于对称的模梳,其中心频率为 f_c. 由 f_r 决定的模的均匀间隔是脉冲包络函数的周期性的结果. 在实验极限内,Hansch 等人测量 20 THz 的光频标准间隔,其不确定度仅为 mHz 量级.

通常,载波频率 f_c 每个模的频率 f_n 并不是脉冲重复率的整数倍. 其原因是明显的,假设一个理想的脉冲是由纯振幅调制的载波频率所组成的:脉冲的包络以群速"飞行",而载波的相位以相速行进. 因此,载波在每次往返后,相对于脉冲包络的相位产生移动,设为 $\Delta\varphi$. 这项相移可用脉冲的群速和载波的相速之差进行计算,其中将遵照规律:$0 \leqslant \Delta\varphi \leqslant 2\pi$. 显然,激光发射的电场通常随脉冲重复时间 $T = f_r^{-1}$ 而周期性变化,因此不能用 f_r 的傅里叶级数来表示. 激光的频梳与 f_r 的整数倍之间存在一定的频移,其值为

$$f_0 = (\Delta\varphi/2\pi)T^{-1} = (\Delta\varphi/2\pi)f_r, \tag{8.3.5}$$

由于 $0 \leqslant \Delta\varphi \leqslant 2\pi$,偏置频率 f_0 小于 f_r,与式(8.3.3)比较,第 n 个腔模的频率可表示为

$$f_n = nf_r + f_0 = (n + \Delta\varphi/2\pi)f_r. \tag{8.3.6}$$

在实际激光器中,载波频率通过脉冲时一般并不是恒定的. 所谓频率啁啾可以用式(8.3.3)中的复包络函数

$$A(t) = |A(t)| \exp[-i\alpha(t)] \tag{8.3.7}$$

来描述. 通过脉冲的相位变化 $\alpha(t)$ 在不同脉冲之间是相同的,即

$$\alpha(t) = \alpha(t - T), \tag{8.3.8}$$

这在提供模间隔恒定性的实验中已得到证实[5]. 由于 $\alpha(t)$ 的形状是独立的,脉冲在往返时间 T 内,附加了 $\exp(-2\pi i f_c T)$ 的相位因子,令 $f_c = n_c f_r + f_0$,其中 n_c 为一大的整数,则

$$\exp(-2\pi i f_c T) = \exp[-2\pi i(n_c + f_0 T)] = \exp(-i\Delta\varphi). \tag{8.3.9}$$

关系式 $f_0 = (\Delta\varphi/2\pi)f_r$ 仍然成立. 因此脉冲具有模间隔的恒定性,即式(8.3.6)成立. 实验中可以独立地控制 f_r 和 f_0,于是确立了以上直观图像.

如果在频梳的两侧,高频端的频率为低频端的倍频,则两端的频率分别为

$$f_{n_1} = n_1 f_r + f_0 \quad \text{和} \quad f_{n_2} = n_2 f_r + f_0, \quad 2n_1 = n_2. \tag{8.3.10}$$

只要将激光相位锁定到 f_0 上,通过观测其倍频的拍频信号

$$2(n_1 f_r + f_0) - (n_2 f_r + f_0) = f_0, \tag{8.3.11}$$

就能准确地测量 f_0. 测量绝对光频 f 的最简捷的方法是测量 f 及其倍频 $2f$ 之间的间隔,此外,也可以测量一已知频率的参考谱线与待测谱线之间的频率间隔.

欲以高准确度测量很大的频差,在检测飞秒激光的梳模与连续激光的拍信号时,必须抑制其他众多模所带来的噪声.经光栅对被测模的预选,可以得到低噪声的拍频信号.在这种情况下,由于将无用模拦截于接收器之外,噪声得到了有效的抑制.接收器上检测的与第 n 个模的拍频的信噪比可用下式表示:

$$\text{SNR} = (\eta/h\nu B_w) t P_n (1-t) P_{\text{LD}} / [t\sum_k P_k + (1-t) P_{\text{LD}}], \quad (8.3.12)$$

式中,P_{LD} 和 P_n 分别是 LD 和频梳第 n 个模的功率,$h\nu$ 为单个光子的能量,t 是用于匹配光束的分束器的透过率,求和号 $\sum_k$ 是到达接收器上的所有模.如果光栅的分辨率 Nf_r 与接收器孔径匹配,使和号内的功率近似不变,则可用 NP_n 近似(N 是模数),

$$\text{SNR} \approx (\eta/h\nu B_w) t P_n (1-t) P_{\text{LD}} / [Nt P_n + (1-t) P_{\text{LD}}], \quad (8.3.13)$$

假设 t 调整到产生最佳信噪比

$$t_{\text{opt}} = (P_{\text{LD}})^{1/2} / [(NP_n)^{1/2} + (P_{\text{LD}})^{1/2}], \quad (8.3.14)$$

我们发现,由于 $N \ll P_{\text{LD}}/P_n$,检测仅受到弱信号的闪烁噪声所限,即

$$\text{SNR}_{\text{opt}} = \eta P_n / h\nu B_w. \quad (8.3.15)$$

因此,光栅必须除去足够的模,使剩余模的总功率远小于 LD 的功率.在频梳的两侧,较低的分辨率通常就足以实现由弱信号 P_n 的闪烁噪声所限的信噪比.

为了用锁模激光器准确测量大的光频差,必须确定与两个连续激光拍频的飞秒激光的模数.若以前的测量达到了足够高的精度,即其不确定度远小于 f_r,则可以根据测量值来确认模数.而若被测激光属首次测量,如果脉冲重复率足够高,用一台波长计就能确认模数,因为波长计的分辨率可优于 f_r.

用锁模激光作为一把尺子测量大的光频差,模间隔即激光的脉冲重复率必须进行非常准确的测量.原则上,可用压电晶体驱动镜控制激光器腔长的方法来进行.然而,对多数应用而言,要求锁相脉冲重复率,并用另一台激光器同时测量与某个模的拍频来实现.为此,必须独立地控制上述模的相速和脉冲的群速,用压电晶体驱动的折叠镜可以改变脉冲的往返时间和模的波长,采用这种方法改变腔长,并以无外色散叠加使脉冲之间的相移 $\Delta\varphi$ 保持恒定.按式(8.3.6),光频移动量为 $\Delta f_n/f_n = \Delta f_r/f_r = -\Delta L/L$.

在锁模激光器中用两个外腔棱镜来补偿外腔的群速色散,使我们可以独立地控制脉冲重复率.用第二个压电驱动器使靠近一个棱镜的腔镜倾斜,其反射引入了附加相位延迟,脉冲的分量与频率间距 $f - f_n$ 成正比.这样就使脉冲及时发生移动并改变了有效的腔往返时间.频率 f_n 相应于与腔端镜表面上倾斜轴相符的腔模.

使用频域的表述,插入一个附加长度,它与每个激光模的 $f_m - f_n$ 成正比,这样就会直接改变模间隔.理论上,绝对频率 f_n 是与折叠镜相锁的某个频率.在这种情况下,倾斜角将改变除 f_n 外的所有梳内的频率,因此,控制 f_r 就与控制 f_n 相隔离.然而,用折叠镜锁定频率 f_n 与脉冲重复率的控制并未隔离.因此,控制腔长的带宽要尽量高(典型值为 10 kHz),而控制腔端镜倾斜(f_r)的带宽要低,以便保持由激光腔提供的短期稳定度.

如果同时应用两台激光器的两个频梳,只要使两者的重复频率 f_{r1} 和 f_{r2} 稍有相差,模数可以很方便地确定.若差值为 1 Hz,则其拍频 $nf_{r1} - nf_{r2}$ 恰好等于模数.

综上所述,锁模飞秒激光器可以作为一把尺子测量很大的光频差,整个频梳可以实现频率稳定,测频在 20 THz 时的模间隔的恒定性已证实为 3×10^{-17} 的水平[5].

美国 JILA[13] 采用上述方法,于 2000 年 2 月发表了用 10 fs 激光器将测量间隔达到 104 THz 的结果;随后在 5 月的 CPEM(国际精密电磁测量)会议上,发表了在使用新的光纤后已将频率测量间隔进一步扩展到 300 THz 的结果[14],从而实现了直接测量 532 nm 碘稳定的 Nd:YAG 激光器的频率.这在以下几节中将详细论述.

§8.4 锁模激光器用于光频测量的主要优点

能实现同时维持多纵模振荡的激光器可以发射短脉冲;它要求有锁定所有模的相位的机制.由于 EOM 的作用,在 OFCG 中自动产生了这个机制[15].具有这种机制的激光器即为"锁模"(ML)激光器.锁模的术语来自于频域描述,而引起锁模的实际过程是时域中的典型描述过程.

图 8.11 的上图显示了当模数从 1,2 增至 3 时的输出强度;下图显示了 30 个模的结果,具有锁定和无规的相位,模间隔为 1 GHz.

OFCG 中包含的增益和色散补偿,使它与锁模激光器十分相近.锁模激光器用作光频梳状发生器与 OFCG 平行发展,OFCG 是从固定间距的脉冲列可以激发窄谐振出发的,即相当于在频域内形成频梳,而锁模激光器是产生一列短脉冲的光源.应用锁模激光器在光频测量领域中实现的突破,很大程度上是得益于克尔透镜锁模(KLM)Ti:S 激光器及其产生足够短的脉冲列上的发展,其谱线宽度达到了一个倍频程.而通过在激光腔外附加光纤后产生的谱线加宽,所获得的谱线宽度已超过了一个倍频程[14].

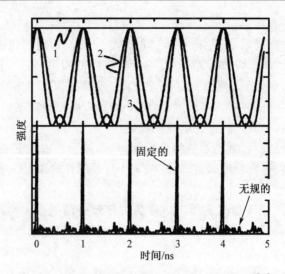

图 8.11 同时振荡模的相位锁定产生的脉冲列的图解[15]

由于锁模激光器在谱线展宽方面远超过了 OFCG,因而是一项非常诱人的技术.此外,这项技术还具有"自调整"功能,即它并不像 OFCG 那样,要求在腔长与调制频率之间的有源匹配.虽然纵模间隔(即重复率)是很易测量和控制的,但模的绝对频率位置是一个复杂的问题,它要求有控制和稳定的方法.谱线宽度超过一个倍频程的优点是,这样可以从铯钟直接测量绝对光频,而不需要有中间的本机振荡器.

锁模激光器的另一个优点是模的相位相干性.在 OFCG 中,由于 EOM 的耦合,只有相邻模是相位相干的.而在锁模激光器中,超短脉冲是由所有的激光模的相位锁定而形成的.因此,在所有模之间存在着很强的相位相干性,这是锁模用于光频测量中能获得重大突破的关键所在.

通过建立所有激光纵模之间的固定相位关系,锁模激光器产生了短光学脉冲.与连续运转相比,模的锁定要求一列短脉冲产生较高的净增益(增益减损耗)机制.这可以由一个激励元件来完成,例如声光调制器,或由饱和吸收来完成.被动的锁模激光器可以产生很短的脉冲,因为它的自调整机制比主动锁模更加有效,可以不再跟上与短脉冲相关的超短时标.实际的饱和吸收通常具有与激发态的弛豫有关的有限响应时间,这限制了可能达到的最短脉冲宽度.有效饱和吸收利用了某些材料与空间效应结合的非线性折射率.一台锁模激光器中的最短脉冲时间是由锁模机制(饱和吸收)、群速色散(GVD)和净增益带宽之间的相互关系产生的最终极限.

锁模在光频综合中必须有腔模的强耦合,这可以利用瞬时响应的锁模技术.例如,克尔效应能提供很强的耦合,因此是很有效的技术.通常采用的克尔透镜锁模技术,可以提供测量所要求的所有特性.

由于良好的性能和简单可行,克尔透镜(KLM)钛宝石(Ti:S)激光器已成为产生超短光脉冲的主要激光器.典型的克尔透镜 Ti:S 激光器如图 8.12 所示.Ti:S 晶体可用 Ar^+ 离子激光(全谱线或 514 nm)或二极管抽运的固体(DPSS)激光发射的 532 nm 绿光抽运.Ti:S 吸收 532 nm 辐射更为有效,因此用 $4\sim5$ W 的 DPSS 激光,或用 $6\sim8$ W 的 Ar^+ 激光均可正常工作.Ti:S 晶体作为增益介质,起到锁模的非线性材料的作用.自克尔透镜发现以来,直接从锁模激光器获得的脉冲宽度已缩短了近一个量级,这首先是通过腔内色散最佳化,其次用色散补偿镜产生宽度小于 6 fs 的脉冲,即小于两个光周期.

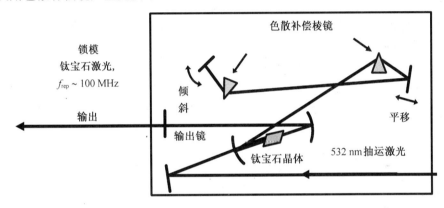

图 8.12　典型的克尔透镜锁模的掺钛蓝宝石激光器[15]

用 Ti:S 的主要原因是,它有很大的增益带宽,这对于用傅里叶关系支持超短脉冲是必要的,增益带宽从 700 nm 至 1000 nm.若这个带宽能锁模作为双曲线正割或高斯脉冲的形式,最终的脉冲宽度可达 $2.5\sim3$ fs.

Ti:S 晶体在激光器中提供了锁模机制.折射率的非线性系数(克尔效应)表现为折射率随光强增大而增大的性能.腔内光束的横向强度轮廓是高斯型的,在 Ti:S 晶体中建立了高斯指数轮廓.一个高斯指数轮廓等效于一个透镜,因此光束稍有聚焦,随着光强增大而聚焦增大.在正确地定位有效孔径的情况下,非线性(克尔)透镜的作用可以相当于一个饱和吸收室,即可高强度聚焦,因此在完全透过孔径时,只有较低的损耗.

在激光运转中,蓝宝石晶体显示"正常"色散,长波长光比短波长光更快地行走.对此加反作用,是采用一棱镜系列,第一个棱镜使脉冲在空间色散,与 Ti:

S 晶体中的正常色散相反,净效应产生"反常"色散.通过在腔的一端放置棱镜对可完成空间色散,因此脉冲通过棱镜而返回.对材料作最佳选择,可使群速色散(GVD)和三阶色散最小,运行时为四阶色散所限制.用电介质镜也可能产生反常色散,这些电介质镜典型地称为"啁啾"镜.它们具有短腔长的优点,若单独使用则有不易调整的缺点.啁啾镜对更高阶的色散作附加控制,并已在棱镜组合中使用,可产生比单独用棱镜时更短的脉冲.

§8.5　锁模激光器的频谱

　　为了研制能产生已知绝对频率频梳的锁模激光器,必须了解由锁模激光器发射的频谱,以及如何对其频谱进行控制.通常可以在时域或频域内描述这些激光器的运行,从时域至频域的转换中,必须给予足够的注意,否则容易出现误解.

　　我们从锁模激光器发射的脉冲的时域描述出发,如图 8.13 中所示[15].激光器在每个时刻发射一个脉冲,腔内的脉冲循环射到输出端,形成了一系列脉冲,脉冲的时间间隔为 $\tau = l_c/v_g$,其中 l_c 是腔长,v_g 是净群速.由于腔内的色散,群速和相速并不相等.在脉冲每次往返后,"载波"相对于包络的峰产生相移.设相邻脉冲间的相移为 $\Delta\phi$,则有

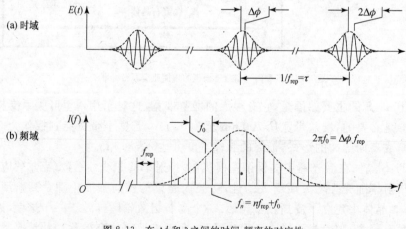

图 8.13　在 $\Delta\phi$ 和 δ 之间的时间-频率的对应性.
(a) 在时域内,载波(实线)与包络(虚线)之间的从一个脉冲到另一个脉冲的相对相位为 $\Delta\phi$.通常,绝对相位为 $\phi = \Delta\phi(t/\tau) + \phi_0$,其中 ϕ_0 在整个恒定相位内是个未知数. (b) 在频域内,锁模脉冲列的频梳元的间隔为 f_{rep},整个梳(粗线)与 f_{rep} 的整数倍(细线)之间有一偏频 $f_0 = \Delta\phi f_{rep}/2\pi$.不用主动稳频时,$f_0$ 是一个动态量,它对激光的扰动很灵敏.因此,在未稳频的激光器中从一个脉冲到另一个脉冲的不确定状态下,$\Delta\phi$ 是个变量

$$\Delta\phi = (1/v_{\mathrm{g}} - 1/v_{\mathrm{p}})l_{\mathrm{c}}\omega_{\mathrm{c}} \cdot 2\pi, \tag{8.5.1}$$

式中 v_{p} 是腔内相速，ω_{c} 是载波频率，这项脉冲相移如图 8.13(a)中所示. 对某一个给定脉冲的整个载波包络相位，如 $\Delta\phi \neq 0$，则在不同脉冲之间显然是会有变化的，其中包括不影响频谱间距的频率偏置. 在此我们先不考虑此项偏置，以下分别讨论梳的间距和位置.

8.5.1 梳的间距和位置

由锁模激光发射的脉冲列的频谱组成了一个频梳，频梳线的间隔如图 8.13(b)所示，它由激光器的重复率所确定. 这很容易从一系列在时域内的类似 δ 函数的脉冲的傅里叶变换而得出，重复率由群速和腔长确定[15].

如果所有脉冲相对于包络有相同的相位，即 $\Delta\phi = 0$，则频谱简单地由频率为重复率整数倍的一系列梳谱线组成. 然而情况并非如此，因为腔内的群速和相速之间存在差异. 为了计算脉冲之间的相移对频谱的影响，我们设脉冲列的电场为 $E(t)$，在固定空间位置，令单个脉冲的场为

$$E_1(t) = \hat{E}(t)\mathrm{e}^{\mathrm{i}(\omega_{\mathrm{c}}t + \phi_0)}, \tag{8.5.2}$$

则脉冲列的场可写为

$$E(t) = \sum \hat{E}(t - n\tau)\mathrm{e}^{\mathrm{i}(\omega_{\mathrm{c}}t - n\omega_{\mathrm{c}}\tau + n\Delta\phi + \phi_0)}$$
$$= \sum \hat{E}(t - n\tau)\mathrm{e}^{\mathrm{i}[\omega_{\mathrm{c}}t + n(\Delta\phi - \omega_{\mathrm{c}}\tau) + \phi_0]}. \tag{8.5.3}$$

式中 $\hat{E}(t)$ 是包络，ω_{c} 是载波频率，ϕ_0 是整个相位偏置，τ 是脉冲之间的时间，对于由锁模激光器发射的脉冲，$\tau = t_{\mathrm{g}}$，t_{g} 是在激光腔内的群速往返延迟时间. 如果我们进行傅里叶变换，可得

$$E(\omega) = \int \sum_n \hat{E}(t - n\tau)\mathrm{e}^{\mathrm{i}[\omega_{\mathrm{c}}t + n(\Delta\phi - \omega_{\mathrm{c}}\tau) + \phi_0]}\mathrm{e}^{-\mathrm{i}\omega t}\mathrm{d}t$$
$$= \sum_n \mathrm{e}^{\mathrm{i}[n(\Delta\phi - \omega_{\mathrm{c}}\tau) + \phi_0]}\int \hat{E}(t - n\tau)\mathrm{e}^{-\mathrm{i}(\omega - \omega_{\mathrm{c}})t}\mathrm{d}t. \tag{8.5.4}$$

令 $\widetilde{E}(\omega) = \int \hat{E}(t)\mathrm{e}^{-\mathrm{i}\omega t}\mathrm{d}t$，并考虑恒等式

$$\int f(x - a)\mathrm{e}^{-\mathrm{i}\alpha x}\mathrm{d}x = \mathrm{e}^{-\mathrm{i}\alpha a}\int f(x)\mathrm{e}^{-\mathrm{i}\alpha x}\mathrm{d}x, \tag{8.5.5}$$

则有

$$E(\omega) = \sum_n \mathrm{e}^{\mathrm{i}[n(\Delta\phi - \omega_{\mathrm{c}}\tau) + \phi_0]}\mathrm{e}^{-\mathrm{i}n(\omega - \omega_{\mathrm{c}})\tau}\widetilde{E}(\omega - \omega_{\mathrm{c}})$$
$$= \mathrm{e}^{\mathrm{i}\phi_0}\sum_n \mathrm{e}^{\mathrm{i}(n\Delta\phi - n\omega\tau)}\widetilde{E}(\omega - \omega_{\mathrm{c}}). \tag{8.5.6}$$

频谱中的重要分量是指数在和式中的相干相加,因为在脉冲 n 和 $n+1$ 之间的相移是 2π 的整数倍,即等式 $\Delta\phi - \omega\tau = 2m\pi$. 由此产生的梳谱的频率为

$$\omega_m = (\Delta\phi/\tau) - (2m\pi/\tau), \tag{8.5.7}$$

转换角频率为频率,则有

$$f_m = mf_{rep} + f_0, \tag{8.5.8}$$

式中 $f_0 = \Delta\phi f_{rep}/2\pi$,$f_{rep} = 1/\tau$ 是重复频率. 由此可见,梳的位置与重复率的整数倍之间有一偏差为频率 f_0,它是由脉冲之间的相移决定的,图 8.13(b) 示出了它们之间的关系. 因此,锁模激光器的频谱是由一系列梳谱线组成的,其频率由下式表示

$$f_n = nf_{rep} + f_0, \tag{8.5.9}$$

式中 n 是一个整数,它是频梳谱线的标记. 上式是梳频谱所遵从的基本方程.

8.5.2　谱线的频率控制

由锁模激光器产生的梳用于光频综合时,需要控制其频谱,即控制梳谱线的绝对位置和间隔[15]. 按照上述脉冲列,即要控制重复率 f_{rep} 和脉冲间的相移 $\Delta\phi$. 在激光发射脉冲时,并不能控制 f_{rep}. $\Delta\phi$ 可以由移动梳的频率来控制,例如用声光调制器. 然而,通常适当调整激光器本身的运转参数,就可以控制 f_{rep} 和 $\Delta\phi$,有些实验仅需控制重复率. 用一压电陶瓷(PZT)来移动一个端镜,很易调整腔长. 用控制温度来稳定激光器的基板,以减小腔长的漂移,使用通常的 PZT 就能实现足够大的调整范围.

通过锁定 f_{rep} 和 f_0 可以简化测量的实验. 为此,必须控制往返的群速延迟和往返的相位延迟,调整腔长就能可以改变这两个参数. 若我们用往返延迟来描述 f_{rep} 和 δ,则有

$$f_{rep} = 1/t_g, \quad f_0 = (\omega_c/2\pi t_g)(t_g - t_p), \tag{8.5.10}$$

式中 $t_g = l_c/v_g$ 是往返群速延迟,$t_p = l_c/v_p$ 是往返相位延迟. t_g 和 t_p 均与 l_c 有关,因此必须用另一个参数来独立地控制这两者,8.6 节将讨论所用的方法. f_0 的方程可视为非物理方程,因为与 ω_c 有关,它可是任意值.

8.5.3　谱线加宽

在测量中,通常希望光梳具有最大可能的带宽,从而可以进行最大可能的频率间隔测量. 当频梳的输出谱线足够宽时,可以直接从微波钟测定梳谱线的绝对光频,而不依赖中间激光器或相位锁定振荡器. 最简单的要求是具有展宽一个倍频程的光谱,即高频分量是低频分量的二倍. 这个要求尚须依赖于谱线的外部加宽. 幸而,检测单梳分量所使用的光差拍技术是非常灵敏的,因为不必要有倍频程的 3 dB 带宽;甚至在倍频程点的功率是峰以下 $10\sim30$ dB 时也能进行检测.

由于介质中的非线性折射率即三阶光的非线性,可致使相位调制(SPM)发生,导致产生新的频率,使脉冲的光谱加宽[15].这个过程发生在锁模激光器的增益晶体内,并能产生超过增益带宽的输出谱.在频域内,这可视为在梳谱线之间的四波混频.加宽的量随非线性介质中脉冲单位截面的峰值功率的增大而扩展,因此通常可用光纤作为非线性介质,因为它限制光的功率进入一个小的区域,并产生一个相互作用长度,这大于简单聚焦所获得的长度,而在很长距离上可以保持很小的截面.实际上高峰值功率只能在短距离内保持,因为在光纤中的群速色散在时间上压缩了脉冲,减小了峰值功率,可能产生不稳定带宽的倍频程.尽管限制了平均功率,低重复率增加了每个脉冲的能量,因此增加了线宽,实验中只需用 3 mm 长的光纤就能将谱线展宽到一个倍频程.

由于微结构光纤的发展,用普通 KLM Ti:S 激光器的输入,就能很容易实现超过一个倍频程的光谱.微结构光纤由周围有气孔的熔融硅组成.这种设计使波导在芯和包层之间有很高的有效折射率的衬比度.最终的波导提供了很小的光束截面,而有很长的相互作用长度.此外,波导允许在 Ti:S 激光的运转谱内有群速色散的零点设计(对普通光纤而言,群速色散为零只能发生在波长大于 1.3 μm 处).图 8.14 示

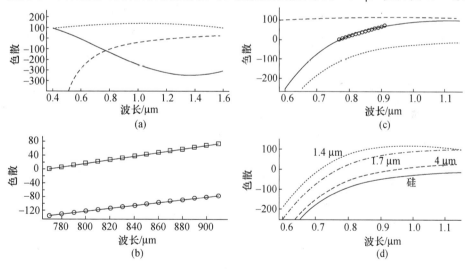

图 8.14 微结构光纤的性质[17].

(a) 对芯和包层的折射率差为 0.1,芯的直径为 1 μm(实线),以及芯和包层的折射率差为 0.3 和芯直径为 2 μm(点线)的硅光纤,计算的群速色散;大块硅的群速色散(GVD)用虚线示出;(b) 用微结构光纤(方点)和标准单模光纤(圆点)测量的 GVD;(c) 计算的微结构光纤的波导 GVD 贡献(虚线),大块硅的材料色散(点线),以及最终的净 GVD 曲线(实线),由(b)得到的实验测量值用圆点表示;(d) 计算的微结构光纤的 GVD 与光纤尺寸的关系,对 1.4,1.7 和 4 μm 的芯直径作出了标度

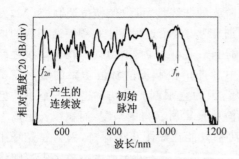

图 8.15 硅微结构光纤的连续谱. 在微结构光
纤中的自相位调制加宽了激光的输出, 因此谱
线展宽超过一个倍频程. div 表示分度(格)

出了一些不同芯径的色散曲线[17], 其性质表明, 在很长的距离内(从 cm 量级至 m 的量级, 而不是普通光纤中的 mm 量级)脉冲不色散, 发生非线性相互作用. 图 8.15 中示出了典型输出谱[17]. 输出谱对发射功率和偏振非常灵敏, 对于谱相对于零群速色散(GVD)点和入射脉冲的啁啾也很灵敏. 由于光纤具有非常色散, 对激光光谱位于零 GVD 点长波长端的中心(即在非常色散区), 不要求色散有预补偿.

由于脉冲调谐到接近零 GVD 点, 输出的相位轮廓由三阶色散决定.

微结构光纤中的非线性过程也产生了检测脉冲列的光电二极管的射频谱中的宽带噪声. 这对光频测量会产生有害的影响, 因为噪声能使差拍信号屏蔽(见图 8.16(c)). 噪声随输入脉冲能量增大而增加, 表现为显示阈值行为. 最好使用短输入脉冲, 由于要求较小带宽, 因此要求较小的输入功率. 噪声的确切起因尚不清楚, 但可能是由于声波的布里渊散射、拉曼散射或调制不稳定所引起的.

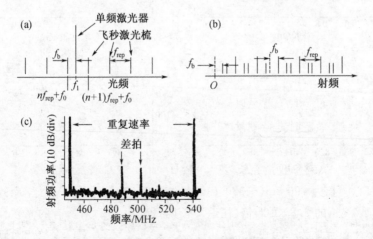

图 8.16 在射频谱中, 光频与差拍之间的相应性[15].
(a) 锁模激光器的光谱, 其模间隔 f_{rep}, 加频率为 f_b 的单频激光; (b) 用快速光电二极管检测所产生的射频谱, 由锁模激光相等的模间隔(长线), 加上由差拍(短线)产生的一对居中的拍信号构成; (c) 显示重复率和差拍的典型实验射频谱

§8.6 用锁模激光器的光频测量

本节介绍如何用锁模激光器来测量原子、分子或离子跃迁的绝对光学频率的方法[15]. 例如,一台单频激光器锁定在一个孤立的跃迁上,也可以锁定到许多跃迁上,然后用光梳方法测量单频激光器的频率. 这是通过将单频激光器与锁模激光器邻近的光梳线之间的差拍来完成的. 所得的差拍射频信号(见 8.5 节图 8.16)的频率为 $f_b = |f_1 - nf_{rep} - f_0|$,其中 f_1 是单频激光器的频率, f_{rep} 是锁模激光器的重复率, n 是一个整数, f_0 是锁模激光器的偏频(如上节所述). 在射频接收器上,在 mf_{rep} 和 $(m+1)f_{rep}$ 之间的每一个射频频率间隔中产生一对拍频,这对拍频是从 $nf_{rep} > f_1$ 的梳线和 $nf_{rep} < f_1$ 的梳线中产生的. 拍频和 f_{rep} 两者很易用标准射频装置进行测量. f_{rep} 本身未加以测量,而对其谐波之一(10 次到 100 次谐波)在给定的测量时间内进行更准确的测量,其不确定度是用谐波数相除. 采用高技术可以使测量 f_{rep} 有更高的精度,此外,允许与 f_{rep} 无关的两个独立光频的稳定度进行比对. 在拍频测量时,对光频 f_1 以前的知识要求可以估计到 $\pm f_{rep}/4$ 的范围. 例如, f_{rep} 大于 80 MHz,这个要求,即要求波长计的准确度约为 25 MHz,很容易在商品波长计的范围内满足. 此外, n 可以通过改变 f_{rep},并分析在光拍信号中的最终变化来确定. 因此,余下的问题是测量 f_0. 这可以通过梳与中间的光频标准之间的比较来完成,下文将加以讨论;或直接从下述的微波铯频标中得出. 本节以下将描述微波与光频之间直接连接的各种技术.

8.6.1 锁定技术

原则上测量 f_{rep} 和 f_0 就足以确定绝对光频,而通常更好的方法是在用伺服回路将 f_{rep} 和 f_0 锁定时进行测量. 如果未进行锁定,它们必须同时进行测量,并用 f_b 来获得有意义的结果.

锁定梳谱的关键参数是腔长,下面考虑一个实例. 重复率为 100 MHz 的激光器,其中心波长为 790 nm(~380 THz). 对于 1.5 m 腔长,重复率相应的腔长为 1.5 m,即波长的 3.8×10^6 倍(往返). 长度每减小 $\lambda/2$,对所有的光频分量而言,频率移动精确地为一个级次,即 +100 MHz. 100 MHz 重复率的相对频移为 (100 MHz)/(380 THz) = 2.63×10^{-7},其频移量为 26.31 Hz. 由于腔长对快(振动)和慢(温度)时间坐标中的环境扰动非常敏感,需要很好地加以控制. 此外,我们注意到,腔长变化对给定的光梳线的光频的影响比对重复率的影响更大.

由于对 f_{rep} 和 f_0 两者的调整和锁定,对腔长 l_c 之外的第二个参量即旋转角也必须控制. 即我们用后镜的旋转角来获得所要求的自由度. 由于旋转角改变了群速延迟,它可使我们用于控制 f_{rep}. 然而,由于 f_0 与 l_c 无关,因此,必须通过旋转角度调整 l_c 和 f_0 来控制 f_{rep}. 为了改变旋转角使频率保持在给定的恒定光频处(即在梳谱中的固定点),必须通过改变 f_0 来补偿 f_{rep} 的变化.

8.6.2 频梳间隔

频梳间隔可写为
$$f_{rep} = 1/t_g = v_g/l_c, \qquad (8.6.1)$$
式中 v_g 是往返群速,l_c 是腔长. 通过调整腔长 l_c,就可以锁定 f_{rep}. 在激光腔内的任一端镜上装一压电执行元件,就很容易实现锁定;压电元件由相位锁定回路驱动,锁定是通过 f_{rep} 或其谐波与外部钟的比较来进行的. 对于与环境隔离的激光器,f_{rep} 的短期抖动低于大多数电子振荡器,但 f_{rep} 会存在长期漂移. 为此,锁定回路需要仔细设计到足够小的带宽,因此 f_{rep} 没有快噪声,而慢漂移是可以消除的.

在测量时,需要单独锁定频梳间隔,两台激光器的频差(f_{L1} 和 f_{L2} 的差)的测量对于梳位置并不敏感. 例如,设频率 f_{L1} 高于与其拍频的梳线,而 f_{L2} 低于相应的梳线,采用双平衡混频器测量两者拍之和,得到的和频为
$$f_s = f_{L1} - nf_{rep} - f_0 - (f_{L2} - mf_{rep} - f_0) = (f_{L1} - f_{L2}) + (m-n)f_{rep}.$$
$$(8.6.2)$$
式中 $nf_{rep} + f_0 < f_{L1}, mf_{rep} \pm f_0 > f_{L2}$,减号的出现,是由于拍频测定中取的是绝对值,从而正负号不能确定(见本节开始处 f_b 的表达式). 若 f_{L1} 和 f_{L2} 的已知准确度优于 $f_{rep}/2$,则 $(m-n)$ 可以确定,因此根据 f_s 可得 $f_{L1} - f_{L2}$.

8.6.3 梳位置

给定梳线的频率由下式决定
$$f_n = nf_{rep} + f_0, \qquad (8.6.3)$$
式中 n 是一个大整数. 这说明简单改变腔长可以控制梳线的频率. 然而,这也改变了梳间隔;假如测量是在梳线的大数范围内进行,梳间隔的改变是不希望的. 若控制 f_0 而不是 f_{rep},则使梳位置产生整体位移,即改变所有谱线的频率,而其间距不变.

　　梳位置与相位延迟 t_p 和群速延迟 t_g 有关,而每项延迟又与腔长有关;此外,梳位置还与由激光谱决定的载频有关.为了实现梳间隔和位置的独立控制,必须调整腔长之外的附加参量.

　　通过绕激光端镜的垂直轴的微小转动(旋转)所产生的群速延迟是可加以控制的,如图 8.12 所示,激光器的左侧一臂中有棱镜.这是因为不同的谱成分是因镜子在空间运动而展开的.棱镜的色散产生了空间坐标和波长之间的非线性关系.因此,镜子的旋转提供了相位与频率的线性关系,这相当于群速延迟[10].在小角度时,这项群速延迟与角度成线性关系.如果镜子的旋转中心点相应于载波频率,则有效腔长不变.镜子旋转很小时的角度近似为 10^{-4} rad.若我们假设,旋转镜子只使群速延迟改变 $\alpha\theta$ 的量,其中 θ 是镜子的角度,α 是一常数,它依赖于镜子的空间色散,其单位为 s/rad,则 f_{rep} 可重写为

$$f_{rep} = 1/(l_c/v_g + \alpha\theta); f_0 = (\omega_c/2\pi)\,[1-(l_c/v_p)]/[(l_c/v_g) + \alpha\theta].$$

(8.6.4)

　　根据(8.6.4),我们可以导出梳频率与控制参量 l 和 θ 的关系.为此,需要对上两式进行微分

$$
\begin{aligned}
\mathrm{d}f_{rep} &= (\partial f_{rep}/\partial\theta)\mathrm{d}\theta + (\partial f_{rep}/\partial l_c)\mathrm{d}l_c = -\alpha\mathrm{d}\theta/[(l_c/v_g) + \alpha\theta]^2 \\
&\quad - (1/v_g)\mathrm{d}l_c/[(l_c/v_g) + \alpha\theta]^2 \approx -\alpha v_g^2\mathrm{d}\theta/l_c^2 \quad v_g\mathrm{d}l_c/l_c^2,
\end{aligned}
$$

(8.6.5)

$$
\begin{aligned}
\mathrm{d}f_0 &= (\omega_c/2\pi)\,(l_c\alpha/v_p)\mathrm{d}\theta/[(l_c/v_g) + \alpha\theta]^2 \\
&\quad - (\omega_c/2\pi)\,(\alpha\theta/v_p)\mathrm{d}l_c/[(l_c/v_g) + \alpha\theta]^2 \\
&\approx (\omega_c/2\pi)(v_g^2\alpha\mathrm{d}\theta/\,v_p l_c).
\end{aligned}
$$

(8.6.6)

上式中的最终表达式是近似的,并有 $\alpha\theta \ll l_c/v_g$.据此我们可看出,f_0 被 θ 独立控制,f_{rep} 的伴随变化可以由腔长变化来补偿.

　　这些关系,即各个模的光频率与腔长和旋转角是怎样的关系,我们从物理上可以这样理解.如图 8.17 中示出的是 1 cm 长的腔的例子.由上图看出,改变腔长的主要效应是每个光模的位置变化,重复率(模间隔)变化很小.因此,重复率的变化仅表现为长度的更大变化(见图 8.17 的上方中的左右两图).这是因为,重复率与模数相乘的结果即为光频.旋转镜子在旋转中心点并不改变模的频率(图 8.17 下图中的模 10005),但引起相邻模以相反方向移动.这可理解为频率与腔长有关[15].

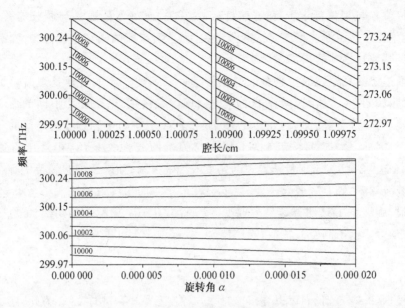

图 8.17   腔模与腔长(上图)及棱镜后的镜子的旋转角(下图)的关系.
为了说明,只用 1 cm 的腔. 上左图与上右图的比较显示了模间隔与腔长的弱关系

8.6.4   梳位置和间隔

通常要求同时控制/锁定梳位置和间隔,或其等效的参量组,例如两条梳线的位置. 在理想状态下,f_{rep} 和 f_0 的正交控制可以通过要求使两者的伺服独立运行而实现. 若不能实现,一个伺服回路应必须受另一个回路的调控而作正确的改变. 如果它们的响应速度完全不同,这并不是问题. 如果其响应类似,回路之间的相互作用会产生问题,包括出现振荡. 必要时,在某些情况下可通过机械设计来实现正交化,而所有情况下可用电路方法来实现正交.

我们早就假设,倾斜镜的旋转中心点相应于载波频率. 这是过分的限制,因为移动旋转中心将给出一个有助于所要求的参量调到正交化的附加参量. 通过 l_c 与 θ 的关系,我们的处理可以包含可调的旋转中心点. 最终分析表明,通过简单选择旋转中心点使 f_0 和 f_{rep} 正交是不可能的. 图 8.17 中的下图进一步说明为什么必须如此:在(或接近)旋转中心点的梳线在旋转角改变时,并不改变其频率. 这与能控制 f_0 而使 f_{rep} 保持不变是不协调的,f_{rep} 保持不变等效于所有梳线的整体平移(并不恒定,因此可以无旋转中心点).

虽然我们不能通过选择一旋转中心使 f_0 和 f_{rep} 正交化,分析说明如何来实施,我们只需使腔长与旋转角成正比,这可以从电路上来完成,将联系 df_0 和 df_{rep} 的线性矩阵方程转换为 $d\theta$ 和 dl_c 的相应方程[15]. 电路修正也在实际上用实验误差信号去控制包含两个自由度混合的梳,例如,两个误差信号可以相应于单梳线的位置(通常与附近的单频激光有关)及梳间隔. 更感兴趣的是误差信号相应于两条梳线的位置的情形. 例如,通过梳线在谱的低频端与一单频激光差拍,而在高频端与此单频激光的倍频差拍,就可获得这样的情况. 在这些情况下,误差信号包含 f_0 和 f_{rep} 的混合,反之可通过控制参量 l_c 和 θ 的混合来确定误差信号.

如上所述,相应于两条梳线位置的一对误差信号这种情形最感兴趣. 使两条梳线与频率分别为 f_{L1} 和 f_{L2} 的两台单频激光差拍,拍频由下式给出

$$f_{bi} = f_{L1} - (n_i f_{rep} + f_0), i = 1, 2. \tag{8.6.7}$$

显然,我们假设 f_{L1} 是标记为 n_i 的上述最邻近的梳线. 对式(8.6.7)取微分,则可得

$$df_{rep} = [(df_{b1} - df_{b2})/(n_2 - n_1)] \to (df_{b1} - df_{b2})/n,$$

$$df_0 = [(n_1/n_2 df_{b2} - df_{b1})/(1 - n_1/n_2)] \to df_{b2} - 2df_{b1}. \tag{8.6.8}$$

式中在箭头后的表达式是取了 $f_{b2} = 2f_{b1}$,即我们采用了在基频处激光梳模标记为 n 的单频激光的基频和倍频. 这些方程可与联系 df_0 和 df_{rep} 的方程相结合,得到 $d\theta$ 和 dl_c 的下列方程:

$$d\theta = (2\pi v_p l_c / \omega_c v_g^2 \alpha) (df_{b2} - 2df_{b1}), \tag{8.6.9}$$

$$dl_c = -(l_c^2 / v_g n) [(1 - 2An)df_{b1} + (An - 1)df_{b2}], \tag{8.6.10}$$

$$A = 2\pi v_p / \omega_c l_c. \tag{8.6.11}$$

以上方程直接与系统的可观测的控制参数相联系(注意乘积 An 是 1 的量级). 无需确定系数的数值,类似形式的方程已经导出[19].

8.6.5 用中间参考的测量

中间参考指的是在红外波段的一个很好的频标,例如,3.39 μm 的甲烷稳定的氦氖激光频标. 锁模激光器频梳的最简单的应用是测量两个光频标准之间的频差. 如果其中一个频标的绝对光频是已知的,就能测量另一个的频率.

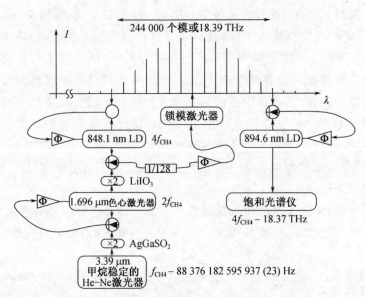

图 8.18　用锁模激光器测量铯 D_1 线频率的频率链方案.甲烷稳定的 He-Ne 激光器作为中间激光器.

（1）铯 D_1 线

德国 MPQ 的 Hansch 小组首次完成了用克尔透镜锁模激光器(KLM)Ti:S 激光器的宽带梳的光频测量[12].这个实验测量了铯 D_1 线的绝对频率,他们利用相位相干控制技术,伺服控制了飞秒激光梳的位置.KLM Ti:S 激光产生 73 fs 的脉冲,采用了一个如图 8.18 所示的复杂频率链,该链以 88 THz 的甲烷稳定的 He-Ne 激光器为起点,通过饱和光谱仪将铯 D_1 线锁定.KLM Ti:S 激光的谱线展宽,达到了 He-Ne 激光的四次谐波（353.5 THz）与 335.1 THz 的铯 D_1 线之间频率的 18.4 THz 的间隙.He-Ne 激光器是可搬运的,它的频率以前在德国 PTB 用传统频率链进行过测量.MPQ 的频率链还包括了一台 1696 nm 的色心激光器,波长分别为 848.1 nm 和 894.1 nm 的两台半导体激光器.激光器和飞秒梳的锁定要求用四个锁相回路,只控制了梳的位置,而不是梳的间距(重复率),实验中是用简单测量来确定频率间隔,如图 8.18 所示.这个实验的结果[12]（见图 8.19）比以前的测量的准确度提高了三个数量级.在与其他测量相结合后,提供了精细结构常数的新测定值.

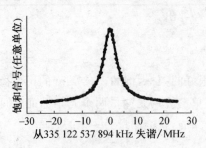

图 8.19　Cs D_1 跃迁的 $F_g=4 \rightarrow F_e=4$ 分量.用拟合的洛伦兹轮廓(实线)确定绝对频率

(2) 频率间隔 104 THz 的测量

上述 MPQ 的测量激发了光频计量学界的广泛兴趣. 显然,感兴趣的目标是增大用锁模激光器可能扩展的频率间隔. 美国 JILA 因而进行了间隔为104 THz的频率测量[13]. 如图 8.20 所示,这是用近似为 10 fs 的脉冲激光器来完成的. 由于采用了标准单模光纤的自相位调制技术,使脉冲的谱线范围得到进一步展宽. 最终谱线的有用宽度近似为 165 THz,测量所用的 104 THz 间隔的一边是 778 nm ^{85}Rb 的 $5S_{1/2}(F=3) \rightarrow 5D_{5/2}(F=5)$ 双光子跃迁的频率,一台单频 Ti:S 激光器锁定在这个跃迁上;间隔的另一边是 532 nm Nd:YAG 倍频激光,它锁定在 $^{127}I_2$ 的 R(56)32-0 跃迁的 a_{10} 分量上. 778 nm 激光作为已知参考频率的频标,它的 CIPM 推荐值的不确定度仅为 ± 5 kHz. 如图 8.21 所示,532 nm Nd:YAG 激光频标的 CIPM 频率推荐值的不确定度为 ± 20 kHz(相当于 4×10^{-11}),用飞秒频梳测量的结果与 CIPM 推荐值的偏差为 23.1 kHz,测量不确定度为 ± 2.8 kHz. 由此可见,测量不确定度已小于与其比对的频标的不确定度.

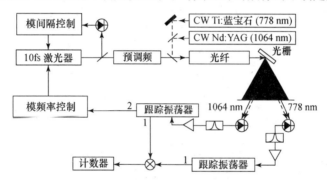

图 8.20 用于连结碘稳定 Nd:YAG 和 Rb 稳定的掺钛蓝宝石(Ti:S)单频激光器之间 104 THz 间隙的实验装置.CW:连续

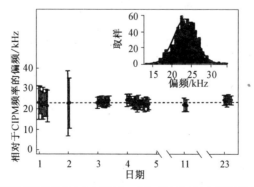

图 8.21 相对于 CIPM 推荐值 281 630 111 740 kHz 的 Nd:YAG 测量频率值. 虚线是所有点的平均值(23.2 kHz). 右上角的插图是在第三天对约 800 个单次测量的直方图

8.6.6　从光学至微波的直接综合

（1）甲烷稳定的 He-Ne 激光和具有等分的氢 1S-2S 跃迁

MPQ 首次完成了利用锁模激光器以微波钟为参考直接进行绝对光频测量的实验[16]. 这个实验同时测量了甲烷稳定的 He-Ne 激光和氢的 1S-2S 间隔的频率值. 实验用的频率链包含五个相位锁定的中间振荡器, 以及一个分频级, 如图 8.22 所示. 实验采用了锁模激光器, 其频谱展宽到 $4f$ 与 $4f-\Delta f$ 以及 $4f-\Delta f$ 与 $3.5f-\Delta f$ 之间的频率间隔, 其中 f 约为 88 THz, 是 He-Ne 激光的频率, Δf 的选择是使 $28f-8\Delta f$ 是氢的 1S-2S 跃迁的频率. 锁模激光器的重复率锁定到铯钟上, 注意 $4f-\Delta f$ 至 $3.5f-\Delta f$ 间隔的测量是 $0.5f$, 由此对 f 本身也作了测量. 氢 1S-2S 跃迁的测量值已在 7.9 节中的式(7.9.3)中示出.

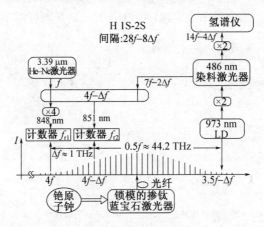

图 8.22　用于同时测量氢 1S-2S 跃迁和甲烷稳定的 He-Ne 激光频率值的频率链

该小组后来将上述链与 f-$2f$ 链的测量结果（见下述）作了比较. 新的 f-$2f$ 链的不确定度上限为 5.1×10^{-16}. 无一个倍频程展宽的锁模激光器要求比 f-$2f$ 链技术更复杂的频率链.

（2）f-$2f$ 测量 532 nm 碘稳定的 Nd:YAG 激光的频率

采用一个倍频程展宽的频梳和稳定的单频激光器的输出, 通过测量激光及其倍频之间的频率间隔, 即 $2f-f=f$, 其中 f 是单频激光的频率, 就能测定单频激光的频率. 这项技术只需要控制梳的间隔. 原则上, 梳的间距并不必须锁定, 只需要测量. 当然, 如果测量间隔与计数器的门并不精确符合, 这将会在最终测量频率时附加不确定度. 如 8.6.1 小节所述, 如果选用的拍频, 同时测量 f 与较低频梳线之间的频差, 以及 $2f$ 与其较高频梳线之间的频差, 取其合适的差或和, 梳的绝对频率位置可以抵消,因而并不进入到最终的测量结果中,如图8.23(a)所示.这意味着,并不需要控制梳的位置,在比差频发生速度更缓慢的时标上,它的任何变化不造成影响.通过差拍两个拍频信号很易实现这点,如图 8.23(b)所示.

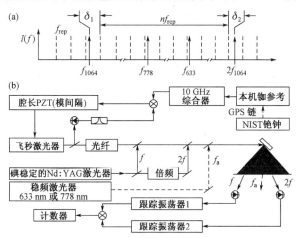

图 8.23 碘稳定 Nd:YAG 激光的绝对频率的直接测量.唯一的输入是微波钟.
(a) 单频激光(f_{1064})及其倍频($2f_{1064}$)、锁模激光器的梳(虚线)与测量的差拍 δ_1 和 δ_2 之间的关系.同时示出的是在第二个实验中测量的 Rb 稳定的 Ti:S 激光频率(f_{778})和 I_2 稳定的 He-Ne 激光频率(f_{633});(b) 装置图

JILA 的 Diddams 等人利用这项技术,用单台锁模激光器进行了从微波到光频的首次测量[14].在这个实验中,用微结构光纤的谱线展宽技术得到了一个倍频程的频谱[17,18].实验得到的 $^{127}I_2$ 的 R(56)32-0 跃迁的 a_{10} 分量的频率,比1997年 CIPM 推荐值高 34.4 kHz,如图 8.24 所示.包括 a_{10} 频率复现的不确定度,最终的报道值为 563 260 223.514±5 kHz[15],标准偏差为 1.3 kHz.此值已成为 2001 年 CIPM 的国际推荐值,不确定度比 1997 年降低 7 倍.

2006 年,中国计量科学研究院也用飞秒光频梳测量了这条谱线的绝对频率值,表 8.1 示出了测量结果.测量的平均值的标准偏差为 0.83 kHz,相对不确定度为 1.5×10^{-12},与 2001 年 CIPM 的国际推荐值的差值小于 1 kHz,即小于 1.7×10^{-12},在国际推荐值的不确定度之内.

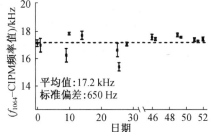

图 8.24 相对于 CIPM 推荐值画出的从射频直接测量 f_{1064} 的结果汇集

表 8.1　2006 年我国测量 532 nm 碘稳定 Nd:YAG 激光的频率值[19]

序号	测量日期(月/日)	频率值/kHz	附:其他各国的测量尾数/kHz
1	2/27	563 260 223 514.726	美国 JILA 514.5
2	3/6	563 260 223 512.541	德国 PTB 515.1
3	3/8	563 260 223 512.640	日本 AIST 510.1
4	3/9	563 260 223 512.620	平均值 513.2
5	3/10	563 260 223 512.894	
6	3/13	563 260 223 512.991	
平均值		563 260 223 513.069 标准偏差 0.83 kHz(1.5×10^{-12})	
CIPM 推荐值	2003 年	563 260 223 514 标准偏差 8.8×10^{-12}	

(3) 用 Nd:YAG f-$2f$ 方法测量 Rb 稳定的 Ti:S 和碘稳定的 He-Ne 激光的频率值

在采用一个倍频程展宽的梳时,可以利用已知频率的激光频标作为"参考",来确定任何其他梳线的频率. 这种方法可用于测量位于梳的频谱宽度内的任何其他光源的频率. 这个概念用来测量稳定在 ^{85}Rb 的 $5S_{1/2}(F=3) \to 5D_{5/2}(F=3)$ 双光子跃迁上的 Ti:S 激光的频率,以及稳定在 ^{127}I$_2$ 的 11-5 R(127) 的 a_{10} 分量(i 峰)上的 He-Ne 激光的频率[14]. 两项测量的不确定度等于或优于 1×10^{-11}.

(4) 自参考综合器

只用一台锁模激光器而无需辅助的单频激光器,就能从微波钟直接进行光学综合. 这是通过直接倍频,倍频程展宽谱线的长波段(接近频率 f)与短波段(接近频率 $2f$)进行比较而完成的. 因此需要通过飞秒激光器产生的谱两翼的功率比如果使用辅助单频的激光器时的功率更强. 由于许多梳线参与贡献差拍信号,即使倍频光很弱,也能得到强的拍信号.

图 8.25 示出了 JILA 的 Jones 等人首次实现的技术方案[20]. 由微结构光纤展宽得到一个倍频程的谱. 用双色镜在谱线上分离输出. 长波部分用 BBO 晶体倍频. 相位匹配选用接近 1100 nm 进行倍频的谱线部分. 谱线的短波部分通过一个声光调制器(AOM),AOM 使整个梳线产生整体频移. 允许偏频 f_0 锁定到零,通过最终的差拍直接测量 f_0,并用伺服回路去固定 f_0 的值. 频率也锁定到原子钟上. 最终的结果是,所有梳线的绝对频率的准确度仅受微波标准的限制.

产生的梳则用于测量上述 778 nm ^{85}Rb 稳定的 Ti:S 激光频标的频率. 如图 8.26(a) 所示,用 50/50 分束器,将梳与单频激光器结合来完成测量. 选用接近 778 nm 的极小部分的谱,以及梳和被测单频激光器之间的拍. 图 8.26(b) 示出了测量频率的直方图. 几天内的测量平均值为

$$f = 385\ 285\ 142\ 375\ \text{kHz}, \tag{8.6.12}$$

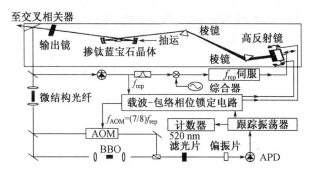

图 8.25　自参考综合器的图示.

锁定到载波-包络相关相位上的实验装置.飞秒激光器装在图上方的长方框内,框内的实线表示光程,框内右侧装在压电陶瓷上的高反射镜提供转动和平移.方框下方带箭头的线表示电路

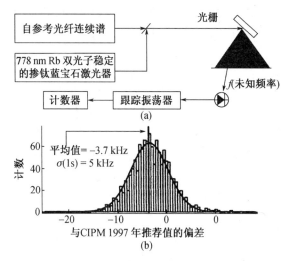

图 8.26　用自参考梳进行频率测量.

图(b)示出了用自参考梳测量^{85}Rb 中双光子跃迁的结果

与 CIPM 推荐值之差为-4.2 ± 1.3 kHz,不确定度比 1997 年降低 4 倍,这与 7.8 节介绍 Rb 稳定系统的同类测量非常一致.

（5）离子或原子频标的测量

我们在表 2.2 中列出了 2003 年 CCL 的最新推荐的十三类光频标的有关参数,主要是其推荐的频率值.其中含四个离子频标,它们是：^{115}In^{+}跃迁、^{199}Hg^{+}跃迁和^{171}Yb^{+}的两个不同跃迁,这是 21 世纪初首次推荐的新频标,它们的频率值都是用飞秒激光梳的技术进行测量的,不确定度已达到$10^{-12}\sim10^{-14}$的量级.

同时,对 1997 年已推荐的^{88}Sr$^+$频标和^{40}Ca 原子频标,也用飞秒激光梳技术进行了重新测量,不确定度均取得了 10^{-13} 量级的结果.

8.6.7　展望

近年来光频测量技术进展很快,飞秒锁模激光器已成为光频综合和计量学非常有用的工具.飞秒激光器带来的测量上的简化使光频计量学成为实验室的常规技术.

本小节将简单讨论一些在未来非常重要的议题.

(1) 时域应用

如 8.3 节所述,载波包络相位在脉冲间的移动会引起频偏.因此,控制频偏相当于控制脉冲间的相移,如图 8.27 所示.交叉相关的使用已显示在实验中.第一步趋于控制超快脉冲的载波-包络相位(不是脉冲间的相位变化).载波包络相位预期影响极端非线性光学,例如产生 X 射线[21].正如下面要讲到,载波-包络相位也表现在相干控制实验中,其中不同级次之间出现干涉.

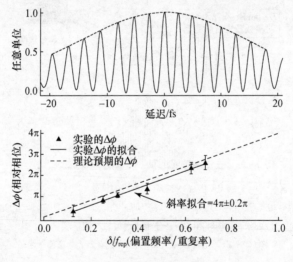

图 8.27　时域相互关系.

上图示出了在激光沿包络拟合发射的脉冲 i 和脉冲 $i+2$ 之间的典型的相互关系.通过测量包络的峰和下一个条纹之间的差得到的相对相位.在下图中画出相对相位作为锁定频率的函数(相对于重复率).线性拟合产生了 4π 的预期斜率,这是对修正有贡献的整体微小相移

(2) 更高的重复率

增大锁模激光器的重复率是有利的,因为它增大了梳间距.这将增强每条梳线的功率,使它与单频激光的差拍信号加强.这样会更易分析出与梳线最近

的拍信号,而减小了对源频率之前知识的要求. 我们可以研制重复率为 2 GHz 的克尔透镜锁模环形激光器[22],激光器采用色散外补偿镜,而不是棱镜系列,因此必须使用控制梳的另一种技术,例如"伺服"抽运功率. 这种激光器已在测量中应用. 对于一个给定的平均功率,高重复率相当于更低的脉冲能量,这减小了外非线性谱线加宽. 因此可以预期,存在一个最大可用的重复率.

(3) 直接产生一个倍频程

从射频直接至光频的基于锁模激光器的综合器,均采用微结构光纤来展宽激光的输出谱,可以由此得到一个倍频程. 如果可以直接从一台锁模激光器获得一个倍频程,将是一个有效的技术. 直接从激光器获得一个倍频程,可以减小由光纤带来的相位噪声,对于 Ti:S 激光器而言,这似乎是不可能的,同为它的增益限制在约 300 nm 宽度. 然而,已观测到在增益区域之外产生谱线成分. 这是由于在增益晶体中的自相位调制. 例如,Ell 等人[23]报道了由腔内第二个腰的激光中直接产生一个倍频程. 他们在第二个腰处放置一玻片,由此产生附加的自相位调制. 所用激光器使用了一对特殊的双啁啾镜,因此在第二个腰处会产生时间聚焦.

(4) 高精度原子和分子光谱学以及相干控制

相位稳定的飞秒梳代表着在最终控制光场作为普通实验室工具上迈出了重要的一步,由此可出现许多重要的可能性. 对于高分辨激光光谱学,精密频梳提供了一个提高测量准确度的非常好的机遇. 例如,在分子光谱学中,不同的电子、振动和转动跃迁可用不同波长的相位相干光同时研究,由此可以测定分子结构,以及精度极高的动力学特性. 对于灵敏吸收光谱学,用相干多波长光源可以有效地绘制多种吸收和色散特性. 相位相干的宽带光梳还能感生出谐振增强的双光子跃迁速率所要求的量子干涉效应[24]. 这个效应可从频域分析和时域 Ramsey 型干涉来进行解释. 在时域中的多脉冲干涉给出了重要的变化,并产生了激发态波包的基于双脉冲的时间相干控制.

(5) 光钟

绝对光频的测量突然成为一项简单而直接的任务. 建立的标准现已很容易标定,测量精度已达到了前所未有的水平. 下一步将如何发展?光频梳的稳定度尚受到用于相位锁定的 f_{rep} 的微波参考的限制,因而基于超稳定光参考的梳分量的直接稳定被寄以很大的希望. 梳的精密相位控制的论证表明,单连续激光器(伴随着其倍频输出)可以稳定全部梳线(覆盖光频谱的一个倍频程),在 1 s 取样时达 1～100 Hz 的水平. 将控制正交化,可预期系统精度将进一步提高,每一条梳线相位锁定到连续参考谱线上,不确定度达到低于 1 Hz 的水平.

这将导致直接从稳定在光跃迁上的激光稳定的产生微波频率,本质上实现了一台光原子钟.同时,建立的光频网络展开了一个完整的光学倍频程(>300 THz),每 100 MHz 内的几百万个固定的频率间距稳定到 Hz 的水平,基本形成了一个光频综合器.前景看来非常光明,基于单个汞离子、单个钇离子、单个铟离子或冷的钙原子的光振荡器可能有极好的频率稳定度(1 秒达 10^{-15}).实际上,基于单个 Hg^+ 和 I_2 的基准光钟已有过演示,它将与 Cs 和 Rb 的喷泉钟以及基于 Hg^+ ,Ca 或其他合适的系统进行友好的竞争.

自 20 世纪 60 年代末开始出现光频标准测量技术,经过近四十年的发展和开拓,许多国家的研究所及大学的计量学家和物理学家进行了不懈的努力,现已取得了丰硕的成果.真空中光速的准确度有了很大的提高,并已作为定义值确定下来,为三百多年的测量画上了句号;长度单位米用光速的约定值作了重新定义,采用光频标准测量值进行复现.至 1997 年,推荐其频率值作为复现米定义的谱线数目已达 12 条之多,尚呈上升趋势.频率测量的范围已从开始的近红外和红外频段,扩展到可见光和紫外频段;频率测量的方法从频率链的点频测量已逐步发展到用 OPO 和 OFCG 的频带测量;尤其,用飞秒锁模激光器测量光频标准的新方法的出现,使光频的绝对测量技术达到了前所未有的新的高峰.光频标准的创新性和科学意义将表现在以下几个方面:

(i) 从根本上改变了微波频率与光频标准比对中的逐级谐波倍频的传统方法,将需要多级倍频过程(或分频过程)简化为直接比对;

(ii) 彻底扭转了每条频率链只能测量一条谱线的局限性,实现了一台装置可以测量任何谱线的全新方法,为光频测量范围的开拓奠定了坚实的基础;

(iii) 锁模激光器的频梳具有极高的均匀性和稳定性,它不但具有提高测量光频准确度的能力,还具有使准确度高于铯原子钟的光频标准的频率直接传递到微波或射频范围的潜力,使未来的准确的光频标准具有更好的实用意义.

随着激光频标频率稳定度和复现性的不断提高,频率测量的准确度必将相应改进和提高.我们可以预期,21 世纪将是激光频标和频率测量向前发展更加辉煌的时期.

§8.7　离子和原子频率的测量结果

第二章的表 2.2 列出的 2003 年 CCL 推荐的十三类光频标中,有四个离子频标的参数,它们是: $^{115}In^+$, $^{199}Hg^+$ 和 $^{171}Yb^+$ 的两个不同跃迁,这是 21 世纪首次推荐的新频标,它们的频率值都是用飞秒激光梳的技术测量的,测量的不确

定度已分别达到 $10^{-12} \sim 10^{-14}$ 的量级. 同时,对 1997 年已测的 ^{88}Sr$^+$ 频标和 ^{40}Ca 原子频标,也用飞秒激光梳技术进行了重新测量,不确定度均取得了 10^{-13} 量级的结果,本节中将简要地分别介绍.

8.7.1 ^{115}In$^+$ 频标的频率测量

^{115}In$^+$ 为 $5\,s^2\,^1S_0$-$5s\,5p\,^3P_0$ 的钟跃迁,其波长在 237 nm 的紫外波段. 此项测量是德国 MPQ 和俄国的激光物理研究所(ILP)合作完成的[25]. 他们采用的频率链如图 8.28 所示. 图中右侧的频率链是从 88 THz 的甲烷稳定激光作为起点的,其频率值为 88 376 182 599 976(10) Hz. 在绝对频率测量中,链的锁定拍频信号用另一些计数器监测. 237 nm 的 ^{115}In$^+$ $^1S_0$-$^3P_0$ 钟跃迁频率 f_{In} 与已知的 He-Ne 标准的频率 f_{He-Ne} 之间的关系如下

$$f_{In^+} = 16 f_{He-Ne} - 4(f_B + n f_r) - f_{L0} \qquad (8.7.1)$$

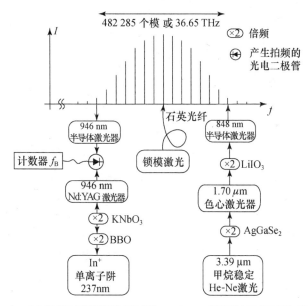

$f_{In^+} = 1\,267\,402\,452\,899.92\,(23)\,\text{kHz}$ $f_{He-Ne} = 88\,376\,182\,599\,978\,(10)\,\text{Hz}$

图 8.28 用于测量 In$^+$ 钟跃迁的绝对频率的频率链装置. 链连接了 237 nm(1 267 THz)钟跃迁辐射与 3.39 μm(88 THz)甲烷稳定的 He-Ne 激光器. 在 848 nm 处的 37 THz 的频率间隙是用克尔透镜锁模飞秒激光产生的频梳来测量的

式中 f_B 是 946 nm 处的拍频信号的频率,用光电接收器检测,用频率计 1 s 取样时记录,f_r 表示飞秒激光器的重复率,n 是梳的两个选模之间的模间隔的数,$f_{L0} = 1632$ MHz 是相位锁定所用本机振荡器的频率.

图 8.29 中的插图示出了典型测量期间$^3P_0$ 激励几率作为拍频 f_B 的函数,期间收集了 674 个量子跳到$^3P_0$ 态. 在测量期间,记录了 21 个激发谱. 通过 11 次测量对线中心的拍频进行平均,得到 $f_B = 49\ 174\ 925(42)$ Hz(见插图). 根据这个数值,按(8.7.1)式可得$^{115}In^+$ $^1S_0$-$^3P_0$ 钟跃迁的绝对频率 f_{In^+} 为

$$f_{In^+} = 1\ 267\ 402\ 452\ 899.92(0.23)\ \text{kHz}. \tag{8.7.2}$$

由测量($4\Delta f_B$)的不确定度和 He-Ne 标准定标($16\Delta f_{He-Ne}$)的不确定度的均方相加导出的不确定度为 1.8×10^{-13}. 这两项不确定度都是由 He-Ne 标准的有限的复现性产生的.

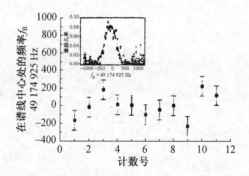

图 8.29 11 次测量的线中心的 f_B. 平均值是 $f_B = 49\ 174\ 925(42)$ Hz. 误差棒是 He-Ne 标准的不确定度. 插图: 对典型测量期间$^3P_0$ 态的激发几率作为 946 nm 处拍频 f_B 的函数. 在此期间,记录到 674 个量子数跳到$^3P_0$ 能级上. 误差棒是用于拟合成高斯曲线的权重.

这项结果与以前的测量结果 $1\ 267\ 402\ 452\ 914(41)$ kHz[20] 在以前测量值的不确定度范围内符合很好. 与以前的测量值相比,新的测量准确度提高了 2 个量级. 不久,将用飞秒激光频梳将 In$^+$ 钟跃迁与铯钟进行直接比较. 在这种情况下,铯参考将由可移动的喷泉钟来提供,如在近来对氢 1S-2S 跃迁的测量中(见本章 8.6.6 节)所述,$^1S_0$-$^3P_0$ 钟跃迁的稳定度和复现性使铟成为这类超精密频率测量的有竞争潜力的候选者.

2007 年,北京大学的王延辉博士在德国马普研究小组的王力军教授的指导下,在与德国同行的共同研究中,作为他的毕业论文,完成了$^1S_0$-$^3P_0$ 钟跃迁的一次新的测量[27,28],测量结果如下:

$$f_{In^+} = 1\ 267\ 402\ 452\ 901\ 265(256)\ \text{Hz}. \tag{8.7.3}$$

相应的统计相对不确定度为 4.5×10^{-14}, 与(8.7.2)式的结果相比, 相对不确定度又降低了.

8.7.2 ^{199}Hg$^+$ 频标的频率测量

^{199}Hg$^+$ 频标的原理及频率稳定方法已在第七章中作了介绍. 2001 年, 美国 NIST 发表了 ^{199}Hg$^+$ 频标的频率测量结果[29], 图 8.30 汇集了在 2000 年 8 月 16 日至 31 日期间的测量记录, 测量中对二阶塞曼频移和参考的微波频率的偏置均作了修正. 塞曼修正的不确定度小于 1×10^{-15}, 微波频率的相对不确定度约为 1.8×10^{-15}. ^{199}Hg$^+$ 钟跃迁测量的加权平均值为

$$f_{Hg} = 1\ 064\ 721\ 609\ 899\ 143 \pm 2.4 \text{ Hz}. \tag{8.7.4}$$

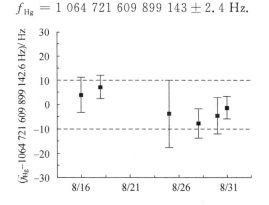

图 8.30 NIST 在 2000 年 8 月的 15 天内 6 次测量按时序记录的汇集. 总测量时间为 21 651 s. 误差表示统计起伏. 虚线表示在 Hg$^+$ 系统中的约 ± 10 Hz 的系统不确定度, 但系统不确定度尚未作全面估计.

在这个发表的结果中尚未对 Hg$^+$ 频标的系统不确定度作出全面估计, 但相信它会小于 10 Hz 量级. 最大的系统不确定度来自 ^{2}D$_{5/2}$ 态的原子电四极矩与静电场梯度之间的相互作用. 在通常所用的泡尔阱内, 并不存在静电场梯度. 经过精心设计的 ^{199}Hg$^+$ 系统的所有系统频移的不确定度预期可能达到 1×10^{-18} 的量级, 成为最有希望的光频标准.

2006 年, 美国 NIST 的 Oskay 等人又发表了 ^{199}Hg$^+$ 频标的频率测量的新结果[30]

$$f_{Hg} = 1\ 064\ 721\ 609\ 899\ 144.94 \pm 0.97 \text{ Hz}. \tag{8.7.5}$$

Hg$^+$ 频标的测量不确定度已达 7.2×10^{-17}, 由于美国的铯喷泉钟 NIST-F1 的不确定度为 4.1×10^{-16}, 光频标与铯频标的比对的不确定度为 2.3×10^{-16}, 因

而总的统计不确定度为 9.1×10^{-16}. 这是在 2006 年前新一代光频标的最高水平, 实际上, 光频标的准确性能已超过了铯喷泉钟. Hg^+ 频标的各种频移中, 影响不确定度最大的是电四极矩频移, 但 NIST 的研究通过改变磁场方向对这项频移进行了一系列的测量, 从而使这项频移引起的不确定度减小到 5×10^{-17} 量级.

8.7.3 $^{171}Yb^+$ 频标的频率测量

$^{171}Yb^+$ 离子可以有两个跃迁: $^2S_{1/2}$-$^2D_{3/2}$ ($F = 2$) 和 $^2S_{1/2}$ ($F = 0, m_F = 0$)-$^2F_{7/2}$ ($F = 3, m_F = 0$). 第一个跃迁是 $6\,s^2S_{1/2}$-$5\,d^2D_{3/2}$ 电四极矩跃迁, 具有更高的频率稳定度和复现性, 我们在此只介绍由这一跃迁所形成的频标的频率测量结果.

2001 年, 德国 PTB 发表了上述跃迁的频率测量结果[31], 其平均值为

$$f_{Yb} = 688\,358\,979\,309\,312 \pm 6 \text{ Hz}. \tag{8.7.6}$$

这个结果也是用锁模飞秒激光直接测量获得的, 它的相对不确定度可达 1×10^{-14}. 2001 年 CCL 采用了这个频率值作为国际推荐值, 但不确定度比它大一倍, 即为 2×10^{-14}. 他们已观测到的最窄线宽为 10 Hz.[32]

8.7.4 $^{88}Sr^+$ 频标的频率测量

1997 年 CCDM $^{88}Sr^+$ 的国际推荐值中的不确定度为 1.3×10^{-10}. $^{88}Sr^+$ 频标的频率约为 444 THz, 在红光波段, 与 633 nm He-Ne/I_2 频标的频率 474 THz 仅差 30 THz. 按当时的测量技术, 是以 633 nm 碘稳定的氦氖激光频标为测量起点, 过渡到 $^{88}Sr^+$ 离子频标, 因此测量值的不确定度受到较大的限制.

在 2001 年 CCL 发表的国际推荐值之后, 英国 NPL 在 2003 年又发表了用飞秒激光梳的最新的测量数据[33], 用离子阱 1 和 2 的测量值稍有差别, 两个值的未加权平均值为

$$f_{Sr} = 444\,779\,044\,095.52(10) \text{ kHz}. \tag{8.7.7}$$

这个值与 2001 年 CCL 推荐值(见第二章表 2.2)相比, 又增加了一位尾数, 不确定度从 8×10^{-13} 减小到 5×10^{-13}. 图 8.31(a), (b) 分别示出了 NPL 在 2001~2002 年以及 2002 年 5 月 7 日至 5 月 14 日期间的测量数据.

2004 年, NPL 又进行了新的测量[34], 得到了两个测量值:

$$f_{Sr} = 444\,779\,044\,095\,484.3(1.9) \text{ Hz}. \tag{8.7.8}$$

和

$$f_{Sr} = 444\,779\,044\,095\,484.8(1.6) \text{ Hz}. \tag{8.7.9}$$

这两个数据采用了电四极频移取零的两种不同方法, 在其统计不确定度内两者符合很好. 采用两值的不加权平均值为:

$$f_{Sr} = 444\ 779\ 044\ 095\ 484.6(1.5)\ \text{Hz}. \tag{8.7.10}$$

其测量不确定度(1σ)减小到 1.5 Hz,相当于 3.4×10^{-15},与铯的微波标准相比,仅差 3 倍.这项测量堪称 Hz 量级的光钟频率测量,其结果已充分说明,光频标与铯频标的准确度已非常接近.可以预期,光频标在准确度上超过铯频标已为时不远.

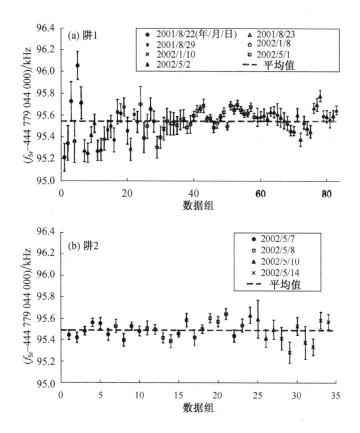

图 8.31　用设计类似的两个离子阱测量的^{88}Sr$^+$ 5s^2S$_{1/2}$-4d^{2}D$_{5/2}$跃迁的频率数据,虚线表示对两者测量的平均值,横坐标为数据组

此外,加拿大 NRC 的 Madej[35] 和 Dubé 等人[36] 分别于 2003 和 2005 年也对^{88}Sr$^+$ 5 s^{2}S$_{1/2}$-4 d^{2}D$_{5/2}$跃迁的绝对频率进行了测量,但不确定度均远大于上述英国 NPL 的结果,图 8.32 列出这些结果之间的相互比较.

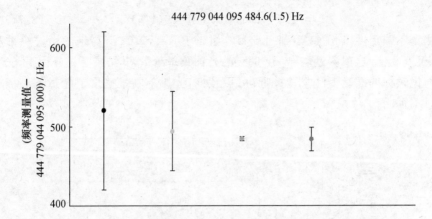

图 8.32　锶离子频标历年测量结果的比较. 图中列出了英国 NPL(2003,
2004)和加拿大 NRC(2003,2005)四个测量值,从左至右为 NPL(2003),NRC
(2003),NPL(2004)和 NRC(2005),并用误差棒标明不确定度. 图上方的数值
是 2004 年 NPL 的测量值

8.7.5 ^{40}Ca 原子频标的频率测量

在上述 ^{199}Hg$^+$ 频率测量的同时,美国 NIST 同时测量了 ^{40}Ca 原子频标的频率结果[29]. 图 8.33 示出了 NIST 在 2000 年 10 月 26 日至 11 月 17 日的 23 天期间内进行的测量,其平均值为

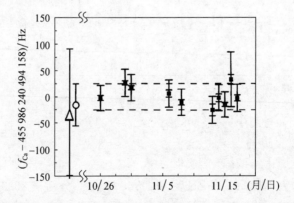

图 8.33　美国 NIST 2000 年 10—11 月测量 ^{40}Ca 原子频标的绝对频率值;
纵坐标为测量值与平均值的差值,横坐标为测量日期. 左侧的三角形是德国
PTB 报道的测量结果;圆是根据新测量的 Hg$^+$ 频率与以前测量的 Ca 和
Hg$^+$ 之间的 76THz 的频率间隔计算的 Ca 频率值

$$f_{Ca} = 455\ 986\ 240\ 494\ 158(26)\ \text{Hz}. \tag{8.7.11}$$

2001 年 CCL 的国际推荐值将上述[189]Hg[+]与[40]Ca 原子频率值分别确定为

$$f_{Hg} = 1\ 064\ 721\ 609\ 899\ 143\ \text{kHz}, \tag{8.7.12}$$

$$f_{Ca} = 455\ 986\ 240\ 494.15\ \text{kHz}. \tag{8.7.13}$$

相对不确定度分别为 2×10^{-14} 和 5×10^{-13}.

2010 年 10 月,德国 PTB 测量了频率标准[87]Sr 的频率,在[87]Sr 频率标准与氢钟或喷泉钟之间的频率稳定度用总阿仑偏差表示,如图 8.34 所示.

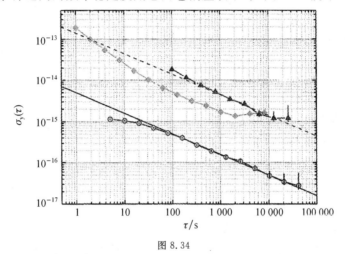

图 8.34

与微波与光频相连接的频率梳已在 1000 s 的取样时间做了测量,其准确度达到 10^{-17} 的量级或更佳. 在图 8.34 所示的测量中,射频参考是通过 200 m 的半坚固电缆与 A 楼的铯喷泉钟及 B 楼的[87]Sr 频率标准相连接. 观测到的频率扰动(阿仑偏差)约为 1.5×10^{-16}.

美国 JILA、日本东京大学和法国 SYRTE 的加权平均值为 429 228 004 229 872.9(5)Hz. 这与以前的四次测量值[50,51,52,53]很好地符合,如图 8.35 所示,与图中以虚线示出的代表秒的次级表示相符[54].

德国 PTB 报道的[87]Sr 的[1]S$_0$ —[3]P$_0$ 钟跃迁频率的相对不确定度 1×10^{-15} 受到与铯原子钟比对的限制. 这项测量与其他三个实验室的相应测量的符合程度度均在其测量不确定度范围以内. PTB 估计的[87]Sr 标准自身的标准不确定度低于 2×10^{-16},与作为复现国际单位制秒和赫兹的最佳基准铯钟的不确定度相比,这是一个很好的竞争者,因此支持选择这个标准作为秒的次级标准. 上述报道的不确定度代表了前几年频率测量期间光钟的状况,并有可能进一步改进提高.

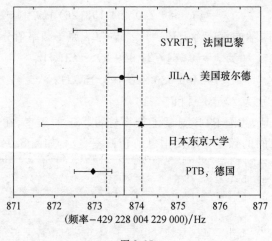

图 8.35

目前,对测量结果不确定度贡献最大的三项是黑体交流斯塔克效应、晶格交流斯塔克效应和谱线牵引效应,三者分别为 1.3×10^{-16},0.4×10^{-16} 和 0.5×10^{-16}. 原则上,可以将其他不确定度减小到 10^{-17} 以下,因而可使 ^{87}Sr 光钟总的不确定度达到 10^{-17} 量级,并在不久可望实现这个目标.根据几个实验室所研究的 ^{87}Sr 光钟可以期望,这类光钟估计在不久就能达到 10^{-17} 量级的准确度.基于中性原子和单个离子的各种光钟将比目前最佳的铯钟具有更高的准确度,下一步就可以用光钟对国际单位制基本单位秒进行重新定义.

8.7.6 ^{87}Sr 原子频标的频率测量

^{87}Sr 原子频标的绝对频率测量的装置如第六章的图 6.15 所示.用频率梳和商品铯钟 5071 A 测量钟频率,并通过 GPS 时间与国际原子时校准.两组数据导出了晶格钟的绝对频率值为:429 228 004 229 952(15) Hz,在其 20 kHz 的测量不确定度范围内,与 Courtillot 等人报道的测量值[37]是一致的,其中的系统修正量为 -45.7 Hz.测量的钟频率、钟激光频率的线宽及平均值的标准偏差如图 8.36 所示.

为使读者了解光频测量的细节,在此介绍这个测量的实验方法.测量频率的表达式为

$$f_n = (n \cdot f_{\text{rep}}) + f_{\text{CEO}}, \tag{8.7.14}$$

式中 f_{rep} 是激光脉冲的重复率,f_{CEO} 是载波-包络的偏置频率.从锁模激光进入光子晶体光纤的注入光所得到的频梳可以覆盖近红外至可见光的一个倍频程.f_{CEO} 用

倍频程跨越梳中 f-$2f$ 干涉仪直接测量. 精密控制 f_{rep} 和 f_{CEO} 时,频梳犹如连结光频和射频的"频率链". 上述测量中的飞秒激光重复率为 793 MHz,产生的频梳覆盖范围为 500~1100 nm. 整个梳的相位锁定到 Sr 激光钟上,相对铯钟测量 f_{rep}.

钟激光的频率 f_c 预稳到稳定的高精细度的参考腔上,腔的声光调制器(AOM)每 20 s 通过观测进行频率扫描来寻找原子谐振频率 f_{Sr} 的光谱,如图 8.36 右下方所示. 如 AOM 的频率装置测量的钟跃迁的温度漂移为 $\delta(t) = f_c(t) - f_{Sr}$,同时测量钟激光频率 $f_c(t)$ 就能确定原子谐振频率 f_{Sr}. 观测钟激光与 698 nm 处第 n 个频梳分量之间的拍频 $f_b = |f_c - f_n|$,并用它控制梳的 f_{rep}. 因此,钟激光频率 $f_c(t)$ 转变为 f_{rep},f_{rep} 则通过混频降到约 7 MHz,用门时间为 20 s 的频率计数器记录. 经下式计算

$$f_n - n f_{rep} + f_{CEO} \pm f_b, \tag{8.7.15}$$

式中的整数 $n \approx 5.4 \times 10^5$. 当改变 f_{rep} 时,通过观测拍频 f_b 变化的符号,就能定出 ± 号. 由此可得两个系列的数据组;偏频 $\{\delta(t)\}$ 和相应的钟激光频率 $\{f_c(t)\}$,每 20 s 对两者测定一次. 原子谐振频率 f_{Sr} 可按下式计算

$$f_{Sr}(k) = f_c(k t_m) - \delta(k t_m), \quad k = 1, 2, \cdots, k_{max}, \tag{8.7.16}$$

式中 $k = T_{max}/t_m$,T_{max} 的典型值为 10^4 s. 图 8.36 中的每一个方点表示 $f_{Sr}(k)$ 的平均值,其标准偏差 $\sigma \approx 620$ Hz,与铯钟在 $\iota = 20$ s 时的频率稳定度相当. 平均值的标准偏差 $\sigma/k_{max}^{1/2}$ 给出的误差棒约为 28 Hz.

在另一个实验方案中,用可搬运的 532 nm 碘稳定的 Nd:YAG 激光作为频率测量的标准,Nd:YAG 激光在 $\tau = 1$ s 时的频率稳定度 $\sigma_y = 2 \times 10^{-13}$,在 $\tau = 100$ s 时为 $\sigma_y = 3 \times 10^{-14}$. 直到 $\tau = 10^5$ s 时,其频率稳定度可优于铯钟的相应值. 此外,在 $\tau \geqslant 30$ s时,Nd:YAG 激光的 σ_y 可优于钟激光的相应值,因而使它可能观测钟激光的慢漂移. 由于 Nd:YAG 激光具有很好的短期频率稳定度,也可以将频率梳锁定到 Nd:YAG 激光上来完成频率测量. 通过同时引入钟激光频率与在 698 nm 处的梳分量之间的第二个拍频,也能测量钟激光频率 $f_c(t)$. 用这个方案得到的结果与第一个方案的结果是一致的,如图 8.36 中的圆点所示.

在频率测量期间(一个月内),铯钟的频率可用 GPS 时间监测. 由铯钟产生的 1 pps(pps:每秒的脉冲)的信号与 GPS 连接的振荡器之间的时间差,用时间间隔计数器连续记录. 铯钟与 GPS 时间之间的频偏可根据记录的时间差来计算,得到的值为 $-1.04(8) \times 10^{-13}$. 而 GPS 时间与 TAI 之间的关系也是可以得到的. 在频率测量期间,GPS 时间与 TAI 之间的符合程度约为 1×10^{-15}.

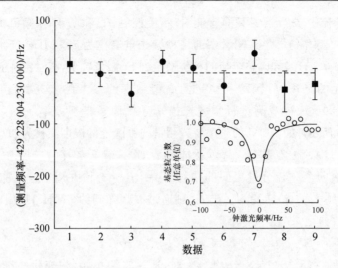

图 8.36   在光晶格中的 ^{87}Sr 原子的 $^1S_0$-$^3P_0$ 跃迁的绝对频率测量.上方的方点和圆点均相应于 10^4 s 的频率测量值,其平均值的标准偏差为 28 Hz,如误差棒所示.图中的圆点相应于用碘稳定的 Nd:YAG 激光作为标准的频率测量值,测量共进行了 9 天

§8.8   用飞秒梳测量频率的优点和前景

8.8.1   用飞秒梳测量频率的问题和优点

在锁模飞秒激光梳引入光频计量学领域后,首先要问的是,这项新技术在测量中是如何执行其功能的.最明显的一个问题是,飞秒激光梳是否均匀或其在空间的均匀性.锁模激光功能的时域透视说明了它必然具备均匀性.模的空间上的不均匀的含意是,谱的不同部分在腔内经历了不同的往返延迟.如果出现这种情况,脉冲将很快扩展和断裂,这与锁模激光器类似孤立的运行是不相符合的.T. Hansch 小组首先对均匀性作出了证明,他们用由飞秒激光产生的 44 MHz 宽的梳,与光间隔分频器进行比对,证明均匀性在 10^{-18} 量级[5,25].

为了尽可能减小未知的系统效应,将几个独立的锁模飞秒激光梳进行比对是必不可免的.沿着这个思路,已用微波标准参考的多个锁模飞秒激光梳在光频域逐个作了比对.在这种情况下,最好结果的不确定度约为 5×10^{-16}[30],这主要是受所要求的平均时间所限.因此,如果能改进飞秒激光梳的短期稳定度,上述不确定度还可减小.目前的实验表明,用掺钛蓝宝石激光的飞秒激光梳的测量不确定度已达到或低于 10^{-18} 量级[31—33].

现已注意到,最严格的实验是在频梳的光分量之间的比对,较大的困难在于由光检测得到的电信号要达到某些量级的不确定度,其中振幅噪声转变为相位噪声是一个严重的障碍,它生成电信号的最低噪声[34]. 近来,用参考稳频连续激光器的频率梳产生电信号的不稳定度可低于 10^{-15} 量级[35],这种"光产生"的微波信号载波相位噪声比从任何传统微波振荡器得到的信号要低几个量级[36,37].

一些有希望的飞秒激光器已经产生,如二极管抽运的 Cr:LiSAF[40]、光纤激光器抽运的掺铬镁橄榄石[41]和掺铒光纤激光[42-45]的倍频程扩展的光谱(见图 8.37). 这些激光器与掺钛蓝宝石激光器相比,均有一些优点和缺点. 例如,Cr:LiSAF 和掺铬镁橄榄石直接用 LD 或掺 Yb 光纤激光抽运,具有方便和小型抽运装置. 但任一种装置中,这些激光基质都没有掺钛蓝宝石激光的宽带光谱,而且热稳定性也不如后者. 基于掺铒光纤激光的梳发生器与掺钛蓝宝石激光相比有很多优点,装置轻便而小巧,比大型光固体激光系统更坚实,而且功率转换效率更高;此外,它可以在 $1300\sim1600$ nm 波段的光通信系统中应用. 然而,基于掺铒光纤系统的重复率只有 $50\sim100$ MHz,还有原因不明的过量噪声[42,44]. 如果关心波长的会聚,我们可以采用非线性频率转换来拓宽飞秒激光自身的谱宽. 例如,用掺铬镁橄榄石[48]和光纤激光[42]的倍频和三倍频来实现. 另一个有兴趣的选择,是利用在掺钛蓝宝石激光梳的两个极端之间的差频能在红外波段产生频率梳[46]. 这是为飞秒激光源提供了额外的可调谐性,这也是产生与偏置频率 f_0 无关的频率梳的含义. 如图 8.37 所示,用两台独立的同步和相位锁定的掺钛蓝宝石激光器,也可以实现 $7\sim10$ μm 之间的宽带可调谐性[47].

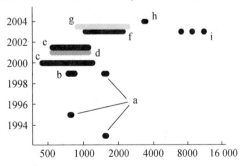

图 8.37 在光频计量学中作为频梳的一些光源的谱宽(按对数绘制). a. 由 Kourogi 及其同事们[1,38,39]建立的基于 EOM 的频梳;b. 掺钛蓝宝石飞秒激光梳[7][12];c. 用微结构光纤产生的倍频程扩展的飞秒激光梳[14][17];d. 直接由掺钛蓝宝石激光器产生的宽带谱[20];e. Cr:LiSAF 飞秒激光器加微结构光纤[40];f. 用掺铬镁橄榄石和非线性光纤产生的倍频程扩展的频梳[41];g. 用掺铒激光器和非线性光纤产生的倍频程扩展的频梳[42-45];h. 用差频产生的接近 3400 nm 的无偏置频率的频梳[46];i. 用重复率锁定的掺钛蓝宝石激光器之间产生的差频所产生的可调谐频梳[47]

8.8.2　用飞秒激光梳测量频率的意义和发展趋向

用基于飞秒激光的频率梳进行测量，与历史上传统的频率链相比，是一项划时代的创举.开创这项技术的主要科学家也因而获得了 2005 年度的诺贝尔物理学奖.这种全新的方法可以在从近红外至可见光极为宽广的光谱范围内，完成原本属非常艰难的任务.实际上，相当小型的飞秒激光系统现已成为产品化的仪器，当它通过全球定位系统(GPS)与基于铯钟的时间系统相连接时，可以在地球上任何地点进行"绝对"光频测量[49].此外，它的更重要的意义还在于，微波与光频之间的直接连接已促进新一代光频标准的飞速发展.因而，基于光跃迁的新型光钟已应运而生.同时，还会出现许多重要的科学技术的副产品，可望进一步推动光频计量学领域步入更加激动人心的时代.图 8.38 示出了微波频标和激光频标不确定度随年代的变化趋势[49].与第七章的图 7.23 比较可见，其明显的特点是：自 1999 年飞秒光频梳出现后，离子频标和铯喷泉钟的不确定度已减小 1~2 个量级，进入后者在 10^{-15}（甚至 10^{-16}）量级上超越前者而夺魁的局面.虽然铯喷泉钟的不确定度现在还处于领先地位，然而可以预期，在不久的将来，激光频标就可能超过微波频标而位居榜首，真正成为频标领域新一代的领袖.

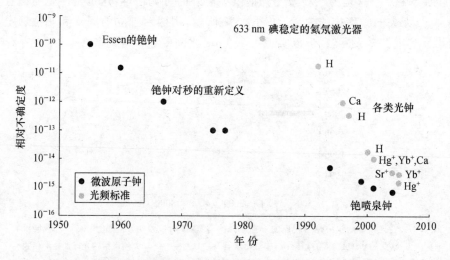

图 8.38　微波频标和激光频标不确定度随年代的变化趋势.与第七章的图 7.23 比较可见，其明显的特点是：自 1999 年飞秒光频梳出现后，离子频标和铯喷泉钟的不确定度形成了争艳夺魁的局面，后者已在 10^{-15} 量级上超越前者[49]

参 考 文 献

[1] Kourogi M, Nakagawa K, Ohtsu M. Wide-span optical frequency comb generator for accurate optical frequency difference measurement. IEEE J. Quantum Electronics, 1993, 29:2693.

[2] Kourogi M, Enami T, Ohtsu M. A monolithic optical frequency comb generator. IEEE Photon. Technol. Letters, 1994, 6:214.

[3] Ye J, Ma L S, Daly T, Hall J. Highly selective terehertz optical frequency comb generator. Opt. Letters, 1997, 22:301.

[4] Ikegami T, Slyusarev S, Ohshima S, Sakuma E. A CW optical parameter oscillator for optical frequency measurement,1995. (内部资料)

[5] Ikegami T, Slyusarev S, Ohshima S, Sakuma E. Accuracy of an optical parametric oscillator as an optical frequency divider. Opt. Comm. , 1996, 127:69.

[6] Slyusarev S, Ikegami T, Ohshima S, Sakuma E. Experimental confirmation of the accurate performances of an optical frequency and an optical frequency comb generator. CPEM'96: 528.

[7] Udem Th, Reichert J, Holzwarth R, Hansch T W. Accurate measurement of large optical frequency differences with a mode-locked laser. Optics Letters, 1999, 24:881.

[8] Eckstein J N, Ferguson A I, Hansch T W. High resolution 2-photon spectroscopy with picosecond light-pulses. Phys. Rev. Lett. , 1978, 40:847.

[9] Eckstein J N. High resolution spectroscopy using multiple coherent interactions. PhD Dissertation Dept. of Physics, Stanford University, 1978.

[10] Hansch T W. // Bassani G F, Inguscio M, Hansch T W. The Hydrogen atom. Springer, Berlin, 1989: 93.

[11] Telle H R, Meschede D, Hansch T W. Realization of a new concept for visible frequency-division—phase locking of harmonic generation and sum frequencies. Opt. Lett. , 1990, 15:532.

[12] Udem Th, Reichert J, Holzwarth R, Hansch T W. Phys. Rev. Lett. , 1999, 82:3568.

[13] Diddams S A, Jones D J, Ma L, Cundiff S T, Hall J L. Optical frequency measurement across a 104 THz gap with a femtosecond laser frequency comb. Opt. Letters, 2000, 25:186.

[14] Diddams S A, Jones D J, Ye J, Cundiff S T, Hall J L. Direct link between microwave and optical frequencies with a 300 THz femtosecond laser comb. Phy. Rev. Letters, 2000, 84:5102.

[15] Cundiff S T, Ye J, Hall J L. Optical Frequency synthesis based on mode-locked lasers. Rev. Sci. Instrum. , 2001, 72:1—23.

[16] Reichert J, Niering M, Holzwarth R, Weitz M, Udem Th, Hansch T W. Phy. Rev.
     Letters, 2000, 84:3232.

[17] Ranka J K, Windeler R S, Stentz A J. Visible continuum generation in air-silica micro-
     structure optical fibers with anomalous dispersion at 800 nm. Opt. Letters, 2000, 25:
     25.

[18] Ranka J K, Windeler R S, Stentz A J. Opt. Letters, 2000, 25:796.

[19] Ye J, Hall J L, Diddams S A. Opt. Letters, 2000, 25:1675.

[20] Jones D J, Diddams S A, Ranka J K, Stentz A, Windeler R S, Hall J L, Cundiff S T.
     Carrier-envelope phase control of femtosecond mode-locked lasers and direct optical fre-
     quency synthesis. Science, 2000, 288:635.

[21] Durfee C G, Rundquist A R, Beckus S, Herne C, Murnane M M, Kapteyn H C. Phy.
     Rev. Letters, 1999, 83:2187.

[22] Bartels A, Dekorsy T, Kutz H. Opt. Lett. , 1999, 26:373.

[23] Ell R et al. Generation of 5 fs pulse and octave-spanning spectra directly from a Ti:sap-
     phire laser. Opt. Lett. , 2001, 26:373.

[24] Yoon T H, Marian A, Hall J L, Ye J. Phy. Rev. A, 2000, 63:011402.

[25] von Zanthier J, Becker Th, Eichenseer M, Yu. Nevsky A, Schwedes Ch, Peik E,
     Walther H, Holzwarth R, Reichert J, Udem Th, Hansch T W, Pokasov P V,
     Skvortsov M N, Bagayev S N. Absolute frequency measurement of the In$^+$ clock tran-
     sition with a mode-locked laser. Opt. Lett. , 2000, 25:1729.

[26] von Zanthier J, Abel J, Becker Th, Fries M, Peik E, Walther H, Holzwarth R, Rei-
     chert J, Udem Th, Hansch T W, Yu. Nevsky A, Skvortsov M N, Bagayev S N. Ab-
     solute frequency measurement of the In$^+$ $5^2 s^1 S_0$-$5s5p^3 P_0$ transition. Opt. Commun. ,
     1999, 166:57.

[27] 王延辉. 铟单离子光频标. 导师：董太乾，王力军，刘淑琴，北京大学博士研究生学位论
     文,2007 年 5 月.

[28] Wang W H(王延辉), Liu T, Dumke R, Stejskal A, Zhao Y N, Zhang J, Liu Z H,
     Wang L J(王力军), Becker T, Walther H. Absolute frequency measurement and high
     resolution spectroscopy of In$^+$ $5^2 s^1 S_0$-$5s5p^3 P_0$ narrowline transition.

[29] Udem Th, Diddams S A, Vogel K R, Oates C W, Curtis E A, Lee W D, Itano W M,
     Drullinger R E, Bergquist J C, Hollberg L. Absolute frequency measurement of the
     Hg$^+$ and Ca optical clock transitions with a femtosecond laser. Phys. Rev. Lett. ,
     2001, 86:4996.

[30] Oskay W H, Diddams S A, Donley E A, Fortier T M, Heavner T P, Hollberg L, Ita-
     no W M, Jefferts S R, Delaney M J, Kim K, Levi F, Parker T E, Bergquist J C. Sin-
     gle-atom optical clock with high accuracy. Phys. Rev. Lett. , 2006, 97:020801.

[31] Stenger J, Tamm C, Haverkamp N, Weyers S, Telle H R. Absolute frequency measurement of the 435.5 nm ^{171}Yb$^+$ clock transition with a Kerr-lens mode-locked femtosecond laser. Opt. Lett., 2001, 26:1589.

[32] Peik E, Lipphardt B, Schnatz H, Schneider T, Tamm C, Weyers S, Wynands R. The ^{171}Yb$^+$ single-ion optical frequency standard at 688 THz. Proceedings of ICAP, Innsbluck, 2006.

[33] Margolis H S, Huang G, Barwood G P, Lea S N, Klein H A, Rowley W R C, Gill P. Phys. Rev. A, 2003, 67:032501.

[34] Margolis H S, Barwood G P, Huang G, Klein H A, Lea S N, Szymaniec K, Gill P. Hertz-level measurement of the optical clock frequency in a single ^{88}Sr$^+$ ion. Science, 2004, 306:1355.

[35] Madej et al. Phys. Rev. A, 2004, 70:012507.

[36] Dubé et al. Phys. Rev. Lett., 2005, 95:033001.

[37] Courtillot I et al. Clock transition for a future optical frequency standard with trapped atoms. Phys. Rev. A, 2003, 68:030501.

[38] Imai K, Kourogi M, Ohtsu M. 30 THz span optical frequency comb generation by self-phase modulation in an optical fibre. IEEE J. Quantum Electron, 1998, 34:54.

[39] Imai K, Widiyatmoko B, Kourogi M, Ohtsu M. 12 THz frequency difference measurements and noise analysis of an optical frequency comb in optical fibres. IEEE J. Quantum Electron, 1999, 35:559.

[40] Holzwarth R, Zimmerman M, Udem T, Hansch T W, Russbuldt P, Gabel K, Poprawe R, Knight J C, Wadsworth W J, Russell P S J. Opt. Lett., 2001, 26:1376.

[41] Thomann I, Bartels A, Corwin K L, Newbury N R, Hollberg L, Nicholson J W, Yan M F. 420 MHz Cr: forsterite femtosecond ring laser and continuum generation in the 1—2 micron range. Opt. Lett., 2003, 28:1368.

[42] Hong F L, Minoshima K, Onae A, Inaba H, Takada H, Hirai A, Matsumoto H. Broad-spectrum frequency comb generation and carrier-envelop offset frequency measurement by second-harmonic generation of a mode-lock fibre laser. Opt. Lett., 2003, 28:1516.

[43] Tauser F, Leitenstorfer A, Zinth W. Amplified femtosecond pulse from an Er: fibre system: nonlinear pulse shortening and self-referencing detection of the phase evolution. Opt. Express, 2003, 11:594.

[44] Washburn B R, Diddams S A, Newbury N R, Nicholson J W, Yan M F, Jorgensen C G. Phase-locked, erbium-fibre-laser-based frequency comb in the near infrared. Opt. Lett., 2004, 29:250.

[45] Hundertmark H, Wandt D, Fallnich C, Havekamp N, Telle H R. Phase-locked, carri-

er-envelop offset frequency at 1560 nm. Opt. Express, 2004, 12:770.

[46] Mucke O D, Kuzucu O, Wong N C, Ippen E P, Kaertner F X, Foreman S, Jones D J, Ma L S, Hall J L, Ye J. Experiment implementation of optical clockwork without carrier-envelop phase control. Opt. Lett. , 2004, 29:2806.

[47] Foreman S, Jones D J, Ye J. Flexible and rapidly configurable femtosecond pulse generation in the mid-IR. Opt. Lett. , 2003, 28:370.

[48] Corwin K L, et al. Absolute-frequency measurements with a stabilized near infrared optical frequency comb from a Cr:forsterite laser. Opt. Lett. , 2004, 29:397.

[49] Huang G(黄贵龙). 内部报告,2007 年 7 月.

[50] Ludlow A D et al. Sciene,2008: 319,1805.

[51] Hong F L et al. Opt. Lett. 2009: 34,692.

[52] Compbell G K, Ludlow A D, Blatt S, Thomsen J W, Martin M J, Miranda M H G, Zelevinsky T, Boyd M M, Ye J, Diddams S A, Heavner T P, Parker T E, Jefferts S R. Metrologia, 2008: 45,539.

附录 部分测量、研究机构简称与全名对照表

BIPM   国际计量局   所在地：法国，塞佛尔
            Bureau International des Poids et Mesures（International Bureau of Weights
            and Measures），Sèvres，France

CCDM   国际米定义咨询委员会
            Consultative Committee for the Definition of the Metre

CCDS   国际秒定义咨询委员会
            Consultative Committee for the Definition of the Second

CCEM   电磁咨询委员会
            Comité Consultatif d'Électricité et Magnetism

CCL   国际长度咨询委员会
            Consultative Committee for Length

CERN   欧洲粒子物理实验室   所在地：瑞士，日内瓦
            European Laboratory for Particle Physics，Geneva，Switzerland

CGPM   国际计量大会
            Conférence Générale des Poids et Mesures

CIPM   国际计量委员会
            Comité International des Poids et Mesures

CODATA   国际科协科学技术数据委员会（前称国际科学联合协会，ICSU）
            Committee on Data for Science and Technology of the International Council
            for Science（ICSU，formerly the International Council of Scientific Unions）

CRL   日本通信研究实验室
            Communication Research Laboratory

IMGC   "G. Colonnetti"计量研究所   所在地：意大利，都灵
            Istituto di Metrologia "G. Colonnetti," Torino，Italy

IRMM   参考物质与测量研究所   所在地：比利时，吉尔
            Institute for Reference Materials and Measurements，Geel，Belgium

IUGG   国际大地测量和地球物理学协会
            International Union of Geodesy and Geophysics

JILA 科罗拉多大学与 NIST 的联合实验室
Joint Institute of the University of Colorado at Boulder and the National Institute of Standards and Technology，原 Joint Institute Laboratory for Astrophysics

KRISS 韩国标准与科学研究所　所在地：韩国，汉城科学城
Korea Research Institute of Standards and Science, Taedok Science Town, Republic of Korea

LPTF 时间频率基准实验室　所在地：法国，巴黎
Laboratoire Primaire du Temps et des Fréquences, Paris, France

MIT 麻省理工学院　所在地：美国，麻省，剑桥
Massachusetts Institute of Technology, Cambridge, Massachusetts, USA

MPQ 马克斯-普朗克量子光学研究所　所在地：德国，伽兴
Max-Planck-Institut für Quantenoptik, Garching, Germany

NIM 中国计量科学研究院　所在地：中国，北京
National Institute of Metrology, Beijing, China

NIST 国家标准技术研究院　所在地：美国，马里兰州，盖塞斯堡和科罗拉多州，玻尔德
National Institute of Standards and Technology, Gaithersburg, Maryland and Boulder, Colorado, USA

NML 国家计量研究所，联邦科学和工业研究组织　所在地：澳大利亚，林德菲尔德
National Measurement Laboratory, Commonwealth Scientific and Industrial Research Organization (CSIRO), Lindfield, Australia

NPL 国家物理实验室　所在地：英国，坦丁顿
National Physical Laboratory, Teddington, UK

NRLM 国家计量研究所　所在地：日本，筑波
(NMIJ) National Research Laboratory of Metrology, Tsukuba, Japan
更名后：日本国家计量研究所
National Metrology Institute of Japan

PTB 联邦技术物理研究院　所在地：德国，布伦瑞克和柏林
Physikalisch-Technische Bundesanstalt, Braunschweig and Berlin, Germany

URSI 国际无线电科学协会
L'Union Radio-Scientifique Internationale

VNIIM 全俄门捷列夫计量研究所　所在地：俄罗斯联邦，圣·彼得堡
D. I. Mendeleyev All-Russian Research Institute for Metrology, St. Petersburg, Russian Federation

名词索引(中英对照)